"十二五"职业教育国家规划教材
经全国职业教育教材审定委员会审定

动物药理

邱深本 主编

第三版

DONGWU
YAOLI

·北京·

《动物药理》（第三版）是“十二五”职业教育国家规划教材，经全国职业教育教材审定委员会审定，是由十六部分组成，分别为兽药管理与新药申报、兽药常识与处方开具、抗微生物药物使用、消毒剂应用、抗寄生虫药物使用、促消化和消化功能障碍解除用药、解除呼吸系统症状用药、血液循环系统用药、解除泌尿系统症状和生殖调控用药、代谢平衡和营养调节用药、中枢神经功能控制用药、调控外周神经系统用药、解热镇痛和消炎用药、药物安全性监控与解毒药使用、附录及索引。

本书以动物生产中用药的工作任务来组织调整内容，突出重点和难点，同时每个任务选取相应的用药案例分析，既可作为教学的案例，也能加深学生应用理解，同时适应提升学生实践能力、创新创业能力需要，突出实践教学环节，确保以兽药合理应用的科学性、先进性、实用性和规范性为重点，形成先进且好用的高职教材。本书配有电子课件，可从 www.cipedu.com.cn 下载参考。

本书可作为高职高专类院校动物医学、动物防疫与检疫、兽药等专业的教学用书，也可供成人教育、农业职业学校等相关专业的师生使用，还可作为参加执业兽医师资格考试人员的复习参考书。

图书在版编目（CIP）数据

动物药理/邱深本主编．—3版．—北京：化学工业出版社，2020.7（2022.11重印）
“十二五”职业教育国家规划教材
ISBN 978-7-122-36693-1

Ⅰ.①动… Ⅱ.①邱… Ⅲ.①兽医学-药理学-高等职业教育-教材 Ⅳ.①S859.7

中国版本图书馆CIP数据核字（2020）第079210号

责任编辑：迟　蕾　梁静丽　章梦婕　　装帧设计：史利平
责任校对：宋　夏

出版发行：化学工业出版社（北京市东城区青年湖南街13号　邮政编码100011）
印　　刷：北京云浩印刷有限责任公司
装　　订：三河市振勇印装有限公司
787mm×1092mm　1/16　印张17¼　字数416千字　2022年11月北京第3版第7次印刷

购书咨询：010-64518888　　售后服务：010-64518899
网　　址：http://www.cip.com.cn
凡购买本书，如有缺损质量问题，本社销售中心负责调换。

定　价：49.80元

《动物药理》（第三版）编审人员

主　　编　邱深本

副 主 编　杨仕群　刘　红　刘　超　张海燕

编写人员　（按照姓名汉语拼音排列）

李慧峰　河北北方学院
李鹏伟　河南农业职业学院
李喜旺　河北北方学院
李雪梅　宜宾职业技术学院
刘　超　荆州职业技术学院
刘　红　黑龙江农业职业技术学院
刘小飞　湖南环境生物职业技术学院
刘兴旺　辽宁职业学院
陆秀玉　辽东学院
邱深本　广东科贸职业学院
谭志坚　佛山市正典生物技术有限公司
唐　伟　永州职业技术学院
王　利　商丘职业技术学院
武　力　华南农大兽药有限公司
谢金富　广州市技师学院
杨仕群　宜宾职业技术学院
张海燕　晋中职业技术学院
张海燕　芜湖职业技术学院
朱德艳　荆楚理工学院

主　　审　梁运霞　黑龙江职业学院

“动物药理”课程是畜牧兽医、动物医学、动物医学检验技术、饲料与动物营养、特种动物养殖、动物药学和动物防疫与检疫等畜牧类专业的基础课，是动物疫病、动物普通病等专业核心课程的重要基础，同时又是畜牧生产和兽医临床用药必备的起承前启后作用的课程。

《动物药理》(第三版)是为落实《国家职业教育改革实施方案》(国发〔2019〕4号)“立德树人根本任务，深化专业、课程、教材改革，提升实习实训水平，努力实现职业技能和职业精神培养高度融合”的精神编写修订而成的。修订高质量的教材是培养创新人才、技术技能复合型人才的基本保证，是实现教育目的的主要载体。

为修订本教材，特组织了在十多家高职高专类院校任教“动物药理”课程的教师，依照《职业院校教材管理办法》(教材〔2019〕3号)而开展工作；为进一步发挥行业指导作用，促进产教融合、校企“双元”育人机制，还邀请了兽药行业、企业的专家参与建设，用先进科学的观点和行业规范，同时吸取“国家兽药基础数据库”动态更新的核心内容进行完善，体现职业教育教材的“新”与“实”。以动物生产中用药的工作任务来组织调整内容，突出重点和难点；在每个任务中选取相应用药案例分析，既可作为教学的案例，也能加深学生应用理解，同时适应提升学生实践能力、创新创业能力的需要，突出实践教学环节，确保以兽药合理应用的科学性、先进性、实用性和规范性为重点，形成先进且好用的高职教材。本书配有电子课件，可从 www.cipedu.com.cn 下载参考。

本教材适合高职高专院校畜牧兽医、动物医学、动物医学检验技术、饲料与动物营养、特种动物养殖、动物药学和动物防疫与检疫等畜牧类专业的师生使用。各院校可根据自身的教学大纲或课程标准的要求，对教材内容做合适的取舍。该教材也可供成人教育大专、农业职业中专、农业广播学校等相关专业的师生使用，还可作为基层专业技术人员、职业农民培训、广大养殖户和兽药行政监管人员等的参考书籍；也可作为参加执业兽医师资格考试人员的复习参考书。

因编者专业水平与兽医临床经验各有侧重，教材如有不完善之处，恳请广大读者提出宝贵建议，以便再版及时修订。

编　者

2020 年 3 月

第一版前言

动物药理是兽医、兽药和畜牧兽医等专业必修的基础课程，是动物疫病、动物普通病等专业课程的重要基础。该课程要求学生掌握药物在动物临床疾病防治中合理应用等方面的知识和技能。

教材是实现课堂教育目标的主要载体，是教学的基本依据，实用、高质量的教材是培养高技能优秀人才的基本保证。本教材组织了国内十多家高职高专院校动物药理授课一线的教师，在领会《教育部关于全面提高高等职业教育教学质量的若干意见》（教高［2006］16号）文件精神的基础上编写而成。本教材依据先进的科学观点和行业规范，吸纳了《中华人民共和国兽药典》及其配套丛书《兽药使用指南》以及《执业兽医资格考试应试指南》的核心内容和新内容，突出重点和难点；为突出实践教学环节，每章选取相应的用药案例分析，既可作为教学的案例，也能加深学生对药物应用的理解；力求解决专业技术的快速发展与学校教材内容相对稳定、教学时间相对有限之间的矛盾，形成较为实用的高职高专教材。

本教材适用于高职高专畜牧兽医、兽医、兽药及相关专业的师生使用，各院校可根据教学大纲或课程标准的要求，灵活选取教材内容；本教材也可供成人教育大专、农业职业中专、农业广播学校等相关专业的师生使用，还可作为基层专业技术人员、广大养殖户和兽药行政监管人员等的参考书籍。

由于编者专业水平与兽医临床经验有限，书中的欠缺与疏漏在所难免，恳请广大师生与专业人员在使用过程中提出宝贵的修改建议，以便再版时完善。

编　者

2010 年 1 月

目录

《动物药理》学习指南

1. 动物药理发展概况

我国药物发展历史悠久，汉代的《神农本草经》是世界第一部药物学专著；唐朝（公元659年）编写的我国第一部药典《新修本草》要比纽伦堡药典（1546年）早800余年；明朝（1578年）李时珍编写的《本草纲目》被译成日、法、德、英等多种文字，在世界广为流传。17世纪喻本元、喻本亨合著的《元亨疗马集》系统地记载了兽用药物400多种及方剂400余首，至今仍有应用价值。在国外，16～18世纪，以欧洲为主发展起来的“西药”开始成为之后“药理学”的基础。1846年，德国的R. Buchheim被任命为世界第一位药理学教授；1907年德国的P. Ehrlich合成砷凡纳明（又称胂凡纳明，俗称“606”），标志着化学治疗的开始。1917年美国康乃尔大学的H. J. Milks出版教科书《实用兽医药理学及治疗学》(Practical Vet Pharmacology and Therapeutics)，开始了系统兽医药理学的教学。

动物药理在新中国成立后得到了重大发展，1968年我国颁布了《兽药规范（草案）》，1990年出版了第一版《中华人民共和国兽药典》，2020年将出版最新版《中华人民共和国兽药典》和配套的《中华人民共和国兽药使用指南》。同时《兽药管理条例》已于2014年重新修订，使我国兽药的研发、生产、检验、经营、使用和管理步入良性循环的发展道路。现代的生物信息及新技术的使用，更促进了动物药理向纵深发展，推动了兽药行业的进步，从而保障畜牧业的健康发展。

2. 动物药理的概念与主要内容

动物药理是研究药物与动物机体（包括病原体）之间相互作用规律的一门科学。一方面，研究药物对机体的作用规律，阐明药物防治动物疾病的机制，称为药物效应动力学，简称药效学；另一方面，研究动物机体对药物处置（吸收、分布、转化与排泄）过程中药物浓度随时间变化的规律，称为药物代谢动力学，简称药动学。

3. 学习动物药理的目的与任务

动物药理是运用动物解剖组织学、生理学、生物化学、病理学、微生物和免疫学等基础理论和知识，阐明药物的作用原理、临床应用和使用禁忌，为兽医临床合理用药提供理论依据，并能较熟练地合理应用药物。其任务主要是培养未来的执业兽医师学会正确选药、合理用药，以提高药效、减少不良反应和减少药残的危害；为提升动物性食品安全打好基础。

4. 学习动物药理的方法

动物药理是一门实验性的学科，学习方法要理论联系实际，熟悉和掌握各类药物的基本作用规律，分析每类药物的共性和特点。对重点药物要全面掌握其药理作用、作用原理及临床应用，并与其他药物进行比较和鉴别。要注重掌握常用的实验方法和基本操作，仔细观察、记录实验结果，通过实验加深知识理解，同时培养实事求是的科学作风和分析解决问题的技能。

5. 动物药理在本专业中的地位及与其他课程的关系

动物药理是畜牧兽医专业（兽医专业、动物防疫检疫专业、兽药生产与检测专业）的专业基础课程，是联系专业课与基础课的桥梁。它与生物化学、动物生理、动物病理、动物微生物及新兽药的药理试验、动物食品中的药物残留检测、动物疾病模型的实验治疗、毒物鉴定与毒理研究等有着密切的联系，既为学习兽医临床课奠定基础，同时又是兽医临床课中的专业基础核心。

6. 动物药理的生产应用

动物药理的课程学习内容适合动物生产用药、饲料生产添加剂使用，以及种苗、饲料和兽药技术推广等岗位的需要。在饲料生产岗位上，如掌握了药理知识技能，在饲料中添加药物时，则能够达到预防疾病的作用，又能把促生长的药品把关好，尽可能生产无抗生素的饲料；在兽医临床用药中，只有掌握了药理知识技能，在使用药方或配合用药治疗时，才能达到准确、高效，获得较高的治愈率，从而实现合理用药、减少药残、生产无公害动物食品、增进人类健康。

任务一　兽药管理与新药申报

学习目标

基本概念：兽药管理、兽药管理条例、兽药生产质量管理规范、兽药经营、兽用处方药、兽用非处方药、兽药监督、兽药国家标准、新兽药。

基本知识点：了解兽药管理条例、兽药生产质量管理规范、兽药生产和使用管理、新兽药的研制要求与申报程序。

技能目标：掌握兽药使用管理、新兽药的研制要求与申报程序。

工作任务导入

1. 兽药管理及法规执行、兽药生产与使用管理。
2. 新兽药的研制与申报。

案例分析

【案例内容】 某宠物诊所代销假兽药的处理：某县兽医管理部门在日常监督检查中发现辖区内一个体宠物诊所的“阿苯达唑片”标示的产品批准文号、生产厂家、生产批号均属假冒。经调查，宠物诊所负责人并不清楚该兽药系假药，与售药者××签订了一份代销协议，规定××每月支付300元的代销费，由诊所代为销售某兽药厂生产的“阿苯达唑片”。事发后该负责人积极配合兽药管理部门查处。至兽药管理部门检查之日，假兽药尚未销售。

【处理分析】 首先，该宠物诊所与××签订代销协议且收取代销费，属于兽药经营活动。尽管该宠物诊所具有使用兽药的权利，但如果涉及兽药经营，其行为就应该符合《兽药管理条例》第二十二条规定，须办理“兽药经营许可证”并办理工商注册登记手续，故对其应按无“兽药经营许可证”销售兽药进行处理。同时，该宠物诊所销售的“阿苯达唑片”批准文号系假冒，根据《兽药管理条例》第四十七条规定，该兽药属于假兽药，依据第五十六条的规定，应对该诊所销售假兽药的行为进行处理。鉴于该宠物诊所代销的兽药数量有限，也未能售出任何代销兽药且能积极配合兽药管理部门查明违法销售兽药的有关事实，可以减轻处罚，即给予没收违法销售兽药的行政处罚。其次，××与该诊所签订了“阿苯达唑片”代销协议，由宠物诊所为其销售兽药，××的行为属于兽药销售行为，但其同样未取得“兽药经营许可证”，属于无证销售兽药行为。同时，由于其所销售的兽药属于假兽药，可依据《兽药管理条例》第五十六条规定进行处理。另外，××的假兽药是从何处购进，执法人员还应继续追踪，在追本溯源中查获的其他违法行为或违法人员，可以一并处理；若其他违法者的违法行为不属于本案的处理范围，则应及时告知有管辖权的兽药管理部门做出处理。

必备知识一 兽药管理

一、兽药管理的概念与法规

兽药，是指用于预防、治疗、诊断动物疾病或者有目的地调节动物生理功能的物质(含药物饲料添加剂)，主要包括血清制品、疫苗、诊断制品、微生态制品、中药、中成药、化学药品、抗生素、生化药品、放射性药品及外用杀虫剂、消毒剂等。兽药管理是指各级兽医行政管理部门代表国家依法对全社会的兽药工作进行组织与管理的活动。1987年国务院颁布的《兽药管理条例》标志着我国的兽药管理进入了法制管理阶段，2014年、2016年和2020年国务院对《兽药管理条例》进行了修订，其要求凡从事兽药研制、生产、经营、进出口、使用和监督管理者，应当遵守本条例的规定，以加强兽药管理，保证兽药质量，防治动物疾病，促进养殖业的发展，维护人体健康。

《兽药管理条例》第三条明确指出：“国务院兽医行政管理部门负责全国的兽药监督管理工作，县级以上地方人民政府兽医行政管理部门负责本行政区域内的兽药监督管理工作。”兽医行政管理部门是兽药的法定管理机关，凡属兽药管理事务均应统一由兽医行政管理部门管理。兽医行政管理部门代表国家管理兽药的法律依据是国家宪法、法律及兽药管理法规。其中，宪法和法律是兽药管理的原则依据，主要法律有国家《农业法》《畜牧法》《渔业法》《农产品质量安全法》，《兽药管理条例》及其他配套法规是实施兽药管理的直接依据。兽医行政管理部门对兽药实施管理必须做到有法必依、执法必严和违法必究。有关单位和个人都必须服从兽医行政管理部门的管理，自觉遵守有关管理法规，共同维护全社会的兽药工作秩序。《兽药管理条例》规定国家实行兽用处方药和非处方药分类管理制度以及国家实行兽药储备制度，规定了新兽药的研制、兽药生产、兽药经营的必备条件和要求，明确了兽药监督管理措施和相应法律责任。

二、兽药生产管理

兽药生产企业是指专门生产兽药的企业和兼产兽药的企业，包括从事兽药分装的企业。根据《兽药管理条例》的规定，由农业部颁布实施的《兽药生产质量管理规范》是兽药生产和质量管理的基本准则。为了从根本上保证兽药产品质量，要求兽药生产企业生产全过程均应符合《兽药生产质量管理规范》(简称兽药GMP)的有关规定，对兽药生产实行科学化、规范化管理。为规范兽药GMP检查验收活动，根据《兽药管理条例》和兽药GMP的规定，农业部还制定了《兽药生产质量管理规范检查验收办法》，规定农业部负责全国兽药GMP管理工作和国际兽药贸易中GMP互认工作，省级兽医行政管理部门负责本辖区兽药GMP培训、技术指导、监督检查和管理工作。

我国对兽药生产施行企业许可和产品许可制度。兽药生产企业必须申办“兽药生产许可证”，经国务院兽医行政管理部门审批合格，取得“兽药生产许可证”的企业才是合法企业，“兽药生产许可证”应当载明生产范围、生产地点、有效期和法定代表人姓名和住址等事项。同时兽药生产企业生产某种兽药产品，必须经审批合格获取国务院兽医行政管理部门核发的该产品批准文号后才能合法生产。

兽药生产企业应当按照兽药国家标准和国务院兽医行政管理部门批准的生产工艺进行生产，并建立完整、准确的生产记录；生产兽药所需的原料、辅料、包装材料和容器应当符合国家标准或者所生产兽药的质量要求。为了保证和提高兽药产品的质量，要加强生产企业的质量检验和生产过程的质量管理。同时为加强对兽药生产企业实施GMP情况的监督检查，农业部制定了《农业部兽药GMP飞行检查程序》，在事先不通知被检查企业的情况下，随时对兽药生产企业实施现场检查，目的是核查企业兽药生产质量管理方面的即时状况，以规范兽药生产行为，保证兽药质量。2015年农业部第2210号公告决定全面实施以兽药“二维码”标识为核心的兽药追溯监管工作，强化兽药质量监管。

三、兽药经营管理

在我国经营兽药均应按兽药经营企业统一进行管理。为了保证兽药在经营过程中的质量，《兽药管理条例》对兽药经营企业应具备的基本条件和要求做出了详细的规定，符合规定条件开办兽药经营的企业应向兽医行政管理部门提出申请申办“兽药经营许可证”，经审查合格发放“兽药经营许可证”。兽药经营许可证应当载明经营范围、经营地点、有效期等事项。

2010年1月4日农业部发布《兽药经营质量管理规范》（简称“兽药GSP”），2017年修订，共九章三十七条，主要对兽药经营活动的场所与设施、机构与人员、规章制度、采购与入库、陈列与储存、销售与运输和售后服务等方面作出了明确规定。这些规定，可有效规范兽药经营企业的日常经营活动，对规范兽药市场秩序起到积极推动作用。采购兽药的关键是必须按兽药质量标准进行验收，内容包括兽药名称、规格、生产企业、生产批号、有效期、检验合格证、批准文号、包装以及外观质量等是否符合要求；选择适当的运输路线和运输方式，及时准确、安全、经济地把兽药运送到目的地，对有特殊运输要求的兽药，按特殊规定进行运输；储存兽药采取入库验收、在库保养、出库验发程序，做到质量不合格的兽药不得入库，按兽药储藏规定保存并对库存兽药进行定期检查，发现过期失效和变质的，及时销毁；销售的兽药必须保证质

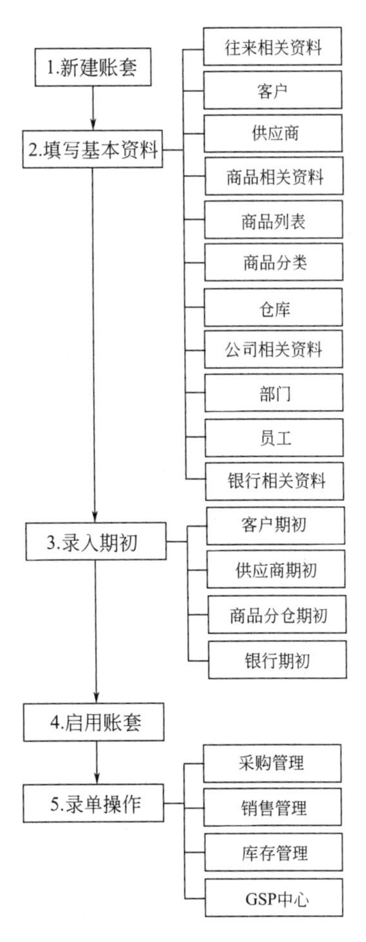

图1-1 GSP管理流程

量。所有经营的兽药均要建立采购销售和出入库详细准确的记录。为方便 GSP 管理，2011 年广州市健坤网络科技发展有限公司和佛山市正典生物技术有限公司联合开发了 GSP 软件《兽药通 GSP 普及版》供经销商下载免费使用（具体管理流程见图 1-1）。《兽用处方药和非处方药管理办法》规定，兽药经营者应当对兽医处方笺进行查验，单独建立兽用处方药的购销记录，并保存两年以上。

四、兽药使用管理

兽药使用的原则要求既安全又有效。安全是指用药后对使用的动物无毒、无副作用，对环境没有污染及不危害人体健康。有效是指用药后能预防、诊断、治疗动物疾病，或有目的地调节其生理功能。为了能最大限度地发挥药效和降低其不良影响，我国对每种兽药规定了相应的质量标准，同时也制定了相应的使用规定。如规定了兽药的用途、用法、用量，对有的兽药规定了休药期及禁止使用的某些兽药等。

1. 按规定采购与贮存兽药

兽药使用单位或个人购买兽药只能从取得“兽药生产许可证”的兽药生产企业或取得“兽药经营许可证”的经营企业购买兽药。购进的兽药必须执行检查验收制度，检查验收的原则和内容以及贮存和管理措施与兽药经营管理措施相同。

2. 正确诊断，合理选用药物

没有对动物发病过程的认识，就无从正确选择药物。针对患畜的具体病情，要选用药效可靠、安全、方便且价廉易得的药物制剂，使用者就必须熟悉所选兽药的药理作用、用途、用法、用量、配伍禁忌、休药期和可能出现的毒副反应等。

3. 用前检查兽药质量

兽药使用者临用前检查兽药是否是国家允许合法使用的兽药，并核对将使用的兽药是否在有效期之内，包装是否完好，制剂药品外观是否符合规定，是否出现沉淀、混浊等变质、失效现象，以保证用药可靠。

4. 兽用处方药和非处方药的使用

《兽药管理条例》规定实行兽用处方药和非处方药分类管理制度。

《兽用处方药和非处方药管理办法》自 2014 年 3 月 1 日起施行，国家对兽药实行分类管理，根据兽药的安全性和使用风险程度，将兽药分为兽用处方药和非处方药。兽用处方药的标签和说明书应当标注“兽用处方药”字样，兽用非处方药的标签和说明书应当标注“兽用非处方药”字样。兽用处方药是指凭兽医处方笺方可购买和使用的兽药，应按执业兽医师处方规定的动物对象、药品名称、用药剂量和用药方法进行投药，如果处方中违背了药物使用规定，应拒绝使用。兽用非处方药是指由国务院兽医行政管理部门公布、不需要兽医处方笺即可自行购买并按照说明书使用的兽药。虽不经兽医处方，但使用时应严格按说明书规定的适用动物、用法、用量进行投药。兽用麻醉药品、精神药品、毒性药品等特殊药品的生产、销售和使用，还应当遵守国家有关规定。

5. 预期药物的疗效和反应

用药过程中及用药后应对动物进行观察，尤其对以前从未用过的兽药，如新的厂家生产的兽药、新兽药、新的批号、试销药物等更应引起重视。药物的效应是可以预期的，但疾病的发展不是一成不变的，临床用药必须了解疾病的复杂性和治疗的复杂性。另外，大多数药物在发挥治疗作用的同时，也存在不同程度的不良反应，要对治疗过程做好详细的用药计划，认真观察可能出现的药效和毒副作用，适时调整用药方案，否则可能延误疾病的治疗。

6. 兽药严重不良反应的处理

《中华人民共和国畜牧法》第四十一条规定，畜禽养殖场应当建立养殖档案，载明饲料、饲料添加剂、兽药等投入品的来源、名称、使用对象、时间和用量；出现一般毒副反应后，应立即停止用药并实施解救措施。若出现异常毒副反应，应重新核对用药是否出现差错，必要时可重新检查同批药物的质量，直至封存该批全部药物，记录毒副反应情况。兽药生产企业、经营企业、兽药使用单位和开具处方的兽医人员发现可能与兽药使用有关的严重不良反应，应立即向所在地兽医行政管理部门报告。

7. 用药记录

使用单位一定要建立用药记录制度，并如实记录用药情况，用药记录的内容主要包括兽药名称、生产企业、使用动物种类、使用剂量、用药起止时间、用药效果及有无毒性反应等，严格遵循休药期规定。休药期是指食用动物最后一次给药至许可屠宰或其产品（肉、蛋、乳）许可上市的间隔时间。

8. 禁止使用的兽药

禁止使用假、劣兽药以及国务院兽医行政管理部门规定禁止使用的药品和其他化合物；禁止在饲料和动物饮用水中添加激素类药品和其他禁用药品，禁止将原料药直接添加到饲料及动物饮用水中或者直接饲喂动物；禁止将人用药品用于动物。国务院兽医行政管理部门应当制订并组织实施国家动物及动物产品兽药残留监控计划；禁止销售含有违禁药物或者兽药残留量超过标准的食用动物产品。

广大兽药使用单位要严格按照《兽药管理条例》《饲料和饲料添加剂管理条例》《国务院关于加强食品等产品安全监督管理的特别规定》，农业部《食品动物禁用的兽药及其他化合物清单》《部分兽药品种的停药期规定》《饲料药物添加剂使用规范》《禁止在饲料和动物饮用水中使用的药物品种目录》等有关法规政策要求，切实履行食品安全责任主体的责任，科学、正确、合理使用兽药，有效防范动物源性食品质量安全事故的发生，维护人民群众身体健康。

五、兽药监督管理

兽药监督是兽药管理的重要组成部分，是指兽医行政管理部门及其所属兽药监察机构实施兽药管理的行政监督活动，目的是保护合法行为及制裁违法行为。县级以上兽医行政管理部门行使兽药监督管理权，兽药监察机构是国家对兽药质量实施技术监督、检验、鉴定的法定专业技术机构，其检验、鉴定结果为兽医行政管理部门的兽药监督提供技术保障。兽药生产企业的质量检验与兽药监察机构的监督检验，目的都是为了保证兽药质量，但兽药生产企业的质量检验是企业行为，而兽药监察机构的监督检验是法定行为，具有技术和法律意义上的权威性。兽药生产企业为了完善自身的质量检验工作，必须接受兽药监察机构的技术指导和兽医行政管理部门的监督管理。兽医行政管理部门要依法对兽药生产、经营、使用各个环节及兽药进出口、新兽药研制等进行监视、督促、检查与指导，检查有关企业和个人是否符合或违反兽药管理法规的规定。

监督检查的内容包括：监督检查企业或个人的申请、报告、证件、计划、管理制度和各种文字记录资料齐备和完整；深入生产、经营现场查看、核实有关生产、工艺规程、贮藏等是否符合规定；兽药生产企业生产兽药，是否取得农业部核发的产品批准文号；兽药标签和说明书的内容、印制、使用是否符合《兽药标签和说明书管理办法》；发布的兽药广告是否符合国家《广告法》及国家有关兽药管理的规定，是否符合国家广告监督管理机关制定的《兽药广告审查办法》；兽药监察机构按照法定程序和方法，经取样、鉴别、检查和含量测定确定被检兽药是否符合兽药质量标准。根据《兽药标签和说明书管理办法》相关规定，兽药产品电子追溯码以二维码标注。

六、兽药标准管理

兽药应当符合兽药国家标准。兽药国家标准是对兽药质量规格及检验操作的技术规定，是药品生产、经营、使用、检验和监督管理部门共同遵循的法定技术依据。为做好兽药国家标准的制定和修订工作，根据《兽药管理条例》的有关规定，农业部设置兽药典委员会，兽药典委员会是组织制定和修订兽药国家标准的法定专业技术机构，由兽医学、药学及其相关领域具有较高学术造诣或较丰富管理经验的专家和管理人员组成。由国家兽药典委员会拟定、国务院兽医行政管理部门发布的《中华人民共和国兽药典》和国务院兽医行政管理部门发布的其他兽药质量标准为兽药国家标准。至今颁布了《中华人民共和国兽药典》1990年版、2000年版、2005年版、2010年版、2015年版。

原《兽药规范》经修订，更名为《中华人民共和国兽药规范》，于1994年发布（1992年版）。同时为了加强对进口兽药的质量管理，农业部相继发布了多种进口兽药质量标准，进一步修订汇编成《进口兽药质量标准》。2007年公布了《中华人民共和国兽药规范》《中华人民共和国兽药典》《进口兽药质量标准》中淘汰的兽药品种。农业部从2004年启动兽药地方标准清理工作，至2008年年底清理结束，部分符合要求的地方标准升为国家试行标准，淘汰了未升为国家标准的地方标准，并发布相关管理规定和公告，目前正积极进行“地标”升“国标”的转正工作。

现行的兽药国家标准为《中华人民共和国兽药典》（2015年版）。2015年版收载正文品种1640种，附录284种，分为一部、二部和三部，并为其编写配套丛书《兽药使用指南》，主要对兽药典收藏的兽药品种、近些年批准的新兽药及进口兽药提供兽药临床所需的资料，以逐步达到科学、合理用药，并保证动物性食品安全的目的。

必备知识二　新兽药的研制要求与申报程序

新兽药是指未曾在中国境内上市销售的兽用药品。化学药品按管理要求分为五类：第一类为国内外未上市销售的原料及其制剂；第二类为国外已上市销售但在国内未上市销售的原料及其制剂；第三类为改变国内外已上市销售的原料及其制剂；第四类为国内外未上市销售的制剂或复方制剂；第五类为国外已上市销售但在国内未上市销售的制剂。

一、新兽药的研制要求

新兽药的研制和申报应按《兽药管理条例》《新兽药研制管理办法》和《兽药注册办法》的有关规定执行。新兽药的研究可分为药学研究、药理毒理研究、临床试验研究并进行残留试验和生态毒性试验研究。新兽药的类别不同，所需的研究阶段和各阶段的研究内容均差别较大。

1. 新兽药药学研究

（1）文献资料的收集、整理和试验设计 其目的是在充分了解前人有关研究基础之上，建立本次研究的正确思路，避免重复和走弯路。

（2）原药初产品的制备 利用原材料进行药用有效成分的提取，或进行化学合成和修饰等，以获得期望的原药初产品。

（3）药物分析研究 对初产品进行分离、提纯，然后对其理化性质、结构特征等进行分析研究。

（4）药剂学研究 进行制剂的剂型选择、制剂的含量标准、制剂的稳定性、生产工艺流程和制剂的安全性等有关研究，为下一阶段研究提供适当的制剂。

2. 新兽药药理毒理研究

（1）药效动力学研究 目的是为了证实新药有无药效、药效的大小及其量效关系。①主要药效研究：新药的药效评价方法及判定标准应与已知同类药物相同。新药的主要药效作用应当用体内、体外两种以上的试验方法获得证实。各项试验均应有空白对照和已知药品对照。供试新药的剂量和给药方法应有两种以上，溶于水的新药应作静脉注射。②一般药理研究：对神经系统、心血管系统及呼吸系统的安全药理研究。

（2）药代动力学研究 药代动力学研究是研究体内药物及其代谢物的浓度在体液、组织与排泄物中随时间变化的函数关系，从而阐明药物在体内的吸收、分布、代谢与排泄过程的动态规律。其意义在于为制订合理的用药方案提供理论依据，如确定给药剂量大小、间隔时间、次数与给药方法等，使药物能充分发挥疗效而避免或减少不良反应的发生。

（3）毒理学研究 在对新兽药进行药效学等研究的同时，必须进行毒理学研究，以确保用药的安全。毒理学研究要进行一般毒性试验和特殊毒性试验。一般毒性试验包括急性毒性试验、蓄积毒性试验、亚急性毒性试验和慢性毒性试验，特殊毒性试验包括繁殖试验、三致试验、溶血试验、局部刺激试验等。新兽药研制过程中不同药物或制剂往往有不同的要求，具体需进行哪些毒性试验、对试验过程的具体要求以及如何对试验结果进行评价等，在农业部颁发的《新兽药一般毒性试验技术要求》和《新兽药特殊毒性试验技术要求》中均有明确的规定。

完成了药理毒理研究之后，应及时整理资料，提出客观、公正、实事求是的综合报告。对新兽药的药效和毒理等研究结果应有明确的结论和评价，并决定是否可供做进一步的临床试验。可供作临床试验的新兽药，在综合报告中应明确临床用药途径、剂量、适用病种，并提出建议及说明依据。在报告中同时应明确可能出现的毒副作用、应重点观察的不良反应及首先出现的中毒症状等。

3. 新兽药临床试验

申请人进行临床试验，应当在试验前提出申请，并提交下列资料。

（1）“新兽药临床试验申请表”一份。

（2）申请报告一份，内容包括研制单位基本情况，新兽药名称、来源和特性。

（3）临床试验方案原件一份。

（4）委托试验合同书正本一份。

（5）试验承担单位资质证明复印件一份。

（6）新兽药临床前研究（包括药学、药理学和毒理学研究），具体研究项目的有关资料一份。

（7）试制产品生产工艺、质量标准（草案）、试制研究总结报告及检验报告。

（8）试制单位“兽药 GMP 证书”和“兽药生产许可证”复印件。

（9）使用一类病原微生物的，还应当提交农业部的批准文件复印件。

农业部或者省级人民政府兽医行政管理部门收到新兽药临床试验申请后，应当对临床前研究结果的真实性和完整性，以及临床试验方案进行审查。必要时，可以派至少 2 人对申请人临床前研究阶段的原始记录、试验条件、生产工艺以及试制情况进行现场核查，并形成书面核查报告。经批准后确定试验区域和试验期限，承担兽药临床试验的单位应当具有农业部认定的相应试验资格。新兽药临床试验应当参照农业部发布的兽药临床试验技术指导原则，执行《兽药临床试验质量管理规范》。新兽药的临床试验包括Ⅰ期、Ⅱ期和Ⅲ期临床试验。临床试验的动物数应当符合统计学要求和最低动物数要求。

Ⅰ期临床试验：其目的是观察靶动物对于新药的耐受程度和药代动力学，测定可以耐受的剂量范围，明确按照推荐的给药途径给药时适宜的安全范围和不能耐受的临床症状，为制订给药方案提供依据。

Ⅱ期临床试验：其目的是初步评价兽药对靶动物目标适应证的防治作用和安全性，确定合理的给药剂量方案。此阶段的研究设计可以根据具体的研究目的，采用人工发病模型或自然病例，进行随机对照临床试验。

Ⅲ期临床试验：其目的是进一步验证兽药对靶动物目标适应证的防治作用和安全性，评价利益与风险关系，最终为兽药注册申请获得批准提供充分的依据。试验应为具有足够样本量的随机盲法对照试验。

临床试验按试验设计完成全部试验结束后，应收集全部试验记录资料，进行分类、汇总和整理，资料不得任意取舍、篡改失真。然后对原始数据进行合理的统计分析，并提交相应的总结报告。

4. 新兽药残留试验

申请注册用于食用动物的兽药，还应当进行残留试验。残留试验包括建立残留检测方法和确定休药期的残留消除试验。残留试验要求在农业部指定的委托单位进行。在进行残留试验前，应根据实验动物的毒理学研究结果，确定最大无作用剂量，根据国际通行的规则制定出人每日允许摄入量，再分别计算出各种可食组织中的最高残留限量；根据拟定的最高残留限量，研究建立相应的残留定性和定量检测方法；根据临床试验确定的有效使用剂量，研究推荐剂量下兽药在靶动物组织中的代谢，以确定残留标示物和残留检测靶组织；研究在靶动物组织中的残留消除，以确定休药期。

另外，还需进行生态毒性试验，通过研究申请的兽药在靶动物体内的代谢和排泄情况，研究排出体外的兽药及代谢物在环境中的各种降解途径，对环境潜在的影响，并提出为减少这种影响而需要采取的必要预防措施。同时还需要提供盛装药物的容器、未使用完的药物或废弃物对环境、水生生物、植物和其他非靶动物的影响和有效的处理方法。

二、新兽药的申报程序

新兽药是指未曾在中国境内上市销售的兽用药品。研制单位完成研制任务后，应按规定向国务院兽医行政管理部门申报，申报的新兽药经国务院兽医行政管理部门受理，兽药检验机构质量复核，技术审评合格并取得“新兽药注册证书”后，才是合法的新兽药，才能生产、经营、使用。

1. 申报

临床试验完成后，新兽药申请者向农业部提出申请，并按《兽药注册资料要求》提交相关资料。农业部兽药审评委员会负责新兽药注册资料的评审工作。不同种类新兽药注册，对报送资料的项目有不同的要求，如申请用于食品动物的新兽药需报送以下34项。

综述资料：①兽药名称；②证明性文件；③立题目的与依据；④对主要研究结果的总结及评价；⑤兽药说明书样稿、起草说明及最新参考文献；⑥包装、标签设计样稿。

药学研究资料：⑦药学研究资料综述；⑧确证化学结构或者组分的试验资料及文献资料；⑨原料药生产工艺的研究资料及文献资料；⑩制剂处方及工艺的研究资料及文献资料，辅料的来源及质量标准；⑪质量研究工作的试验资料及文献资料；⑫兽药标准草案及起草说明；⑬兽药标准品或对照物质的制备及考核材料；⑭药物稳定性研究的试验资料及文献资料；⑮直接接触兽药的包装材料和容器的选择依据及质量标准；⑯样品的检验报告书。

药理毒理研究资料：⑰药理毒理研究资料综述；⑱主要药效学试验资料（药理研究试验资料及文献资料）；⑲安全药理学研究的试验资料及文献资料；⑳微生物敏感性试验资料及文献资料；㉑药代动力学试验资料及文献资料；㉒急性毒性试验资料及文献资料；㉓亚慢性毒性试验资料及文献资料；㉔致突变试验资料及文献资料；㉕生殖毒性试验（含致畸试验）资料及文献资料；㉖慢性毒性（含致癌试验）资料及文献资料；㉗过敏性（局部、全身和光敏毒性）、溶血性和局部（血管、皮肤、黏膜、肌肉等）刺激性等主要与局部、全身给药相关的特殊安全性试验资料。

临床试验资料：㉘国内外相关的临床试验资料综述；㉙临床试验批准文件、试验方案、临床试验资料；㉚靶动物安全性试验资料。

残留试验资料：㉛国内外残留试验资料综述；㉜残留检测方法及文献资料；㉝残留消除试验研究资料，包括试验方案。

生态毒性试验资料：㉞生态毒性试验资料及文献资料。

所报送的资料应当完整、规范，数据必须真实、可靠。

2. 受理

国务院兽医行政管理部门对研制单位的申报资料进行初审，并做出是否接受申请的决定。初审的重点是检查研制单位报送的资料内容是否齐全，是否确实，是否符合研制要求的有关规定。在规定时间内将决定受理的新兽药资料送其设立的兽药评审机构进行评审，将新兽药样品送其指定的检验机构复核检验。对于初审不合格、不予受理的申报资料，应向研制单位说明原因，退回全部资料。

3. 复核试验

兽药研制单位向国务院兽医行政管理部门提交申请，经初审合格、同意受理后，将新兽药样品送指定的检验机构进行考核与验证。质量复核试验的目的是检验新兽药是否与所提供的质量标准草案中的各项指标相符，是否与我国兽药质量标准有关规定相符。研制单位应协同兽药检验机构进行复核试验。兽药检验机构应在收到申请书和全部资料后的60天内完成复核试验，并将新兽药及兽药新制剂的质量标准草案和复核试验报告送交国务院兽医行政管理部门。

4. 技术评审

国务院兽医行政管理部门将决定受理的新兽药资料送其设立的兽药评审机构进行评审。通过评审，兽药评审委员会应判明新兽药研制全过程的理论依据、技术措施及相应结论是否适当，并对该兽药做出最终技术评审结论。

5. 审批

新兽药通过复核试验和技术评审后，由农业部审核批准，发布其质量标准，并发给"新兽药注册证书"。不合格的，应当书面通知申请人。

6. 新兽药的监测

国务院兽医行政管理部门，对新兽药设立不超过5年的监测期；在监测期内，不得批准其他企业生产该新兽药，生产企业在监测期内收集该新兽药的疗效、不良反应等。

实训 GMP兽药厂参观学习

【目的】 通过GMP兽药厂参观学习，了解兽药生产的总体要求。

【内容】

1. 了解GMP兽药厂总体布局、车间设计及环境卫生要求。
2. 了解GMP兽药厂制剂生产工艺流程、现代化生产设备、净化设备、制剂品种和质量要求。
3. 参观质量检验机构，了解GMP兽药厂药品质量的控制措施。
4. 了解兽药厂GMP的文件管理、物料管理、生产管理、质量管理、状态标志和编号管理方法。
5. 参观兽药生产各个环节，体验不同制剂车间对卫生条件的要求。
6. 了解GMP人员构成、素质要求与考核标准。

【注意事项】

1. 进生产区时人的净化程序

人→门厅→更鞋→更衣→洗手→烘干→生产区

2. 进入厂区后听从厂方指导老师指挥，保持安静。

【实训报告】

1. 完成参观见闻及体会。
2. 参照《兽药生产质量管理规范》(GMP)设计一份新厂筹备方案。

任务小结

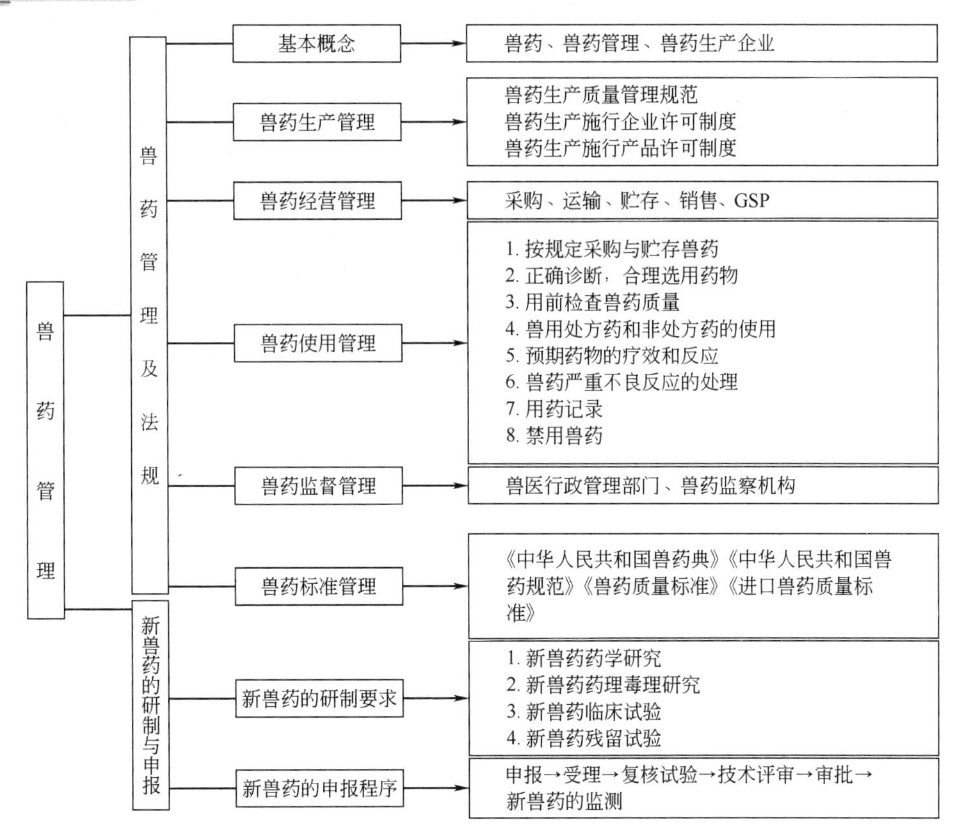

思考与复习

1. 说明兽药安全合理应用的原则。
2. 养殖场用药有哪些记录要求？
3. 申报新兽药需要提供哪些资料？

执业考证

1. 下列行为中违反兽药使用规定的是（　　）。

A. 不使用禁用药品　B. 建立完整的用药记录　C. 将原料药直接用于动物　D. 按停药期的规定使用兽药　E. 将饲喂了禁用药物的动物进行无害化处理

2. 兽药外包装标签必须注明的内容可以不包括（　　）。

A. 适应证　B. 主要成分　C. 兽药名称　D. 生产批号　E. 销售企业信息

任务二 兽药常识与处方开具

学习目标

基本概念：药物、兽药、兽用处方药、兽用非处方药、兽药制剂、兽药剂型、兽药方剂、药物作用、兴奋作用、抑制作用、局部作用、吸收作用、直接作用、间接作用、药物作用的选择性、治疗作用、不良反应、副作用、毒性反应、过敏反应、后遗效应、继发性反应、剂量、治疗量、半数有效量、半数致死量、治疗指数。

基本知识点：药物的基本概念、药物的来源和药物的制剂与剂型；药物作用的基本形式与类型、药物作用的机制、药物的构效关系和量效关系；药物的转运方式、药物的体内过程(吸收、分布、转化和排泄)；影响药物作用的因素；诊疗处方。

技能目标：能认识临床常用兽药制剂和剂型、影响药物作用的因素，正确开写动物诊疗处方。

工作任务导入

针对动物疾病开出相应处方，清楚药物作用、剂型及影响因素，动物给药技术。

案例分析

【确诊疾病】 猪喘气病

某实习兽医发现某农户的40日龄小猪出现喘气病，体温无多大变化，病初食欲正常。有咳嗽，次数逐渐增多，特别在早上、剧烈运动后和喂食时发生连续咳嗽。

【用药方案】 确诊后用16号针头，肌内注射硫酸庆大霉素，每千克体重4mg，用药3天。

【效果分析】 注射后未见效，回访观察并了解到因所用针孔径过大，致使药液溢出。后改用6号针头，用药3天，咳嗽现象消失。

必备知识一 药物的一般知识

一、基本概念

(1) 药物 是指用于治疗、预防或诊断疾病的物质或调节生理功能的物质。

(2) 毒物 是指能对动物机体产生损害作用的物质。

(3) 兽用处方药 是指凭兽医师开写的处方方可购买和使用的兽药。

(4) 兽用非处方药 是指由国务院兽医行政管理部门公布的、不需要凭兽医处方就能自行购买并按说明书使用的兽药。

(5) 假兽药 有下列情况之一的兽药称为假兽药：①以非兽药冒充兽药或者以他种兽药冒充此种兽药的；②兽药所含成分的种类、名称与兽药国家标准不符合的。有下列情形之一的，按照假兽药处理：①国务院兽医行政管理部门规定禁止使用的；②依照《兽药管理条例》规定应当经审查批准而未经审查批准，或者依照条例规定应当经抽查检验、审查核对而未经抽查检验、审查核对即销售、进口的；③变质的；④被污染的；⑤所标明的适应证或者功能主治超出一定范围的。

(6) 劣兽药 有下列情况之一的兽药称为劣兽药：①兽药成分、含量与国家标准、专业标准或地方标准不符合的；②超过有效期的；③与兽药标准不符合，但不属于假兽药的其他兽药。

(7) 兽药制剂 是根据有关的兽药标准或其他法定的处方，将原料和辅料等经过加工制得的兽药制品，如注射剂中葡萄糖注射液。

(8) 兽药剂型 是将原料药和辅料经过加工调制，制成便于使用、保存和运输的一种形式，如粉剂、片剂和注射剂等。

(9) 兽药方剂 是根据兽医所开的处方，将各种兽药临时调剂的配制品。

二、药物的来源

兽药的来源很广泛，药物的原料来自植物、动物、矿物、化学合成和生物合成等，可分为天然药物、人工合成药物和生物技术药物。

1. 天然药物

天然药物是指未经加工或经过简单加工的药物，包括动物性药物、植物性药物和矿物药。动物性药物是来源于动物的药用物质，如鸡内金、蜈蚣等。植物性药物又称中草药，如穿心莲、大黄、板蓝根等。中草药的成分复杂，除含有水、无机盐、糖类、脂类和维生素外，通常含有一定生物活性成分，如生物碱、苷、酮、挥发油等。矿物药包括天然的矿物质和经提纯或简单化学合成得到的无机物，如芒硝、石膏、碳酸氢钠（小苏打）、硫酸钠等。

2. 人工合成和半合成药物

人工合成和半合成药物是指用化学合成方法制得的药物，如恩诺沙星、地克珠利等。

3. 生物技术药物

生物技术药物是指采用微生物发酵、生物化学或生物工程方法生产的药物，包括抗生素、激素、酶制剂、生化药品、生物药品等。

三、药物的制剂与剂型

药物原料经过加工，制成安全、稳定和便于应用的形式称为药物的剂型。兽药常用的剂型按分散介质的不同，可分为液体、气体、固体、半固体四大类，每一大类中又包括了许多不同的剂型。

1. 液体剂型

以液体为分散介质。

(1) 注射剂 也称针剂，是指药物制成的供注入体内的灭菌水溶液（水针）、混悬液、乳状液油或无菌粉末（粉针剂）。水针一般可直接供肌内或静脉注射用。混悬剂（药效长）

仅供肌内和局部注射，不能做静脉注射。一般对热或水不稳定的药物常制成粉针剂，临使用时可加适当的注射用溶剂，稀释成液体后再用。

(2) 溶液剂 为非挥发性药物的澄明溶液。其溶剂常为水、醇、油。可内服或外用，如恩诺沙星溶液、氯化胆碱溶液。

(3) 煎剂及浸剂 为生药（中草药）的水浸出制剂。煎剂需加水煎煮，浸剂则加水浸泡。煎浸都有一定的时间规定，所用容器以陶瓷、玻璃为最佳，需临用前配制。中药汤剂也属煎剂。

(4) 酊剂和醑剂 酊剂是指生药（中草药）用规定浓度的乙醇浸出或溶解而制成的澄清液体制剂，如橙皮酊、龙胆酊等。也可用流浸膏稀释制成。通常100ml相当于生药10～20g。而挥发性药物（多半为挥发油）的醇溶液称醑剂，如樟脑醑。碘酊本应为醑剂，但人们习惯称为碘酊，也称碘酒。

(5) 流浸膏 将生药的醇或水浸液用一定的方法浓缩而成。通常每1ml相当于生药1g，如甘草流浸膏等。

(6) 合剂 将两种以上可溶性或不溶性的固体药物，用水溶解或混合后制成的透明液或悬浊液。供内服用。如复方甘草合剂等。

(7) 乳剂 是油脂或其他水不溶性物质，加适当乳化剂，与水混合后制成的乳状悬浊液。通常分为水包油乳剂（多供内服）或油包水乳剂（供外用）。

(8) 水剂 是挥发油或其他芳香性物质的饱和或近饱和水溶液。

(9) 搽剂 是刺激性药物的油性或醇性液体剂型，有溶液型、混悬型、乳化型等，如松节油搽剂等。仅供涂搽没有破伤的皮肤。

(10) 浇淋剂和喷滴剂 系杀虫药或驱虫药的透皮吸收药液。可沿动物背部浇泼或用专用器械按规定剂量体表喷滴。

2. 气体剂型

以气体为分散介质。现常用气雾剂。它是将药物和抛射剂共同装封于有阀门的耐压容器中，借抛射剂的压力将药物喷出的制剂。供吸入给药（如氟烷）或皮肤黏膜给药，也可用于空间消毒。

3. 半固体剂型

(1) 软膏剂 指药物与适宜基质制成具有适当稠度的膏状外用剂型。其中用乳剂型基质的亦称乳膏剂。

(2) 糊剂 是一种含较大量粉末成分（超过25%）的软膏剂。分两类：一类为油脂性糊剂，多用凡士林等为基质，与大量亲水性固体粉末混合制成；另一类为水溶性凝胶糊剂，多以明胶、淀粉等为基质，加一定量固体粉末制成。

(3) 浸膏剂 将生药浸出液浓缩成半固体或固体状后，再加入适量固体稀释剂，使每1g相当于2～5g生药。凡浸膏外形呈稠膏状的称稠浸膏，呈固体状的称干浸膏。主要用于调配其他制剂如散剂、片剂等。

4. 固体剂型

以固体为分散介质。

(1) 散剂 将一种或多种药物粉碎后均匀混合而成的干燥粉末状剂型。供内服或外用，如健鸡散、平胃散等。

(2) 可溶性粉剂 也称饮水剂，指将一种或多种可溶性药物与葡萄糖、蔗糖、乳糖等制成的主要以混饮方式给药的剂型，如氧氟沙星可溶性粉等。

(3) 预混剂 指一种或几种药物与适宜的基质均匀混合制成供添加于饲料用的饲料药物添加剂。

(4) 片剂 指一种或几种药物与适宜的辅料通过制剂技术制成片状的制剂。主要供内服，如土霉素片、维生素C片等。也可根据要求制成肠溶片、阴道片、植入片等。兽用片剂一般不包糖衣。

(5) 丸剂 由药物与赋形药混合制成的圆球状内服剂型。兽用丸剂可制成大丸剂。

(6) 胶囊剂 将药物分剂量填充于空胶囊内制成的内服剂型。可分为硬胶囊和软胶囊两种。硬胶囊的空胶囊壳是由明胶为主要材料制成，内装粉状或颗粒状药物。软胶囊又称胶丸，是用明胶、甘油、水等制成可塑性胶皮，在两片胶皮中间加入油状或半固体油状药物，用制丸机压制成的。

(7) 颗粒剂 指药物与赋形剂混合制成的干燥小颗粒状物，如甲磺酸培氟沙星颗粒等。主要用于内服、混饮等。

(8) 犬、猫用颈圈 是一种将杀虫药与增塑的固体热塑性树脂通过一定工艺制成的缓释制剂。

(9) 栓剂 系指药材提取物或药材细粉与适宜基质制成，供肛门、阴道等腔道给药的固体制剂。

此外，微囊作为一种制剂中的中间原料，是利用天然的或合成的高分子材料（囊材）将固体或液体药物（囊心物）包裹而成的微型胶囊。一般直径仅5～400μm，外形多样。可根据临床需要将微囊剂制成散剂、胶囊剂、片剂、注射剂及软膏剂等。

必备知识二　药物对动物机体的作用——药物效应动力学

研究药物对动物机体的作用规律，阐明药物防治疾病的原理，称为药物对机体的作用或药物效应动力学（简称“药效学”）。

一、药物作用的基本形式

药物作用是指药物小分子与机体细胞大分子之间的初始反应，药理效应是药物作用的结果，表现为机体生理、生化功能的改变。

1. 兴奋作用

机体在药物作用下，使机体器官、组织的生理、生化功能增强称为兴奋作用，引起兴奋作用的药物称为兴奋药。如咖啡因能使大脑皮层兴奋，使心脏活动加强，属于兴奋药。

2. 抑制作用

引起机体器官、组织的生理、生化功能减弱称为抑制作用，引起抑制作用的药物称为抑制药。如氯丙嗪可使中枢神经抑制、体温下降，属于抑制药。

药物的兴奋和抑制作用是可以转化的。当兴奋药剂量过大或作用时间过久时，往往在兴奋之后出现抑制。同样，抑制药在产生抑制之前也可出现短时而微弱的兴奋，如麻醉分期中的第二期有兴奋现象出现。

二、药物作用的方式

1. 局部作用与吸收作用

药物在吸收入血液以前在用药局部发挥的直接作用，称局部作用。如普鲁卡因在其浸润的局部使神经末梢失去感觉功能。药物经吸收进入全身循环后分布到机体各组织器官而发挥的作用称为吸收作用或全身作用。如吸入麻醉药产生的全身麻醉作用。

2. 直接作用与间接作用

从药物作用发生的顺序或原理来看，有直接作用和间接作用。药物与器官组织直接接触后或药物吸收后直接作用于靶器官所产生的原发作用称为直接作用；药物作用于机体通过神经反射、体液调节所引起的作用称为间接作用。如洋地黄毒苷给机体吸收后，直接作用于心脏，加强心肌收缩力，改善全身血液循环，这是洋地黄的直接作用，由于全身血液循环改善，肾血流量增加，尿量增多，使心衰性水肿减弱或消除，这是洋地黄的间接作用。

3. 药物作用的选择性

机体不同器官、组织对药物的敏感性表现出明显的差异，对某一器官、组织作用特别强，而对其他组织的作用很弱，甚至对相邻的细胞也不产生影响，这种现象称为药物作用的选择性。选择性的产生可能有几个方面的原因，首先是药物对不同组织的亲和力不同，能选择性地分布于靶组织或器官，如碘分布在甲状腺比其他组织高1万倍；其次是药物在不同组织的代谢率不同，因为不同组织酶的分布和活性有很大差别；第三是受体分布不均一性，不同组织受体分布的多少和类型存在差异。药物作用的选择性是治疗作用的基础，选择性高，针对性强，产生很好的治疗效果，很少或没有副作用；反之，选择性低，针对性差，副作用也较多。当然，有些药物几乎没有选择性地影响机体各组织器官，对它们都有类似作用，由于这类药物大多能对组织产生损伤性毒性，一般作为环境或用具的防腐消毒药。

4. 药物的治疗作用与不良反应

临床使用药物防治疾病时，可能产生多种药理效应，有的能对防治疾病产生有利的作用，称为治疗作用；其他与用药目的无关或对动物产生损害的作用，称为不良反应。多数药物在发挥治疗作用的同时，都存在不同程度的不良反应，这就是药物作用的两重性。

(1) 治疗作用 对因治疗：药物的作用在于消除疾病的原发致病因子，称为对因治疗，中医称“治本”。如用化疗药物杀死病原微生物以控制传染病。

对症治疗：药物的作用在于改善疾病症状，称为对症治疗，也称“治标”。如解热镇痛药安乃近使发热动物的体温降至正常。在一定情况下，应采用标本兼治的措施，急则治其标，缓则治其本。

(2) 不良反应

① 副作用 在常用治疗剂量时产生的与治疗无关的作用或危害不大的不良反应称副作用。副作用产生的原因是药物的选择性低，作用范围广。如链霉素引起的肌麻痹可用钙制剂予以纠正。药物的副作用和治疗作用伴随治疗的目的不同而转化。如阿托品的平滑肌松弛作用治疗腹痛时会出现口干等副作用，然而全身麻醉时，又选用阿托品的抑制分泌作用作为治疗作用，而松弛平滑肌引起的腹胀气或尿潴留则成为副作用。副作用是可预知的，往往很难避免，临床用药时可以设法纠正。

② 毒性反应 用药剂量过大或时间过长对机体功能、形态产生损害，称为毒性反应。主要表现为中枢神经系统、消化系统、血液及循环系统以及肝、肾功能等方面的功能性或器质性的损害。从毒性发生的时间上看，用药后在短时间内或突然发生的称为急性毒性反应，主要是用药量过大引起，如敌百虫片剂用于犬驱虫，量过大易发生急性中毒；长期反复用

药，因蓄积而逐渐发生的称为慢性毒性反应，主要是由于用药时间过长，如链霉素的耳、肾毒性。另外，部分药物具有致癌、致畸、致突变等特殊毒性反应，如阿苯达唑对早期妊娠的绵羊有致畸和胚胎毒性作用。

③ 变态反应（过敏反应） 机体接触某些半抗原性、低分子物质如抗生素、磺胺类、碘等，与体内细胞蛋白质结合成完全抗原，产生抗体，当再次用药时即出现抗原-抗体反应。表现为皮疹、支气管哮喘、血清病综合征，甚至过敏性休克。这种反应和药物剂量无关。如青霉素、链霉素、普鲁卡因等易发生过敏性反应。临床上采取防治措施通常是用药前对易引起过敏的药物先进行过敏试验，在用药后出现过敏症状时，根据情况可用抗组胺药、糖皮质激素类药、肾上腺素和葡萄糖酸钙等抢救。

④ 后遗效应 后遗效应指停药后血药浓度已降至阈值以下时残存的药理效应。如长期用糖皮质激素导致肾上腺皮质功能低下。一般情况下是不利的效应，但对于抗菌药则为有利方面。当抗菌药物与细菌接触一定时间后，药物浓度逐渐下降，低于最小抑菌浓度或药物全部排除后，仍然对细菌的生长繁殖继续有抑制作用称抗菌后效应（post antibiotic effect，PAE）。如大环内酯类抗生素和氟喹诺酮类抗菌药有较长的抗菌药后效应。

⑤ 继发性反应（又称治疗矛盾或二重感染） 属于药物治疗作用引起的不良后果。如成年草食动物长期应用广谱的四环素类药物时，对药物敏感的菌株受到抑制，菌群间相对平衡受到破坏，以致一些不敏感的细菌或抗药的细菌如真菌、葡萄球菌、大肠埃希菌等大量繁殖，可引起中毒性胃肠炎和全身感染。这种继发性感染特称为“二重感染”。

⑥ 特异质反应 少数特异质病畜对某些药物特别敏感，导致产生与药物本身药理作用无关的损害反应。该反应和先天遗传有关，大多是由于动物体缺乏某些酶，是药物在体内代谢受阻所致反应。

⑦ 停药反应（又称“反跳”） 指突然停药使原有疾病加剧的反应。

三、药物作用的机制

药物作用的机制或称药物作用原理，是研究药物在机体内或病原体内为什么起作用、如何起作用、在哪个部位起作用、起什么样的作用、有何不良反应等一系列问题。近几十年来对受体的研究已有突出的成就，人们的认识已从细胞水平、亚细胞水平深入到分子水平。但是科学的发展是永无止境的，关于药物作用机制的学说也不是固定不变的，随着科学的发展还会不断深入和完善。

1. 药物作用的非受体机制

一方面药物的化学结构多种多样，另一方面机体的功能千变万化，因此决定了药物对机体作用的机制是十分复杂的生理、生化过程。上述药物的特异性作用机制仅是药物作用机制之一，很多药物并不直接作用于受体也能引起器官、组织功能发生变化，因此应该在更广泛的基础上研究和了解药物作用的机制，只有这样才能认识药物作用的多样性和复杂性，才能更好地掌握各类药物的特征，更多地找寻和发现新药。按照目前的认识水平，药物作用还存在如下各种非受体机制。

（1）对酶的作用 酶是机体生命活动的基础。药物的许多作用都是通过影响酶的功能来实现的，除了受体介导某些酶的活动外，不少药物可对酶产生直接作用而改变机体的生理、生化功能，如咖啡因对磷酸二酯酶的抑制。

（2）影响离子通道 在细胞膜上除了受体操纵的离子通道外，还有一些独立的离子通道，如Na^{+}、K^{+}、Ca^{2+}通道等。有些药物可直接作用于这些通道而产生药理效应，如普鲁卡因阻断Na^{+}通道产生局部麻醉作用，以及钙、钾通道阻滞剂的抗高血压和抗心律失常作用等。

(3) 对核酸的作用 许多药物对核酸代谢的某一环节产生作用而发挥药效，如几乎所有抗癌药都能影响核酸代谢，有些抗菌药物可影响细胞的核酸代谢。

(4) 影响神经递质或机体自身活性物质 神经递质或自身活性物质在体内的生物合成、贮存、释放或消除的任何环节受阻断或干扰，均可产生明显的药理效应，如麻黄碱促进去甲肾上腺素的释放、利血平阻断递质进入囊泡、解热镇痛药抑制前列腺素的合成等。

(5) 参与或干扰细胞代谢 如一些维生素、氨基酸或微量元素可直接参与细胞的正常生理、生化过程，使缺乏症得到纠正；磺胺药由于阻断细菌的叶酸代谢而抑制其生长繁殖。

(6) 影响免疫功能 有些药物通过影响免疫功能而起作用，如黄芪多糖有免疫增强作用，环孢素有免疫抑制作用。

(7) 理化条件的改变 有的药物通过简单的理化反应或改变体内的理化条件而产生药物作用，如高渗葡萄糖溶液的脱水作用，抗酸药中和胃酸治疗消化性溃疡，螯合剂解除重金属中毒等。

2. 药物作用的受体机制

(1) 受体的基本概念 受体是位于细胞膜上或细胞内的一种具有特异性功能的大分子蛋白质或酶，它能与药物（包括递质或激素）发生特异性结合，并引起组织或器官发生特定生物效应，如神经递质、激素、活性肽、抗原、抗体等。对受体具有选择性结合能力的生物活性物质叫做配体（多种药物与毒物都是配体）。

一种特异的受体一般具有三个特性：饱和性，由于每个细胞的受体数量是一定的，因此配体与受体结合的剂量反应曲线应具有可饱和性；特异性，指特定的配体与特定的受体结合，是特异性的结合，配体在结构上和受体应是互补的，一般来说有效的药物对受体应具有高亲和力，化学结构的微小改变便可影响亲和力；可逆性，药物与受体结合后，应以非代谢的方式解离，而且解离得到的配体不是代谢产物，而应是配体原形本身。

常见受体主要有门控离子通道型受体（离子通道型受体）、G蛋白偶联受体、酶活性受体、细胞内受体等。

(2) 受体的功能及结合方式 受体在介导药物效应中主要起传递信息的作用。药物与受体相互作用是通过可逆性化学键结合，其结合方式有分子间作用力、氢键、离子键和共价键的形式。

(3) 药物与受体相互作用——激动药与阻断药（拮抗药） 药物与受体结合所产生效应的强度，与药物和受体亲和力有关，其相互作用形成药物受体复合物服从于质量作用定律。也就是说，效应强度与受体被药物占领数目（百分数）成正比；当全部受体被占领时，就发生最大效应。但也有例外的情况，特别是当从受体到达效应这条途径比较复杂时。亲和力表示药物与受体结合的能力，服从质量作用定律。药物与受体结合后诱导效应的能力取决于内在活性，又称效能。不同的药物具有不同的内在活性，可以产生不同的效应。凡既有亲和力又有内在活性的药物，称为激动药（或称兴奋药），如天然递质去甲肾上腺素等。另一类药物与受体具有亲和力，但缺乏内在活性，与受体结合后不仅不能诱导效应，而且还占据了受体影响了激动药与受体的作用，这类化合物称为阻断药（或称拮抗药），如阿托品阻断乙酰胆碱的作用。

四、药物的构效关系

药物的化学结构与药理效应或活性之间的密切关系，由于药物作用的特异性取决于特定的化学结构，这就是构效关系。化学结构类似的药物一般能与同一受体或酶结合，引起相似（拟似药）或相反的作用（拮抗药）。例如肾上腺素、去甲肾上腺素、异丙肾上腺素为拟肾上腺素药，普萘洛尔为抗肾上腺素作用，它们的结构式如下：

HO—(苯环)—CH—CH_2—NH— [—H 去甲肾上腺素；—CH_3 肾上腺素；—$CH(CH_3)_2$ 异丙肾上腺素]
HO　　　　　OH

(萘环)—OCH_2—CH—CH_2—N(H)—$CH(CH_3)_2$
　　　　　　　OH

普萘洛尔

相似化学结构的药物具有相似的作用，然而许多化学结构完全相同的药物存在光学异构体，具有不同的药理作用，既可表现为作用强度的差异，也可发生作用性质的变化（如奎宁为左旋体有抗疟作用，而其右旋体奎尼丁有抗心律失常的作用；左旋氧氟沙星的抗菌活性是氧氟沙星的 2 倍），并且多数左旋体有药理活性，而右旋体无作用，如左旋的氯霉素具有抗菌活性、左旋咪唑有抗线虫活性，但它们的右旋体没有作用。

五、药物的量效关系

在一定的范围内，药物的作用与药物在作用部位的浓度成正相关，随着浓度的提高，药物作用也加强。而药物在作用部位的浓度取决于用药剂量和药物在血中的浓度。这种药物效应与用药剂量之间的关系就是药物的量效关系。

1. 剂量的概念

剂量是指用药的分量。在一定范围内，药物剂量从小到大的增加引起机体药物效应强度或性质的变化，药物剂量过小，不产生任何效应，称为无效量；能引起药物效应的最小剂量，称最小有效量，又称阈剂量。随着剂量增加，效应也逐渐增强，其中对 50％个体有效的剂量称半数有效量（ED_{50}）。直至达到最大效应（最大效能）的药物剂量称为极量。此时若再增加剂量，效应不再加强，反而出现毒性反应。出现毒性反应的最低剂量称为最小中毒量，引起死亡的量称为致死量，引起半数动物死亡的量称半数致死量（LD_{50}）。最小有效量与极量之间的范围，称为安全范围或安全度。这个范围愈大，用药愈安全，反之则不安全（图 2-1）。药物在临床的常用量或治疗量应比最小有效量大、比极量小。兽药典对治疗量、剧毒药的极量都有所规定。

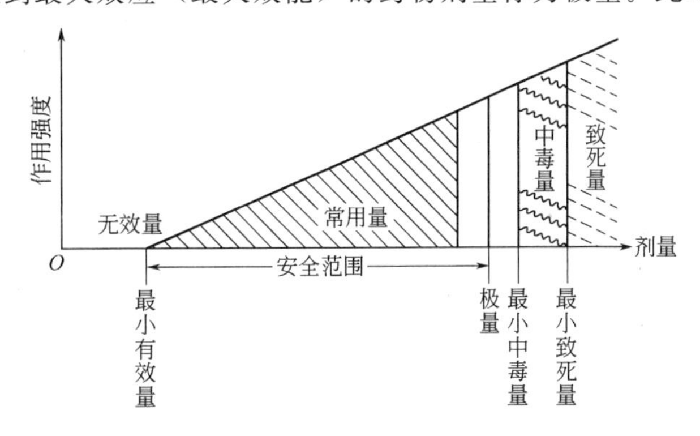

图 2-1　药物作用与剂量的关系

引自周新民主编《动物药理》

2. 量效曲线

在药理学研究中，常需要分析药物的量效关系，这种关系可用量效曲线表示，纵坐标表示效应强度，横坐标表示剂量，可得一直方双曲线；若以对数标尺作横坐标，效应强度作纵坐标，则可得一条对称的S形曲线，这就是典型的量效关系曲线（图 2-2）。

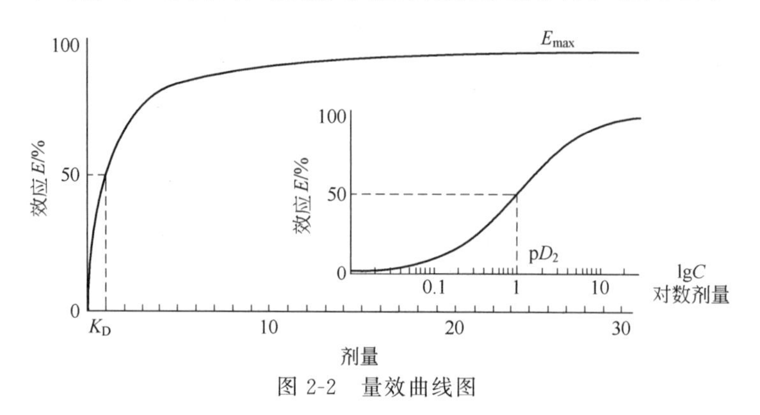

图 2-2　量效曲线图

K_D—药物-受体复合物解离常数；pD_2—表示$\frac{1}{2}E_{max}$，表示亲和力的大小

量效曲线说明量效关系存在以下规律：①药物必须达到一定的剂量才能产生效应；②在一定范围内，剂量增加，效应也增强；③效应达到最大效应或效能时，剂量再增强，效应也不再增加；④量效曲线的对称点在50%处，此处曲线斜率最大，即剂量稍有变化，效应就产生明显差别。所以在药理上常用ED_{50}和LD_{50}来衡量药物的效价和毒性。

量效曲线在横轴上位置，能说明药物作用的强度，它表示该药达到一定效应时所需的剂量。效价也称强度，是指产生一定效应所需的药物剂量大小，剂量愈小，表示效价愈高。从图 2-3 可以看出，A、C 两药在产生同样效应时，C 药所需剂量较 A 少，说明 C 药的效价高于 A 药。如氢氯噻嗪 100mg 与氢噻嗪 1g 所产生的利尿作用大致相同，故氢氯噻嗪的作用效价较氢噻嗪高 10 倍。A、B 两药在剂量相同时，B 药产生的效能比 A 药高。如吗啡同阿司匹林相比，吗啡能止剧痛，而阿司匹林只能用于一般的疼痛，故吗啡的镇痛效能高于阿司匹林。从临床角度，药物效能高比效价高更有价值。

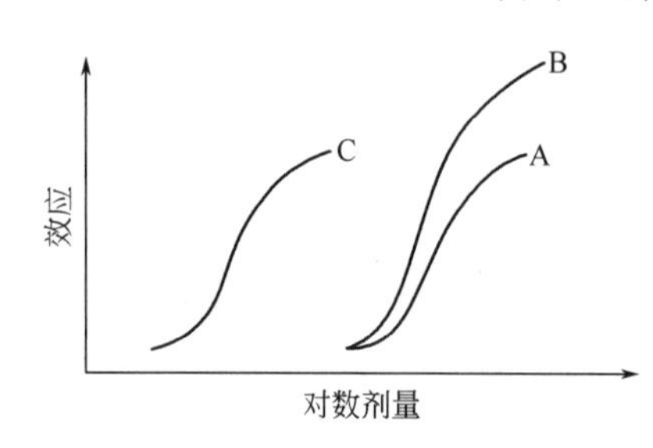

图 2-3　药物效能与强度的区别

A、B 表示两药剂量相同，效能不一样；
A、C 表示两药效能相同，强度不一样
引自周新民主编《动物药理》

3. 治疗指数与安全范围

治疗指数（TI）是指药物LD_{50}和药物ED_{50}的比值。该指数用来衡量药物的安全性，TI 值愈大，药毒性愈小，疗效相对愈高。一般认为 TI>3 时，有临床试用意义；TI>7 时，为最小安全值。如青霉素安全指数大于 1000。但以此计算的治疗指数不够完善，没有考虑到药物最大有效量时的毒性。从图 2-4 例子可以看出，A、B 两药的ED_{50}和LD_{50}相同，计算两药的治疗指数的值也相同。由图可见两药的量效曲线斜率不同。A 药ED_{95}～LD_5之间在量效曲线图上的距离（或LD_5/ED_{95}的值）比 B 药宽（或高），表明 A 药比 B 药安全，所以认为用ED_{95}～LD_5之间在量效曲线图上的距离或LD_5/ED_{95}的值作为安全范围评价药物的安全性比治疗指数更好。

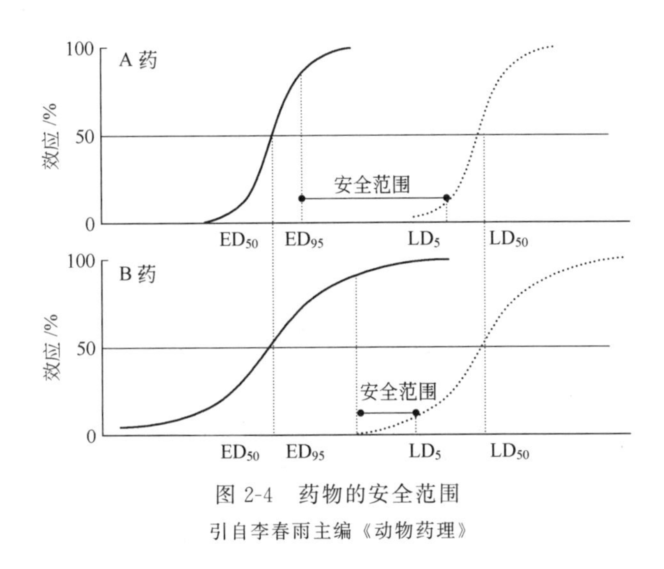

图 2-4　药物的安全范围

引自李春雨主编《动物药理》

必备知识三　动物机体对药物的作用——药物代谢动力学

药物进入机体，对机体组织器官的生理、生化功能产生效应。与此同时，动物机体组织器官对药物也产生各种各样的作用，使药物发生各种变化。药物动力学就是研究药物在动物体内运行和变化规律的科学。

一、生物膜的结构与药物的转运

1. 生物膜的结构

生物膜是细胞膜和细胞器膜的总称。细胞膜就是细胞外表的一层膜；细胞器膜包括核膜、线粒体膜、内质网膜、溶酶体膜等。生物膜的结构是以液态的脂质双分子层为骨架，其中镶嵌着一些蛋白质贯穿整个脂膜，组成生物膜的受体、酶、载体和离子通道等。生物膜是具有高度选择性的半透性屏障，其主要功能有物质转运功能、信息分子识别、信息传递以及能量转换等。

2. 药物的转运

药物在体内产生作用，大多在细胞内甚至是在细胞器内进行。药物从给药部位进入动物体内，首先吸收进入血液循环，再分布到各种器官组织，到达作用部位，经过生物转化最后由体内排出等过程。药物到达作用部位前都需要经过一系列的细胞膜或生物膜，称为跨膜转运。药物是通过生物膜上的这些受体、酶、载体、离子通道等进出细胞或细胞器而发挥作用的。药物通过细胞膜的转运方式有被动转运与主动转运两大类（图 2-5）。

(1) 被动转运　又称顺流转运，是药物通过生物膜时由浓度高的一侧向浓度低的一侧转运。膜两边的药物浓度差距越大，转运速度越快，膜两侧的药物浓度达到平衡，没有差异时，被动转运就会停止。这种转运不需消耗能量，依靠浓度梯度的转运方式，称为被动转运，一般包括简单扩散、滤过。

① 简单扩散　又称被动扩散或脂溶扩散，由于生物膜由脂质双分子层组成基本结构，具有类脂质特性，脂溶性药物可以直接溶解在脂质中，借助脂质通过生物膜。这种扩散过程与细胞代谢无关，不消耗能量，并且没有饱和现象，膜两侧药物浓度差距越大，药物脂溶性

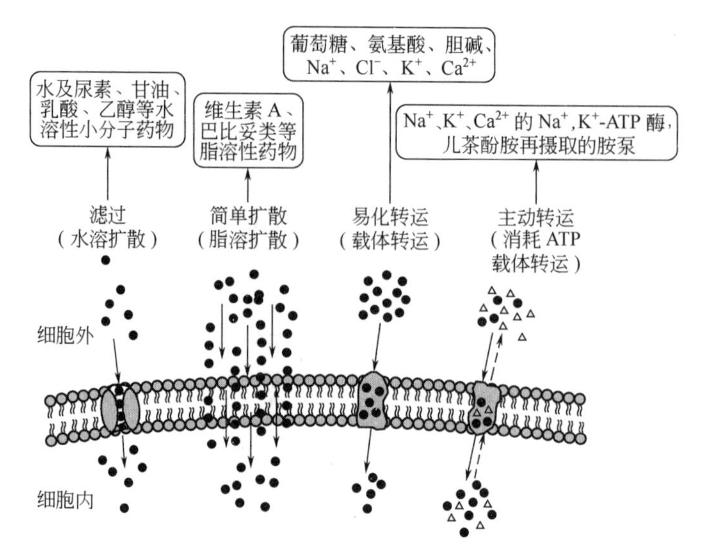

图 2-5 药物通过细胞膜的转运方式

引自李春雨主编《动物药理》

越大，扩散越快。非解离型的药物容易通过；解离型（离子化）药物具有极性（正、负电离子），脂溶性低，难以通过。

② 滤过 生物膜上有膜孔，主要是水的通道。一些直径小于膜孔的小分子、水溶性、极性或非极性药物，借助膜两侧的浓度差形成的渗透压，由渗透压高的一侧随水向渗透压低的一侧转运。大分子物质被阻挡滤除，不能通过。

③ 易化转运 又称易化扩散，是指一些非脂溶性或脂溶性较小的小分子物质，在膜上载体蛋白和通道蛋白的帮助下，顺电-化学梯度，从高浓度一侧向低浓度一侧扩散的过程。它包括两种方式，即经载体中介的易化扩散和经通道中介的易化扩散。许多重要的营养物质，如葡萄糖、氨基酸、核苷酸等在膜上载体蛋白的介导下，由高浓度一侧向低浓度一侧的跨膜转运。溶液中带电离子如 Na^+、K^+、Ca^{2+}、Cl^- 等，借助于离子通道蛋白的介导，顺浓度梯度或电位差的跨膜转运过程。通道是一类贯穿脂质双分子层，中央带有水性孔道的跨膜蛋白。以通道中介的易化扩散引起的跨膜转运是细胞生物电现象发生的基础。

(2) 主动转运 是药物逆浓度差由膜的一侧转运到另一侧，又称逆流转运。这是一种载体介导的逆浓度或逆电化学梯度的转运过程。转运的载体多为载体蛋白（如 Na^+,K^+-ATP 酶)，载体对被转运的物质有一定的选择性，转运时需要消耗能量，并且转运能力有一定限度，就是说载体有饱和性，如果载体达到饱和，就不能再进行转运。

如果两种物质通过同一载体转运，这两种物质间就会出现竞争性抑制。与载体亲和力强的物质首先占用了共用的载体，使载体不能对另外一种物质进行转运，抑制对另一种物质的转运。

(3) 胞饮作用 由于生物膜具有一定的流动性和可塑性，细胞膜可以主动变形，将某些大分子物质包裹后吞饮入细胞内。通过胞饮作用摄入固体物质时称作吞噬。

(4) 胞吐作用 是利用细胞膜的主动变形，将大分子物质由细胞内释放到细胞外。

二、药物的体内过程

从药物进入动物机体，经过吸收、分布、转化至排泄出体外的过程为药物的体内过程

（图 2-6）。药物在体内的吸收、分布和排泄统称为药物在体内的转运，而代谢过程则称为药物的转化。

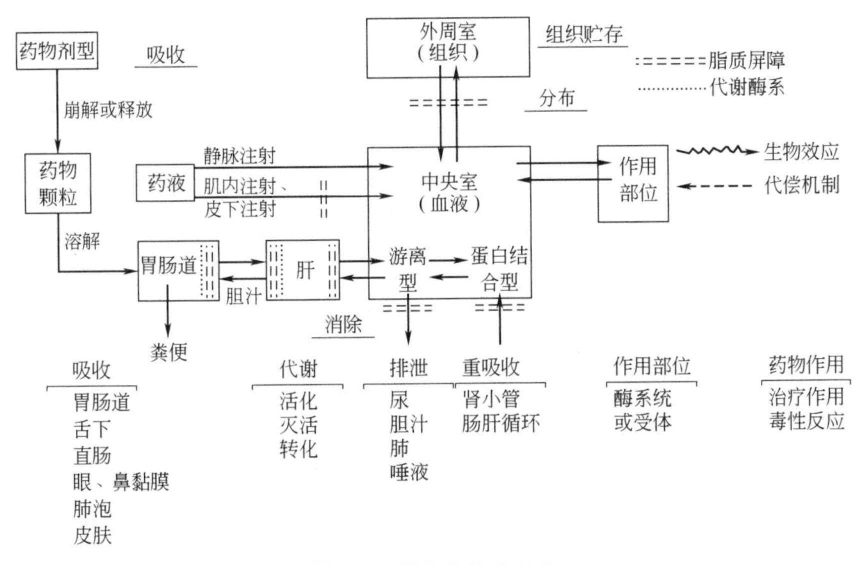

图 2-6 药物的体内过程

引自李端主编《药理学》

1. 吸收

吸收是指药物从用药部位进入血液循环的过程。除静脉注射药物直接进入血液循环外，其他方法给药，都要吸收进入血液循环才能到达作用的组织器官发挥作用。给药途径、剂型、药物的理化性质对药物吸收过程有明显的影响。在内服给药时，由于不同种属动物的消化系统的结构和功能有较大差别，故吸收也存在较大差异。不同给药途径，吸收率由高到低的顺序为静脉注射、呼吸道吸入、肌内注射、皮下注射、内服、皮肤给药。这里重点讨论常用的不同给药途径的吸收过程。

（1）内服给药 多数药物可经内服给药吸收，主要吸收部位是小肠，因为小肠绒毛有非常广大的表面积和丰富的血液供应，不管是弱酸、弱碱或中性化合物均可在小肠吸收。酸性药物在犬、猫胃中成非解离状态，也能通过胃黏膜吸收。

许多内服的药物是固体剂型，如片剂、丸剂，吸收前药物首先从剂型中释放出来。一般溶解的药物或液体剂型较容易吸收。

影响内服给药的吸收因素如下。

① 排空率 排空速率影响药物进入小肠的快慢，不同动物有不同的排空率，如马胃容积小，不停进食，排空时间很短；牛则不可能有排空。此外，排空率还受其他生理因素、胃内容物的容积和组成等影响。

② pH 不同动物胃液的 pH 有较大差别，是影响吸收的重要因素。胃内容物的 pH：马 5.5；猪、犬 3～4；牛前胃 5.5～6.5，真胃约为 3；鸡嗉囊 3.17。一般酸性药物在胃液中多不解离容易吸收，碱性药物在胃液中解离不易吸收，要在进入小肠后才能吸收。

③ 胃肠内容物充盈度 大量饲料可稀释药物，使浓度变得很低，影响吸收。据报道，猪饲喂后对土霉素的吸收少而且慢，饥饿猪土霉素的生物利用度可达 23%，饲喂后猪的血药峰浓度仅为饥饿猪的 10%。

④ 药物的相互作用　有些金属或矿物质元素如钙、镁、铁、锌等的离子可与四环素类、氟喹诺酮类等在胃肠道发生螯合作用，从而阻碍药物吸收或使药物失活。

⑤ 首过效应　内服药物从胃肠道吸收经门静脉系统进入肝脏，在肝药酶和胃肠道上皮酶的联合作用下进行首次代谢，使进入全身循环的药量减少的现象称首过效应，又称首过消除。不同药物的首过效应强度不同，首过效应强的药物可使生物利用度明显降低，若治疗全身性疾病，则不宜内服给药。有明显首过效应的药物有氯丙嗪、乙酰水杨酸、哌替啶、普萘洛尔、可乐定、利多卡因等。

(2) 注射给药　常用的注射给药主要有静脉、肌内和皮下注射。其他还包括组织浸润、腹腔注射、关节内、结膜下腔和硬膜外注射等。

快速静脉注射可立即产生药效，并且可以控制用药剂量；静脉滴注是达到和维持稳态浓度的最佳技术，达到稳态浓度的时间还取决于药物的消除速率。

药物从肌内、皮下注射部位吸收一般 30min 内达峰值，吸收速率取决于注射部位的血管分布状态。

(3) 呼吸道给药　气体或挥发性液体麻醉药和其他气雾剂型药物可通过呼吸道吸收。肺有很大表面积（如猪 50～80m^2），血流量大，经肺的血流量为全身的 10%～12%，肺泡细胞结构较薄，故药物极易吸收。

(4) 皮肤给药　浇泼剂是经皮肤吸收的一种剂型，它必须具备两个条件：一是药物必须从制剂基质中溶解出来，然后穿过角质层和上皮细胞；二是药物必须是脂溶性。在此基础上，药物浓度是影响吸收的主要因素，其次是基质。一般药物在完整皮肤均很难吸收，目前的浇泼剂其最好的生物利用度为 10%～20%。所以，若用抗菌药或抗真菌药治疗皮肤较深层的感染，全身治疗效果比局部用药更好。

2. 分布

分布是指药物从全身循环转运到各器官、组织的过程。由于不同器官的血液灌注差异，药物与组织亲和力不同，各部位 pH 和细胞膜通透性差异等影响，药物分布一般是不均匀的。药物分布到外周组织部位主要取决于五个因素：①药物的理化性质，如脂溶性、分子量等；②血液和组织间的浓度梯度，因为药物分布主要以被动扩散方式；③组织的血流量，单位时间、重量的器官血液流量较大，一般药物在该器官的浓度也较大，如肝、肾、肺等；④药物对组织的亲和力，药物对组织的选择性分布往往是药物对某些细胞成分具有特殊亲和力并发生结合的结果，这种结合常使药物在组织的浓度高于血浆游离药物的浓度；⑤体液的 pH 和药物的解离度，在正常生理情况下，细胞内液 pH（约为 7.0）略低于细胞外液（约 7.4）。由于弱酸性药物在较碱性的细胞外液中解离较多，因而细胞外液浓度高于细胞内液，碱化血液可使弱酸性药物由细胞内向细胞外转运，酸化血液可使弱酸性药物向细胞内转运。

(1) 与血浆蛋白的结合率　药物在血浆中能与血浆清蛋白结合，常以两种形式存在，游离型和结合型药物经常处于动态平衡。药物与血浆蛋白结合是可逆性的，结合后的药物无药理活性，也难以分布到组织中去，只有游离型药物才能被转运到作用部位产生生物效应。两种药物可竞争同一蛋白结合而发生置换现象，即可影响其中某种药物的游离血药浓度，如游离血药浓度过高，则可引起该药物中毒，应引起重视。与血浆蛋白结合率较高的药物在体内消除慢，作用维持时间长。各种药物与血浆蛋白的结合率不同，血浆蛋白与药物的结合能力有限（饱和性），而且是非特异性的，具有可逆性和竞争性。

（2）体内屏障

① 血脑屏障　中枢神经系统的毛细血管被神经胶质细胞包围，在血浆和脑细胞外液间形成一种选择性地阻止各种物质由血入脑的屏障。它有利于维持中枢神经系统内环境的相对稳定。

中枢神经系统中物质转运以主动转运和脂溶扩散为主。葡萄糖和某些氨基酸可易化扩散。分子较大、极性较高的药物不能通过血脑屏障。患脑膜炎时，血脑屏障的通透性增加，如青霉素，即使静脉注射也难进入正常动物的脑脊液，当发生脑膜炎时，青霉素就较易透过血脑屏障，在脑脊液内达到有效浓度。

② 胎盘屏障　将母体与胎儿血液隔开的胎盘起的屏障作用。脂溶性高的全身麻醉药和巴比妥类可进入胎儿血液，脂溶性低、解离型或大分子药物（如右旋糖酐）则不易通过胎盘，有些药物能进入胎儿循环，引起畸胎或对胎儿有毒性。

3. 生物转化

药物的生物转化，又称药物代谢，是指药物在体内多种药物代谢酶（尤其肝药酶）作用下，化学结构发生改变的过程。多数药物经生物转化后失去药理活性，称为灭活；少数由无活性药物转化为有活性药物或者由活性弱的药物变为活性强的药物，称为活化。某些水溶性药物可在体内不转化，以原型从肾排出。但大多数脂溶性药物在体内转化为水溶性高的或解离型代谢物，以致肾小管对它们的重吸收降低，便迅速从肾脏排出。转化的最终目的是有利于药物排出体外。生物转化通常分为两步（相）进行，第一步包括氧化、还原和水解反应，第二步为结合反应。药物代谢主要在肝脏内由微粒体酶系参与下进行，因此肝功能不良时，易引起药物中毒。

4. 药物的排泄

排泄是药物从体内排出体外的过程。肾脏是药物排泄的主要器官，其次是肺、胆道、肠道、唾液腺、乳腺和汗腺等。原型经肾脏排泄的药物在肾小管可被重吸收，使药物作用时间延长。重吸收程度受尿液 pH 影响，应用酸性药或碱性药改变尿液的 pH，可减少肾小管对药物的重吸收。

排泄过程的特点有：①大多数药物和代谢产物的排泄属于被动转运，少数药物属于主动转运；②在排泄或分泌器官中药物或代谢产物浓度较高时既具有治疗价值，同时又会造成某种程度的不良反应（如氨基糖苷类抗生素原型由肾脏排泄，可治疗泌尿系统感染，但是也容易导致肾毒性）；③各药物的主要排泄器官功能障碍时均能引起排泄速度减慢，使药物蓄积、血浓度增加而导致中毒，此时应根据排泄速度减慢程度调整用药剂量或给药间隔时间。

（1）肾脏排泄　药物及代谢产物经肾脏排泄时，先是经肾小球滤过和（或）肾小管主动分泌进入肾小管腔内，此时非离子化药物可再透过生物膜由肾小管被动重吸收。肾小球毛细血管的基底膜对分子量小于 20000 的物质可自由滤过，因此除了血细胞成分、血浆蛋白及其与之结合的药物等较大分子的物质之外，绝大多数游离型药物和代谢产物都可经肾小球滤过。脂溶性高、极性小、非解离型的药物和代谢产物容易经肾小管上皮细胞重吸收入血。经肾小管主动分泌而排泄药物是主动转运的过程，弱酸性药物和弱碱性药物分别由有机酸和有机碱主动转运系统的载体转运而排泄。如果由同一载体转运药物时，可发生竞争性抑制现象（图 2-7）。

（2）胆汁排泄　许多药物经肝脏排入胆汁，由胆汁流入肠腔，然后随粪便排出。有些脂溶性大的药物随胆汁排入肠腔后又被肠道重吸收，便形成肝肠循环。强心苷类药物洋地黄毒苷在体内可进行肝肠循环，使药物作用持续时间延长（图 2-8）。

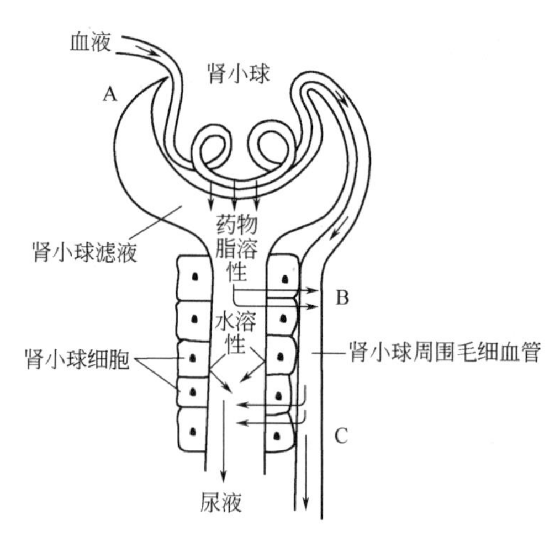

图 2-7 药物的肾脏排泄

A—滤过；B—重吸收；C—重吸收排泄

引自周新民主编《动物药理》

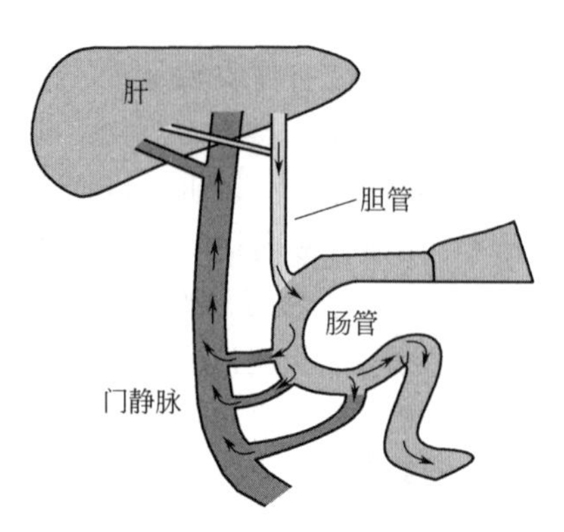

图 2-8 药物的肝肠循环

引自李雨春主编《动物药理》

（3）其他 经肠道排泄的药物主要是未被吸收的口服药物、随胆汁排泄到肠道的药物和由肠黏膜主动分泌排入肠道的药物。

许多药物可通过唾液、乳汁、汗液和泪液等排泄，有一定的临床意义。如利用唾液中的药物浓度与血药浓度之间良好的相关性，在临床上就可测定唾液中的药物浓度来监测血药浓度。又如乳汁的 pH 比血液偏酸性，弱碱性药物（如红霉素、阿托品等）在乳汁中可达较高浓度，通过喂乳进入体内产生药效或不良反应，要规定用药的奶的废弃期。

三、主要药动学参数

药动学又称药物代谢动力学，是研究药物在体内转运、转化过程中，药物浓度随时间而出现的变化动态规律的科学。

血药浓度是指在用药后不同时间采血，测定单位容积的血液中药物的含量，即药物在血液中的浓度。一般多测定血浆中的药物浓度，即血浆药物浓度。以每升（L）血浆含药物多少毫克（mg）表示。常用的药动学参数及其意义如下。

1. 生物利用度

生物利用度（F）是指药物以一定的剂量从给药部位吸收进入全身循环的速度和程度。这个参数是决定药物量效关系的首要因素。生物利用度一般用吸收百分率（%）表示，即：

$$\text{生物利用度}=\frac{\text{实际吸收量}}{\text{给药量}}\times 100\%$$

在药动学研究中，也可通过比较静脉给药和内服或其他非血管给药的血药浓度-时间曲线下面积（AUC）来测定，即：

$$\text{绝对生物利用度}=\frac{AUC_{\text{血管外给药}}}{AUC_{\text{静脉注射}}}\times 100\%$$

如果药物制剂不能进行静脉注射给药，则采用内服参照 AUC 比较，所得的生物利用度为相对生物利用度，即：

$$相对生物利用度=\frac{AUC_{受试制剂}}{AUC_{标准制剂}}\times 100\%$$

影响生物利用度的因素很多，同一种药物因不同的剂型、原料的不同晶形、赋形剂甚至批号等不同，都可能使生物利用度有很大差别。制剂工艺的改变可加速或延长片剂的崩解与溶出的速率，进而影响生物利用度。内服剂型的生物利用度存在相当大的种属差异，尤其单胃动物与反刍动物之间。因此，为了保证药剂的有效性，必须加强生物利用度的测定工作。

2. 消除半衰期

消除半衰期是指体内血浆药物浓度下降一半所需的时间，用 $t_{1/2}$ 表示。它是另一种反映药物消除速率的参数。绝大多数药物的消除是一级动力学，因此其半衰期是固定的数值，不因血浆药物浓度高低不同而改变。按零级动力学消除的药物，其 $t_{1/2}$ 可随着药物的血浆浓度而有所改变（图 2-9）。

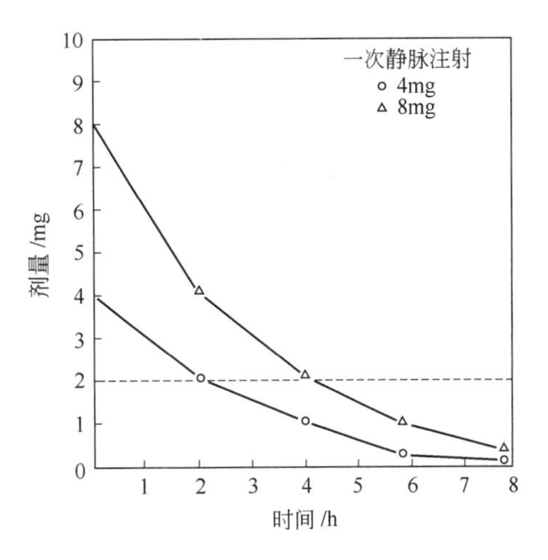

图 2-9　半衰期与血药浓度和剂量的关系（$t_{1/2}$=2h）
引自李雨春主编《动物药理》

了解药物的 $t_{1/2}$ 有重要的应用意义。在临床上一般均为多次用药，目的是使血浆药物浓度保持在有效浓度以上，且在最低中毒浓度以下。因此需根据 $t_{1/2}$ 确定给药时间。通常用药的时间约等于 1 个 $t_{1/2}$。如磺胺异噁唑血浆半衰期为 6h，可每 6h 给药 1 次，复方甲基异噁唑片（SMZ+TMP）两药的 $t_{1/2}$ 均为 11h。可每日服 2 次。也可根据 $t_{1/2}$ 预测连续给药后达到稳态血药浓度的时间。

3. 表观分布容积

表观分布容积是指假定药物均匀分布于机体所需要的理论容积，即药物在体内分布达到动态平衡时体内药量与血药浓度的比值。

4. 体清除率

体清除率是指单位时间内体内清除的药物表观分布容积数，即每分钟有多少毫升血中药量被清除。

必备知识四　影响药物作用的因素及合理用药的基本原则

药物的作用是药物与机体相互作用过程的综合表现，许多因素都可能干扰或影响这个过程，使药物的效应发生变化。这些因素包括药物方面、动物方面、饲养管理与环境因素、人为因素等。

一、药物方面的因素

1. 药物的剂量与剂型

药物的剂量对药物作用的影响主要表现在作用强度和作用性质上。同一药物在不同剂量时其作用性质有较大差别，如人工盐小剂量有健胃作用，而大剂量则有泻下作用；再如浓度为 75%的乙醇杀菌力最强，可用于体表的消毒，而浓度更高的乙醇，由于可使细菌表层蛋白质凝固，杀菌力反而降低。

剂型是药物应用的形式，对药效发挥有着重要作用。剂型可改变药物作用的性质，如硫酸镁口服可作泻下药，但硫酸镁注射液静脉注射有抗惊厥、解痉的作用。剂型可以调节药物作用的速度，如注射剂等属于速效剂，可用于急救，而丸剂、缓释剂属于慢效制剂。

2. 给药方案

给药方案包括给药剂量、途径、时间间隔和疗程。给药途径不同主要影响生物利用度和药效出现的快慢，一般在各种给药途径中的药物通过血液循环发挥作用的速度依次是：静脉注射＞吸入＞肌内注射＞皮下注射＞直肠给药＞内服。

大多数药物治疗疾病时必须重复给药，确定给药的时间间隔主要根据药物的半衰期。有些药物给药一次即可奏效，如解热镇痛药、抗寄生虫药等，但大多数药物必须按规定的剂量和时间间隔连续给予一定的时间，才能达到治疗效果，称为疗程。抗菌药物更要求有充足的疗程才能保证稳定的疗效，并避免产生耐药性，绝不可给药 1～2 次出现药效就立即停药。例如，抗生素一般要求 2～3 天为一个疗程，磺胺药则要求 3～5 天为一个疗程。

3. 联合用药及药物相互作用

临床上同时使用两种以上的药物治疗疾病，称为联合用药，其目的是提高疗效，消除或减慢某些毒副作用，适当联合应用抗菌药也可减少耐药性的产生。

两种或两种以上的药物联合使用，引起药物作用和效应的变化，称为药物相互作用。按作用机制分为药动学和药效学的相互作用。

(1) 药动学的相互作用 两种以上药物同时使用，一种药物可能改变另一种药物在体内的吸收、分布、生物转化或排泄，从而使药物的半衰期、峰浓度和生物利用度等发生改变。

(2) 药效学的相互作用 在药效学相互作用中，用于增强药物疗效或减少不良反应等有利的相互作用的药物联合，称为联合用药或配伍用药；相反，对于出现作用减弱或消失、毒副作用增强等有害的相互作用的药物联合使用，称为配伍禁忌。

① 协同作用 合并用药使作用增加的作用，称为协同作用。如氨基糖苷类药物、氟喹诺酮类药物、磺胺类药物与碱性药物碳酸氢钠合用，抗菌活性增强或不良反应减轻。其中，又可分为相加作用和增强作用。相加作用即药效等于两种药物分别作用的总和，如三溴合剂的总药效等于溴化钠、溴化钾、溴化铵三药相加的总和；增强作用即药效大于各药分别效应的和，如磺胺类药物与抗菌增效剂（甲氧苄啶）合用，其抗菌作用大大超过各药单用时的总和。

② 拮抗作用 合并用药效应减弱的作用，称为拮抗作用。磺胺类药物不宜与含对氨基苯甲酰基的局麻药如普鲁卡因、丁卡因合用，因后者能降低磺胺类药物防治伤口感染的抑菌效果。在抗菌药物中，常以部分抑菌浓度（简称 FIC 指数）值作为联合药敏试验的判断依据。即：

$$\text{FIC}=\frac{\text{甲药联用时的 MIC}}{\text{甲药单用时的 MIC}}+\frac{\text{乙药联用时的 MIC}}{\text{乙药单用时的 MIC}}$$

MIC 为最小抑菌浓度，即能够抑制培养基内细菌生长的最低浓度。FIC 值≤0.5 时，增强作用；0.5＜FIC 值≤1，相加作用；1＜FIC 值≤2，无关作用；FIC 值＞2，拮抗作用。

③ 配伍禁忌 两种以上药物混合使用时，在体外发生的相互作用，产生药物中和、水解、破坏失效等理化反应，出现浑浊、沉淀、产生气体及变色等异常现象，或者体内产生药理性拮抗作用的，称为配伍禁忌。一般分为药理性、物理性、化学性三类配伍禁忌。如青霉

素类药物与大环内酯类抗生素（如红霉素）和四环素类药物合用，使青霉素无法发挥杀菌作用，从而降低药效；利福平、氯霉素与氟喹诺酮类药合用时，氧氟沙星、环丙沙星作用减弱，诺氟沙星作用消失；微生态制剂不宜与抗生素合用；人工盐不宜与胃蛋白酶合用。所以，临床混合使用两种以上药物时应十分慎重，避免配伍禁忌。

4. 耐药性

耐药性又称抗药性，分为天然抗药性和获得抗药性两种。前者属于细菌的遗传特性，不可改变，如铜绿假单胞菌对大多数抗生素不敏感。获得耐药性，即一般所指的耐药性，是指病原体在多次接触抗菌药后，产生了结构、生理及生化功能的改变，对抗菌药的敏感性下降甚至消失，而形成具有抗药性的菌株。某种病原菌对一种药物产生耐药性后，往往对同一类的其他药物也具有耐药性的现象称为交叉耐药性，如多杀性巴氏杆菌对磺胺嘧啶产生耐药后，对其他磺胺类药均产生耐药。所以，在临床轮换使用抗菌药时，应选择不同类型化学结构的药物。

二、动物方面的因素

1. 种属差异

动物品种繁多，解剖、生理特点各异，不同种属动物对同一药物的药动学和药效学往往有很大的差异。药物在不同种属动物的作用除表现量的差异外，少数药物还可表现质的差异，例如牛对赛拉嗪最敏感，使用剂量仅为马、犬、猫的 1/10，而猪最不敏感，猪临床化学保定使用剂量是牛的 20～30 倍；猫对氢溴酸槟榔碱最为敏感，犬则不敏感；吗啡对人、犬、大鼠、小鼠表现为抑制，但对猫、马和虎则表现兴奋。

2. 生理因素

不同年龄、性别、怀孕或哺乳期动物对同一药物的反应往往有一定差异，这与机体器官组织的功能状态，尤其与肝药物代谢酶系统有密切的关系。如幼龄和老龄动物的肝微粒体酶代谢、肾功能较弱，一般对药物的反应较成年动物敏感，所以临床上用药剂量应该适当减少；怀孕动物对拟胆碱药、泻药或能引起子宫收缩加强的药物比较敏感，可能引起流产，临床用药必须慎重；草食幼畜牛、羊在哺乳期由于胃肠道还没有大量微生物参与消化活动，口服四环素类药物不会影响其消化功能，而成年草食牛、羊对四环素类药物则因能抑制胃肠道微生物的正常活动，会造成消化障碍，甚至会引起继发性（二重）感染。哺乳期动物则因大多数药物可从乳汁排泄，会造成乳中的药物残留，故要按奶废弃期规定，不得供人食用。

3. 病理状态

药物的药理效应一般都是在健康动物试验中观察得到的，动物在病理状态下对药物的反应性存在一定程度的差异。不少药物在疾病动物中的作用较显著，甚至要在病理状态下才呈现药物的作用，如解热镇痛药能使发热动物降温，对正常体温没有影响；严重的肝、肾功能障碍，可影响药物的生物转化和排泄，易引起药物蓄积，增强药物的作用，严重者可能引发毒性反应。如在鸡肾脏出现尿酸盐沉积的损害时，若施以磺胺类药物治疗则会加剧病情，造成鸡的大批死亡。

4. 个体差异

同种动物在基本条件相同的情况下，有少数个体对药物特别敏感称高敏性，另有少数个体则特别不敏感称耐受性，这种个体之间的差异最高可达 10 倍。原因在于不同个体之间的药物代谢酶类活性可能存在很大的差异，造成药物代谢速率上的差异。个体差异除表现药物作用量的差异外，有的还出现质的差异，例如马、犬等动物应用青霉素后，个别可能出现过敏反应。这种反应在大多数动物都不发生，只在极少数具有特殊体质的个体才发生的现象，称为特异质。

三、饲养管理与环境因素

药物的作用是通过动物机体来表现的，因此机体的功能状态与药物的作用有密切的关系。例如化疗药物的作用与机体的免疫力、网状内皮系统的吞噬能力有密切的关系，有些病原体的最后消除还要依靠机体的防御机制。所以，机体的健康状态对药物的效应可以产生直接或间接的影响。

动物的健康主要取决于饲养和管理水平。如营养不良，使蛋白质合成减少，药物与血浆蛋白结合率降低，血中游离型药物增多；由于肝微粒体酶活性减低，使药物代谢减慢；其综合结果使药物的半衰期延长，易引起毒副反应。在管理上应考虑动物群体的大小，防止密度过大，房舍的建设要注意通风、采光和动物活动的空间，加强病畜的护理，提高机体的抵抗力，使药物的作用得到更好的发挥。例如，用镇静药治疗破伤风时，要注意环境的安静；全身麻醉的动物应注意保温，给予易消化的饲料，使患畜尽快恢复正常健康。

环境生态的条件对药物的作用也能产生直接或间接的影响，例如不同季节、温度和湿度均可影响消毒药、抗寄生虫药的疗效。环境若存在大量的有机物，可大大减弱消毒药的作用；通风不良、空气高浓度的氨气污染可增加动物的应激反应，加重疾病过程，影响药效。

四、人为因素

1. 使用淘汰的药物

为了保证畜禽用药安全、有效，早在 1982 年原农牧渔业部曾以“(82) 农（牧）字第 83 号文件”列指了被淘汰禁用的兽药品种共 100 余种。但在工作中发现，已淘汰的兽药有人还在继续使用，不但影响畜禽疫病防治的效果，甚至会造成严重的经济损失。因此，在使用兽药的过程中，要掌握哪些药是已被淘汰的品种。

2. 使用过期的药物

凡规定有效期的兽药，期满后效价即降低或失效。不同的兽药有不同的有效期。在使用中要注意药品的生产日期和有效期，凡过期者不得再使用。

3. 改变用药途径

临床实践中发现有的畜主怕麻烦、图省事，将本应注射的药物改为内服，结果浪费药物和贻误治疗时机而使病情加重和造成疫病蔓延。如没有注明可用于口服的疫（菌）苗、各种血清、青霉素（单胃兽）等，只可用于注射。

4. 选用器械不当

一些兽医使用短而粗的针头，针孔大而浅，针尖变钝，造成注射不到位，注射药物量不足等问题。如小猪注射使用孔径大的针头，药液易溢出；大、中猪群使用的针头过短，低于脂肪的厚度，疫苗不能直接进入肌肉层。连续注射器连接不紧，漏气造成注入动物体内的药物剂量不准。

五、合理用药的基本原则

在畜禽疾病防治中，熟识各种药物的药理、药性、作用范围、适应证、用法及注意事项，“安全、合理、有效”是兽医工作者必须遵守的用药原则。

(1) 安全用药 在给药过程中，按照规定要求，根据药物及其停药期的不同，在畜禽出栏或屠宰前及时停药，可以避免残留药物污染食品。

(2) 合理用药 掌握适度的剂量，合适给药途径。能口服的药物最好随饲料给药而不作肌内注射，不仅方便省工，还可减少因大面积抓捕带来的一些应激反应。对于猪、牛等大家畜，采用肌内或静脉注射给药，方便、可靠、快捷；肌内注射又比静脉注射省时、省力，能肌内注射的不做静脉注射。

(3) 有效用药 坚持对症下药的原则。不同的疾病用药不同；同一种疾病也不能长期使用一种药物治疗，因为有的病菌会产生耐药性。如果条件允许，最好是对分离的病菌做药敏试验，然后有针对性地选择药物，达到“药半功倍”的效果，杜绝滥用兽药和无病用药现象。

(4) 不能标签外用药 即一般情况下用药在动物种属、适应证、给药途径、剂量和疗程等方面应与批准药物的标签说明一致。

必备知识五　动物诊疗处方

动物诊疗处方是由动物诊疗机构有处方资格的执业兽医师在动物诊疗活动中开具，由兽医师、兽药学专业技术人员审核、使用、核对，并作为发药凭证的诊疗文书。处方开写正确与否，直接影响治疗效果和病畜安全，兽医及药剂人员必须有高度的责任感，若产生医疗事故将要负法律责任。处方应当遵循安全、有效、经济的原则。一般普通处方要保存一年，毒、剧药品等处方应保存三年。兽医处方笺分两种规格：小规格为长 210mm、宽 148mm；大规格为长 296mm、宽 210mm。

一、动物诊疗处方的格式与开写方法

兽医处方笺（图 2-10）应当记载下列事项。

XXXXXXX 处方笺

动物主人/饲养单位＿＿＿＿＿＿＿＿ 档案号＿＿＿＿＿＿

动物种类＿＿＿＿＿＿ 动物性别＿＿＿＿＿＿ 体重/数量＿＿＿＿＿＿

年(日)龄＿＿＿＿＿＿ 开具日期＿＿＿＿＿＿＿＿

诊断：	Rp：

执业兽医师＿＿＿＿＿ 注册号＿＿＿＿＿ 发药人＿＿＿＿＿

第一联　从事动物诊疗活动的单位留存

注：“XXXXXXX 处方笺”中，“XXXXXXX”为从事动物诊疗活动的单位名称。

图 2-10　兽医处方笺

① 畜主姓名或动物饲养场名称，档案号；

② 动物种类、年（日）龄、体重及数量；

③ 诊断结果；

④ 兽药通用名称、规格、数量、用法、用量及休药期；

⑤ 开具处方日期及开具处方执业兽医注册号和签章。

处方笺一式三联，第一联由开具处方药的动物诊疗机构或执业兽医保存，第二联由兽药经营者保存，第三联由畜主或动物饲养场保存。动物饲养场（养殖小区）、动物园、实验动物饲育场等单位专职执业兽医开具的处方签由专职执业兽医所在单位保存。

处方笺应当保存两年以上。毒、剧药品等处方应保存三年以上。兽药经营者应当对兽医处方笺进行查验，单独建立兽用处方药的购销记录，并保存两年以上。

处方部分，首先在左上角写有“R”或“Rp”，Rp是“Recipe”书写上的一种简化，Recipe在现代英语词典中常作“处方”解释，有“请取给下列药”之义。一般的原则是：每药一行，将药物或制剂的名称写在左边，药物的剂量写在右边。注意药物的名称应按药典规定的名称书写，剂量按国家规定的法定计量单位开写，固体以“g”、液体以“ml”为单位时，常可省略，需要用其他单位时，则必须写明。剂量保留小数点后一位，各药的小数点上下要对齐；若一张处方上开有几种药物时，应按主药、辅药、矫正药、赋形药的顺序开写；再依次说明配制方法和服用方法。食品动物还应当注明休药期。

处方中药物剂量的开写方法有两种，即总量法与分量法。分量法只开写一次剂量，在用法中注明需用药次数和数量。总量法是开写一天或数天需用的总剂量，在用法中注明每次用量。

第三部分（签名部分） 执业兽医师处方开写完毕，药剂师应仔细核对，确定无误后分别签名以示负责，才能发药。

动物诊疗机构要按照原农业部发布的第2450号公告《兽医处方格式及应用规范》规定的规格和样式印制兽医处方笺或者设计电子处方笺。

二、动物诊疗处方的基本类型

1. 普通处方

处方中开的药物均为兽药典上所规定的制剂，其成分、含量及配制方法都有明确规定，开写时，只需写出制剂的名称、用量及用法即可。

2. 临时调配处方

临时调配处方是执业兽医师根据病情开写药典或兽药规范上没有规定的处方，将所需药物开在一张处方上，由药房临时配制。

3. 处方笺三色纸质管理

处方笺可用三色纸质管理，红色纸用于麻醉处方要特别注意，黄色纸为孕畜和产蛋鸡需慎用药物的处方，白色纸为一般处方。通过色别区分可减少处方笺出错率。

三、开写动物诊疗处方注意事项

① 开写处方不可用铅笔，字迹要清楚，不得涂改，不得有错别字，要使用规范字。

② 处方中的毒剧药品不应超过极量，如特殊需要超过极量时，执业兽医师应在剂量旁标明，以示负责。

③ 一个处方开多种药物时，应将药物按一定顺序上下排列：主药、辅药、矫正药和赋

形药。

④ 如在同一张处方中开有几个处方时，每个处方的处方部分均应完整分别填写，并在每个处方第一个药名的左上方写出次序号，如①、②…

⑤ 处方记载的患病动物项目应清晰、完整，并与门诊登记相一致。每张处方只限于一次诊疗结果用药。开具处方后的空白处应画一斜线，以示处方完毕。

⑥ 执业兽医师须在当地县级以上兽医行政管理部门签字留样及专用签章备案后方可开具处方；执业助理兽医师开具的处方须经所在诊疗地点执业兽医师签字或加盖专用签章后方有效。处方兽医的签名式样和专用签章必须与在动物防疫监督机构留样备查的式样相一致，不得任意改动，否则，应重新登记留样备案。

⑦ 执业助理兽医师、执业兽医师应当根据动物诊疗需要，按照诊疗规范、药品说明书中的药品适应证、药理作用、用法、用量、禁忌、不良反应和注意事项等开具处方。处方有修改时，在改动的右上方签上执业兽医师名字。执业兽医师未经亲自诊断、治疗，不得开具处方药。

实训 2-1 动物给药技能训练

动物给药技术
- 内服给药：经鼻给药，经口灌药，经口胃管投药，舔剂投药，丸剂、片剂、胶囊剂投药，群体给药
- 药物注射：皮内注射，皮下注射，肌内注射，静脉注射，气管内注射，腹腔内注射，乳房内注射
- 其他给药：气雾给药，直肠给药，皮肤给药，药浴

技能一 内服给药

方法一 经鼻给药

经鼻给药是指用胃管经鼻腔插入食管，将药液投入胃内的方法。多用于马、牛等大动物灌服多量水剂、可溶于水的药品，以及带有特殊气味、经口不易投服的药品。

【适用对象】 成年牛、马可用特制的胃管，其一端钝圆；马驹、羊可用大动物导尿管。此外，需有与胃管口径相匹配的漏斗。胃管用前应以温水清洗干净，排出管内残水，前端涂以润滑剂（如液状石蜡、凡士林等），而后盘成数圈，涂润滑剂的钝圆端向前，另端向后，用右手握好。

【操作方法】 将动物栏内站立保定并使头部适当抬高，操作者站于动物稍右前方，用左手无名指与小指伸入左侧上鼻翼的副鼻腔，中指、食指伸入鼻腔，与鼻腔外侧的拇指固定内侧的鼻翼。右手持胃管将前端通过左手拇指与食指之间，沿鼻中隔徐徐插入胃管，同时左手食指、中指与拇指将胃管固定在鼻翼边缘。当胃管前端抵达咽部后，随动物吞咽动作将胃管轻轻送入食管内。有时动物可能拒绝不咽，推送困难，此时应稍停或轻轻抽动胃管，在咽喉外部轻轻按摩，诱发吞咽动作，随即将胃管插入食管。

当判定胃管已插入食道无误时再将胃管前端推送到颈部下 1/3 处，连接漏斗灌药。投药结束，再灌以少量清水，冲净胃管内残留药液，而后右手将胃管折曲一段，徐徐抽出。当胃管前端退至咽部时，以左手握住胃管与右手一同抽出。用毕胃管洗净后，放在 2%煤酚皂溶

液中浸泡消毒，备用。

【注意事项】 ①插入或抽动胃管时要小心、缓慢，不得粗暴。②当病畜呼吸极度困难或有鼻炎、咽炎、喉炎、发热时，忌用胃管投药。③牛插入胃管后，遇有气体排出，应鉴别是来自胃内还是呼吸道。来自胃内气体有酸臭味，气味的发出与呼吸动作不一致。④牛经鼻投药，当胃管进入咽部或前部食管时，有时会发生逆呕，此时应放低牛头，以防呕吐物误咽入气管，如呕吐物多，则应抽出胃管，待吐完后再投。⑤牛的食管较马短而宽，胃管通过食管的阻力较小。也有胃管达到咽部时，前端折回口腔而被咬碎的可能。⑥证实胃管插入食管深部后再进行灌药。如灌药后引起咳嗽、气喘，应立即停灌。如灌药中因动物骚动使胃管移动脱出时，也应停止灌药，待重新插入判断无误后再继续灌药。⑦经鼻插入胃管常因操作粗暴或反复投送、强烈抽动或管壁干燥等刺激导致鼻黏膜肿胀发炎，有时造成血管破裂引起鼻出血。在少量出血时，可将动物头部适当抬高或吊起，冷敷额部。如出血过多冷敷无效时，可用1%鞣酸棉球塞于鼻腔中，或向鼻中喷入0.1%盐酸肾上腺素，或注射止血药。

投药前，必须准确判断是否插入食管内（见表实1-1）。否则，会将药误灌入气管和肺内，可引起异物性肺炎，甚至造成死亡。药物如误投入呼吸道，动物立即表现不安，频繁咳嗽，呼吸急促，鼻翼开张或张口呼吸，继而可见肌肉震颤、出汗、黏膜发绀、心跳加快。如灌入大量药液时，可造成动物窒息或迅速死亡。在灌药过程中一旦发现异常，应立即停止并使动物低头，促进咳嗽，呛出药物。其次应用强心剂或给以少量阿托品兴奋呼吸中枢，同时应大量注射抗菌药物，直至恢复。严重者，可按异物性肺炎的疗法进行抢救。

表实1-1 胃管插入食管与气管的判断方法

判断方法	插入食管内	插入气管内
胃管前送的感觉	胃管推进到咽喉时稍有抵抗感，易引起吞咽动作，随吞咽胃管进入食管，向前送胃管稍有阻力感	无吞咽动作、无阻力，多数引起强烈咳嗽
观察食管变化	胃管前端在食管沟呈现明显的波浪式蠕动下移	无
胃管内充气反应	随气流进入，颈沟部可见有明显波动。同时挤压橡胶球将气排空，使不再鼓起	无波动
胃管外端耳边听诊	不规则咕噜声或水泡音，无气流冲击耳边	随呼吸有气流冲击耳边
胃管外端浸入水中	水中无气泡或仅有极少量气泡	随呼吸动作，水中出现大量气泡
触摸颈沟部	手摸颈沟部感到有一坚硬的索状物	无
鼻嗅胃管内气味	有胃内酸臭味	无

方法二 经口灌药

经口灌药是指经过口腔将药液投入胃内的方法，是投服少量药液时常用的方法，用于猪、犬、猫、牛和马等。

【适用对象】 大、中、小动物均可。

【操作方法】

1. 马、牛等大动物给药时，助手用手或鼻钳子保定头部，使口角和舌根平行，灌药者用灌角、投药橡皮瓶、注射器等自一侧口角通过门、臼齿间的空隙入口并送至舌背部或舌根，抬高灌角或瓶底，并轻轻振抖。如用橡胶瓶时可挤压瓶体促进药液流出，将药灌入，用手托起下颌部，使头稍高，待其咽下。

2. 猪经口灌药时，助手用腿夹住猪的颈部，用手抓住两耳，使头稍仰，投药者一手用开口器（或木棒）打开口腔，另一手持盛药瓶或注射器自口角处徐徐灌入药液。

3. 犬、猫、羊等中型和小型动物给药时，给药者一手掌心横越鼻梁，用手指将上腭两侧的皮肤包住上齿列，打开口腔，另一手持小勺沿舌面送入口腔，并将药物倒在舌根部，迅速抽回小勺，用手托起下颌部，将嘴合拢；当犬、猫舌尖伸出牙齿之间出现吞咽动作或者用舌舔鼻子时，说明已将药物咽下。另外，犬、猫给药时，还可在打开口腔后，用注射器将药物从口角注入。

【注意事项】 ①灌药时，动作要缓慢、仔细，切忌粗暴。②头部不宜过高，以口角与眼角连线与地面平行为准，谨防将药物灌入气管。③每次灌药量不宜过多，不要太快，每次灌入后待药液完全咽下后再重复灌入。马、牛灌药时不能紧抓舌头不放。④灌药中，动物如发生剧烈咳嗽，应立即停止灌药，并使其头部低下，若将药液咳出，需待安静后再灌药。⑤猪在嚎叫时喉门张开，应暂时停止灌药。

方法三　经口胃管投药

经口胃管投药是用胃管经口腔插入食管，将药液投入胃内的方法。

【适用对象】 适合猪、犬、猫等中小型动物。

【操作方法】 动物站立保定，助手抓住两耳向上提举，投药者打开口腔，先将中间有孔的开口器横置于口腔内并做固定。然后将胃管从开口器中央插入口内，从舌面上缓缓地向咽部推进。在动物出现吞咽动作时，顺势将胃导管推入食管直至胃内。当判定确实插入胃内时，将药液灌入。灌药完毕，压扁导管末端，缓缓抽出胃导管。

【注意事项】 操作注意事项同经鼻给药。

方法四　舔剂投药

【适用对象】 常用于马、牛。

【操作方法】 助手按常规方法保定马、牛的头部，并略抬高。投药者首先把舔剂涂在舔剂投药板的前端，然后一手将舌拉出口外，同时拇指顶住硬腭，另一手将舔剂板从口角送至舌根部，翻转舔剂板，稍向下压，迅速抽出舔剂板，舔剂即抹在舌面上。然后把舌松开，托住下颌部，待其咽下即可。

方法五　丸剂、片剂、胶囊剂投药

【适用对象】 多用于猪、犬等中小型动物。

【操作方法】 将动物保定好，投药者用开口器打开口腔，另一手将药剂投掷到舌根部，然后抽出开口器，令其咽下。对犬投药者以左手握住犬的两侧口角，打开口腔，可用镊子夹药送至舌根部。当犬把舌尖少许伸于牙齿之间，出现吞咽动作，说明药已吞下。如犬含药不咽，可通过刺激咽部或将犬的鼻孔捏住，促使犬将药吞下。

方法六　群体给药

为了预防或治疗动物疾病、促进生长发育，常采用动物群体给药，如混饲、混饮等。

1. 混饲　将药物均匀混入饲料中，让动物在吃饲料时能同时吃进药物。此法简便易行，适用于长期投药。不溶于水的药物用此法尤为恰当。

【注意事项】 ①药物与饲料的混合必须均匀，稀释比例要精确，并应准确掌握饲料中药物的浓度。②兽用原料药不得直接加入饲料中使用，必须制成预混剂后才可添加到饲料中。③混饲前可禁食一段时间，使动物在规定时间内服用足量药物。

2. 混饮　将药物溶解于水中，让动物自由饮用。此法尤其适于患病不能采食、但还能饮水的动物。采用此法须注意根据动物饮水量来计算用药量与药液浓度。需要注意药物溶解要充分，对不溶于水或在水中易被破坏的药物，应采取相应措施以保证疗效，如使用助溶剂使药物能够溶于水，限制时间饮用完药液，以防止药物失效或增加毒性等。

技能二　药物注射

注射法是使用无菌注射器或输液器将药液直接注入动物体组织内、体腔或血管内的给药方法，对注射操作具有特殊的要求。①遵守无菌操作原则，防止感染。对被毛厚密的动物，可先剪毛。用棉签蘸2%碘酊消毒注射部位，再用70%乙醇脱碘，待干后方可注射。对群体动物注射时，一定要坚持每个动物换一个针头，以防交叉感染。②认真复核查对畜主名、动物、药名、剂量、浓度、时间、用法，以免误注。③注意检查药液质量，如药液变色、沉淀、混浊，药物有效期已过或安瓿有裂缝，均不能使用。多种药物混合注射需注意配伍禁忌。④选择合适的注射部位，防止损伤神经和大血管，不能在炎症、硬结、瘢痕及皮肤病变处进针。注射药物应按规定时间现用现配，以防药物效价降低或被污染。⑤抽吸药液时，首先将安瓿尖端药液弹至体部，用酒精棉球消毒安瓿颈部，折断安瓿。将针头斜面向下放入安瓿内液面之下，吸药时手持针栓柄，不可触及针栓其他部位。抽毕，将针头垂直向上，轻拉针栓，使针头中的药液流入注射器内，气泡聚集在乳头处，轻推针栓，驱出气体。将安瓿套在针头上备用。

方法一　皮内注射

皮内注射是将药液注入表皮与真皮之间的注射方法。药液的注入量太少，不用于治疗。

【临床应用】 主要用于结核病、副结核病及鼻疽病的变态反应诊断，或做药物过敏试验、疫苗等的预防接种。

【操作方法】 注射部位可根据不同动物选择在颈侧中部或尾根内侧。注射时左手绷紧注射部位的皮肤，右手持注射器，针头斜面向上，与皮肤呈5°角刺入皮内。待针头斜面全部进入皮内后，推注药液。注射正确时，可见注射局部形成一半球状隆起，推药时感到有一定的阻力。

方法二　皮下注射

【临床应用】 凡是易溶解、无强刺激性的药品及疫苗、血清等均可做皮下注射。

【操作方法】 注射部位多选择在皮肤较薄、富有皮下组织、松弛易移动、活动性较小的部位。大动物多在颈部两侧，猪在耳根后或股内侧，羊在颈侧、肘后或股内侧，犬、猫可在颈侧及股内侧，禽类在翼下。注射时，左手指捏起注射部位的皮肤，同时以食指尖下压皮肤呈皱褶陷窝，右手将注射器从皱褶基部的陷窝处刺入皮下，如感觉针头无抵抗且能自由活动针头时，右手稍抽动注射器内栓，确认没有回血后注射药液。注射大量药液时应分点注射。

方法三　肌内注射

【临床应用】 一般情况下，刺激性较强和较难吸收的、进行血管内注射有副作用的或油剂和乳剂而不能进行血管内注射的制剂可应用肌内注射。

【操作方法】 注射部位应避开大血管及神经径路，大动物与犊、驹、羊等在颈侧及臀部，猪在耳根后、臀部或股内侧，犬、猫在股内侧、背部或臀部，禽类在胸肌部。注射时，左手拇指与食指轻压注射部位，右手持注射器如执笔式使针头与皮肤呈垂直，迅速将针头的2/3刺入肌肉内；用左手拇指与食指握住露出皮外的针头结合部，其余手指压在皮肤上，再用右手抽动注射器内栓，确认无回血后即可缓慢注入药液。

方法四　静脉注射

【临床应用】 主要用于大量的输液、输血和以治疗为目的急需速效的药物，刺激性较强或皮下、肌内不能注射的药物等。

【操作方法】

1. 马、牛、羊颈静脉内注射　将动物头部保定，在颈静脉的上1/3与中1/3的交界处局部剪毛消毒，用左手拇指横压在注射部位稍下方近心端的颈静脉沟上，使脉管怒张；右手持针头，针尖斜面向上，与皮肤成30°～45°角，在压迫点前上方准确、突然刺入静脉内，见有回血后，再沿脉管向前进针，松开左手，同时用拇指和食指固定针头的连接部，靠近皮肤，连接注射器或输液器后即可注入药液。

2. 猪静脉内注射

（1）耳静脉注射　猪站立或侧卧保定，助手捏住猪耳背侧根部静脉管处，使静脉怒张，或用酒精棉反复涂擦，并用手指头弹叩，以引起血管充盈；注射者用左手把持耳尖并将其托平，右手持针头沿静脉管径路刺入血管内，见有回血后，再沿血管向前进针，松开压迫静脉的手指，用左手拇指压住注射针头，连接注射器或输液器后即可注入药液。

（2）前腔静脉注射　当大量输液或采血时，可用前腔静脉注射法。动物站立保定，注射部位取右侧耳根至胸骨柄的连线上，距胸骨端约1～3cm处。注射者拿带针头注射器，稍斜向中央并刺向第一肋骨间胸腔入口处，边刺入边回血，一般2～6cm见有回血时，即已刺入前腔静脉内，可徐徐注入药液。仰卧保定时，胸骨柄可向前突出，并在两侧第一肋骨结合处的前面侧方呈两个明显的凹陷窝，用手指沿胸骨柄两侧触诊时更感明显，多在右侧凹陷窝处进行注射。

3. 犬静脉内注射　是前臂皮下静脉（也称桡静脉）注射，此静脉位于前肢腕关节正前方稍偏内侧。犬可侧卧、伏卧或站立保定，助手或犬主人从犬的后侧握住肘部，使皮肤向上牵拉和静脉怒张，注射针由近腕关节1/3处刺入静脉，当确定针头在血管内后，针头连接乳胶管处见到回血时注入药液。静脉输液时，可用胶布缠绕前肢以固定针头。输液过程中，必要时可试抽回血，以适时检查针头是否在血管内。注射完毕，以干棉签或棉球按压穿刺点，迅速拔出针头，局部按压片刻防止出血。也可用后肢外侧小隐静脉或后肢内侧面大隐静脉进行注射，分别位于后肢胫部下1/3的外侧浅表皮下和后肢膝部内侧浅表的皮下。

4. 猫股静脉注射　侧卧保定，助手左手抓住猫两耳之间，右手握住猫两前肢及侧卧一上后肢，注射者左手食指和中指按压股下后肢内侧静脉上1/3处，大拇指固定注射部位，右手持针，呈10°～15°角刺入静脉，见有回血后即可进行注射。

方法五　气管内注射

气管内注射是将药液注入气管内，使药物直接作用于气管黏膜的方法。

【临床应用】 临床上常将抗生素注入气管内治疗支气管炎和肺炎，也可用于肺脏的驱虫。

【操作方法】 注射部位一般在颈上1/3处、腹侧面正中、两个气管软骨环之间进行注射。动物站立保定，使前躯稍高于后躯，局部剪毛消毒。术者一手持连接针头的注射器，另一手握住气管，于两个气管软环之间垂直刺入气管内，此时摆动针头，感觉前端空虚，再缓缓滴入药液。注完后拔出针头，涂擦碘酊消毒。

【注意事项】 注射前宜将药液加温至与畜体同温，以减轻刺激；注射速度不宜过快，最好逐滴注入；注射药液量不宜过多，猪、羊、犬一般3～5ml，牛、马20～30ml，量过大时，易发生气道阻塞而产生呼吸困难。

方法六　腹腔内注射

【临床应用】 用于静脉注射难以满足需要或有困难时，以及腹膜炎、某些疾病的腹腔封闭疗法。

【操作方法】 大动物在右肋部注射。犬、猫、仔猪、羊等中小型动物注射时高抬后肢做倒立保定，使内脏下垂，在耻骨前缘腹正中线或腹正中线旁垂直刺入，回抽注射器，如无液体或血液抽出，将药物注入。

方法七　乳房内注射

乳房内注射是指经导乳管将药液注入乳池的方法。

【临床应用】 主要用于治疗奶牛、奶山羊的乳腺炎，或通过导乳管送入空气，治疗奶牛生产瘫痪。

【操作方法】 以左手将动物乳头握于掌内，轻轻向下拉，右手持消毒的导乳管，自乳头口徐徐导入。再以左手把握乳头及导乳管，右手持注射器与导乳管结合，然后徐徐注入药液。注射完毕，拔出导乳管，以左手拇指与食指捏闭乳头开口，防止药液外流。右手按摩乳房，促进药液充分扩散。为治疗生产瘫痪需要送风时，在金属滤过筒内，放置灭菌纱布，滤过空气，防止感染，再将乳房送风器与导乳管连接。为洗涤乳房注入药液时，将洗涤药剂注入后，随后即可挤出。反复数次，直至挤出液透明为止，最后注入抗生素溶液。

【注意事项】 使用前，导乳管前端须涂消毒的润滑油。如使用针头，尖端一定要磨光滑，防止损伤乳头管黏膜。送风时要遵守无菌操作，以防感染。特别是使用注射器送风时更应注意。注入药液一般以抗生素溶液为主，洗涤药液多用雷佛奴尔溶液、生理盐水或低浓度青霉素溶液等。

技能三　其他给药

方法一　气雾给药

1. 药物蒸熏法

【临床应用】 利用蒸熏药物产生的蒸气进行治疗的方法。适用于流行性感冒、支气管炎、肺炎以及某些皮肤病的治疗。

【操作方法】 对动物进行群体治疗时采用室内蒸熏法。治疗室应密闭，面积以10～12m^2为宜。治疗室内设药物蒸气锅，将药物加水倒入锅内，加热煮沸，让蒸气弥漫室内。

将待治疗动物迁入室内。每次治疗时间为15～30min，每天或隔天1次。

2. 超声波雾化器疗法

【临床应用】 适于小动物肺部疾病及吸入抗过敏药，或用于疫苗接种等。

【操作方法】 采用超声波雾化器，将药物雾化后，使之分散成微粒，让动物经呼吸道吸入而在呼吸道发挥局部治疗作用，或使药物经肺泡吸收进入血液而发挥全身治疗作用。若喷雾于皮肤或黏膜表面，则可发挥保护创面、消毒、局部麻醉、止血等局部作用。该方法操作简便、仪器价格低，目前已在宠物医院广泛应用，以治疗上呼吸道、气管、支气管感染及肺部感染，对于改善呼吸道疾病症状、消炎、抗菌，以及止咳、祛痰具有独到的治疗功效。

【注意事项】 药物对动物呼吸道应无刺激性，且药物应能溶解于呼吸道的分泌液中，否则会引起呼吸道炎症。

方法二　直肠给药

【临床应用】 常用于出现严重呕吐症状的犬、猫，经口投药的药液常随呕吐物损失。

【操作方法】 抓住犬或猫两后肢，抬高后躯，将尾拉向一侧，如用导尿管，猫经肛门向直肠内插入3～5cm，犬插入8～10cm；用注射器吸取药液后，经导管灌入直肠，一般情况下，猫灌入30～45ml，犬灌入30～100ml。拔下导管，将尾根在肛门上压迫片刻，防止努责。

方法三　皮肤给药

【临床应用】 用于抗菌、驱虫或其他全身治疗。

【操作方法】 此方法给药方便、用药安全，可以随时中断给药，减少给药次数，延长给药间隔。通过皮肤敷贴或喷洒，药物透过皮肤吸收，以达到体内长时间维持有效血药浓度和治疗的作用。

方法四　药浴

【临床应用】 药浴是治疗由疥螨和痒螨寄生在皮肤上所引起疥癣病的有效方法，多用于羊。药浴也为鱼类等水生动物常用的给药方法。

【操作方法】 治疗动物疥癣病时，药浴可选用0.05%蝇毒磷乳剂水溶液，或0.5%敌百虫水溶液，温度35℃，药液量以能完全浸泡动物体或治疗部位为宜。绵羊以剪毛5～7天进行药浴为最佳期，药浴前8h停止喂料，入浴前2h给羊饮足水。先浴健康羊、后浴疥癣羊，羊在药浴池中一般停留3～5min，浴中用压扶杆将羊头压入药液中2～3次，使周身都受到药液浸泡。

水生动物给药有两种方式，一种是把水生动物放入溶有药物的水中浸洗，另一种是在水生动物的栖息水中溶入药物。浸洗时，采用较高的药物浓度，进行短时间的药浴；在饲养水中遍洒药物时，则采取较稀浓度、长时间药浴。陆上动物也可采用药浴方法杀灭体表寄生虫。药浴用的药物最好是水溶性的。难溶的药物，要先用适宜溶剂将药物溶解后再溶入水中。药浴应注意掌握好药液浓度、温度和浸洗的时间。

实训2-2　动物医院用药训练

【目的】 了解开处方的意义，掌握处方的结构。根据临床实际，能较熟练、准确地开写处方，掌握动物医院临床用药技能。

【材料】 处方笺、临床病例、相关药品、器械。

【内容】

1. 先由教师讲述动物疾病的治疗方案，后由学员开写处方登记。
2. 学生处方经教师审核后进行药物配制。
3. 根据治疗方案，用配制后的药进行动物投药、注射、输液等。
4. 用药完成后，清理用药器械。

【注意事项】 按照药品说明书的推荐剂量、调配要求、给药速度和疗程使用药品。用药过程中，应密切观察用药反应，特别是开始的30min。发现异常，立即停药，采用积极救治措施救治患病动物。

【实训报告】 要求每位学员均要会开写处方，完成正确的处方笺，记述用药经过和感受。

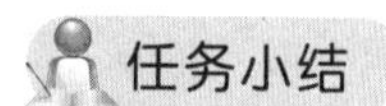

任务小结

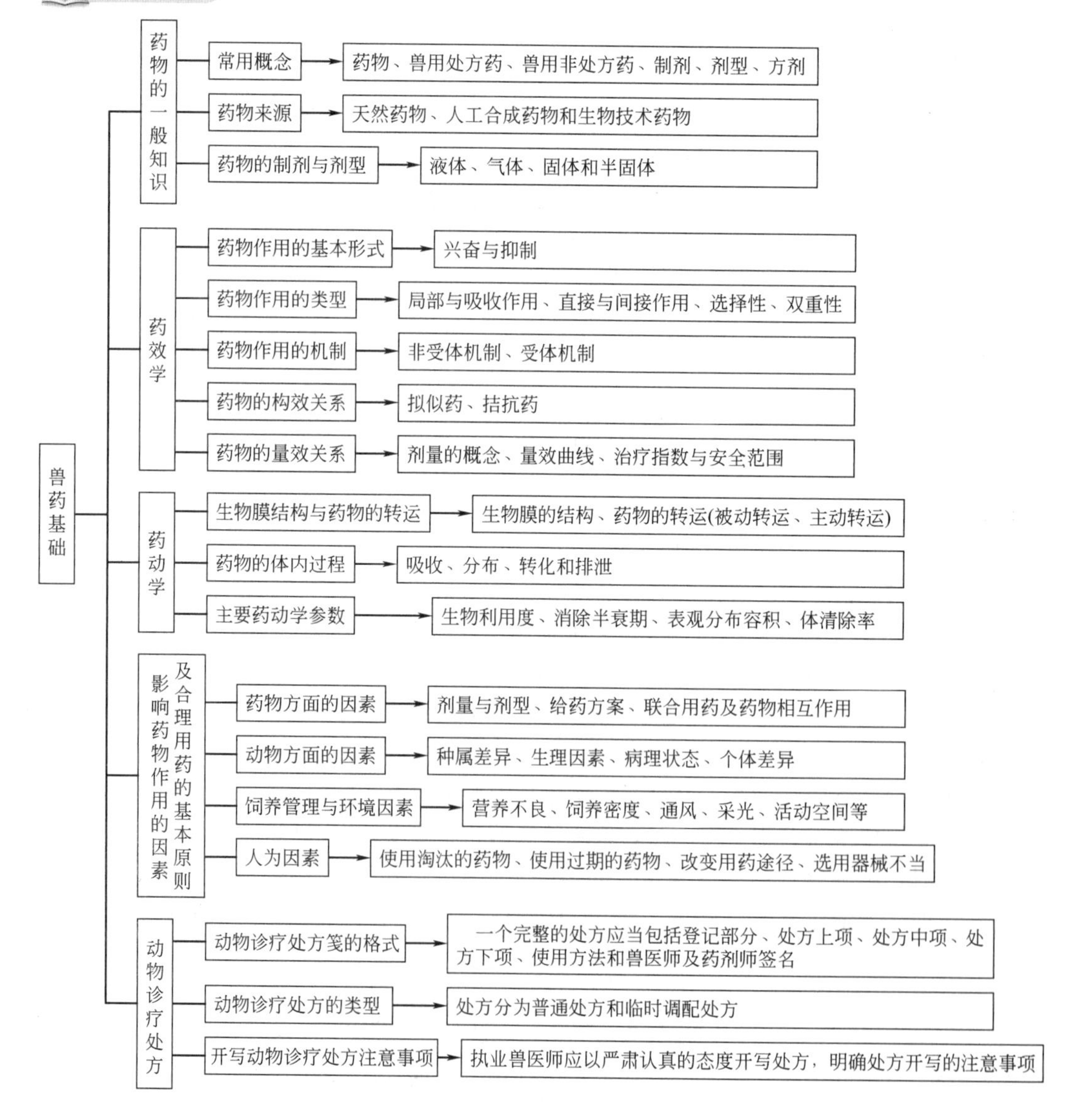

思考与复习

1. 什么叫兽药制剂与剂型？药物的制剂分为哪几类？

2. 药物作用的基本形式有哪些？请分别举例说明。

3. 药物作用的类型包括哪些？

4. 什么叫药物作用的选择性？在临床上有何意义？

5. 药物的不良反应有哪些？在临床上如何避免？

6. 什么叫量效曲线？药物的量效曲线能说明药物作用的哪些特性？

7. 影响药物作用的因素包括哪些？临床上有何意义？

8. 什么是配伍用药？配伍的目的是什么？

9. 什么叫动物诊疗处方？在临床上如何正确开写动物诊疗处方？

执业考证

1. 对剂量较大、有刺激性的药液，且要求产生药效作用最快的给药技术是（　　）。

A. 胃管投药　　B. 直肠给药　　C. 静脉注射　　D. 吸入给药

2. 下面的联合用药中（　　）会产生协同作用。

A. TMP＋磺胺　　B. 四环素＋磺胺

C. 红霉素＋呋喃唑酮（痢特灵）　　D. 青霉素＋链霉素

3. DVD（二甲氧苄啶）与磺胺咪配伍的结果是（　　）。

A. 相加作用　　B. 增效作用　　C. 无关作用　　D. 拮抗作用

4. 犬，8 月龄，患大肠杆菌病，兽医采用肌内注射复方磺胺嘧啶钠注射液，剂量为每千克体重 20mg 磺胺嘧啶钠和 4mg 甲氧苄啶的用药方案，该联合用药最有可能发生的相互作用是（　　）。

A. 无关作用　　B. 增效作用　　C. 相加作用　　D. 拮抗作用

5. 猪，3 月龄，患链球菌病并继发肺炎支原体感染，兽医采用肌内注射青霉素钠治疗（每千克体重 3 万单位），并同时肌内注射盐酸土霉素（每千克体重 15mg）的治疗方案，该联合用药最有可能发生的相互作用是（　　）。

A. 无关作用　　B. 协同作用　　C. 相加作用　　D. 拮抗作用

任务三　抗微生物药物使用

学习目标

基本概念：抗生素、二重感染、抗菌谱、抗菌活性、化疗药磺胺类药物、抗真菌药。

基本知识点：抗生素、化学合成抗菌药和抗真菌药等的理化性质、药理学作用、临床应用以及注意事项等，抗微生物药物的联合利用。

技能目标：认识常用抗生素、化学合成抗菌药的临床应用方法，能正确进行药物敏感度的测定和正确选择药物进行动物疾病治疗。

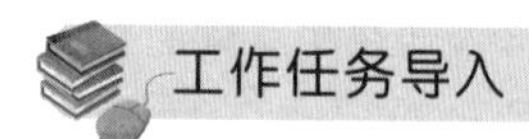

工作任务导入

1. 根据抗菌药物的作用机制，合理分类临床常用抗菌药。
2. 正确选择和使用常见的抗微生物药物。
3. 正确进行药敏试验。

案例分析

【确诊疾病】 青霉素过敏

2013年6月，一奶牛场的一头奶牛体温达41.0℃，兽医注射青霉素1600万国际单位、30%安乃近50ml进行消炎。2min后该牛出现精神不安、呼吸急促、肌肉震颤、四肢不稳。见此情况，诊断为青霉素过敏。

【用药方案】 10%葡萄糖酸钙1000ml、5%葡萄糖生理盐水1500ml、0.5%氢化可的松10ml×5支、10%维生素C 10ml×5支，一次静脉滴注，同时皮下注射0.1%肾上腺素15ml。用药20min后，牛的临床症状逐渐消失。

【效果分析】

① 对有过敏史的牛应做好记录，以后不再用青霉素，消炎时选用别的药物治疗。对以前用过青霉素的牛再用时也要细心观察，以防牛过敏死亡。

② 兽医人员和牧场工作人员在使用青霉素时，应注意观察。用药过程或用药后要观察25min左右，牛无过敏反应方可离开，一旦出现过敏反应，应立即停止用药，并及时用上述方案解救。

必备知识一　抗　生　素

抗生素原称抗菌素，是细菌、真菌、放线菌等微生物的代谢产物，能杀灭或抑制病原微生物。抗生素除能从微生物的培养液中提取外，随着化学合成的发展，现在已有不少品种能人工合成或半合成。这不仅增加了抗生素的来源，改善了抗菌性能，而且也扩大了临床应用范围。抗菌药物对一定范围的病原微生物具有抑制或杀灭作用，称为抗菌谱。抗菌药物可分为广谱抗菌药物和窄谱抗菌药物。有些抗生素具有抗病毒、抗肿瘤和抗寄生虫的作用。

抗菌活性是指抗菌药抑制或杀灭病原微生物的能力，可用体外抑菌试验和体内治疗试验方法测定。

抗生素作用机制主要是影响病原微生物的结构和干扰其代谢过程。随着近代生物化学、生物物理学、分子生物学、同位素示踪技术和精确的化学定量方法等快速发展，抗生素作用机理的研究已进入分子水平，某些抗生素的作用机理已基本阐明。其作用机理一般可分为下列四种类型。

1. 抑制细菌细胞壁的合成

大多数细菌细胞（如革兰阳性菌）的胞质膜（细胞膜）外有一坚韧的细胞壁，主要由黏肽组成，具有维持细胞形状的功能。青霉素类、头孢菌素类及杆菌肽能分别抑制黏肽合成过程中的不同环节。细胞壁黏肽的合成分胞质内、胞质膜上及胞质外三个步骤。磷霉素（一种广谱抗生素）主要在胞质内抑制黏肽前体物质核苷形成；杆菌肽主要在胞质膜上抑制线形多糖肽链的形成；β-内酰胺类能与细菌胞质膜上的青霉素结合蛋白（PBPs）结合，各种 PBPs 的功能并不相同，分别起转肽酶、羧肽酶及内肽酶等作用。β-内酰胺类抗生素与它们结合后，其活性丧失，造成敏感菌内黏肽的交叉联结受到阻碍，细胞壁缺损，菌体内的高渗透压使胞外的水分不断地渗入菌体内，引起菌体膨胀变形，加上激活自溶酶，使细菌裂解而死亡。抑制细菌细胞壁合成的抗生素对革兰阳性菌的作用强，是因为革兰阳性菌的细胞壁主要成分为黏肽；而对革兰阴性菌的作用弱，是因为革兰阴性菌细胞壁的主要成分是磷脂。它们主要影响正在繁殖的细菌细胞，故这类抗生素称为繁殖期杀菌剂。

2. 增加细菌胞质膜的通透性

位于细胞壁内侧的胞质膜主要是由类脂质与蛋白质分子构成的半透膜，它的功能在于维持渗透屏障、运输营养物质和排泄菌体内的废物，并参与细胞壁的合成等。当胞质膜损伤时，通透性将增加，导致菌体内胞质中的重要营养物质外漏而死亡，产生杀菌作用。属于这种作用方式而呈现抗菌作用的抗生素有多肽类（如多黏菌素 B 和硫黏菌素）及多烯类（如两性霉素 B、制霉菌素等）。

3. 抑制细菌蛋白质的合成

细菌蛋白质合成场所在胞质的核糖体上，蛋白质的合成过程分三个阶段，即起始阶段、延长阶段和终止阶段。不同抗生素对三个阶段的作用不完全相同，有的可作用于三个阶段，如氨基糖苷类；有的仅作用于延长阶段，如林可胺类。

细菌细胞与哺乳动物细胞合成蛋白质的过程基本相同，两者最大的区别在于核糖体的结构及蛋白质、RNA 的组成不同。因为细菌核糖体的沉降系数为 70S，并可解离为 50S 和 30S 亚基；哺乳动物细胞核糖体的沉降系数为 80S，并可解离为 60S 和 40S 亚基，这就是为什么抗生素对动物机体毒性小的主要原因。许多抗生素均可影响细菌蛋白质的合成，但作用部位及作用阶段不完全相同。氨基糖苷类及四环素类主要作用于 30S 亚基，氯霉素类、大环内酯类、林可胺类则主要作用于 50S 亚基。

4. 抑制细菌核酸的合成

核酸具有调控蛋白质合成的功能，新生霉素、灰黄霉素和抗肿瘤的抗生素、利福平等可抑制或阻碍细菌细胞 DNA 或 RNA 的合成。例如，新生霉素主要影响 DNA 聚合酶的作用，从而影响 DNA 合成；灰黄霉素可阻止鸟嘌呤进入 DNA 分子而阻碍 DNA 的合成；利福平可与 DNA 依赖的 RNA 聚合酶（转录酶）的 β 亚单位结合，从而抑制 mRNA 的转录。由于抑制了细菌细胞的核酸合成，从而引起细菌死亡。

一、β-内酰胺类抗生素

β-内酰胺类抗生素系指化学结构中含有 β-内酰胺环的一类抗生素。它们的抗菌机制均系抑制细菌细胞壁的合成。

青 霉 素

本品又名苄青霉素、青霉素 G。

【理化性质】 青霉素是一种有机酸，性质稳定，难溶于水。其钾盐或钠盐为白色结晶性粉末；有引湿性；遇酸、碱或氧化剂等迅速失效，水溶液在室温放置易失效；在水中极易溶解，在乙醇中溶解，在脂肪油或液状石蜡中不溶。

【药动学】 内服易被胃酸和消化酶破坏，仅少量吸收。但新生仔猪和鸡内服大剂量（8 万～10 万国际单位/kg）青霉素吸收较多，能达到有效血药浓度。肌内注射或皮下注射后吸收较快，一般 15～30min 达到血药峰浓度，并迅速下降。常用剂量维持有效血药浓度仅 3～8h。吸收后在体内分布广泛，能分布到全身各组织，以肾、肝、肺、肌肉、小肠和脾脏等的浓度较高；骨骼、唾液和胆汁含量较低。当中枢神经系统或其他组织有炎症时，青霉素则较易透入。例如脑膜炎时，血脑屏障的通透性增加，青霉素进入量增加，可达到有效血药浓度。

青霉素吸收进入血液循环后，在体内不易破坏，主要以原型从尿中排出，肌内注射治疗剂量的青霉素钠或钾的水溶液，通常在尿中可回收到剂量的 60%～90%，给药后 1h 内在尿中排出绝大部分药物。在尿中约 80%的青霉素由肾小管排出，20%左右通过肾小球过滤。此外，青霉素可在乳中留存，因此，给药时奶牛的乳汁禁止给人食用。

【药理作用】 青霉素属窄谱的杀菌性抗生素。抗菌作用很强，低浓度抑菌，高浓度杀菌。青霉素对革兰阳性和阴性球菌、革兰阳性杆菌、放线菌和螺旋体等高度敏感，常作为首选药。对青霉素敏感的病原菌主要有：链球菌、葡萄球菌、肺炎球菌、脑膜炎球菌、化脓棒状杆菌、炭疽杆菌、破伤风梭菌、李氏杆菌、产气荚膜梭菌、魏氏梭菌、牛放线杆菌和钩端螺旋体等。大多数革兰阴性杆菌对青霉素不敏感。对处于繁殖期、正大量合成细胞壁的细菌作用强，而对已合成细胞壁、处于静止期者作用弱，故称繁殖期杀菌剂。哺乳动物的细胞无细胞壁结构，故对动物毒性小。

【临床应用】 本品用于革兰阳性球菌所致的马腺疫、链球菌病、猪淋巴结脓肿、葡萄球菌病，以及乳腺炎、子宫炎、化脓性腹膜炎和创伤感染等；革兰阳性杆菌所致的炭疽、恶性水肿、气肿疽、气性坏疽、猪丹毒、放线菌病，以及肾盂肾炎、膀胱炎等尿路感染；钩端螺旋体病；此外，对鸡球虫病并发的肠道梭菌感染，可内服大剂量的青霉素；对破伤风用本品时，应与抗破伤风血清合用。

【注意事项】 青霉素的毒性很小。其不良反应除局部刺激外，主要是过敏反应，在动物临床上，马、骡、牛、猪、犬中已有报道，但症状较轻。主要临床表现为流汗、兴奋、不安、肌肉震颤、呼吸困难、心率加快、站立不稳，有时见荨麻疹，眼睑、头面部水肿，阴门、直肠肿胀和无菌性蜂窝织炎等，严重时休克，抢救不及时可导致迅速死亡。因此，在用药后应注意观察，若出现过敏反应，要立即进行对症治疗。

【制剂、用法与用量】 注射用青霉素钠，注射用青霉素钾。

肌内注射，一次量，每1kg体重，马、牛1万～2万国际单位；羊、猪、驹、犊2万～3万国际单位；犬、猫3万～4万国际单位；禽5万国际单位。2～3次/天。

乳管内注入，一次量，每一乳室，牛10万国际单位。1～2次/天。奶的废弃期3天。

【休药期】 0天，弃奶期3天。

氨苄西林

本品又名氨苄青霉素、安比西林。

【理化性质】 其游离酸含三分子结晶水（供内服），为白色结晶性粉末，味微苦。在水中微溶，在乙醇中不溶，在稀酸溶液或稀碱溶液中溶解。注射用其钠盐，为白色或类白色的粉末或结晶。无臭或微臭，味微苦。有引湿性。在水中易溶、乙醇中略溶。10%水溶液的pH为8～10。

【药动学】 本品耐酸、不耐酶，内服或肌内注射均易吸收。单胃动物吸收的生物利用度为30%～55%，反刍兽吸收差，绵羊内服的生物利用度仅为2.1%，肌内注射吸收接近完全（>80%）。吸收后分布到各组织，其中以胆汁、肾、子宫等的浓度较高。相同剂量给药时，肌内注射较内服血液和尿中的浓度高，常用肌内注射。主要由尿和胆汁排泄，给药后24h大部分已从尿中排出。

【药理作用】 本品对大多数革兰阳性菌的效力不及青霉素。对革兰阴性菌，如大肠埃希菌、变形杆菌、沙门菌、嗜血杆菌、布鲁氏菌和巴氏杆菌等均有较强的作用，与氯霉素、四环素相似或略强，但不如卡那霉素、庆大霉素和多黏菌素。本品对耐药金黄色葡萄球菌、铜绿假单胞菌无效。

【临床应用】 本品用于敏感菌所致的肺部、尿道感染，和革兰阴性杆菌引起的某些感染等，如驹、犊肺炎，牛巴氏杆菌病、肺炎、乳腺炎，猪传染性胸膜肺炎，鸡白痢、禽伤寒等。严重感染时，可与氨基糖苷类抗生素合用，以增强疗效。

【制剂、用法与用量】 氨苄西林（三水合物）胶囊，注射用氨苄西林钠。

内服，一次量，每1kg体重，家畜、禽20～40mg。2～3次/天。

肌内或静脉注射，一次量，每1kg体重，家畜、禽10～20mg。2～3次/天（高剂量用于幼畜、禽和急性感染），连用2～3天。

乳管内注入，一次量，每一乳室，奶牛200mg。1次/天。

【休药期】 猪15天；牛6天，弃奶期2天；鸡7天，蛋鸡产蛋期禁用。

阿莫西林

本品又名羟氨苄青霉素。

【理化性质】 为白色或类白色结晶性粉末。味微苦。在水中微溶，在乙醇中几乎不溶。0.5%水溶液的pH为3.5～5.5。本品的耐酸性较氨苄西林强。

【药动学】 本品在胃酸中较稳定，单胃动物内服后有74%～92%被吸收，食物会影响吸收速率，但不影响吸收量。内服相同的剂量后，阿莫西林的血药浓度一般比氨苄西林高1.5～3倍。本品可进入脑脊液，脑膜炎时的浓度为血药浓度的10%～60%。犬的血浆蛋白结合率约13%，乳中的药物浓度很低。

【药理作用】 本品的作用、应用、抗菌谱与氨苄西林基本相似，对肠球菌属和沙门菌的作用较氨苄西林强两倍。

【临床应用】 细菌对本品和氨苄西林有完全的交叉耐药性。用于对阿莫西林敏感的细菌感性疾病。

【制剂、用法与用量】 阿莫西林片，阿莫西林胶囊，注射用阿莫西林钠。

内服，一次量，每1kg体重，家畜、禽10～15mg/kg。2次/天。

肌内注射，一次量，每1kg体重，家畜4～7mg。2次/天。

乳管内注入，一次量，每一乳室，奶牛200mg。1次/天。

【休药期】 牛内服20天，肌内注射25天；鸡7天，蛋鸡产蛋期禁用。

羧苄西林

本品又名羧苄青霉素、卡比西林。

【理化性质】 常用其钠盐，系白色结晶性粉末，易溶于水。对酸、热不稳定。

【药动学】 钠盐内服不吸收，内服剂型为羧苄西林茚满酯。肌内注射钠盐能迅速吸收，可进入胸腔、腹腔积液、关节液、胆汁和淋巴液等。马、犬的半衰期分别为1h、1.25h。

【药理作用】 本品的作用、抗菌谱与氨苄西林相似，特点是对铜绿假单胞菌、变形杆菌和大肠埃希菌有较好的抗菌作用，对耐青霉素的金黄色葡萄球菌无效。

【临床应用】 注射给药，主要用于动物的铜绿假单胞菌全身性感染，通常与氨基糖苷类合用可增强其作用，但不能混合注射，应分别注射给药；由于变形杆菌和肠杆菌属的感染也可应用。内服吸收很少，半衰期短，不适于做全身治疗，仅适用于铜绿假单胞菌性尿道感染。

【用法与用量】 肌内注射，一次量，每1kg体重，家畜10～20mg。2～3次/天。

静脉注射或内服，一次量，每1kg体重，犬、猫55～110mg。3次/天。

【休药期】 猪40天。

普鲁卡因青霉素

【药理作用】 动物肌内注射本品后，在局部水解释放出青霉素后被缓慢吸收，具缓释、长效作用。血药浓度较低，作用较青霉素持久，限用于对青霉素高度敏感的病原菌，对严重感染需同时注射青霉素钠。

【临床应用】 主要用于对青霉素敏感菌引起的慢性感染，如牛子宫蓄脓、骨折和乳腺炎等，亦用于放线菌及钩端螺旋体等感染。

【注意事项】 本品切不可作静脉注射或静脉滴注。大剂量注射，可引起普鲁卡因中毒。

【制剂、用法与用量】 注射用普鲁卡因青霉素160万国际单位；普鲁卡因青霉素注射液40万国际单位。临用前加灭菌注射用水适量制成混悬液，肌内注射一次量，每1kg体重，马、牛1万～2万国际单位，羊、猪、驹、犊2万～3万国际单位，犬、猫3万～4万国际单位；每日1次，连用2～3日。

【休药期】 牛10天，羊9天，猪7天；弃奶期3天。

苯唑西林

【药理作用】 本品为半合成的耐酸、耐 β-内酰胺酶青霉素。对青霉素耐药的金黄色葡萄球菌有效，但对青霉素敏感菌株的杀菌作用不如青霉素。

【临床应用】 主要用于对青霉素耐药的金黄色葡萄球菌感染，如败血症、肺炎、乳腺炎和烧伤创面感染等。与庆大霉素合用，能增强对肠球菌的抗菌活性。

【制剂、用法与用量】 肌内注射，一次量，每 1kg 体重，马、牛、羊、猪 10～15mg；犬、猫 15～20mg，每天 2～3 次，连用 2～3 天。

【休药期】 牛、羊 14 天，猪 5 天；弃奶期 72h。

氯唑西林

本品又名邻氯青霉素，本品为半合成的耐酸、耐 β-内酰胺酶青霉素。

【临床应用】 对青霉素耐药的菌株有效，尤其对耐药金黄色葡萄球菌有很强的杀菌作用，故被称为“抗葡萄球菌青霉素”。常用于治疗动物的骨、皮肤和软组织的葡萄球菌感染。

【注意事项】 ①临用前加灭菌注射用水配制，现配现用。②注意配伍禁忌，不应与碱性药物合用；与四环素类、大环内酯类和酰胺醇类抗生素有拮抗作用。③对青霉素过敏的动物禁用。

【制剂、用法与用量】 乳管注入，奶牛，每乳室 200mg。

【休药期】 牛 10 天；弃奶期 48h。

克拉维酸

本品又名棒酸。系由棒状链霉菌产生的抗生素。

【理化性质】 本品的钾盐为无色针状结晶。易溶于水，水溶液极不稳定。

【药动学】 本品可与 β-内酰胺酶牢固结合，生成不可逆结合物，具有强力而广谱的抑制 β-内酰胺酶作用，不仅对金黄色葡萄球菌产生的酶有作用，而且对多种革兰阳性和阴性细菌所产生的 β-内酰胺酶也有作用。

【药理作用】 克拉维酸仅有微弱的抗菌活性，是一种革兰阳性和阴性细菌所产生的 β-内酰胺酶的“自杀”抑制剂（不可逆结合者），故称之为“β-内酰胺酶抑制剂”。

【临床应用】 本品内服吸收好，也可注射。

【注意事项】 本品不单独用于抗菌，通常与其他 β-内酰胺类抗生素合用，以抵抗细菌的耐药性。如将克拉维酸与氨苄西林合用，使后者对产生 β-内酰胺酶的金黄色葡萄球菌的最小浓度，由大于 1000μg/ml 减小至 0.1μg/ml。现已有氨苄西林或阿莫西林与克拉维酸钾组成制剂用于动物临床，如阿莫西林-克拉维酸钾［(2～4)∶1］。

【制剂、用法与用量】 阿莫西林-克拉维酸钾片。

内服，一次量，每 1kg 体重，家畜 10～15mg（以阿莫西林计）。2 次/天。

【休药期】 牛 7 天；弃奶期 60h。

舒巴坦

本品又名青霉烷砜。

【理化性质】 本品的钠盐为白色或类白色结晶性粉末。溶于水，在水溶液中有一定的稳定性。

【药动学】 为半合成β-内酰胺酶抑制剂，对金黄色葡萄球菌与革兰阴性杆菌产生的β-内酰胺酶有很强且不可逆的抑制作用，抗菌作用略强于克拉维酸，但需要与其他β-内酰胺类抗生素合用，有明显抗菌协同作用。

【药理作用】 为不可逆性竞争型β-内酰胺酶抑制剂。可抑制β-内酰胺酶对青霉素、头孢菌素类的破坏。与氨苄西林联合应用可使葡萄球菌、嗜血杆菌、巴氏杆菌、大肠埃希菌、克雷伯菌等对氨苄西林的最低抑菌浓度下降而增效，并可使产酶菌株对氨苄西林恢复敏感。

【临床应用】 本品与氨苄西林联合，在临床用于以葡萄球菌、嗜血杆菌、巴氏杆菌、大肠埃希菌、克雷伯菌等菌株所致的呼吸道、消化道及泌尿道感染。

【注意事项】 氨苄西林钠-舒巴坦钠（舒他西林）混合物的水溶液不稳定，仅供注射，不能内服；而氨苄西林-舒巴坦甲苯磺酸盐是双酯结构化合物，供内服吸收后经体内酯酶水解为氨苄西林和舒巴坦而起作用。

【制剂、用法与用量】 氨苄西林钠-舒巴坦钠（效价比2：1，仅供注射用），氨苄西林-舒巴坦甲苯磺酸盐（分子比1：1，仅供内服用）。

内服，一次量，每1kg体重，家畜20～40mg（以氨苄西林计）。2次/天。

肌内注射，一次量，每1kg体重，家畜10～20mg（以氨苄西林计）。2次/天。

【休药期】 食品动物的肉、脂肪和内脏28天；蛋7天。

二、头孢菌素类抗生素

该类又名先锋霉素类抗生素。其优点是：抗菌谱广，对厌氧菌有高效；引起的过敏反应较青霉素类低；对酸及对各种细菌产生的β-内酰胺酶较稳定；作用机制同青霉素，也是抑制细菌细胞壁的生成而达到杀菌的目的，属繁殖期杀菌药。由于其不良反应和毒副作用较低，是当前开发较快的一类抗生素。

【理化性质】 各种头孢菌素均为头孢烷酸的衍生物，其游离酸或取代酸都是有机酸，一般不溶于水，但其钾盐、钠盐则易溶于水，所以临床应用的头孢菌素类的注射剂型主要制成钠盐或钾盐。头孢烷酸含有不稳定的β-内酰胺环，在有水分子存在的条件下易被水解，碱、酸和温度升高均能促进水解。所以临床应用的头孢菌素注射剂型多制成固体剂型的粉针剂。口服用头孢菌素类是一些化学稳定性稍高而且能耐受胃酸的品种，如头孢氨苄、头孢羟氨苄等多制成游离酸的片剂或胶囊。

【药动学】 第一代可内服的头孢氨苄和头孢羟氨苄可从胃肠道吸收，犬、猫的生物利用度为75%～90%，头孢氨苄在犬的消除半衰期为1～2h。用于注射的头孢霉素肌内注射能很快吸收，约半小时血药浓度达最大值。头孢噻吩在动物体内很快代谢为去乙酰头孢噻吩，其抗菌活性约为原型药的1/4。原型药的消除半衰期很短，在马、水牛、猪、犬及家禽的消除半衰期分别是0.5h、1.47h、0.18h、0.7h、0.26～0.66h。头孢菌素能广泛地分布于大多数的体液和组织中，包括肾、肺、关节、骨、软组织和胆囊。第三代头孢菌素具有较好的穿透脑脊液的能力。头孢菌素主要经肾小球过滤和肾小管分泌排泄，丙磺舒可与头孢菌素产生竞争性拮抗作用，延缓头孢菌素的排出。肾功能障碍时，半衰期显著延长。

【药理作用】 头孢菌素在化学结构上有β-内酰胺环，因而作用机制上也同样是阻碍肽多糖的合成，造成细胞壁缺损而呈现强的抗菌作用。因与青霉素作用相似，金黄色葡萄球菌也可产生头孢菌素酶而出现耐药性。只是耐药性产生的速度较为缓慢且弱，两者之间无明显交叉耐药现象。

第一代头孢菌素如头孢噻吩、头孢唑啉、头孢氨苄及头孢羟氨苄等，对革兰阳性菌的作用强于第二、第三、第四代，对革兰阴性菌的作用较差，对铜绿假单胞菌无效。第二代头孢菌素对革兰阳性菌的作用相似或有所减弱，但对革兰阴性菌的作用则比第一代强。第三代头孢菌素对革兰阴性菌的作用较强，对铜绿假单胞菌比羧苄西林有更强的抗菌活性。第四代头孢菌素除具有第三代对革兰阴性菌较强的抗菌作用外，抗菌谱更广，对 β-内酰胺酶高度稳定，血浆半衰期较长，无肾毒性。

【临床应用】 主要用于耐药金黄色葡萄球菌、溶血性链球菌、肺炎球菌及一些敏感革兰阴性杆菌引起的严重疾病，如大肠埃希菌、沙门菌、伤寒杆菌及痢疾杆菌引起的消化道、呼吸道、泌尿道等的疾病，乳牛乳腺炎、犬及猫呼吸道病等。

头孢唑啉是第一代头孢菌素中较好的品种，对革兰阳性菌（除部分耐药金黄色葡萄球菌外）的作用超过头孢噻吩，对革兰阴性菌作用为本代中最强，对奇异变形杆菌、大肠埃希菌及肺炎杆菌有较好疗效。给药后血药浓度高，持效时间长，胆汁浓度高，肌内注射刺激少，对肾脏毒性较轻，因而是伴侣动物临床上常用药。

【注意事项】 在医学临床上有过敏反应的报道，兽医临床中少见。头孢噻吩肌内注射刺激强，头孢氨苄、头孢羧氨苄肾功能损伤较甚，肌内注射有刺激性，静脉注射有静脉炎倾向。上述药物肾功能不良时慎用，更不宜与庆大霉素配伍，以免增强毒性作用。

【制剂、用法与用量】 头孢氨苄胶囊、头孢氨苄片（2%）。内服，一次量，每 1kg 体重，马 22mg，犬、猫 10～30mg，3～4 次/天。乳管注入，一次量，每一乳室，奶牛 200mg，2 次/天，连用 2 天。

头孢拉定胶囊。内服，一次量，每 1kg 体重，犬、猫 22mg，2～3 次/天。

头孢拉定粉针。静脉或肌内注射，一次量，每 1kg 体重，马 15～20mg，犬、猫20～25mg，3～4 次/天。

头孢羧氨苄胶囊。内服，一次量，每 1kg 体重，犬、猫 22mg，2～3 次/天。

注射用头孢唑啉钠。静脉或肌内注射，一次量，每 1kg 体重，马 15～20mg，犬、猫 20～25mg，3～4 次/天。

注射用头孢西丁钠。静脉或肌内注射，一次量，每 1kg 体重，犬、猫 10～20mg，2～3 次/天。

注射用头孢噻呋钠。静脉或肌内注射，一次量，每 1kg 体重，牛 1.1mg，猪 3～5mg，犬 2.2mg，1 次/天，连用 3 天。

头孢洛宁乳房注入剂。干奶前挤干每个乳区内乳汁后，每个乳区分别注入一支 250mg 的头孢洛宁乳房注入剂。

注射用头孢喹肟。以头孢喹肟计，肌内注射一次量，每 1kg 体重，猪 2mg，牛 1mg，一日 1 次，连用 3～5 日；奶牛乳房灌注每乳区 0.2g，用专用稀释液稀释，每 12h 一次，连用 3～5 次。

【休药期】 头孢拉定，猪、鸡：7 天；头孢喹肟，5 天；头孢噻呋，猪 1 天。

三、氨基糖苷类抗生素

本类抗生素的化学结构含有氨基糖分子和非糖部分的糖原结合而成的苷，故称为氨基糖苷类抗生素。常用的有链霉素、卡那霉素、庆大霉素、新霉素、阿米卡星、大观霉素及安普霉素等。本类药物的主要共同特征：①均为有机碱，能与酸形成盐。常用制剂为硫酸盐，易溶于水，性质稳定。在碱性环境中抗菌作用增强。②内服吸收很少，几乎完全从粪便排出，可作为肠道感染用药。注射给药后吸收迅速，大部分以原型从尿中排出，适用于泌尿道感染。③抗菌谱较广，对需氧革兰阴性杆菌的作用强，对厌氧菌无效；对革兰阳性菌的作用较弱，但对金黄色葡萄球菌包括耐药菌株较敏感。④不良反应主要是损害第八对脑神经、肾脏毒性及对神经肌肉的阻滞作用。

链 霉 素

【理化性质】 系从灰链霉菌培养液中提取获得。药用其硫酸盐，为白色或类白色粉末。有吸湿性，易溶于水。

【药动学】 内服难吸收，大部分以原型由粪便中排出。肌内注射吸收迅速且完全，约1h血药浓度达高峰，有效药物浓度可维持6～12h。主要分布于细胞外液，易透入胸腔、腹腔中，有炎症时渗入增多。亦可透过胎盘进入胎儿循环，胎血浓度约为母畜血浓度的一半，因此孕畜注射链霉素，应警惕对胎儿的毒性。本品不易进入脑脊液。主要通过肾小球滤过排出，24h内排出给药剂量的50%～60%。由于在尿中浓度很高，可用于治疗泌尿道感染。在碱性环境中抗菌作用增强，如在pH 8时的抗菌作用比在pH 5.8时强20～80倍，故可加服碳酸氢钠，碱化尿液，增强治疗效果。这在杂食及肉食动物用药时尤其重要。当动物出现肾功能障碍时半衰期显著延长，排泄减慢，宜减少用量或延长给药间隔时间。

【药理作用】 抗菌谱较广。抗结核杆菌的作用在氨基糖苷类中最强，对大多数革兰阴性杆菌和革兰阳性球菌有效。例如，对大肠埃希菌、沙门菌、布鲁氏菌、变形杆菌、痢疾杆菌、鼠疫杆菌、鼻疽杆菌等均有较强的抗菌作用，但对铜绿假单胞菌作用弱；对金黄色葡萄球菌、钩端螺旋体、放线菌也有效。

【临床应用】 主要用于敏感菌所致的急性感染，例如大肠埃希菌所引起的各种腹泻、乳腺炎、子宫炎、败血症、膀胱炎等；巴氏杆菌所引起的牛出血性败血症、犊牛肺炎、猪肺疫、禽霍乱等；猪布鲁氏菌病；鸡传染性鼻炎；马志贺菌引起的脓毒败血症（化脓性肾炎和关节炎）；马棒状杆菌引起的幼驹肺炎。

链霉素的反复使用，细菌极易产生耐药性，并远比青霉素为快，且一旦产生后，停药后不易恢复。因此，临床上常采用联合用药，以减少或延缓耐药性的产生。与青霉素合用治疗各种细菌性感染。链霉素耐药菌株对其他氨基糖苷类仍敏感。

【注意事项】 ①过敏反应：发生率比青霉素低，但亦可出现皮疹、发热、血管神经性水肿、嗜酸性粒细胞增多等。②第八对脑神经损害：造成前庭功能和听觉的损害。家畜中少见。③神经肌肉的阻滞作用：为类似箭毒样的作用，出现呼吸抑制、肢体瘫痪和骨骼肌松弛等症状。严重者肌内注射新斯的明或静脉注射氯化钙即可缓解。只有在用量过大并同时使用肌松药或麻醉剂时，才可能出现。④猫对链霉素较敏感，可造成恶心、呕吐、流涎及共济失调等。

【制剂、用法与用量】 注射用硫酸链霉素。肌内注射，一次量，每1kg体重，家畜10～15mg，家禽20～30mg，2～3次/天。

【休药期】 牛、羊、猪18天，弃奶期72h。

卡那霉素

【理化性质】 系由卡那链霉菌的培养液中提取获得的。有A、B、C三种成分，临床上用的以卡那霉素A为主，约占95%，亦含少量的卡那霉素B，小于5%。常用其硫酸盐，为白色或类白色结晶性粉末。无臭。有引湿性，在水中易溶，在三氯甲烷或乙醚中几乎不溶，水溶液稳定，于100℃、30min灭菌不降低活性。

【药动学】 内服吸收不良。肌内注射吸收迅速且完全，马、犬的生物利用度分别为100%及89%。约0.5～1h血药浓度达峰值。在体内主要分布于各组织和体液中，以胸、腹腔中的药物浓度较高，胆汁、唾液、支气管分泌物及脑脊液中含量很低。本品主要通过肾脏排泄，约有40%～80%以原型从尿中排出。尿中浓度很高，可用于治疗尿道感染。

【药理作用】 其抗菌谱与链霉素相似，但抗菌活性稍强。对多数革兰阴性菌如大肠埃希菌、变形杆菌、沙门菌和巴氏杆菌等有效，但对铜绿假单胞菌无效；对结核杆菌和耐青霉素的金黄色葡萄球菌亦有效。

【临床应用】 主要用于治疗多数革兰阴性杆菌和部分耐青霉素金黄色葡萄球菌所引起的感染，如呼吸道、肠道和泌尿道感染、乳腺炎、禽霍乱等。此外，亦可用于治疗猪萎缩性鼻炎。不良反应与链霉素相似。

【制剂、用法与用量】 注射用硫酸卡那霉素，硫酸卡那霉素注射液。

肌内注射，一次量，每1kg体重，家畜、家禽10～15mg，2次/天，连用2～3天。

【休药期】 28天，弃奶期7天。

庆大霉素

【理化性质】 系自小单孢子菌培养液中提取获得的C1、C1a和C2三种成分的复合物。三种成分的抗菌活性和毒性基本一致。其硫酸盐为白色或类白色结晶性粉末。无臭。有引湿性，在水中易溶，在乙醇中不溶。其4%的水溶液的pH为4.0～6.0。

【药动学】 本品内服难吸收，肠内浓度较高。肌内注射后吸收快而完全，约0.5～1h血药浓度达高峰，马、奶牛、犬、猫、鸡、火鸡肌内注射的生物利用度分别为87%、92%、95%、68%、95%及21%。吸收后主要分布于细胞外液，可渗入胸腹腔、心包、胆汁及滑膜液中，亦可进入淋巴结及肌肉组织。其70%～80%以原型通过肾小球滤过从尿中排出。本品在新生仔畜排泄显著减慢，而肾功能障碍时半衰期亦明显延长，在此情况下给药方案应适当调整。

【药理作用】 本品在氨基糖苷类中抗菌谱较广，抗菌活性最强。对革兰阴性菌和阳性菌均有作用。在阴性菌中，对大肠埃希菌、变形杆菌、嗜血杆菌、铜绿假单胞菌、沙门菌和布鲁氏菌等均有较强的作用，特别是对肠道菌及铜绿假单胞菌有高效。在阳性菌中，对耐药金黄色葡萄球菌的作用最强，对耐药的葡萄球菌、溶血性链球菌、炭疽杆菌等亦有效。此外，对支原体亦有一定作用。

【临床应用】 主要用于耐药金黄色葡萄球菌、铜绿假单胞菌、变形杆菌和大肠埃希菌等所引起的各种疾病，例如呼吸道、肠道、泌尿道感染和败血症等；鸡传染性鼻炎。内服还可用于肠炎和细菌性腹泻。

【注意事项】 与链霉素相似。对肾脏有较严重的损害作用，临床应用不要随意加大剂量及延长疗程。

【制剂、用法与用量】 硫酸庆大霉素注射液，硫酸庆大霉素片。

肌内注射，一次量，每1kg体重，马、牛、羊、猪2～4mg；犬、猫3～5mg；家禽5～7.5mg。2次/天，连用2～3天。

静脉滴注（严重感染），用量同肌内注射。

【休药期】 猪40天。

阿米卡星

本品又名丁胺卡那霉素。

【理化性质】 为半合成的氨基糖苷类抗生素，将氨基羟丁酰链引入卡那霉素A分子的链霉安部分而得。其硫酸盐为白色或类白色结晶性粉末。几乎无臭，无味。有引湿性，在水中极易溶解，在甲醇中几乎不溶。其1%的水溶液的pH为6.0～7.5。

【药动学】 内服吸收不良。肌内注射吸收迅速且完全，猫的生物利用度为90%。血药浓度约0.5～1h达峰值。本品主要通过肾脏排泄，尿中浓度很高。

【药理作用】 作用、抗菌谱与庆大霉素相似。其特点是对庆大霉素、卡那霉素耐药的铜绿假单胞菌、大肠埃希菌、变形杆菌、克雷伯菌等仍有效；对金黄色葡萄球菌亦有较好作用。

【临床应用】 用于治疗耐药菌引起的菌血症、败血症、呼吸道感染、腹膜炎及敏感菌引起的各种感染等。

【注意事项】 不良反应与链霉素相似。

【制剂、用法与用量】 注射用硫酸阿米卡星，硫酸阿米卡星注射液。

肌内注射，一次量，每1kg体重，马、牛、羊、猪、犬、猫、家禽5～7.5mg。2次/天。

【休药期】 猪、禽7天。

新霉素

【理化性质】 其硫酸盐为白色或类白色粉末，易溶于水，性质稳定。

【药理作用】 抗菌谱与链霉素相似。

【临床应用】 内服给药后很少吸收，在肠道内呈现抗菌作用。用于治疗畜禽的肠道大肠埃希菌感染；子宫或乳管内注入，治疗奶牛、母猪的子宫内膜炎和乳腺炎；局部外用(0.5%溶液或软膏)，治疗皮肤、黏膜化脓性感染。

【注意事项】 肌内注射时，肾、耳毒性较大，并有呼吸抑制作用，畜禽均不宜注射给药。

【制剂、用法与用量】 硫酸新霉素片，硫酸新霉素可溶性粉，硫酸新霉素预混剂，硫酸新霉素和甲溴东莨菪碱溶液。

内服，一次量，每1kg体重，家畜10～15mg；犬、猫10～20mg。2次/天，连用2～3天。

混饮，每1L水，禽50～75g（效价）。连用3～5天。

混饲，每1000kg饲料，禽77～154g（效价）。连用3～5天。

【休药期】 肉鸡宰前5天、火鸡宰前14天停止给药。蛋鸡产蛋期禁用。

大观霉素

本品又名壮观霉素。

【理化性质】 其盐酸盐或硫酸盐为白色或类白色结晶性粉末。易溶于水。

【药理作用】 对革兰阴性菌（如布鲁氏菌、克雷伯菌、变形杆菌、铜绿假单胞菌、沙门菌、巴氏杆菌等）有较强作用，对革兰阳性菌（链球菌、葡萄球菌）作用较弱。对支原体亦有一定作用。

【临床应用】 在动物临床上，本品多用于防治大肠杆菌病、禽霍乱、禽沙门菌病。本品常与林可霉素联合用于防治仔猪腹泻、猪的支原体性肺炎和败血支原体引起的鸡慢性呼吸道病。

【注意事项】 本品内服吸收较差，仅限用于肠道感染，对急性严重感染宜注射给药。

【制剂、用法与用量】 盐酸大观霉素可溶性粉，盐酸林可霉素和盐酸大观霉素可溶性粉，盐酸林可霉素和硫酸大观霉素预混剂。

混饮。每1L水，禽500～1000mg（效价）。连用3～5天。

内服，一次量，每1kg体重，猪20～40mg，2次/天。

【休药期】 肉鸡宰前5天停止给药。蛋鸡产蛋期禁用。

安普霉素

本品又名普拉霉素。

【理化性质】 其硫酸盐为白色结晶粉末。易溶于水。

【药动学】 内服给药后吸收差（10%），肌内注射后吸收迅速，约1～2h可达血药峰浓度，生物利用度50%～100%。它只能分布于细胞外液。大部分以原型从尿中排出，4天内约排泄95%。

【药理作用】 抗菌谱广，对革兰阴性菌（大肠埃希菌、沙门菌、变形杆菌、克雷伯菌）、革兰阳性菌（某些链球菌）、密螺旋体和某些支原体有较好的抗菌作用。

【临床应用】 主要用于幼龄畜禽的大肠埃希菌、沙门菌感染，对猪的密螺旋体性痢疾、畜禽的支原体病亦有效。

【注意事项】 对猫较敏感，易产生毒性。

【制剂、用法与用量】 硫酸安普霉素注射液，硫酸安普霉素可溶性粉，硫酸安普霉素预混剂。

肌内注射，一次量，每1kg体重，家畜20mg。2次/天，连用3天。

内服，一次量，每1kg体重，家畜20～40mg。1次/天。连用5天。

混饮，每1L水，禽250～500mg（效价）。连用5天。

混饲，每1000kg饲料，猪80～100g（效价，用于促生长）。连用7天。

【休药期】 禽类宰前7天停止给药；猪宰前21天停止给药。

四、四环素类抗生素

四环素类为一类具有共同多环并四苯羧基酰胺母核的衍生物，仅在5、6、7位取代基有所不同。它们对革兰阳性菌、阴性菌、螺旋体、立克次体、支原体、衣原体、原虫（球虫、阿米巴原虫）等均可产生抑制作用，故称为广谱抗生素。本类药物属快效抑菌剂。

四环素类可分为天然品和半合成品两类：前者从不同链霉菌的培养液中提取获得，有四环素、土霉素、金霉素和去甲金霉素；后者为半合成衍生物，有多西环素、美他环素（甲烯土霉素）和米诺环素（二甲胺四环素）等。动物临床常用的有四环素、土霉素、金霉素和多西环素等。按其抗菌活性大小顺序依次为：米诺环素＞多西环素＞美他环素＞金霉素＞四环素＞土霉素。

土 霉 素

本品又名氧四环素。由土壤链霉菌的培养液中提取获得。

【理化性质】 土霉素为淡黄色的结晶性或无定形粉末；在日光下颜色变暗，在碱性溶液中易变坏失效。在水中极微溶解，易溶于稀酸、稀碱。常用其盐酸盐，为黄色结晶性粉末，性状稳定，易溶于水，水溶液不稳定，宜现用现配。其10%水溶液的pH为2.3～2.9。

【药动学】 内服吸收均不规则、不完全，主要在小肠的上段被吸收。胃肠道内的镁、钙、铁、锌、锰等多价金属离子，能与本品形成难溶的螯合物，而使药物吸收减少，因此不宜与多价金属离子的药品或饲料、乳制品共服。内服后，约2～4h血药浓度达峰值。反刍兽不宜内给药，原因是吸收差，血液难于达到治疗浓度，并且能抑制胃内微生物的活性。猪肌内注射土霉素，2h内血药浓度达高峰。吸收后在体内分布广泛，易渗入胸、腹腔乳汁；亦能通过胎盘屏障进入胎儿循环；但在脑脊液的浓度低。体内储存于胆、脾，尤其易沉于骨骼和牙齿；可在肝内浓缩，经胆汁分泌，胆汁的药物浓度约为血中的10～20倍；有相当部分可由胆汁排入肠道，并再被吸收利用，形成“肝肠循环”，从而延长药物在体内的持续时。主要由肾脏排泄，在胆汁和尿中浓度高，有利于胆道及泌尿道感染的治疗；但当肾功能障碍时，则减慢排泄，延长半衰期，增强对肝脏的毒性。

【药理作用】 为广谱抗生素，起抑菌作用。除对革兰阳性菌和阴性菌有作用外，对立克次体、衣原体、支原体、螺旋体、放线菌和某些原虫亦有抑制作用。在革兰阳性菌中，对葡萄球菌、溶血性链球菌、炭疽杆菌、破伤风梭菌和梭状芽孢杆菌等的作用较强，但其作用不如青霉素类和头孢菌素类；在革兰阴性菌中，对大肠埃希菌、沙门菌、布鲁氏菌和巴氏杆菌等较敏感，而其作用不如氨基糖苷类和氯霉素类。

【临床应用】

① 大肠埃希菌或沙门菌引起的下痢，例如犊牛白痢、羔羊痢疾、仔猪黄痢和雏鸡白痢等；

② 多杀性巴氏杆菌引起的猪肺疫、禽霍乱等；

③ 支原体引起的牛肺炎、鸡慢性呼吸道病等；

④ 局部用于坏死杆菌所致的坏死、子宫脓肿、子宫内膜炎等；

⑤ 血孢子虫感染的放线菌病、钩端螺旋体病等。

【注意事项】

① 局部刺激　本品盐酸盐水溶液属强酸性，刺激性大，最好不采用肌内注射给药。

② 二重感染　成年草食动物内服后，剂量过大或疗程过长时，易引起肠道菌群紊乱，

导致消化功能失常，造成肠炎和腹泻，并形成二重感染。

为防止不良反应的产生，应用四环素类应注意：第一，除土霉素外，其他均不宜肌内注射。静脉注射时勿漏出血管外，注射速度应缓慢。第二，成年反刍动物、马属动物和兔不宜内服给药。第三，避免与乳制品和含钙量较高的饲料同时服用。

【制剂、用法与用量】 土霉素片，盐酸土霉素水溶性粉，注射用盐酸土霉素，速效土霉素注射液，速效盐酸土霉素注射液。

内服，一次量，每1kg体重，猪、驹、犊、羔10～25mg；犬15～50mg；禽25～50mg。2～3次/天，连用3～5天。

混饲，每1000kg饲料，猪300～500g（治疗用）。

混饮，每1L水，猪100～200mg；禽150～250mg。

静脉注射或肌内注射，一次量，每1kg体重，家畜5～10mg。1～2次/天。

【休药期】 内服，猪、牛、羊7天，弃奶期72h。

注射，猪、羊、牛28天，弃奶期7天。

四　环　素

【理化性质】 由链霉菌培养液中提取获得。常用其盐酸盐，为黄色结晶性粉末。有引湿性。遇光色渐变深。在碱性溶液中易破坏失效。在水中溶解，在乙醇中略溶。其1%水溶液的pH为1.8～2.8。水溶液放置后不断降解，效价降低，并变为混浊。

【药动学】 内服后血药浓度较土霉素或金霉素高。对组织的渗透率较高，易透入胸腹腔、胎畜循环及乳汁中。

【药理作用】 与土霉素相似。但对革兰阴性杆菌的作用较好，对革兰阳性球菌，如葡萄球菌的效力则不如金霉素。

【临床应用】 与土霉素相似。

【制剂、用法与用量】 盐酸四环素片，盐酸四环素可溶性粉，注射用盐酸四环素。

内服，一次量，每1kg体重。猪、驹、犊、羔羊10～25mg；犬15～50mg；禽25～50mg。2～3次/天，连用3～5天。

混饲，每1000kg饲料，猪300～500g（治疗）。

混饮，每1L水，猪100～200mg；禽150～250mg。

静脉注射，一次量，每1kg体重，家畜5～10mg。2次/天，连用2～3天。

【休药期】 牛、猪5天，鸡2天。

金　霉　素

【理化性质】 由链霉菌的培养液中提取制得。常用其盐酸盐，为金黄色或黄色结晶。遇光色渐变深。在水或乙醇中微溶。其水溶液不稳定，浓度超过1%即析出。在37℃放置5h，效价降低50%。

【药动学】 与土霉素相似，但在消化道中的吸收较土霉素少，肉鸡半衰期5.8h。

【药理作用】 本品对耐青霉素的金黄色葡萄球菌感染的疗效优于土霉素和四环素。

【临床应用】 由于局部刺激性强，稳定性差，人医用的内服制剂和针剂均已淘汰。

【制剂、用法与用量】 金霉素预混剂，盐酸金霉素片。

内服，一次量，每1kg体重，猪、驹、犊、羔10～25mg。2次/天。

混饲，每1000kg饲料，猪300～500g；家禽200～600g。一般不超过5天。

【休药期】 猪、鸡7天，蛋鸡产蛋期禁用。

多西环素

多西环素又名脱氧土霉素、强力霉素。

【理化性质】 其盐酸盐为淡黄色或黄色结晶性粉末。易溶于水，微溶于乙醇。1%水溶液的pH为2～3。本品的pK_a为3.5、7.7和9.5。

【药动学】 本品内服后吸收迅速，生物利用度高，犊牛用牛奶代替品同时内服的生物利用度为70%，维持有效血药浓度时间长，对组织渗透力强，分布广泛，易进入细胞内；药物大部分经胆汁排入肠道又再吸收，有显著的肝肠循环：本品在肝内大部分以结合或络合方式灭活，再经胆汁分泌入肠道，随粪便排出，因而对胃肠菌群及动物的消化无明显影响。从肾脏排出时，由于本品具有较强的脂溶性，易被肾小管重吸收。因而有效药物浓度维持时间较长。

【药理作用】 抗菌谱与其他四环素类相似，体内、外抗菌活性较土霉素、四环素强。细菌对本品与土霉素、四环素等存在交叉耐药性。

【临床应用】 主要用于治疗畜禽的支原体病、大肠杆菌病、沙门菌病、巴氏杆菌病和鹦鹉热等。

【注意事项】 本品在四环素类中毒性最小，但有报道给马属动物静脉注射可导致心律不齐、虚脱和死亡。

【制剂、用法与用量】 盐酸多西环素片，盐酸多西环素可溶性粉，盐酸多西环素注射液。

内服，一次量，每1kg体重，猪、驹、犊、羔3～5mg；犬、猫5～10mg；禽15～25mg。1次/天，连用3～5天。

混饲，每1000kg饲料，猪150～250g；禽100～200g。

肌内注射，①2ml：50mg；②5ml：0.125g；③10ml：0.25g。一次量，每1kg体重，猪0.2～0.4ml。1次/天，连用2～3天。

混饮，每1L水，猪100～150mg；禽50～100mg。

【休药期】 28天。

五、酰胺醇类抗生素

甲砜霉素

本品又名甲氯霉素、硫霉素。

【理化性质】 为白色结晶性粉末。无臭。微溶于水，溶于甲醇，几乎不溶于乙醚或三氯甲烷。

【药动学】 猪肌内注射本品吸收快，达峰时间为1h，生物利用度为16%，半衰期为

4.2h，体内分布较广；静脉注射给药的半衰期为1h。本品在肝内代谢少，大多数药物（70%～90%）以原型从尿中排出。

【药理作用】 属广谱抗生素。抗菌谱、抗菌活性与氯霉素相似，对肠杆菌科细菌和金黄色葡萄球菌的活性较氯霉素弱，与氯霉素存在交叉耐药性，但某些对氯霉素耐药的菌株仍可对甲砜霉素敏感。衣原体、钩端螺旋体、立克次体也对本品敏感。

【临床应用】 主要用于畜禽的细菌性疾病，尤其是大肠埃希菌、沙门菌及巴氏杆菌感染。

【注意事项】 不产生再生障碍性贫血，但可抑制红细胞、白细胞和血小板生成，程度比氯霉素轻。有较强的免疫抑制作用。

【制剂、用法与用量】 甲砜霉素片，甲砜霉素可溶粉，甲砜霉素注射液。

内服，一次量，每1kg体重，家畜10～20mg；家禽20～30mg。2次/天。

肌内注射，每1kg体重，猪0.1ml，规格10ml：0.5g。

【休药期】 28天，弃奶期7天。

氟苯尼考

本品又名氟甲砜霉素。

【理化性质】 系甲砜霉素的单氟衍生物，为白色或类白色结晶性粉末。无臭。在二甲基甲酰胺中极易溶解，在甲醇中溶解，在冰醋酸中略溶，在水或三氯甲烷中极微溶解。

【药动学】 畜禽内服和肌内注射本品吸收快，体内分布较广，半衰期长，能维持较长时间的有效血药浓度。肉鸡、犊牛内服的生物利用分别为55.3%、88%；猪内服几乎完全吸收。

【药理作用】 属动物专用的广谱抗生素。抗菌谱与氯霉素相似，但抗菌活性优于氯霉素和甲砜霉素。对猪胸膜肺炎放线杆菌的最小抑菌浓度为0.2～1.56μg/ml。对耐氯霉素和甲砜霉素的大肠埃希菌、沙门菌、克雷伯菌亦有效。

【临床应用】 主要用于牛、猪、鸡和鱼类的细菌性疾病，如牛的呼吸道感染、乳腺炎；猪传染性胸膜肺炎、黄痢、白痢；鸡大肠杆菌病、霍乱等。

【注意事项】 不引起骨髓抑制或再生障碍性贫血，但有胚胎毒性，故妊娠动物禁用。

【制剂、用法与用量】 氟苯尼考注射液。

内服，一次量，每1kg体重，猪、鸡20～30mg。2次/天，连用3～5天。

肌内注射，一次量，每1kg体重，猪、鸡20mg。1次/2天，连用2次。

【休药期】 注射，鸡、牛28天，猪14天，鱼375度日。

六、大环内酯类抗生素

大环内酯类系一族由12～16个碳骨架的大内酯环及苷元组成的抗生素，动物临床主要应用的为红霉素、泰乐菌素、乙酰异戊酰泰乐菌素、替米考星、吉他霉素、螺旋霉素和竹桃霉素等。本类药物的抗菌作用、抗菌谱、作用机制、药动学特征等均相似。作用机制是通过阻断50S核糖体中肽酰转移酶的活性抑制细菌蛋白合成。属快速抑菌剂。

红 霉 素

【理化性质】 硫氰酸红霉素为白色或类白色的结晶或粉末。无臭，味苦。微有引湿性。在甲醇、乙醇中易溶，在水、三氯甲烷中微溶。

【药动学】 红霉素碱内服易被胃酸破坏，宜采用耐酸的依托红霉素或琥乙红霉素，内服吸收良好，1～2h达血药峰浓度，维持有效浓度时间约8h，肌内注射后吸收迅速，分布广泛，组织和体液中，肝、胆中含量最高，可透过胎盘屏障及进入关节腔。脑膜炎时脑脊液中可达较高浓度。本品大部分在肝内代谢灭活，主要经胆汁排泄，部分经肠重吸收，仅约5%由肾脏排出。肌内注射后吸收迅速，但注射部位会发生疼痛和肿胀。

【药理作用】 本品一般起抑菌作用，高浓度对敏感菌有杀菌作用。红霉素的抗菌谱与青霉素相似，对革兰阳性菌如金黄色葡萄球菌、链球菌、肺炎球菌、猪丹毒杆菌、梭状芽孢杆菌、炭疽杆菌、棒状杆菌等有较强的抗菌作用；对某些革兰阴性菌如巴氏杆菌、布鲁氏菌有较弱的作用，但对大肠埃希菌、克雷伯菌、沙门菌等无作用。此外，对某些支原体、立克次体和螺旋体亦有效；对青霉素耐药的金黄色葡萄球菌亦敏感。

红霉素等大环内酯类的作用机理均相同，能与敏感菌的核蛋白体50S亚基结合，通过对转肽作用和mRNA位移的阻断，抑制肽链的合成和延长，影响细菌蛋白质的合成。

【临床应用】 主要用于对青霉素耐药的金黄色葡萄球菌所致的轻、中度感染和对青霉素过敏的病例，如肺炎、败血症、子宫内膜炎、乳腺炎和猪丹毒等。对禽的慢性呼吸道病（败血支原体病）、猪支原体性肺炎也有较好的疗效。红霉素虽有强大的抗革兰阳性菌的作用，但其疗效不如青霉素，因此若病原菌对青霉素敏感者，宜首选青霉素。

【注意事项】 毒性低，但刺激性强。肌内注射可发生局部炎症，宜采用深部肌内注射。静脉注射速度要缓慢，同时应避免漏出血管外。犬、猫内服可引起呕吐、腹痛、腹泻等症状，应慎用。

【制剂、用法与用量】 红霉素片，硫氰酸红霉素可溶性粉，注射用乳糖酸红霉素。

内服，一次量，每1kg体重，仔猪、犬、猫10～20mg。2次/天，连用3～5天。

混饮，每1L水，鸡125mg（效价）。连用3～5天。

静脉滴注，一次量，每1kg体重，马、牛、羊、猪3～5mg；犬、猫5～10mg。2次/天，连用2～3天。

【休药期】 鸡7天，猪3天。蛋鸡产蛋期禁用。

泰 乐 菌 素

【理化性质】 系从弗氏链霉菌的培养液中提取获得。本品微溶于水，与酸制成盐后则易溶于水。水溶液在pH 5.5～7.5时稳定。若水中含铁、铜、铝等金属离子时，则可与本品形成络合物而失效。动物临床上常将泰乐菌素制成酒石酸盐和磷酸盐。

【药动学】 本品内服可吸收，但血中有效药物浓度维持时间比注射给药短。肌内注射后，吸收迅速，组织中的药物浓度比内服大2～3倍，有效浓度持续时间亦较长。排泄途径主要为肾脏和胆汁。

【药理作用】 本品为畜禽专用抗生素。对革兰阳性菌、支原体、螺旋体等均有抑制作用；对大多数革兰阴性菌作用较差；对革兰阳性菌的作用较红霉素弱，其特点是对支原体有较强的抑制作用。此外，本品对牛、猪、鸡有促生长作用。与其他大环内酯类有交叉耐药现象。

【临床应用】 主要用于防治鸡、火鸡和其他动物的支原体感染；牛的摩拉菌感染；猪的弧菌性痢疾、传染性胸膜肺炎；犬的结肠炎等；此外，亦可用于浸泡种蛋以预防鸡支原体传播，以及作为猪的生长促进剂。欧盟从 2000 年开始禁用本品作促生长剂。

【注意事项】 本品毒性小。肌内注射时可导致局部刺激。注意本品不能与聚醚类抗生素合用，否则导致后者的毒性增强。

【制剂、用法与用量】 酒石酸泰乐菌素可溶性粉，注射用酒石酸泰乐菌素，泰乐菌素注射液，磷酸泰乐菌素预混剂，磷酸泰乐菌素，磺胺二甲嘧啶预混剂。

混饮，每 1L 水，禽 500mg（效价），连用3～5 天。蛋鸡产蛋期禁用，休药期鸡 1 天；猪 200～500mg（治疗弧菌性痢疾）。

混饲，每 1000kg 饲料，猪 10～100g；鸡 4～50g。

内服，一次量，每 1kg 体重，猪 7～10mg。3 次/天，连用 5～7 天。

肌内注射，一次量，每 1kg 体重，牛 10～20mg；猪 5～13mg；猫 10mg。1～2 次/天；连用 5～7 天。

【休药期】 宰前 5 天停止给药。

乙酰异戊酰泰乐菌素

本品为畜禽专用抗生素，又称泰万菌素，常将其制成酒石酸盐，抗菌作用与泰乐菌素相似。

【药理作用】 主要用于敏感菌及支原体引起的畜禽各种呼吸道、肠道、生殖系统和运动系统感染。

【临床应用】 用于家禽慢性呼吸道病、传染性鼻炎、气囊炎、传染性窦炎、输卵管炎等，临床表现为咳嗽、甩鼻、呼噜、伸颈喘鸣等症状；猪喘气病、萎缩性鼻炎、猪红痢、胃肠炎、猪丹毒、支原体关节炎、坏死性肠炎等。

【注意事项】 马属动物忌用。禁止与泰妙菌素、竹桃霉素并用，产蛋期禁用。

【制剂、用法与用量】 预混剂 1000g：5000 万国际单位。

家畜：混饲，每 1000kg 饲料加本品 100g，一日 2 次，连用 5～ 7 天；家禽：混饮，每 1000～1500L 水加本品 100g，一日 2 次，连用 5～7 天；拌料加倍。首次及重症用药加倍，预防减半。

【休药期】 猪 3 天，禽 5 天。

替米考星

本品是由泰乐菌素的一种水解产物半合成的畜禽专用抗生素，药用其磷酸盐。

【药动学】 本品内服和皮下注射吸收快，但不完全，奶牛及奶山羊皮下注射的生物利用度分别为 22%及 8.9%。表观分布容积大，肺组织中的药物浓度高。具有良好的组织穿透力，能迅速较完全地从血液进入乳房，乳中药物浓度高，维持时间长，乳中半衰期长达

1～2 天。皮下注射后，奶牛及奶山羊的血清半衰期分别为 4.2h 及 29.3h。这种特殊的药动学特征尤其适合家畜肺炎和乳腺炎等感染性疾病的治疗。

【药理作用】 本品具有广谱抗菌作用，对革兰阳性菌、某些革兰阴性菌、支原体、螺旋体等均有抑制作用；对胸膜肺炎放线杆菌、巴氏杆菌及畜禽支原体具有比泰乐菌素更强的抗菌活性。

【临床应用】 主要用于防治家畜肺炎（由胸膜肺炎放线杆菌、巴氏杆菌、支原体等感染引起）、禽支原体病及泌乳动物的乳腺炎。

【注意事项】 本品禁止静脉注射，牛一次静脉注射 5mg/kg 即可致死，对猪、灵长类和马也易致死，其毒作用的靶器官是心脏，可引起负性心力效应。

【制剂、用法与用量】 替米考星可溶性粉，替米考星预混剂，替米考星注射液。

混饮，每 1L 水，鸡 100～200mg。连用 5 天。用于鸡支原体病的治疗（蛋鸡除外）。

混饲，每 1000kg 饲料，猪 200～400g。用于防治胸膜肺炎放线杆菌及巴氏杆菌引起的肺炎。

皮下注射，一次量，每 1kg 体重，牛、猪 10～20mg。1 次/天。

乳管内注入，一次量，每一乳室，奶牛 300mg。用于治疗急性乳腺炎。

【休药期】 猪 14 天；鸡 10 天，蛋鸡产蛋期禁用。

吉他霉素

本品又名北里霉素、柱晶白霉素。

【药动学】 口服的药物动力学性质与红霉素相近。

【药理作用】 抗菌谱与红霉素相似。对革兰阳性菌有较强的抗菌作用，但较红霉素弱；对耐药金黄色葡萄球菌的效力强于红霉素，对某些革兰阴性菌、支原体、立克次体亦有抗菌作用。葡萄球菌对本品产生耐药性的速度比红霉素慢。对大多数耐青霉素和红霉素的金黄色葡萄球菌有效是本品的特点。

【临床应用】 主要用于革兰阳性菌（包括耐药金黄色葡萄球菌）所致的感染、支原体病及猪的弧菌性痢疾等。此外，还用作猪鸡的饲料添加剂，促进生长和提高饲料转化率。

【制剂、用法与用量】 酒石酸吉他霉素可溶性粉，吉他霉素预混剂，吉他霉素片。

混饮，每 1L 水，鸡 250～500mg（效价）。连用 3～5 天。

混饲，每 1000kg 饲料，猪 5.5～50g；鸡 5.5～11g（用于促生长）。

内服，一次量，每 1kg 体重，猪 20～30mg；鸡 20～50mg。2 次/天。连用 3～5 天。

【休药期】 蛋鸡产蛋期禁用，肉鸡、猪宰前 7 天停止给药。

泰拉霉素

本品为大环内酯类半合成抗生素，是动物专用抗生素。

【药理作用】 本品对一些革兰阳性菌和革兰阴性菌均有抗菌活性，对引起猪、牛呼吸系统疾病的病原菌尤其敏感，如溶血性巴氏杆菌、多杀性巴氏杆菌、睡眠嗜血杆菌、支原体、胸膜肺炎放线杆菌、支气管败血波氏杆菌和副猪嗜血杆菌等。对引起牛传染性角膜结膜炎的牛莫拉菌，也具有很好的抗菌活性。

【临床应用】 主要用于治疗和预防溶血性巴氏杆菌、多杀性巴氏杆菌、睡眠嗜血杆菌和支原体引起的牛呼吸道疾病；胸膜肺炎放线杆菌、多杀性巴氏杆菌、肺炎支原体引起的猪呼吸道疾病。

【不良反应】 牛皮下注射本品时，常会引起注射部位出现短暂性的疼痛反应和局部肿胀。

【注意事项】 ①本品不能与其他大环内酯类抗生素或林可霉素同时使用。②泌乳期奶牛禁用。

【制剂、用法与用量】 规格：20ml；牛皮下注射，一次量，每1kg体重2.5mg；猪颈部肌内注射，一次量，每1kg体重2.5mg。

【休药期】 牛49天，猪33天。

泰妙菌素

本品为截短侧耳素衍生物，是动物专用抗生素。

【药理作用】 抗菌谱与大环内酯类相似。对革兰阳性菌（金黄色葡萄球菌和链球菌）、支原体（鸡毒支原体和猪肺炎支原体）、猪胸膜肺炎放线杆菌及猪密螺旋体等有较强的抗菌作用。

【临床应用】 主要用于防治鸡慢性呼吸道病、猪喘气病、传染性胸膜肺炎、猪密螺旋体性痢疾等。本品与金霉素以1∶4配伍混饲，可增强疗效。

【不良反应】 本品能影响抗球虫药莫能菌素、盐霉素等的代谢，合用是容易导致中毒，引起鸡生长迟缓、运动失调、麻痹瘫痪，严重者甚至死亡。用于马，可引起大肠菌丛混乱和导致结肠炎发生。在鸽上也有一定的敏感性，约有0.3%过敏。

【注意事项】 本品禁止与聚醚类抗球虫药合用；禁用于马。

【制剂、用法与用量】 80%、45%、10%预混剂；混饮，每1L水，猪45～60mg，连用5日，鸡125～250mg，连用3天。混饲，每1kg饲料，猪40～100mg（以泰妙菌素计），连用5～10天。

【休药期】 5天。

沃尼妙林

本品是新一代截短侧耳素类半合成抗生素，属二萜烯类，是泰妙菌素的同类药物。动物专用抗生素。作用机制系通过与病原微生物核糖体上的50S亚基结合，抑制病原微生物蛋白质的合成，导致病原微生物死亡。

【药动学】 内服吸收迅速，血药浓度达峰时间在1～4h。生物利用度在90%以上。体内分布广泛，在肺和肝脏组织中药物浓度高，常高出血浆浓度几倍。其代谢物主要经胆汁从粪便中排泄，约30%从尿排泄。血浆半衰期1.3～2.7h。

【药理作用】 本品抗菌谱广。对革兰阳性菌、部分革兰阴性菌和支原体均有作用，对葡萄球菌、链球菌、猪肺炎支原体、猪滑液支原体、猪胸膜肺炎放线杆菌、猪痢疾短螺旋体、结肠菌毛样短螺旋体、细胞内劳森菌等均有较强的抑制作用，特别是对支原体属和螺旋体属高度敏感。

【临床应用】 主要用于治疗由猪肺炎支原体引起的猪地方性肺炎、猪痢疾密螺旋体引起的猪痢疾、猪胸膜肺炎放线杆菌、细胞内劳森菌引发的猪增生性肠炎。

【不良反应】 猪主要表现为发热、食欲不振，严重时共济失调、喜卧、浮肿或红斑（主要在臀部)、眼睑水肿。

【制剂、用法与用量】 预混剂，规格：100g：10g。预防：每1000kg饲料，加本品（以沃尼妙林计）20～30g，连用5～7天；治疗：每1000kg饲料，加本品50～75g（以沃尼妙林计），连用4～5天。重症加倍。

【休药期】 猪1天。

七、林可胺类抗生素

林可霉素

【理化性质】 盐酸盐为白色结晶性粉末，有微臭或特殊臭，味苦。在水或甲醇中易溶、在乙醇中略溶。20%水溶液的pH为3.0～5.5；性质较稳定，pK_a 7.6。

【药动学】 林可霉素内服吸收不完全，猪内服的生物利用度为20%～50%，约1h血药浓度达峰值。肌内注射吸收良好，0.5～2h可达血药峰浓度。广泛分布于各种体液和组织中，包括骨骼，可扩散进入胎盘。肝、肾中的组织药物浓度最高，但脑脊液即使在炎症时也达不到有效浓度。内服给药，约50%的林可霉素在肝脏中代谢，代谢产物仍具有活性。原药及代谢物在胆汁、尿与乳汁中排出，在粪中可继续排出数日，以致敏感微生物受到抑制。肌内注射给药的半衰期是：马8.1h，黄牛4.1h，水牛9.3h，猪6.8h。

【药理作用】 抗菌谱与大环内酯类相似。对革兰阳性菌如葡萄球菌、溶血性链球菌和肺炎球菌等有较强的抗菌作用，对破伤风梭菌、产气荚膜芽孢杆菌、支原体也有抑制作用；对革兰阴性菌无效。

【临床应用】 用于敏感的革兰阳性菌，尤其是金黄色葡萄球菌（包括耐药金黄色葡萄球菌）、链球菌、厌氧菌的感染，以及猪、鸡的支原体病。本品与大观霉素合用，对鸡支原体病或大肠杆菌病的效力超过单一药物。

【注意事项】 大剂量内服有胃肠道反应。肌内给药有疼痛刺激，或吸收不良。本品对家兔敏感，易引起严重反应或死亡，不宜使用。

【制剂、用法与用量】 盐酸林可霉素片，盐酸林可霉素注射液，盐酸林可霉素可溶性粉。

内服，一次量，每1kg体重，马、牛6～10mg；羊、猪10～15mg；犬、猫15～25mg。1～2次/天。

混饮，每1L水，猪100～200mg（效价）；鸡200～300mg。连用3～5天。蛋鸡产蛋期禁用。

肌内注射，一次量，每1kg体重，猪10mg，1次/天；犬、猫10mg，2次/天。连用3～5天。

【休药期】 鸡宰前5天停止给药。猪休药期2天。

克林霉素

本品又名氯林可霉素、氯洁霉素。

【理化性质】 盐酸盐为白色或类白色晶粉。易溶于水。本品的盐酸盐、棕榈酸酯盐酸盐供内服用，磷酸酯供注射用。

【药动学】 克林霉素内服吸收比林可霉素好，达峰时间比林可霉素快。犬静脉注射的半衰期为3.2h；肌内注射的生物利用度为87%，半衰期为3.6h。分布、代谢特征与林可霉素相似，但血浆蛋白结合率高，可达90%。

【药理作用】 抗菌作用与林可霉素相同。抗菌效力比林可霉素强4～8倍。

【临床应用】 应用与林可霉素相同。

【制剂、用法与用量】 盐酸克林霉素胶囊，磷酸克林霉素注射液。

内服或肌内注射，一次量，每1kg体重，犬、猫10mg，2次/天。

【休药期】 孕畜禁用。

八、多肽类抗生素

本类抗生素包括多黏菌素和杆菌肽。多黏菌素系由多黏芽孢杆菌的培养液中提取获得的，有A、B、C、D、E五种成分。动物临床应用的有多黏菌素B、黏菌素和多黏菌素M（又名多黏菌素甲）三种，目前多用黏菌素。

杆　菌　肽

【理化性质】 系由苔藓样杆菌培养液中获得。为白色或淡黄色粉末。具吸湿性。易溶于水和乙醇。本品的锌盐为灰色粉末，不溶于水，性质较稳定。

【药动学】 内服几乎不吸收，大部分在2天内随粪便排出。连续按0.1%的浓度混料饲喂蛋鸡5个月、肉鸡8周、火鸡15周，按0.05%的浓度混料饲喂猪4个月，在肌肉、脂肪、皮肤、胆汁、血液中几乎无药物残留。肌内注射易吸收，但对肾脏毒性大，不宜用于全身感染。

【药理作用】 对革兰阳性菌有杀菌作用，包括耐药的金黄色葡萄球菌、肠球菌、链球菌，对螺旋体和放线菌也有效，但对革兰阴性杆菌无效。本品的抗菌作用不受环境中脓、血、坏死组织或组织渗出液的影响。

【临床应用】 本品的锌盐专门用作饲料添加剂。临床上还可局部应用于革兰阳性菌所致的皮肤、伤口感染，眼部感染和乳腺炎等。欧盟从2000年开始禁用本品作促生长剂。

【注意事项】 因毒性强，现已不作注射用。从2020年始禁用于促生长。

【制剂、用法与用量】 杆菌肽锌预混剂，杆菌肽锌、硫酸黏菌素预混剂（每100g中含杆菌肽锌5g，黏菌素1g）。

混饲，每1000kg饲料，3月龄以下犊牛10～100g，3～6月龄4～40g；4月龄以下猪4～40g；16周龄以下禽4～40g（以杆菌肽计）。

【休药期】 7天，蛋鸡产蛋期禁用。

多黏菌素B

【理化性质】 硫酸盐为白色结晶性粉末。易溶于水，有引湿性。在酸性溶液中稳定，其中性溶液在室温放置1周不影响效价、碱性溶液中不稳定。

【药理作用】 本品为窄谱杀菌剂，对革兰阴性杆菌的抗菌活性强。主要敏感菌有大肠埃希菌、沙门菌、巴氏杆菌、布鲁氏菌、弧菌、痢疾杆菌、铜绿假单胞菌等。尤其对铜绿假单胞菌具有强大的杀菌作用。细菌对本品不易产生耐药性，但与黏菌素之间有交叉耐药性。本类药物与其他抗菌药物间没有交叉耐药性。

【临床应用】 主要用于革兰阴性杆菌的感染。例如铜绿假单胞菌、大肠埃希菌感染等。

内服不吸收，可用于治疗犊牛、仔猪的肠炎、下痢等；局部应用可治疗创面、眼、耳、鼻部的感染等。本品与增效磺胺药、四环素类合用时，可产生协同作用。

【注意事项】 本品易引起对肾脏和神经系统的毒性反应。现多作局部应用。

【制剂、用法与用量】 硫酸多黏菌素B片。

内服，一次量，每1kg体重，犊牛0.5万～1万国际单位，2次/天；仔猪2000～4000国际单位，2～3次/天。

【休药期】 7天。

黏　菌　素

本品又名多黏菌素E、抗敌素，2016年起禁用于动物促生长。

【理化性质】 硫酸盐为白色或微黄色粉末。有引湿性。在水中易溶，在乙醇中微溶。

【药理作用】 抗菌谱和药动学特征与多黏菌素B相同。

【临床应用】 内服不吸收，用于治疗畜禽的大肠埃希菌性下痢和对其他药物耐药的菌痢。外用于烧伤和外伤引起的铜绿假单胞菌局部感染和眼、耳、鼻等部位敏感菌的感染。

【注意事项】 不能与碱性物质一起使用。

【制剂、用法与用量】 注射用硫酸黏菌素，硫酸黏菌素片，硫酸黏菌素可溶性粉，硫酸黏菌素预混剂。

肌内注射：一次量，每10kg体重，哺乳期仔猪20～40mg。2次/天，连用3～5天。

内服，一次量，每1kg体重，犊牛、仔猪1.5～5mg；家禽3～8mg。1～2次/天。

混饮，每1L水，猪40～100mg；鸡20～60mg（效价）。连用5天。

混饲（禁止用于促生长），每1kg饲料，牛（哺乳期）5～40g；猪（哺乳期）2～40g；仔猪、鸡2～20g（效价）。

乳管内注入，每一乳室，奶牛5～10mg。

子宫内注入，牛10mg。1～2次/天。

【休药期】 口服，宰前7天停止给药；注射，猪28天。

硫 肽 菌 素

【理化性质】 本品为淡黄色结晶，无味，无臭。易溶于三氯甲烷，微溶于甲醇、乙醇和丙酮，难溶于水、苯和乙醚。粉末稳定，在25℃下可保存1年，在45℃下可保存4个月，效价不变。

【药理作用】 对葡萄球菌等革兰阳性菌有较强的抑菌能力，对其他抗生素产生耐药性的菌株仍有效，对支原体有较强抗菌力，因而具有抗病促生长作用。

【临床应用】 可用于治疗猪的坏死性肠炎。

【注意事项】 此药对动物肝脏有损害，不宜长期大量添加。

【制剂、用法与用量】 对鸡每吨饲料添加9.6～10g。对猪为每吨饲料添加1～20g。

【休药期】 鸡产蛋期禁用，猪屠宰前7天停药。

黄　霉　素

【理化性质】 本品为浅褐色至褐色粉末；有特臭。

【药动学】 黄霉素经口投药后几乎不被消化道吸收，24h后几乎全部由粪便排出。肉鸡以推荐剂量的350倍、产蛋鸡以推荐剂量的25倍、猪和肉牛以推荐剂量的16倍混饲，屠宰后在血、肌肉、肝脏、肾脏、皮肤、脂肪和蛋中均未检出黄霉素残留，牛每日以45mg剂量连续投服370天后，在牛奶中未检出残留。

【药理作用】 黄霉素为磷酸化多糖类抗生素，其抗菌作用机制是通过干扰细胞壁的结构物质肽聚糖的生物合成从而抑制细菌的繁殖。黄霉素的促生长原理可能在于它能提高饲料中能量和蛋白质的消化；能使肠壁变薄从而提高营养物质的吸收；能有效地维持肠道菌群的平衡和瘤胃pH的稳定。细菌对黄霉素不易产生耐药性，黄霉素也不易与其他抗生素产生交叉耐药性，黄霉素抗菌谱较窄，主要对革兰阳性菌有效，且对其他抗生素耐药的革兰阳性菌也有效，但对革兰阴性菌作用很弱。可促进畜禽生长，提高饲料转化率。

【临床应用】 原作饲料添加剂，促进畜禽生长，提高饲料转化率。2020年后，禁用于促生长。

【注意事项】 黄霉素毒性极低，雄性小鼠的LD_{50}，内服大于10g/kg，腹腔注射为1520mg/kg。与其他抗生素不产生拮抗作用，可与磺胺药、泰妙菌素、红霉素、林可霉素和离子载体抗球虫药配伍使用。

【制剂、用法与用量】 4%或8%黄霉素预混剂。混饲，每1000kg饲料，育肥猪5g，仔猪20～25g，鸡5g，肉牛每天每头30～50mg。以上均以黄霉素计。

【休药期】 0天。

必备知识二　化学合成抗菌药

凡是对侵袭性的病原体具有选择性抑制或杀灭作用，而对机体（宿主）没有或只有轻度毒性作用的化学物质，称为化学合成抗菌药，简称化疗药。

一、磺胺类与抗菌增效剂

自从1935年发现第一个磺胺类药物——百浪多息以来，已有70多年的历史，先后合成的这类药约8500种，临床上常用的有20多种。虽然20世纪40年代以后，各类抗生素的不断发现和发展，在临床上逐渐取代了磺胺类药物，但磺胺类药物仍具有其独特的优点：抗菌谱较广，性质稳定，使用方便，价格低廉，不消耗粮食，国内能大量生产等。特别是甲氨苄啶和二甲氧苄啶等抗菌增效剂的发现，使磺胺药与抗菌增效剂联合使用后，抗菌谱扩大、抗菌活性大大增强，可从抑菌作用变为杀菌作用。因此，磺胺类药至今仍为畜禽抗感染治疗中的重要药物之一。

磺胺类药物

【理化性质】 磺胺类药一般为白色或淡黄色结晶性粉末。在水中溶解度差，易溶于稀碱溶液中。制成钠盐后易溶于水，水溶液呈碱性。

【药动学】

① 吸收　各种内服易吸收的磺胺，其生物利用度大小因药物和动物种类不同而有差异。其顺序分别为：磺胺二甲嘧啶（SM_2）＞磺胺多辛（周效磺胺SDM′）＞氨苯磺胺（SN）＞磺

胺嘧啶（SD）；禽＞犬＞猪＞马＞羊＞牛。一般而言，肉食动物内服后 3～4h，血药达峰浓度；草食动物为 4～6h；反刍动物为 12～24h。尚无反刍功能的犊牛和羔羊，其生物利用度与肉食、杂食的单胃动物相似。磺胺类的钠盐可经肌内注射、腹腔注射或由子宫、乳管内注入而迅速吸收。

② 分布　磺胺类药物吸收后分布于全身各组织和体液中。以血液、肝、肾含量较高，神经、肌肉及脂肪中的含量较低，可进入乳腺、胎盘、胸膜、腹膜及滑膜腔。吸收后，大部分与血浆蛋白结合。磺胺类中以 SD 与血浆蛋白的结合率较低，因而进入脑脊液的浓度较高（为血药的 50%～80%），故可作为脑部细菌感染的首选药。磺胺类的蛋白结合率因药物和动物种类的不同有很大差异，例如 SD、SM_2 和 SDM 在牛的蛋白结合率分别是 14%～20%、61%～71%及 61%～90%；各种家畜的蛋白结合率，通常以牛为最高，羊、猪、马等次之。一般来说，血浆蛋白结合率高的磺胺类排泄较缓慢，血中有效药物浓度维持时间也较长。

③ 代谢　磺胺类药主要在肝脏代谢，引起多种结构上的变化。其中最常见的方式是对位氨基的乙酰化。乙酰化程度与动物种属有关，例如 SM_2 的乙酰化，猪（30%）比牛（11%）、绵羊（8%）都高，家禽和犬的乙酰化极微。其次，羟基化作用，则绵羊比牛高，猪则无此作用。各种磺胺药及其代谢物与葡萄糖苷酸的结合率是不相同的，例如，SMZ、SN、SM_2 和 SDM 在山羊体内与葡萄糖苷酸的结合率分别是 5%、7%、30%及 16%～31%。杂环断裂的代谢途径在多数动物中并不重要。此外，反刍动物体内的氧化作用却是磺胺类药代谢的重要途径，例如 SD 在山羊体内被氧化成 2-磺胺-4-羟基嘧啶而失去活性。

磺胺乙酰化后失去抗菌活性，但保持原有磺胺的毒性。除 SD 等 R^1 位有嘧啶环的磺胺药外，其他乙酰化磺胺的溶解度普遍下降，增加了对肾脏的毒副作用：肉食及杂食动物，由于尿中酸度比草食动物为高，较易引起磺胺及乙酰磺胺的沉淀，导致结晶尿的产生，损害肾功能。若同时内服碳酸氢钠碱化尿液，则可提高其溶解度，促进从尿中排出。

④ 排泄　内服肠道难吸收的磺胺类主要随粪便排出；肠道易吸收的磺胺类主要通过肾脏排出。少量由乳汁、消化液及其他分泌液排出。经肾排出的部分以原型，部分以乙酰化物和葡萄糖苷酸结合物的形式排出。其中大部分经肾小球滤过，小部分由肾小管分泌。到达肾小管腔内的药物，有一小部分被肾小管重吸收。凡重吸收少者，排泄快，半衰期短，有效血药浓度维持时间短（如 SN、SD）；而重吸收多者，排泄慢，半衰期长，有效血药浓度维持时间较长（如 SM_2、SMM、SDM 等）。当肾功能损害时，药物的半衰期明显延长，毒性可能增加，临床使用时应注意。治疗泌尿道感染时，应选用乙酰化率低，原型排出多的磺胺药，例如 SMM、SMD。

【药理作用】 磺胺类属广谱慢作用型抑菌药。对大多数革兰阳性菌和部分革兰阴性菌有效，甚至对衣原体和某些原虫也有效。对磺胺类较敏感的病原菌有：链球菌、肺炎球菌、沙门菌、化脓棒状杆菌、大肠埃希菌、副鸡嗜血杆菌等；一般敏感的有：葡萄球菌、变形杆菌、巴氏杆菌、产气荚膜杆菌、克雷伯菌、炭疽杆菌、铜绿假单胞菌等。某些磺胺药还对球虫、卡氏白细胞虫、疟原虫、弓形体等有效，但对螺旋体、立克次体、结核杆菌等无作用。

不同磺胺类药物对病原菌的抑制作用亦有差异。一般来说，其抗菌作用强度的顺序为磺胺间甲氧嘧啶（SMM）＞磺胺甲噁唑（SMZ）＞磺胺嘧啶（SD）＞磺胺地索辛（SDM）＞磺胺对甲氧嘧啶（SMD）＞磺胺二甲嘧啶（SM_2）＞磺胺多辛（SDM′）＞氨苯磺胺（SN）。血中最低有效药物浓度为 50μg/100ml，严重感染时则需 100～150μg/100ml。

磺胺药是通过干扰敏感菌的叶酸代谢而抑制其生长繁殖的。对磺胺药敏感的细菌在生长繁殖过程中，不能直接从生长环境中利用外源叶酸，而是利用对氨基苯甲酸（para-aminobenzoic acid，PABA）、喋啶和谷氨酸，在二氢叶酸合成酶的催化下合成二氢叶酸，再经二氢叶酸还原酶还原为四氢叶酸。四氢叶酸是一碳基团转移酶的辅酶，参与嘌呤、嘧啶、氨基酸的合成。磺胺类的化学结构与 PABA 的结构极为相似，能与 PABA 竞争二氢叶酸合成酶，抑制二氢叶酸的合成，或者形成以磺胺代替 PABA 的伪叶酸，最终使核酸合成受阻，结果细菌生长繁殖被阻止。磺胺药和抗菌增效剂的作用机制见图 3-1。

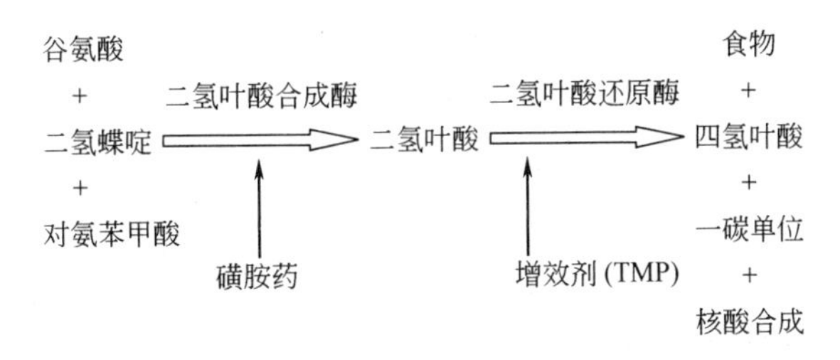

图 3-1　磺胺药和抗菌增效剂的作用机制

根据上述作用机制，应用时须注意：①PABA 对二氢叶酸合成酶的亲和力较磺胺类大 5000～15000 倍，因此，应用磺胺类时必须要有足够的剂量和疗程，首次常用加倍量（负荷量），使血药浓度迅速达到有效抑菌浓度；②在脓液和坏死组织中含有大量的 PABA，可减弱磺胺类药物的局部作用，故局部应用时要清创排脓；③局部应用普鲁卡因时，普鲁卡因在体内可水解生成 PABA，亦可减弱磺胺类药物的疗效；④能利用外源叶酸的细菌对磺胺类药物不敏感。

细菌对磺胺类药物易产生耐药性，尤以葡萄球菌最易产生，大肠埃希菌、链球菌等次之。产生的原因可能是细菌改变了代谢途径，如产生了较多的 PABA，或二氢叶酸合成酶结构改变，或者直接利用外源性叶酸。各磺胺药之间可产生程度不同的交叉耐药性，但与其他抗菌药之间无交叉耐药现象。

【临床应用】

① 全身感染　常用药有 SD、SM_2、SMZ、SMD、SMM、SDM′等，可用于巴氏杆菌病、乳腺炎、子宫内膜炎、腹膜炎、败血症和呼吸道、消化道及泌尿道感染；对马腺疫、坏死杆菌病，牛传染性腐蹄病，猪萎缩性鼻炎、链球菌病、仔猪水肿病、弓形体病，羔羊多发性关节炎，兔葡萄球菌病，鸡传染性鼻炎、禽霍乱、副伤寒、球虫病等均有效。一般与 TMP 合用，可提高疗效，缩短疗程。对于病情严重病例或首次用药，则可以考虑用钠盐肌内注射或静脉注射给药。

② 肠道感染　选用肠道难吸收的磺胺类，如磺胺脒（SG）、酞磺胺噻唑（PST）、琥珀酰磺胺噻唑（SST）等为宜。可用于仔猪黄痢及畜禽白痢、大肠杆菌病等的治疗。常与二甲氧苄啶（DVD）合用以提高疗效。

③ 泌尿道感染　选用抗菌作用强，尿中排泄快，乙酰化率低，尿中药物浓度高的磺胺

药，如 SMM、SMD 和 SM_2 等。与 TMP 合用，可提高疗效，克服或延缓耐药性的产生。

④ 局部软组织和创面感染　选外用磺胺药，如 SN、SD-Ag 等。SN 常用其结晶性粉末，撒于新鲜伤口，以发挥其防腐作用。SD-Ag 对铜绿假单胞菌的作用较强，且有收敛作用，可促进创面干燥结痂。

⑤ 原虫感染　选用 SQ、磺胺氯吡嗪、SM_2、SMM、SDM 等，用于禽、兔球虫病，鸡卡氏白细胞虫病、猪弓形体病等。

⑥ 其他　治疗脑部细菌性感染，宜采用在脑脊液中含量较高的 SD；治疗乳腺炎宜采用在乳汁中含量较多的 SM_2。

【注意事项】

① 急性中毒　多见于静脉注射磺胺类钠盐时，速度过快或剂量过大。表现为神经症状，如共济失调、痉挛性麻痹、呕吐、昏迷、食欲降低和腹泻等。严重者迅速死亡。牛、山羊还可见视物障碍、散瞳。雏鸡中毒时出现大批死亡。

② 慢性中毒　见于剂量较大或连续用药超过 1 周以上，主要症状为：难溶解的乙酰化物结晶损伤泌尿系统，出现结晶尿、血尿和蛋白尿等；抑制胃肠道菌丛，导致消化系统障碍和草食动物的多发性肠炎等；造血功能破坏，出现溶血性贫血、凝血时间延长和毛细血管渗血；幼畜及幼禽免疫系统抑制、免疫器官出血及萎缩；家禽慢性中毒时，见增重减慢，蛋鸡产蛋率下降，蛋破损率和软蛋率增加。

为了防止磺胺类药的不良反应，除严格掌握剂量与疗程外，可采取下列措施：①充分饮水，以增加尿量、促进排出；②选用疗效高、作用强、溶解度大、乙酰化率低的磺胺类药；③幼畜、杂食或肉食动物使用磺胺类时，宜与碳酸氢钠同服，以碱化尿液，促进排出；④蛋鸡产蛋期禁用磺胺药。

【制剂、用法与用量】

磺胺噻唑片，磺胺噻唑钠注射液。内服，一次量，每 1kg 体重，家畜首次量 140～200mg，维持量 70～100mg。2～3 次/天。静脉或肌内注射，一次量，每 1kg 体重，家畜 50～100mg。2～3 次/天。休药期 28 天，弃奶期 7 天。

磺胺嘧啶片，磺胺嘧啶钠注射液。内服，一次量，每 1kg 体重，家畜首次量 140～200mg，维持量 70～100mg。2 次/天。静脉或肌内注射，一次量，每 1kg 体重，家畜 50～100mg。1～2 次/天。休药期，牛 10 天，猪 5 天，鸡 1 天；鸡产蛋期禁用。

磺胺二甲嘧啶片，磺胺二甲嘧啶钠注射液。内服，一次量，每 1kg 体重，家畜首次量 140～200mg，维持量 70～100mg。1～2 次/天。静脉或肌内注射，一次量，每 1kg 体重，家畜 50～100mg。1～2 次/天。休药期 28 天。

磺胺甲噁唑片。内服，一次量，每 1kg 体重，家畜首次量 50～100mg，维持量 25～50mg。2 次/天。休药期 28 天，弃奶期 7 天。

磺胺对甲氧嘧啶片。内服，一次量，每 1kg 体重，家畜首次量 50～100mg，维持量 25～50mg。1～2 次/天。休药期 28 天，弃奶期 7 天。

抗菌增效剂

因能增强磺胺药和多种抗生素的疗效，故称为抗菌增效剂。它们是人工合成的二氨基嘧啶类。国内常用甲氧苄啶和二甲氧苄啶两种。后者为动物专用品种。国外应用的还有奥美普林（Ormetoprim，OMP，二甲氧甲基苄啶）、阿地普林（Aditoprim，ADP）及巴喹普林（Baquiloprim，BQP）。在此主要以甲氧苄啶介绍抗菌增效剂的药理学作用。

甲氧苄啶（TMP）

【理化性质】 为白色或淡黄色结晶性粉末。味微苦。在乙醇中微溶，水中几乎不溶，在冰醋酸中易溶。

【药动学】 TMP 内服吸收迅速而完全，1～2h 血药浓度达高峰。本品脂溶性较高，广泛分布于各组织和体液中，并超过血中浓度，血浆蛋白结合率 30%～40%。其半衰期存在较大的种属差异：马 4.20h，水牛 3.14h，黄牛 1.31h，奶山羊 0.94h，猪 1.43h，鸡、鸭约 2h。主要从尿中排出，3 天内约排出剂量的 80%，其中 6%～15%以原型排出。尚有少量从胆汁、唾液和粪便中排出。

【药理作用】 抗菌谱广。与磺胺类相似而效力较强。对多种革兰阳性菌及阴性菌均有抗菌作用，其中较敏感的有溶血性链球菌、葡萄球菌、大肠埃希菌、变形杆菌、巴氏杆菌和沙门菌等。但对铜绿假单胞菌、结核杆菌、丹毒杆菌、钩端螺旋体无效。单用易产生耐药性，一般不单独作抗菌药使用。

【临床应用】 常以 1∶5 比例与 SMD、SMM、SMZ、SD、SM_2、SQ 等磺胺药合用。

含 TMP 的复方制剂主要用于链球菌、葡萄球菌和革兰阴性杆菌引起的呼吸道、泌尿道感染及蜂窝织炎、腹膜炎、乳腺炎、创伤感染等。亦用于幼畜肠道感染、猪萎缩性鼻炎、猪传染性胸膜肺炎。对家禽大肠杆菌病、鸡白痢、鸡传染性鼻炎、禽伤寒及霍乱等均有良好的疗效。

【注意事项】 本品毒性低，副作用小，偶尔引起白细胞、血小板减少等。但孕畜和初生仔畜应用易引起叶酸摄取障碍，宜慎用。

【制剂、用法与用量】 复方磺胺嘧啶预混剂（SD+TMP）。混饲，一次量，每 1kg 体重，猪 15～30mg（以磺胺嘧啶计）；鸡 25～30mg。2 次/天，连用 5 天。

复方磺胺嘧啶混悬液。混饮，每 1L 水，鸡 160～320mg（以磺胺嘧啶计）。连用 5 天。

复方磺胺嘧啶钠注射液（SD+TMP）。肌内注射，一次量，每 1kg 体重，家畜 20～30mg（以磺胺嘧啶钠计）。1～2 次/天。

复方磺胺对甲氧嘧啶片（SMD+TMP）。内服，一次量，每 1kg 体重，家畜 20～25mg（以磺胺对甲氧嘧啶计）。1～2 次/天。

复方磺胺对甲氧嘧啶钠注射液（SMD+TMP）。肌内注射，一次量，每 1kg 体重，家畜 15～20mg（以磺胺对甲氧嘧啶钠计）。1～2 次/天。

【休药期】 蛋鸡产蛋期禁用。猪宰前 5 天、肉鸡宰前 10 天停止给药。

二甲氧苄啶（DVD）

本品又名二甲氧苄氨嘧啶。

【理化性质】 为白色或微黄色结晶性粉末，味微苦。在水、乙醇中不溶，在盐酸中溶解，在稀盐酸中微溶。

【药动学】 DVD内服吸收很少，其最高血药浓度约为TMP的1/5，在胃肠道内的浓度较高，主要从粪便中排出，故用作肠道抗菌增效剂比TMP优越。

【药理作用】 作用机制与TMP相同，但抗菌作用较弱。对磺胺类药物和抗生素有增效的作用。

【临床应用】 含DVD的复方制剂主要用于防治禽、兔球虫病及畜禽肠道感染等。DVD单独应用也具有防治球虫的作用。

【制剂、用法与用量】 磺胺对甲氧嘧啶，二甲氧苄啶预混剂。混饲，每1000kg饲料，家禽100g。

【休药期】 蛋鸡产蛋期禁用。肉鸡宰前10天停止给药。

二、喹诺酮类

喹诺酮类是指一类具有4-喹诺酮环结构的药物。1962年首先应用于临床的第一代喹诺酮类是萘啶酸；第二代的代表药物是1974年合成的吡哌酸和动物专用的氟甲喹；1978年合成了第三代的第一个药物诺氟沙星，由于它具有6-氟-7-哌嗪-4-诺酮环结构，又名氟喹诺酮类药物。30多年来，这类药物的研究进展十分迅速，临床常用的已有十几种。这类药物具有下列特点：①抗菌谱广，对革兰阳性菌和革兰阴性菌、铜绿假单胞菌、支原体、衣原体等均有作用；②杀菌力强，在体外很低的药物浓度即可显示高度的抗菌活性，临床疗效好；③吸收快、体内分布广泛，可治疗各个系统或组织的感染性疾病；④抗菌作用独特，与其他抗菌药无交叉耐药性；⑤使用方便，不良反应小，但能使幼龄动物软骨发生变性，影响骨骼发育并引起跛行及疼痛。

恩诺沙星

本品又名乙基环丙沙星、恩氟沙星。本品是动物专用药物。

【理化性质】 本品为类白色结晶性粉末。无臭，味苦。在水或乙醇中极微溶解，在乙酸、盐酸或氢氧化钠溶液中易溶。其盐酸盐及乳酸盐均易溶于水。

【药动学】 内服和肌内注射的吸收迅速且较完全，0.5～2h血药浓度达高峰。内服的生物利用度：鸽子87%，鸡62.2%～84%，火鸡58%，兔61%，犬、猪、未反刍犊牛100%，成年牛10%。肌内注射的生物利用度：鸽子87%，兔92%，猪91.9%，奶牛82%，马270%，骆驼92%。血清蛋白结合率为20%～40%。在动物体内的分布很广泛。静脉注射的半衰期：鸽子3.8h，鸡5.26～10.3h，火鸡4.1h，兔2.2～2.5h，犬2.4h，猪3.45h，牛1.7～2.3h，马4.4h，骆驼3.6h。肌内注射的半衰期：猪4.06h，奶牛5.9h，马9.9h，骆驼6.4h。内服的半衰期：鸡9.14～14.2h，猪6.93h。畜禽应用恩诺沙星后，除了中枢神经系统外，几乎所有组织的药物浓度都高于血浆，这有利于全身感染和深部组织感染的治疗。通过肾和非肾代谢方式进行消除，15%～50%的药物以原型通过尿排泄（肾小管分泌和肾小球的滤过作用）。恩诺沙星在动物体内的代谢主要是脱去乙基而成为环丙沙星。

【药理作用】 本品为广谱杀菌药，对支原体有特效。对大肠埃希菌、克雷伯菌、沙门菌、变形杆菌、铜绿假单胞菌、嗜血杆菌、多杀性巴氏杆菌、溶血性巴氏杆菌、副溶血性弧菌、金黄色葡萄球菌、链球菌、化脓棒状杆菌、丹毒杆菌等的最小抑菌浓度的平均值为

0.008～0.75μg/ml，对禽败血支原体、滑液囊支原体、衣阿华支原体和火鸡支原体的MIC为0.01～1μg/ml。其抗支原体的效力比泰乐菌素和泰妙菌素强。对耐泰乐菌素、泰妙灵的支原体，本品亦有效。

【临床应用】

① 牛　犊牛大肠埃希菌性腹泻、大肠埃希菌性败血症、溶血性巴氏杆菌-牛支原体引起的呼吸道感染、舍饲牛的斑疹伤寒、犊牛鼠伤寒沙门菌感染及急性、隐性乳腺炎等。由于成年牛内服给药的生物利用度低，须采用注射给药。

② 猪　链球菌病、仔猪黄痢和白痢、大肠埃希菌性肠毒血症（水肿病）、沙门菌病、传染性胸膜肺炎、乳腺炎-子宫炎-无乳综合征、支原体性肺炎等。

③ 家禽　各种支原体感染（败血支原体、滑液囊支原体、火鸡支原体和衣阿华支原体）；大肠埃希菌、鼠伤寒沙门菌和副鸡嗜血杆菌感染；鸡白痢沙门菌、亚利桑那沙门菌、多杀性巴氏杆菌、丹毒杆菌、葡萄球菌、链球菌感染等。

④ 犬、猫　皮肤、消化道、呼吸道及泌尿生殖系统等由细菌或支原体引起的感染，如犬的外耳炎、化脓性皮炎、克雷伯菌引起的感染和生殖道感染等。

【制剂、用法与用量】 恩诺沙星片，恩诺沙星溶液，恩诺沙星可溶性粉，恩诺沙星注射液。

内服，一次量，每1kg体重，反刍前犊牛、猪、犬、猫、兔2.5～5mg；禽5～7.5mg。2次/天，连用3～5天。

混饮，每1L饮水，禽50～75mg。

肌内注射，一次量，每1kg体重，牛、羊、猪2.5mg；犬、猫、兔2.5～5mg。1～2次/天，连用2～3天。

【休药期】 猪10天。

环丙沙星

本品又名环丙氟哌酸。

【理化性质】 用其盐酸盐和乳酸盐，为淡黄色结晶性粉末。易溶于水。

【药动学】 内服、肌内注射吸收迅速，生物利用度种属间差异大。内服的生物利用度：鸡70%，猪37.3%～51.6%，未反刍犊牛53.0%，马6.8%。肌内注射的生物利用度：猪78%，绵羊49%，马98%。血药浓度的达峰时间为1～3h。在动物体内分布广泛。静脉注射的半衰期是：马4.85h，犊牛2.44h，绵羊1.25h，山羊1.46h，猪3.06h，犬2.56h，兔1.63h，鸡9.01h。内服的半衰期是：犊牛8.0h，猪3.32h，犬4.65h。主要通过肾脏排泄，猪和犊牛从尿中排出的原型药物分别为给药剂量的47.3%及45.6%。血浆蛋白结合率，猪为20.6%，牛为70.0%。

【药理作用】 本品属广谱杀菌药。对革兰阴性菌的抗菌活性是目前动物临床应用的氟喹诺酮类中最强的一种；对革兰阳性菌的作用也较强。此外，对支原体、厌氧菌、铜绿假单胞菌亦有较强的抗菌作用。

【临床应用】 用于全身各系统的感染，对消化道、呼吸道、泌尿生殖道、皮肤软组织感染及支原体感染等均有良效。

【制剂、用法与用量】 盐酸环丙沙星可溶性粉，盐酸环丙沙星注射液，乳酸环丙沙星注射液。

内服，一次量，每1kg体重，猪、犬5～15mg。2次/天。

混饮，每1L饮水、禽25～50mg。

肌内注射，一次量，每1kg体重，家畜2.5mg；家禽5mg。2次/天。

【备注】 食品动物禁用。

达氟沙星

本品又名单诺沙星。

【理化性质】 本品是动物专用药物，用其甲磺酸盐，为白色至淡黄色结晶性粉末。无臭，味苦。在水中易溶，在甲醇中微溶。

【药动学】 其特点是在肺组织的药物浓度可达血浆的5～7倍，内服、肌内注射和皮下注射的吸收较迅速和完全。鸡内服的生物利用度100%，半衰期6～7h。犊牛皮下注射及肌内注射的生物利用度分别是72%～94%和78%～100%，血药浓度的达峰时间分别是1.0～1.1h和0.7～1.0h，静脉注射、皮下注射及肌内注射的半衰期分别是2.9h、2.9h和4.3h。猪内服和肌内注射的生物利用度分别是89%及76%，血药浓度的达峰时间分别是3.3h及0.8h；静脉注射、肌内注射和内服的半衰期分别是8.0h、6.8h及9.8h。本品主要通过肾脏排泄，猪及犊牛肌内注射后尿中排泄的原型药物分别为剂量的43%～51%及38%～43%。

【药理作用】 本品为广谱杀菌药。对牛溶血性巴氏杆菌、多杀性巴氏杆菌、支原体，猪胸膜肺炎放线杆菌、猪肺炎支原体，鸡大肠埃希菌、多杀性巴氏杆菌、败血支原体等均有较强的抗菌活性。

【临床应用】 主要用于牛巴氏杆菌病、肺炎；猪传染性胸膜肺炎、支原体性肺炎；禽大肠杆菌病、禽霍乱、慢性呼吸道病等。

【制剂、用法与用量】 甲磺酸达氟沙星可溶性粉，甲磺酸达氟沙星注射液。

内服，一次量，每1kg体重，鸡2.5～5mg。1次/天。

混饮，每1L水，鸡25～50mg。

肌内注射，一次量，每1kg体重，牛、猪1.25～2.5mg。1次/天。

【休药期】 5天。

二氟沙星

【药动学】 其特点是在肺组织的药物浓度可达到血浆的5～7倍。内服、肌内注射和皮下注射的吸收迅速，生物利用度高。

【药理作用】 本品的抗菌作用与恩诺沙星相似，尤其对畜禽的呼吸道致病菌有良好的抗菌活性。

【临床应用】 本品适用于牛、猪、禽的敏感细菌及支原体所致各种呼吸道感染性疾病，如牛的巴氏杆菌、支原体病；猪传染性胸膜肺炎、气喘病；禽败血支原体病、大肠杆菌病、禽霍乱等。

【注意事项】 大猫内服本品可出现胃肠反应（厌食、呕吐、腹泻）。

【制剂、用法与用量】 制剂：盐酸二氟沙星片 盐酸二氟沙星溶液；内服一次量，每1kg体重，犬5～10mg，猪试用量5mg，一日1次连用3～5天；混饮：每1kg体重，鸡10mg（约1L水50mg），连用5天。

【休药期】 鸡1天；产蛋鸡禁用。

沙拉沙星

沙拉沙星是继恩诺沙星之后的又一动物专用药。该品的抗菌活性强于双氟沙星、诺氟沙星、氧氟沙星、丁胺卡那霉素及妥布霉素等，对厌氧菌的抗菌活性与环丙沙星相当。

【药动学】 本品内服、肌内注射吸收迅速，生物利用度高，猪内服、肌内注射几乎完全吸收。消除半衰期较长。

【药理作用】 本品抗菌谱与恩诺沙星相似，抗菌活性略低于恩诺沙星。对畜禽呼吸道致病菌有良好的抗菌活性，尤其对葡萄球菌有较强的作用。

【临床应用】 本品用于治疗猪、禽的敏感细菌及支原体所致各种感染性疾病，如猪传染性胸膜肺炎、气喘病、巴氏杆菌病，禽霍乱、鸡败血支原体病等。

【不良反应】 本品毒性小，临床使用完全。其主要不良反应有：偶使幼龄动物软骨发生变性，引起跛行及疼痛。偶见皮肤有红斑、瘙痒、荨麻疹及光敏反应等。

【注意事项】 避免与氯霉素类药物配伍使用。对中枢系统有潜在兴奋作用，诱导癫痫发作，患癫痫的犬慎用。

【制剂、用法与用量】 规格10ml：0.1g；肌内注射：每1kg体重病畜1mg，1日1次，连用3～5天。2.5%盐酸沙拉沙星混饮：每1L水，鸡1～2g，连用3～5天。

【休药期】 猪0天，鸡0天，产蛋期禁用。

马波沙星

【理化性质】 本品是一种新型的氟喹诺酮类抗菌药，为淡黄色结晶型粉末，遇光色渐变深。

【药动学】 按2mg/kg体重的剂量内服给药，马波沙星迅速被吸收，1.5h可达血药峰浓度，生物利用度为88.94%。马波沙星与血浆蛋白的结合率很低（<10%），广泛分布于整个机体。在大多数组织（肾、肝、皮肤、肺、膀胱和消化道）的浓度均高于血浆中的药物浓度。马波沙星在体内消除缓慢，犬的半衰期为15h，主要以活性形式排出，2/3从尿液排出，1/3从粪便排出。

【药理作用】 其抗菌谱广，对革兰阳性菌（尤其是葡萄球菌和链球菌）、革兰阴性菌（大肠埃希菌、沙门菌、变形杆菌、摩氏摩根菌、弗氏柠檬酸杆菌、阴沟肠杆菌、黏质沙雷菌、克雷伯菌、志贺菌、巴斯德菌、嗜血杆菌属、莫拉菌属、假单胞菌和犬布鲁菌）和支原体均有效。

【临床应用】 本品用于治疗犬的深部及浅表皮肤感染、尿路感染，猫的皮肤及软组织感染，也用于治疗由肺炎链球菌等敏感菌引起的犬呼吸道感染。

用于敏感菌所致的牛、猪、犬、猫的呼吸道、消化道、泌尿道及皮肤等感染。对牛、羊乳腺炎及猪乳腺炎-子宫炎-无乳综合征亦有疗效。

【不良反应】 ①可使幼龄动物软骨发生变性，引起跛行及疼痛；②消化系统反应有呕吐、腹痛、腹胀；③皮肤反应有红斑、瘙痒、荨麻疹及光敏反应等；④偶见过敏反应、共济失调和癫痫发作。

【注意事项】 ①本品适用于1岁以上的小型犬，1.5岁以上的大型犬；孕犬及哺乳犬慎用。②对喹诺酮类过敏者禁用。③同时内服铝、钙、铁、镁等金属阳离子可能会降低马波沙星的生物利用度，与茶碱同时给药时需减少茶碱的使用剂量。

【制剂、用法与用量】 注射液，规格：①50ml∶5g；②100ml∶10g。肌内注射，一次量，每1kg体重牛、猪2mg，1次/天，连用3～5天。

片剂，规格5mg、20mg或80mg。内服，一次量，每1kg体重家畜2mg，1次/天，连用3～5天。

【休药期】 牛6天，弃奶期1.5天；猪7天。

三、硝基咪唑类

5-硝基咪唑类是一组具有抗原虫和抗菌活性的药物，同时亦具有很强的抗厌氧菌的作用。包括甲硝唑、地美硝唑、替硝唑、氯甲硝唑、硝唑吗啉和氟硝唑等。在动物临床常用的为甲硝唑、地美硝唑。

甲　硝　唑

本品又名灭滴灵、甲硝咪唑。

【理化性质】 为白色或微黄色的结晶或结晶性粉末。在乙醇中略溶，在水中微溶。

【药动学】 本品内服吸收迅速，但程度不一致。其生物利用度为60%～100%，在1～2h达血药峰浓度。能广泛分布全身组织，进入血脑屏障，在脓肿及脓胸部位可达到有效浓度。血浆蛋白结合率低于20%。在体内生物转化后，其代谢物及原型药自肾脏与胆汁排出。犬、马的半衰期为4.5h及1.5～3.3h。

【药理作用】 本品对大多数专性厌氧菌具有较强的作用。包括拟杆菌属、梭状芽孢杆菌属、产气荚膜梭菌、粪链球菌等；此外，还有抗滴虫和阿米巴原虫的作用。本品的硝基，在无氧环境中还原成氨基而显示抗厌氧菌作用，对需氧菌或兼性厌氧菌则无效。

【临床应用】 主要用于外科手术后厌氧菌感染；肠道和全身的厌氧菌感染；本品易进入中枢神经系统，故为脑部厌氧菌感染的首选防治药物。亦可用于治疗阿米巴痢疾、牛毛滴虫病、犬贾第虫病、肠道原虫病等。

【注意事项】 剂量过大时，可出现以震颤、抽搐、共济失调、惊厥等为特征的神经系统紊乱症状。本品不能用作添加剂，另可能对啮齿动物有致癌作用，对细胞有致突变作用，不宜用于孕畜，禁止用于食品动物促生长。

【制剂、用法与用量】 甲硝唑片，甲硝唑注射液。

内服，一次量，每1kg体重，牛10mg；犬25mg。1～2次/天。

混饮，每1L水，禽500mg，连用7天。

静脉滴注，每1kg体重，牛10mg。1次/天，连用3天。

外用，配成5%软膏涂敷，配成1%溶液冲洗尿道。

【休药期】 牛28天。

地美硝唑

【理化性质】 又名二甲硝唑，为类白色或微黄色粉末。在水中微溶，在乙醇中溶解。

【药理作用】 本品具有广谱抗菌和抗原虫作用。不仅能抗厌氧菌、大肠弧菌、链球菌、葡萄球菌和密螺旋体，且能抗组织滴虫、纤毛虫、阿米巴原虫等。

【临床应用】 可用于猪密螺旋体性痢疾；鸡组织滴虫病；肠道和全身的厌氧菌感染。

【注意事项】 鸡对本品较为敏感，大剂量可引起平衡失调，肝肾功能损害。不能用于动物的促生长。

【制剂、用法与用量】 地美硝唑预混剂。混饲，每1000kg饲料，猪200～500g，鸡80～500g。

【休药期】 蛋鸡产蛋期禁用。连续用药，鸡不得超过10天。猪、鸡28天。

必备知识三 抗真菌药

真菌种类很多，可引起动物不同的感染，根据感染部位可分为两类：一为浅表真菌感染，如皮肤、羽毛、趾甲、鸡冠、肉髯等，引起多种癣病，有的人畜之间可以互相传染；二为深部真菌感染，主要侵犯机体的深部组织及内脏器官，如念珠菌病、犊牛真菌性胃肠炎、牛真菌性子宫炎和雏鸡曲霉菌性肺炎等。动物临床应用的抗真菌药有两性霉素B、灰黄霉素、酮康唑、伊曲康唑、氟康唑、制霉菌素及克霉唑等。

两性霉素B

【理化性质】 属多烯类全身抗真菌药。国产庐山霉素含相同成分。

【药动学】 内服及肌内注射均不易吸收，肌内注射刺激性大，一般以缓慢静脉注射治疗全身性真菌感染，可维持较长的血中药物有效浓度。体内分布较广，但不易进入脑脊液。大部分经肾脏缓慢排出，胆汁排泄20%～30%。

【药理作用】 本品为广谱抗真菌药。对隐球菌、球孢子菌、白色念珠菌、芽生菌等都有抑制作用，是治疗深部真菌感染的首选药。

其作用机制是能选择性地与真菌胞质膜上的麦角固醇相结合，损害胞质膜的通透性，导致真菌死亡。由于细菌的胞质膜不含固醇，故本品无效。而哺乳动物的肾上腺细胞、肾小管上皮细胞、红细胞的胞质膜含固醇，故可产生毒性作用。

【临床应用】 用于犬组织胞浆菌病、芽生菌病、球孢子菌病，亦可预防白色念珠菌感染及各种真菌的局部炎症，如甲或爪的真菌感染、雏鸡嗉囊真菌感染等。本品内服不吸收，故毒性反应较小，是治疗消化道系统真菌感染的有效药物。

【注意事项】 本品毒性较大，不良反应较多。在静脉注射过程中，可引起寒战、高热和呕吐等。在治疗过程中，可引起肝、肾损害，贫血和白细胞减少等。猫每天静脉注射1mg/kg连续17天即出现严重溶血性贫血。

在使用两性霉素B治疗时，应避免使用的其他药物包括氨基糖苷类（肾毒性）、洋地黄类（两性霉素B使此类药物的毒性增强）、箭毒（神经肌肉的阻断）、噻嗪类利尿药（低血钾症、低血钠症）。

【制剂、用法与用量】 注射用两性霉素B（脱氧胆酸钠复合物）。

静脉注射，一次量，每1kg体重，家畜0.1～0.5mg，隔天1次或1周3次，总剂量4～11mg。每1kg体重，马开始用0.38mg，1次/天，连用4～10天，以后可增加到1mg，再用4～8天。临用前，先用注射用水溶解，再用5%的葡萄糖注射液（切勿用生理盐水）稀释成0.1%的注射液，缓缓静脉注入。

外用，0.5%溶液，涂敷或注入局部皮下，或用其3%软膏。

制霉菌素

【药动学】 本品的抗真菌作用与两性霉素B基本相同，但其毒性更大，不宜用于全身感染。内服几乎不吸收，多数随粪便排出。

【药理作用】 对白色念珠菌、隐球菌和滴虫有抑制作用，用于治疗口腔、消化道、阴道和体表的真菌感染。

【临床应用】 内服给药治疗胃肠道真菌感染，如犊牛真菌性胃炎、禽曲霉菌病、禽念珠菌病；局部应用治疗皮肤、黏膜的真菌感染，如念珠菌病和曲霉菌所致的乳腺炎、子宫炎等。

【注意事项】 对深部霉菌病无效。阴道和体表感染时外用方有效。

【制剂、用法与用量】 制霉菌素片，制霉菌素混悬液。

内服，一次量，马、牛250万～500万国际单位；羊、猪50万～100万国际单位；犬5万～15万国际单位。2～3次/天。

家禽鹅口疮（白色念珠菌病），每1kg饲料，50万～100万国际单位，混饲连喂1～3周。

雏鸡曲霉菌病，每100羽，50万国际单位。2次/天，连用2～4天。

乳管内注入，一次量，每一乳室，牛10万国际单位。

子宫内灌注，马、牛150万～200万国际单位。

克霉唑

【药动学】 克霉唑属吡咯类抗真菌药，对白色念珠菌则可抑制其自芽孢转变为侵袭性菌丝的过程。克霉唑具广谱抗真菌活性，对表皮癣菌、毛发癣菌、曲菌、着色真菌、隐球菌属和念珠菌属均有较好抗菌作用，对申克孢子丝菌、皮炎芽生菌、粗球孢子菌属、组织胞浆菌属等也有一定抗菌活性。克霉唑对曲霉、某些暗色孢科、毛霉菌属等作用差。

本品通过干扰细胞色素P_{450}的活性，从而抑制真菌麦角固醇等固醇的生物合成，损伤真菌细胞膜并改变其通透性，以致重要的细胞内物质外漏；可抑制真菌的甘油三酯和磷脂的生物合成；也可抑制氧化酶和过氧化酶的活性，引起细胞内过氧化氢积聚，导致细胞亚微结构变性和细胞坏死。

白色念珠菌所致的皮肤念珠菌病和外阴阴道炎，由红色毛癣菌、须癣毛癣菌、絮状表皮癣菌和犬小孢子菌所致的体癣、股癣、足癣和糠秕马拉色菌所致的花斑癣，也可用于治疗甲沟炎、须癣和头癣。

【药理作用】 对浅表真菌的作用与灰黄霉素相似，对深部真菌作用较两性霉素 B 差。

【临床应用】 主要用于体表真菌病，如耳真菌感染和毛癣。

【注意事项】 因吸收不规则且毒性大而少用于内服。

【制剂、用法与用量】 克霉唑片，克霉唑软膏。

内服，一次量，马、牛 5～10g；驹、犊、猪、羊 1～1.5g。2 次/天。

混饲，每 100 只雏鸡 1g。

外用，1%或 3%软膏。

酮　康　唑

【药动学】 内服易吸收，但个体间变化很大，犬内服的生物利用度为 4%～89%。达峰时间为 1～4h，6 只犬的峰浓度变化为 1.1～45.6μg/ml，这种大范围的变化给临床应用增加了复杂性。吸收后分布于胆汁、唾液、尿、滑液囊和脑脊液，在脑脊液的浓度少于血液的 10%，血浆蛋白结合率为 84%～99%，犬的半衰期平均为 2.7h（1～6h）。只有 2%～4%的药物以原型从尿中排泄。胆汁排泄超过 80%，有约 20%的代谢物从尿中排出。

【药理作用】 本品为广谱抗真菌药，对全身及浅表真菌均有抗菌活性。一般浓度对真菌有抑制作用，高浓度时对敏感真菌有杀灭作用。对芽生菌、球孢子菌、隐球菌、组织胞浆菌、小孢子菌和毛癣菌等真菌有抑制作用；对曲霉菌、孢子丝菌作用弱；对白色念珠菌无效。

其作用机制是能选择性地抑制真菌微粒体细胞色素 P_{450} 依赖性的 14-α-去甲基酶，导致不能合成细胞膜麦角固醇，使 14-α-甲基固醇蓄积。这些甲基固醇干扰磷脂酰化偶联，损害某些膜结合的酶系统功能，如 ATP 酶和电子传递系统酶，从而抑制真菌生长。

【临床应用】 用于治疗球孢子菌病、组织胞浆菌病、隐球菌病、芽生菌病；亦可防治皮肤真菌病等。

【注意事项】 吸收和胃液的分泌密切相关，因此不宜与抗酸药、抗胆碱药或 H_2 阻滞药合用。如必须服上述药物，则在服本品至少 2h 后再用。很少渗入脑脊液，不适用于霉菌性脑膜炎。有恶心、瘙痒、呕吐、腹痛、头痛、嗜睡等反应。本品在国内应用曾引起肝损害数十例，一开始表现为胃纳不佳、恶心等类似传染性肝炎症状，及时停药可恢复。少数患者仍继续服药，导致肝损害发展，并在停药后继续恶化，造成数名死亡。故应在用药期间监测肝功能。有肝病史者禁用本品。妊娠禁用。

【制剂、用法与用量】 酮康唑片。内服，一次量，每 1kg 体重，家畜 5～10mg，1～2 次/天；犬 5～20mg，2 次/天。

复方酮康唑软膏 15g：酮康唑 0.15g＋甲硝唑 0.3g＋薄荷脑 0.15g；外涂患处。

必备知识四　抗微生物药物的合理应用

一、临床应用抗微生物药物的原则

抗微生物药是目前动物临床使用最广泛和最重要的抗感染药物，在控制畜禽的传染性疾病方面起着巨大的作用，解决了不少畜牧业生产中存在的问题。但目前不合理使用尤其是滥用抗微生物药的现象较为严重，不仅造成药品的浪费，而且导致畜禽不良反应增多、细菌耐药性的产生和兽药残留等，给动物工作、公共卫生及人民健康带来不良的后果。耐药菌株的增加、药物选用不当、剂量与疗程的不足、不恰当的联合用药以及忽视药物的药动学因素对药效学的影响等，往往导致抗菌药物临床治疗的失败。为了充分发挥抗菌药的疗效，降低药物的不良反应，减少细菌耐药性的产生，提高药物治疗水平，必须切实合理使用抗菌药物。

1. 严格掌握适应证

正确诊断是选择药物的前提，有了确切的诊断，方可了解其致病菌，从而选择对病原菌高度敏感的药物。但细菌学的诊断针对性更强，细菌的药敏试验及联合药敏试验与临床疗效符合的为70%～80%。如有条件，可作细菌学的分离鉴定来选用抗菌药。应尽力避免对无指征或指征不强的病症使用抗菌药，例如各种病毒性感染不宜用抗菌药；对真菌性感染也不宜选用一般的抗菌药，因为目前多数抗菌药对病毒和真菌无作用，但合并细菌性感染者除外。应根据致病菌及其引起的感染性疾病的确诊，选择作用强、疗效好、不良反应少的药物。同时要注意药动学参数与疗效之间的关系。

2. 根据病畜的种属、生理、病理、免疫状态合理用药

不同种属动物以及处于不同生理、病理、免疫状态的同种动物，对抗微生物药物的敏感性不同。例如，马和兔子不宜内服土霉素；氟苯尼考禁用于妊娠动物；肾功能障碍的病畜禁用氨基糖苷类药物；处于细菌疫苗免疫期的动物禁用有针对性的抗微生物药物。

3. 掌握药物动力学特征，制定合理的给药方案

抗菌药在机体内要发挥杀灭或抑制病原菌的作用，必须在靶组织或器官内达到有效的浓度，并能维持一定的时间。因此，必须有合适的剂量、间隔时间及疗程，疗程应充足。一般的感染性疾病可连续用药3～4天，症状消失后，再加于巩固1～2天以防复发，磺胺类药的疗程更要长一些。动物临床药理学中通常是以有效血药浓度作为衡量剂量是否适宜的指标，有效血药浓度应至少大于最小抑菌浓度，根据临床试验表明，血药浓度如大于MIC值的3～5倍，可取得较好的治疗效果。同时，血中有效浓度维持时间受药物在体内吸收、分布、代谢和排泄的影响。因此，应在考虑各药的药动学、药效学特征的基础上，结合畜禽的病情、体况，制订合理的给药方案，包括药物品种、给药途径、剂量、间隔时间及疗程等。例如，对动物的细菌性或支原体性肺炎的治疗，除选择对致病菌敏感的药物外，还应考虑选择能在肺组织中达到有效浓度的药物，如恩诺沙星、达氟沙星等氟喹诺酮类、四环素类及大环内酯类；细菌性的脑部感染首选磺胺嘧啶，是因为该药在脑脊液中的浓度高。合适的给药途径是药物取得疗效的保证。一般来说，危重病例应以肌内注射或静脉注射给药，消化道感染以内服为主，严重消化道感染与并发败血症、菌血症应内服，并配合注射给药。此外，动物临床药理学提倡按药物动力学参数制订给药方案，特别是对毒性较大、用药时间较长的药物，最好能通过血药浓度监测，作为用药的参考，以保证药物的疗效，减少不良反应的发生。

4. 避免耐药性的产生

随着抗菌药物的广泛应用，细菌耐药性的问题也日益严重，其中以金黄色葡萄球菌、大肠埃希菌、铜绿假单胞菌、痢疾杆菌及结核杆菌最易产生耐药性。为了防止耐药菌株的产生，应注意以下几点：①严格掌握适应证，不滥用抗菌药物，凡属不一定要用的尽量不用，单一抗菌药物有效的就不采用联合用药；②严格掌握用药指征，剂量要够，疗程要恰当；③尽可能避免局部用药，并杜绝不必要的预防应用；④病因不明者，不要轻易使用抗菌药；⑤发现耐药菌株感染，应改用对病原菌敏感的药物或采取联合用药；⑥尽量减少长期用药。

5. 防止药物的不良反应

应用抗菌药治疗畜禽疾病的过程中，除要密切注意药效外，同时要注意可能出现的不良反应。对有肝功能或肾功能不全的病例，易引起由肝脏代谢或肾脏消除的药物蓄积，产生不良反应。对于这样的病畜，应调整给药剂量或延长给药间隔时间，以尽量避免药物的蓄积性中毒。动物机体的功能状态不同，对药物的反应亦有差异。营养不良、体质衰弱或孕畜对药物的敏感性较高，容易产生不良反应。新生仔畜或幼龄动物，由于肝脏酶系发育不全，血浆蛋白结合率和肾小球滤过率较低，血脑屏障功能尚未完全形成，对药物的敏感性较高。与成年动物比较，药动学参数有较大的差异。例如马驹使用氯霉素在1天、3天、1周、2周及6周龄时的半衰期分别是5.29h、1.35h、0.61h、0.51h和0.34h，体清除率随日龄增长而增大，表观分布容积随日龄增长而减少，故不少药物对幼龄动物可能出现明显的不良反应。此外，随着畜牧业的高度集约化，不可避免地大量使用抗菌药物来防治疾病，随之而来的是动物性食品（肉、蛋、奶）中抗菌药物的残留问题日益严重；另一方面，各种饲养场大量粪、尿或排泄物向周围环境排放，抗菌药又成为环境的污染物，给生态环境带来许多不良影响。

6. 按期停药，减少残留

如果给药过量或不按期停药，药物就会在肉制品中严重残留，危害人类健康。在卫生管理、疫病防治和用药等方面，应严格按照无公害生产技术的要求，控制抗生素的用量，做到合理用药、按期停药。比如，为防治断奶仔猪腹泻，在断奶一个月内在饮水中添加1.0％～1.5％有机酸，寒冷和雨季添加益生素，生长育肥猪夏季饲料中添加EM液等微生态制剂，减少药物残留，可降低粪尿臭味，减少环境污染，保证食品安全，促进养猪业可持续发展。

二、抗菌药物的联合应用

1. 联合用药目的

联合使用抗菌药物是为了发挥抗菌药的协同作用，提高疗效；扩大抗菌谱；减少单一药物剂量，降低毒副作用；减少或延缓耐药性的产生。

2. 适应证

联合用药必须有明确的指征。一般情况下，多数感染只用一种抗菌药物即可得到控制，则无联合应用的必要，只在少数情况下可联合应用。

（1）单一药物不能控制的严重感染或混合感染，如败血症、脑膜炎、腹膜炎、牛支原体与巴氏杆菌混合感染等；

（2）病因不明的严重感染，先采用联合用药，待确诊后，再调整用药方案；

(3) 易产生耐药性的细菌感染，如结核病、慢性乳腺炎等；

(4) 需较长期用药，有产生耐药菌株的可能；

(5) 感染部位对药物的透入能力要求高者；

(6) 毒性较大的药物，联合用药后可使剂量减少者。

3. 联合使用抗菌药的结果

抗菌药联合应用可获得增强、相加、拮抗、无关等作用。抗菌药联合应用后，药效等于各药相加的总和，称为相加作用；大于相加即为增强作用；作用相互抵消，小于相加作用，则为拮抗；作用类似其中较强者为无关。临床上以两药合用最为多用。

根据抗菌药的作用性质，一般将其分成四大类。

Ⅰ：繁殖期杀菌剂，如青霉素类和头孢菌素类等；

Ⅱ：静止期杀菌剂，如氨基糖苷类、多黏菌素类、喹诺酮类；

Ⅲ：快效抑菌剂，如大环内酯类、四环素类、氯霉素类；

Ⅳ：慢效抑菌剂，如磺胺类。

上述四类药物分别联合使用的结果是：Ⅰ＋Ⅱ为增强作用；Ⅰ＋Ⅲ为拮抗作用；Ⅰ＋Ⅳ为无关作用；Ⅲ＋Ⅳ为相加作用。

如青霉素与庆大霉素合用，青霉素破坏细菌细胞壁的完整性，有利于氨基糖苷类抗生素进入菌体内，而发挥增强作用；青霉素与四环素合用后，由于四环素速效抑菌，致使细菌处于静息期，青霉素无法发挥繁殖期杀菌作用，出现拮抗。应注意作用机制相同的同一类药物，如Ⅲ类，联合使用后疗效减弱甚至毒性增强；大环内酯类、四环素类、氯霉素药物的发挥作用位点相同，存在竞争现象，会出现拮抗作用，如氨基糖苷类之间合用会增强其毒性。除此以外，还要考虑药物的理化性质、药效学以及药动学中的互相排斥的作用。

实训　药敏试验

方法一　试管倍稀释法

【目的】 掌握用试管倍稀释法试验抗菌药的抗菌敏感性，为临床合理选药作基础。

【材料】

1. 药品　青霉素、链霉素、加葡萄糖和酚红（或溴甲酚紫）的肉汤培养基、新鲜的金黄色葡萄球菌和大肠埃希菌悬液。

2. 器材　试管、酒精灯、微量注射器、微量吸管、恒温培养箱。

【方法】

1. 取A、B、C、D试管4组，每组各8支并分别按1～8编号，然后在每管中加入5ml肉汤培养基。

2. 将青霉素、链霉素分别以适量注射用水充分溶解后，再以肉汤培养基稀释成32国际单位/ml的浓度，备用。

3. 将含量为32国际单位/ml的青霉素和链霉素分别在各组试管中从1号管至8号管做

连续稀释，即吸取5ml药液加入1号管混合均匀后，吸取5ml加入2号管混合均匀后，吸取5ml加入3号管，如此稀释至8号管混合均匀后吸取5ml弃去，使之浓度分别成为16国际单位/ml、8国际单位/ml、4国际单位/ml、2国际单位/ml、1国际单位/ml、0.5国际单位/ml、0.25国际单位/ml、0.125国际单位/ml的递减梯度。A组和B组加青霉素并标上“青”字，C组和D组加链霉素并标上“链”字，以示区别。

4. 向A组和C组管中加入金黄色葡萄球菌，向B组和D组管中加入大肠埃希菌（每管加入0.01ml预先做100倍稀释的新鲜菌液），并振摇均匀。

5. 置恒温箱中37℃下培养16h，观察各组试管中培养基颜色的变化。

【注意事项】

1. 金黄色葡萄球菌、大肠埃希菌用肉汤培养基接种，37℃培养16～18h备用。

2. 青霉素、链霉素分别以适量注射用水溶解充分后，最后以肉汤培养基稀释。

3. 要求全程无菌操作。

【结果】

组别＼试管号	1	2	3	4	5	6	7	8
A								
B								
C								
D								

注：记录各组试管中培养基的颜色，每组最后变色的试管浓度为该药对相应菌的最小抑菌浓度。

【分析训练题】

指出本实训的操作关键点，分析实训结果的意义。

方法二　纸片扩散法

【目的】

1. 了解该试验的试验原理，掌握其试验操作过程中的注意事项。

2. 能应用药敏纸片法进行常见抗生素（如氨苄西林、阿莫西林、头孢噻吩、头孢噻肟、庆大霉素、萘啶酸、诺氟沙星、四环素、利福平等）的药敏实验。

【原理】 将含有定量抗菌药物的纸片贴在测试菌的琼脂平板上，纸片中所含的药物吸收琼脂中的水分溶解后不断地向纸片周围扩散，形成递减的浓度梯度。在纸片周围可抑菌浓度范围内测试菌的生长被抑制，从而形成无菌生长的透明圈，即抑菌圈。抑菌圈的大小反映测试菌对测定药物的敏感性。

【材料】

1. 药敏纸片。用打孔器将滤纸打成直径为6mm的圆片若干，高压灭菌后备用。

2. M-H培养基。水解酪蛋白（Mueller-Hinton，M-H）琼脂培养基是对生长较快的需氧和兼性厌氧菌进行药敏实验的标准培养基，pH 7.2～7.4，琼脂厚度为4mm。

3. 镊子、酒精灯、打孔器等。

【方法】

1. 制作专用药敏纸片。取出药敏纸片若干，用加样或浸泡的方法使每片的实验抗菌药物达到一定的规定量，冷冻干燥后密封，－20℃保存备用。

2. 取自然发病动物的病料（心、血、脾、肝、淋巴结或病变明显的组织），将待检菌接种于普通营养琼脂平板，37℃培养 16～18h，然后挑取普通营养琼脂平板上的纯培养菌落，悬于 3ml 生理盐水中，混匀后与菌液比浊管比浊。以有黑字的白纸为背景，调整浊度与比浊管（0.5 麦氏单位）相同。

3. 用无菌棉拭子蘸取菌液，在管壁上挤压去掉多余菌液。用棉拭子涂布整个 M-H 培养基表面，反复几次，每次将平板旋转 60°，最后沿周边绕两圈，保证涂均匀。

4. 待平板上的水分被琼脂完全吸收后再贴专用药敏纸片。用无菌镊子取药敏纸片贴在平板表面，纸片一贴就不可再拿起。每个平板贴 5 张纸片，每张纸片间距不少于 24mm，纸片中心距平皿边缘不少于 15mm。在菌接种后 15min 内贴完纸片。

5. 将平板反转，37℃培养 12～18h，取出观察结果。

【结果】

药敏试验的结果应以抑菌圈直径大小作为判定敏感度高低的标准。

药物敏感试验判定标准参考表实 3-1。多黏菌素抑菌圈在 9mm 以上为高敏，在 6～9mm 为低敏，无抑菌圈为不敏。

表实 3-1 药物敏感试验判定标准

抑菌圈直径/mm	敏感度	抑菌圈直径/mm	敏感度
20 以上	极敏	10 以下	低敏
15～20	高敏	0	不敏
10～14	中敏		

【注意事项】

1. 制备 M-H 琼脂平板应用直径 90mm 的平皿，在水平的实验台上倾注。琼脂厚为(4±0.5)mm（25～30ml 培养基），琼脂凝固后塑料包装放 4℃保存，应在 5 日内用完，使用前应在 37℃培养箱烤干平皿表面水滴。倾注平皿前应用 pH 计测 pH 是否正确（pH 应为 7.3）。pH 过低会导致氨基糖苷类、大环内酯类失效，而青霉素活力增强。

2. 药敏纸片如长期储存应放于－20℃的环境中，日常使用的小量纸片可放在 4℃的环境中，但应置于含干燥剂的密封容器内。使用时从低温容器取出后，放置平衡到室温后才可打开，用完后应立即将纸片放回冰箱内的密封容器内。过期纸片不能使用，应弃去。

3. 不稳定药物（如亚胺培南、头孢克洛、克拉维酸复合药等）应冷冻保存，最好在－40℃以下。

4. 保证质控菌株不变异的简便方法为：将新得到的冻干菌株接种含血的 M-H 平板复活，然后每株细菌接种 10 支高层琼脂管，放置冰箱保存。每月取出 1 支，传出细菌供常规用。待用剩至最后 1 支，可传种在 M-H 平板上，再接种一批高层琼脂管备用。如此可保证原始菌种永不接触抗生素。

任务小结

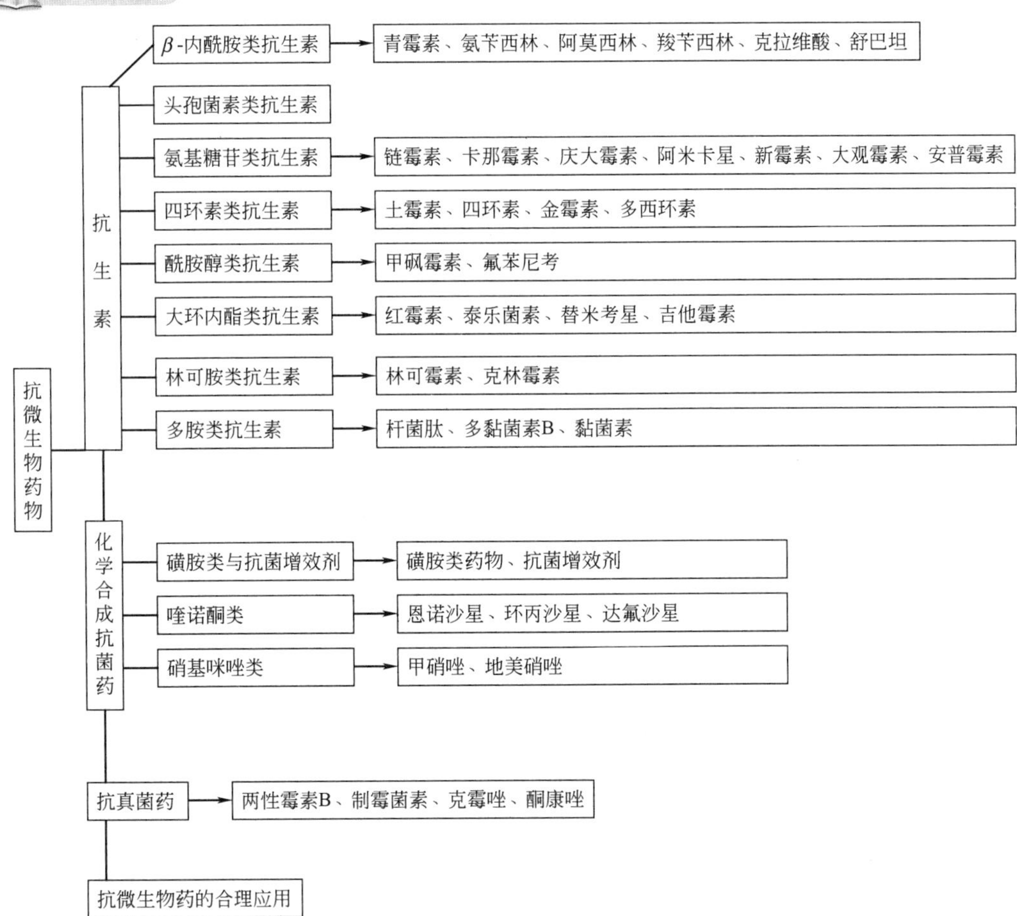

思考与复习

1. 名词解释

抗生素　二重感染

2. 青霉素抑菌的机制是什么？

3. 氨基糖苷类抗生素的共同特点是什么？

4. 试述红霉素、四环素、土霉素、林可霉素的作用与应用。其各自抗菌谱与应用有何不同？

5. 多肽类抗生素常用药有哪些？

6. 磺胺药与喹诺酮药有何特点？

7. 抗真菌药有哪些？临床应用上各有何特点？

8. 简述两性霉素 B 的药理学作用及临床应用。

9. 怎样正确联合应用抗生素？

10. 试指出金黄色葡萄球菌、耐药金黄色葡萄球菌、猪丹毒杆菌、大肠埃希菌、沙门菌、巴氏杆菌、铜绿假单胞菌、败血支原体、放线菌、白色念珠菌、滴虫等感染的首选药。

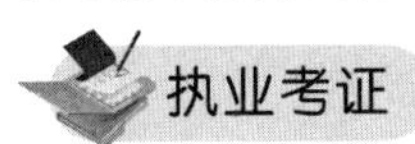

执业考证

1. 犬，15 月龄，初步诊断为感染性皮炎，用恩诺沙星肌内注射治疗 3 天，疗效差，经实验室确诊为表皮癣菌感染，应改用的治疗药物是（　　）。

A. 红霉素　　B. 土霉素　　C. 酮康唑　　D. 左旋咪唑　　E. 庆大霉素

2. 四环素类药物的抗菌作用机制是抑制（　　）。

A. 细菌叶酸的合成　　B. 细菌蛋白质的合成　　C. 细菌细胞壁的合成

D. 细菌细胞膜的通透性　　E. 细菌 DNA 回旋酶的合成

任务四 消毒剂应用

学习目标

基本概念：消毒防腐剂、消毒剂、防腐剂。

基本知识点：消毒防腐剂的作用机制、理化性质、药理作用、临床应用以及注意事项等。

技能目标：临床治疗中能正确利用常用消毒剂消除感染源，切断感染途径。

工作任务导入

1. 畜牧场等环境的消毒。
2. 孵化消毒。
3. 带动物消毒、动物皮肤和黏膜消毒。

案例分析

【预防疫病】 带猪消毒

【用药方案】 每天用2%枸橼酸碘溶液1∶200稀释后，每立方米空间用30ml喷雾两次。

【效果分析】 带猪喷雾消毒能够杀死和减少猪舍内空气中漂浮的病毒和细菌，沉降猪舍内漂浮的尘埃，抑制氨气的产生和被吸附。带猪消毒应选用毒性、刺激性和腐蚀性较小的广谱消毒剂，进行喷雾消毒。雾滴要呈气雾剂的状态。雾滴悬浮时间长，节省药水，且能增强消毒、灭菌效果。

必备知识 消毒防腐剂

消毒防腐剂是具有杀灭病原微生物或抑制其生长繁殖的一类药物。与抗生素和其他抗菌药物不同，这类药物的抗菌范围没有明显的抗菌谱。具体地说，消毒剂是指能杀灭病原微生物的药物，主要用于环境、厩舍、动物排泄物、用具和器械等非生物表面的消毒。防腐剂是指能抑制病原微生物生长、繁殖的药物，主要用于抑制局部皮肤、黏膜和创伤等生物体表的微生物感染，也用于食品及生物制品等的防腐。防腐剂和消毒剂是根据用途和特性分类的，两者之间并无严格的界线，低浓度的消毒剂仅能抑菌，而高浓度的防腐剂也能杀菌。由于有些防腐剂在用于非生物体表时不起作用，而有些消毒剂会损伤活组织，因而两者不应替换使用。

一、消毒防腐剂的作用机制

消毒防腐剂的种类很多，其作用机制各不相同，目前认为主要有三种。

① 使病原微生物的蛋白质凝固或变性，使其生长、繁殖停止而达到抑菌（防腐）或杀菌（消毒）目的的消毒防腐剂，如酚类、醇类、醛类、酸类和重金属盐类等。

② 能改变细菌胞质膜的通透性，导致细胞中内容物大量流失，使菌体破裂溶解的消毒防腐剂，如清洁剂新洁尔灭及有机型溶剂乙醚等。

③ 能干扰病原体酶系统，破坏病原体正常代谢的消毒防腐剂，如氧化剂、重金属盐类和卤素类等。

随着大规模畜禽养殖业的发展，不断出现一些高效、广谱、低毒、刺激性和腐蚀性较小的新型消毒防腐剂。但近年来消毒防腐剂的正确使用已成为世界各国普遍关注的问题。过去曾被视为低毒或无毒的某些消毒剂，却被发现在一定条件下（如长期使用等）仍然具有相当强的毒、副作用。

从安全角度考虑，消毒防腐剂的刺激性、腐蚀性、对环境的污染等危害性不亚于其急性、毒性。由于频繁使用消毒防腐剂，配制、操作等人员的健康以及动物性食品中药物残留对消费者的影响，已逐渐成为公众关心的问题。

理想消毒剂的条件为抗微生物范围广、活性强；作用产生迅速、溶液有效寿命长；较高的脂溶性、分布均匀；对人和动物安全；无臭、无色、无着色性，性质稳定；无易燃性和易爆性；对金属、塑料、衣物等无腐蚀作用；价廉易得。

二、影响消毒防腐剂作用的因素

① 药物的浓度　一般地说，药物的浓度越高，抗菌作用就越强，但治疗创伤时，还必须考虑对组织的刺激性和腐蚀性。

② 作用时间　作用时间越长，杀菌作用越能得到充分发挥。若作用时间过短，就达不到杀菌目的。

③ 温度　一定范围内，药液温度越高，杀菌力越强。一般温度每升高 10℃杀菌效力增强一倍，例如氢氧化钠溶液，在 15℃经 6h 杀死炭疽杆菌芽孢，而在 55℃时只需 1h，75℃时仅需 6min 就可杀死。

④ 有机物含量　被消毒物体中的有机物质如体液、痰、脓、食物残渣、排泄物等与消毒剂结合，减弱其杀菌力，因有机物包围细菌，同时又可吸附或与消毒剂发生化学反应，影响杀菌效果。在消毒皮肤或器械时，应先洗净后再用药，对痰、脓、排泄物的消毒，应选用受有机物影响小的消毒剂。

⑤ pH　溶液的 pH 对消毒防腐剂作用有影响。含氯消毒剂的杀菌最佳 pH 为5～6。

⑥ 水质　水中的金属离子如 Ca^{2+} 和 Mg^{2+} 可与季铵盐、碘伏等形成不溶性盐类，降低消毒效果。

⑦ 微生物的特点　不同微生物对某些消毒剂有不同的敏感性。例如，2%戊二醛、0.5%过氧乙酸可高效地杀灭所有微生物，而 75%乙醇只能杀死细菌的营养型，但对芽孢几乎无作用，2%龙胆紫仅能消毒革兰阳性球菌。

⑧ 药物之间的相互拮抗　两种或两种以上的消毒剂物合用时出现药效下降。如阳离子

表面活性剂和阴离子表面活性剂共用，消毒作用抵消。

⑨ 其他因素　环境湿度、药物剂型、消毒器械的性能（如喷雾器的雾滴大小）等，在使用消毒防腐剂时，必须加以考虑。

三、环境消毒剂

苯　酚

【理化性质】 无色或微红色针状结晶或结晶块。有特臭和引湿性。溶于水和有机溶剂。水溶液显弱酸性反应。遇光或在空气中色渐变深。

【药理作用】 苯酚为一般原浆毒。2%～5%苯酚溶液用于器具、厩舍消毒，排泄物和污物处理等。5%溶液可在48h内杀死炭疽芽孢。碱性环境、脂类、皂类等能减弱其杀菌作用。

【临床应用】 临床常用的制剂为复合酚，含苯酚41%～49%和乙酸22%～26%。为深红褐色黏稠液，有特臭。可杀细菌、霉菌和病毒，也可杀灭动物寄生虫卵。主要用于厩舍、器具、排泄物等的消毒。药液用水稀释100～200倍，喷雾消毒。

【注意事项】 当苯酚浓度大于0.5%时，具有局部麻醉作用；5%溶液对组织产生强的刺激和腐蚀作用。动物意外吞服或皮肤、黏膜大面积接触会引起全身性中毒，表现为中枢神经先兴奋后抑制，心血管系统受抑制，严重者可因呼吸麻痹致死。苯酚被认为是一种致癌物。

【制剂、用法与用量】 复合酚。用于畜禽圈舍、器具、场地排泄物等的消毒，喷洒，配成0.3%～1%的溶液；浸泡，配成由苯酚、醋酸和十二烷基苯磺酸等组成的混合物1.6%的溶液。

甲　酚

【理化性质】 几乎无色、淡紫色或淡棕黄色的澄清液体。有类似苯酚的特臭，微带焦臭。贮存或在日光下，色渐变深，难溶于水。

【药理作用】 抗菌作用比苯酚强3～10倍，毒性大致相等，但消毒用药液浓度较低，比苯酚相对安全。可杀灭一般繁殖型病原菌，对芽孢无效，对病毒作用不可靠。

【临床应用】 5%～10%甲酚溶液用于厩舍、器械、排泄物等的消毒。

【注意事项】 甲酚有特臭，不宜在食品加工厂等应用。可引起色泽污染。对皮肤有刺激性。

【制剂、用法与用量】 甲酚皂溶液又名来苏尔，含甲酚500ml、植物油300g、氢氧化钠43g。配成5%～10%溶液，用于器械、厩舍、排泄物等的消毒。

甲　醛

【理化性质】 甲醛本身为无色气体，具有特殊刺激性气味，易溶于水和乙醇。其40%甲醛溶液即福尔马林，为无色液体，在冷处久贮，可生成聚甲醛而发生混浊。常加入10%～15%甲醇，以防止聚合。聚甲醛为具有甲醛特臭的白色疏松粉末。

【药理作用】 甲醛不仅能杀死细菌的繁殖型，也能杀死芽孢（如炭疽芽孢），以及抵抗力强的结核杆菌、病毒及真菌等。聚甲醛解聚放出甲醛起作用。

【临床应用】 主要用于厩舍、仓库、孵化室、皮毛、衣物、器具等的熏蒸消毒，也可内服用于胃肠道制酵。

【注意事项】 甲醛对皮肤和黏膜的刺激性很强，使用时应注意。

【制剂、用法与用量】 甲醛。内服，一次量，牛 8～25ml；羊 1～3ml。服用时用水稀释 20～30 倍。生物或病理标本固定和保存、尸体防腐，配成 5%～10%溶液。熏蒸法消毒，每立方米用 15ml。

聚甲醛。熏蒸法消毒，每立方米用 3～5g，加热蒸发消毒 10h；器具喷洒消毒，用热水配成 2%溶液。

戊二醛

【理化性质】 为无色油状液体。味苦。有微弱的甲醛臭，但挥发性较低。可与水或醇作任何比例的混溶，溶液呈弱酸性。pH 高于 9 时，可迅速聚合。

【药理作用】 戊二醛原为病理标本固定剂，近 10 年来发现它的碱性水溶液具有较好的杀菌作用。当 pH 为 7.5～8.5 时，作用最强，可杀灭细菌的繁殖体和芽孢、真菌、病毒，其作用较甲醛强 2～10 倍。有机物对其作用的影响不大。对组织的刺激性最弱，碱性溶液可腐蚀铝制品。

【临床应用】 目前用于不宜加热处理的医疗器械、塑料及橡胶制品的浸泡消毒。一般配制 2%溶液应用。

【制剂、用法与用量】 浓戊二醛溶液，稀戊二醛溶液，季铵盐络合戊二醛消毒剂。喷洒、浸泡消毒，配成 2%碱性溶液，消毒 15～20min。

氢氧化钠

【理化性质】 为白色不透明固体。吸湿性强，露置空气中会逐渐溶解而形成溶液状态。从空气中易吸收二氧化碳渐变成碳酸钠。应密闭保存。

【药理作用】 烧碱属原浆毒，杀菌力强。能杀死细菌繁殖型、芽孢和病毒，还能皂化脂肪和清洁皮肤。一般以 2%溶液喷洒厩舍地面、饲槽、车船、木器等，用于口蹄疫、猪瘟和猪流感等病毒性感染以及猪丹毒和鸡白痢等细菌性感染的消毒；5%溶液用于炭疽芽孢污染的消毒。

【临床应用】 习惯上应用其加热溶液，在消毒厩舍前应驱出家畜。

【注意事项】 氢氧化钠对组织有腐蚀性，能损坏织物和铝制品等，消毒时应注意防护，消毒后适时用清水冲洗。

【制剂、用法与用量】 氢氧化钠。喷洒厩舍地面、饲槽、车船、木器等进行消毒，配成 2%溶液。

含氯石灰

含氯石灰又称漂白粉，含有效氯不少于 25.0%。

【理化性质】 灰白色颗粒性粉末。有氯臭。在水中部分溶解。在空气中吸收水分和二氧化碳而缓缓分解，丧失有效氯。不可与易燃、易爆物放在一起。

【药理作用】 含氯石灰加入水中生成次氯酸，后者释放活性氯和初生氧而呈现杀菌作用，其杀菌作用快而强，但不持久。1%澄清液作用 0.5～1min 即可抑制像炭疽杆菌、沙门菌、猪丹毒杆菌和巴氏杆菌等多数繁殖细菌的生长；1～5min 抑制葡萄球菌和链球菌。对结核杆菌和鼻疽杆菌效果较差。漂白粉的杀菌作用受有机物的影响。漂白粉中所含的氯可与氨和硫化氢发生反应，故有除臭作用。

【临床应用】 漂白粉为价廉有效的消毒剂，广泛用于饮水消毒和厩舍、场地、车辆、排泄物等的消毒。

【注意事项】 漂白粉对皮肤和黏膜有刺激作用，也不能用于金属制品和有色棉织物消毒。

【制剂、用法与用量】 饮水消毒，每50L水用1g。厩舍等消毒，临用前配成5%～20%混悬液。水产，每1m^3水体，1.0～1.5g，1次/天，连用2天，使用时用水稀释1000～3000倍后，全池均匀泼洒。

过氧乙酸

过氧乙酸又名过醋酸。本品为过氧乙酸和乙酸的混合物。市售20%过氧乙酸溶液。

【理化性质】 纯品为无色透明液体，呈弱酸性，有刺激性酸味，易挥发，易溶于水。遇热或有机物、重金属离子、强碱等易分解。浓度高于45%的溶液经剧烈碰撞或加热可爆炸，而浓度低于20%的溶液无此危险。密闭、避光在阴凉处保存。

【药理作用】 过氧乙酸兼具酸和氧化剂特性，是一种高效杀菌剂，其气体和溶液均具有较强杀菌作用，并较一般的酸或氧化剂作用强。作用产生快，能杀死细菌、真菌、病毒和芽孢，在低温下仍有杀菌和抗芽孢能力。

【临床应用】 主要用于厩舍、器具等的消毒，腐蚀性强，有漂白作用。

【注意事项】 稀溶液对呼吸道和眼结膜有刺激性；浓度较高的溶液对皮肤有强烈刺激性。有机物可降低其杀菌效力。

【制剂、用法与用量】 规格16.0%～23.0%；厩舍和车船等喷雾消毒，0.5%溶液；空间加热熏蒸消毒，3%～5%溶液；器具等消毒，0.04%～0.2%溶液。

饮水消毒：每10L水加本品1ml。

四、皮肤、黏膜消毒防腐剂

这类药物主要用于局部皮肤、黏膜、创面的感染预防或治疗，实践中皮肤黏膜防腐剂，常被称为皮肤黏膜消毒剂。目前防腐剂在外科上大量用来清创和减少微生物污染（包括术者手的皮肤），以及畜牧兽医工作者进行常规或疫病流行时手的消毒。

在选择皮肤黏膜消毒防腐剂时，应注意药物无刺激性和毒性，也不应引起过敏反应。

乙　醇

【理化性质】 为无色澄明液体，易挥发，易燃烧。与水能做任意比例混合。变性酒精为在乙醇中添加有毒物质，如甲醇、甲醛等，使不适合饮用，但可用于消毒，效果与乙醇相同。

【药理作用】 乙醇是临床上使用最广泛也是较好的一种皮肤消毒剂。能杀死繁殖型细菌，对结核分枝杆菌、有脂囊膜病毒也有杀灭作用，但对细菌芽孢无效。乙醇可使细菌胞质脱水，并进入蛋白肽链的空隙破坏构型，使菌体蛋白变性和沉淀。乙醇可溶解类脂质，不仅易渗入菌体破坏其胞膜，而且能溶解动物的皮脂分泌物，从而发挥机械性除菌作用。

【临床应用】 常用75%乙醇消毒皮肤以及器械浸泡消毒。无水乙醇的杀菌作用微弱，因它使组织表面形成一层蛋白凝固膜，妨碍渗透，从而影响杀菌作用；另一方面蛋白变性需有水的存在。浓度低于20%时，乙醇的杀菌作用微弱，高于95%则作用不可靠。乙醇对黏膜的刺激性大，不能用于黏膜和创面抗感染。

乙醇能扩张局部血管，改善局部血液循环，用稀乙醇涂擦久卧病畜的局部皮肤，可预防褥疮的形成；浓乙醇涂擦可促进炎性产物吸收，减轻疼痛，用于治疗急性关节炎、腱鞘炎和肌炎等。无水乙醇纱布压迫手术出血创面5min可立即止血。

【制剂、用法与用量】 皮肤以及器械浸泡消毒，配成75%的溶液。

苯扎溴铵

苯托溴铵又名新洁尔灭。

【理化性质】 常温下为黄色胶状体，低温时可逐渐形成蜡状固体，性质稳定，水溶液呈碱性反应。市售5%苯扎溴铵水溶液，强力振摇产生大量泡沫，遇低温可发生浑浊或沉淀。

【药理作用】 具有杀菌和去污作用。

【临床应用】 用于创面、皮肤和手术器械的消毒。

【注意事项】 用时禁与肥皂及其他阴离子活性剂、盐类消毒剂、碘化物和过氧化物等配伍；不宜用于眼科器械和合成橡胶制品的消毒；器械消毒时，需加0.5%亚硝酸钠；其水溶液不得贮存于由聚乙烯制作的瓶内，以避免与其增塑剂起反应而使药液失效。

【制剂、用法与用量】 苯扎溴铵溶液。创面消毒，0.01%溶液；皮肤器械消毒，0.1%溶液。

碘

【理化性质】 为灰黑色或蓝黑色、有金属光泽的片状结晶或块状物，有特臭，具挥发性。在水中几乎不溶，溶于碘化钾或碘化钠水溶液中。在乙醇中易溶。

【药理作用】 碘具有强大的杀菌作用，也可杀灭细菌芽孢、真菌、病毒、原虫。碘主要以分子（I_2）形式发挥杀菌作用，其原理可能是碘化和氧化菌体蛋白的活性基团，并与蛋白的氨基结合而导致蛋白变性和抑制菌体的代谢酶系统。

【临床应用】 碘酊是最有效的常用皮肤消毒剂。一般皮肤消毒用2%碘酊，大家畜皮肤和术野消毒用5%碘酊。由于碘对组织有较强的刺激性，其强度与浓度成正比，故碘酊涂抹皮肤待稍干后，宜用75%乙醇脱碘，以免引起发泡、脱皮和皮炎。碘甘油刺激性较小，用于黏膜表面消毒，治疗口腔、舌、齿龈、阴道等黏膜炎症与溃疡。2%碘（水）溶液不含酒精，适用于皮肤浅表破损和创面，防止细菌感染。在紧急条件下，每升水中加入2%碘酊5～6滴，15min后水可供饮用。

【注意事项】 ①碘酊须涂于干的皮肤上，如涂于湿皮肤上不仅杀菌效力降低，且易引起发泡和皮炎。②与含汞药物相遇，可产生碘化汞而呈现毒性作用。③配制的碘液应存放在密闭容器内。

【制剂、用法与用量】 碘酊，用于手术前或注射前皮肤消毒，用50%的乙醇配制。浓碘酊，用于涂擦患部皮肤，用95%的乙醇配制。碘溶液和碘甘油，用于浅层皮肤破损和创面消毒。聚维酮碘，用于皮肤消毒及治疗皮肤病，配成5%的溶液；用于创面消毒，配成0.1%的溶液。2%枸橼酸碘以1∶300稀释可杀灭口蹄疫病毒。

过氧化氢

过氧化氢又名双氧水。

【理化性质】 过氧化氢溶液为无色澄清液体，无臭或有类似臭氧的臭气。遇氧化物或还原物即迅速分解并发生泡沫，遇光、热易变质。遮光、密闭、在阴凉处保存。

【药理作用】 过氧化氢有较强的氧化性，在与组织或血液中的过氧化氢酶接触时，迅速分解，释出新生态氢，对细菌产生氧化作用，干扰其酶系统的功能而发挥抗菌作用。由于作用时间短，且有机物能大大减弱其作用，因此杀菌力很弱。在接触创面时，由于分解迅速，会产生大量气泡，机械地松动脓块、血块、坏死组织及与组织粘连的敷料，有利于清洁创面。

【临床应用】 3%的过氧化氢溶液常用于清洗创伤，去除痂皮，尤其对厌氧性感染更有效。过氧化氢尚有除臭和止血作用。

【注意事项】 注意避免用手直接接触高浓度过氧化氢溶液，因可发生灼伤。禁与强氧化剂配伍。

【制剂、用法与用量】 过氧化氢溶液。清洁伤口，配成3%溶液。

高锰酸钾

【理化性质】 黑紫色细长斜方柱状结晶或颗粒，带蓝色的金属光泽，无臭。与某些有机物或易氧化的化合物研磨或混合时，易引起爆炸或燃烧。在水中溶解，在沸水中易溶，水溶液呈深紫色。

【药理作用】 为强氧化剂，遇有机物或加热、加酸或加碱等均即释出新生态氧（非游离态氧，不产生气泡）。呈现杀菌、除臭、解毒作用。在发生氧化反应时，其本身还原为棕色的二氧化锰，后者可与蛋白结合成蛋白盐类复合物，因此高锰酸钾在低浓度时对组织有收敛作用；高浓度时有刺激和腐蚀作用。高锰酸钾的抗菌作用较过氧化氢强，但它极易被有机物分解而作用减弱。在酸性环境中杀菌作用增强，如2%～5%溶液能在24h内杀死芽孢；在1%溶液中加入1.1%盐酸，则能在30s内杀死炭疽芽孢。

【临床应用】 用于冲洗皮肤创伤及腔道炎症。吗啡等生物碱、苯酚、水合氯醛、氯丙嗪、磷和氰化物等均可被高锰酸钾氧化而失去毒性，临床上用于洗胃解毒。

【注意事项】 严格掌握不同适应证采用不同浓度的溶液。药液需新鲜配制。避光保存。高浓度的高锰酸钾对组织有刺激和腐蚀作用，不应反复用高锰酸钾溶液洗胃。误服可引起一系列消化系统刺激症状，严重时出现呼吸和吞咽困难、蛋白尿等。

【制剂、用法与用量】 高锰酸钾固体颗粒。腔道冲洗及洗胃配成0.05%～0.1%溶液；创伤冲洗配成0.1%～0.2%溶液。

过硫酸氢钾复合物粉

【理化性质】 本品为过硫酸氢钾、氯化钠等复合物，有效氯不少于10.0%。浅红色颗粒状粉末，有柠檬气味。

【药理作用】 本品在水中经过链式反应连续产生次氯酸、新生态氧，氧化和氯化病原体，干扰病原体的DNA和RNA合成，使病原体的蛋白质凝固变性，进而干扰病原体酶系统的活性、影响其代谢，增加细胞膜的通透性，造成酶和营养物质流失、病原体溶解破裂，进而杀灭病原体。

【临床应用】 用于畜禽舍、空气和饮用水等的消毒。防治水产养殖鱼虾的出血、烂鳃、肠炎等细菌性疾病。

【注意事项】 现用现配。不与碱类物质混存或合并使用。

【制剂、用法与用量】 以本品计。浸泡或喷雾：①畜舍环境消毒、饮水设备消毒、空气消毒、终末消毒、设备消毒、孵化场消毒、脚踏盆消毒，1∶200 浓度稀释。②饮用水消毒，1∶1000 浓度稀释。③对于特定病原体消毒，对大肠埃希菌、金黄色葡萄球菌、猪水疱病病毒、传染性法氏囊病病毒，1∶400 浓度稀释；对链球菌，1∶800 浓度稀释；对禽流感病毒，1∶1600 浓度稀释；对口蹄疫病毒，1∶1000 浓度稀释。

对水产养殖鱼、虾消毒，用水稀释 200 倍后全池均匀喷洒，每 $1m^3$ 水体用 0.6～1.2g。

甲　紫

【理化性质】 为深绿紫色的颗粒性粉末或绿紫色有金属光泽的碎片。臭极微。在乙醇中溶解，在水中略溶。

【药理作用】 甲紫、龙胆紫和结晶紫是一类性质相同的碱性染料，对革兰阳性菌有强大的选择作用，也有抗真菌作用。对组织无刺激性，有收敛作用。

【临床应用】 临床上常用其 1%～2%水溶液或醇溶液治疗皮肤、黏膜的创面感染和溃疡。0.1%～1%水溶液用于烧伤，因有收敛作用，能使创面干燥，也用于皮肤表面真菌感染。

【制剂、用法与用量】 甲紫溶液，含甲紫 0.85%～1.05%。治疗皮肤或黏膜创伤、烧伤等。

实训　常用制剂的制备及药液稀释

【目的】 掌握不同浓度药液的稀释法和练习溶液剂的配制。

【材料】

1. 药品　高锰酸钾、95%乙醇、碘、碘化钾、甘油、蒸馏水。

2. 器材　天平、量杯或量筒、漏斗、滤纸、漏斗架、玻璃棒、下口瓶、小磨口玻璃瓶、酒精比重计。

【内容】

1. 药物浓度有关的计算

(1) 百分含量的计算　公式为：

溶液的体积(V)×百分含量(C)=溶质含量(S)

例如：配制 0.9%氯化钠溶液 1000ml，需称取氯化钠多少克？(按上式计算)

1000×0.9%=9(g)

称取氯化钠 9g，加水溶解至 1000ml 即得。

(2) 溶液稀释的计算　此法主要用于浓溶液的稀释。公式为：

浓溶液的浓度(C_1)×浓溶液的体积(V_1)=稀溶液的浓度(C_2)×稀溶液的体积(V_2)

例如：用 95%的乙醇配制成 75%的乙醇 500ml，需 95%的乙醇多少毫升？(按上式

计算）

$$95V_1 = 75 \times 500$$

$$V_1 = \frac{75 \times 500}{95} = 394.7(\text{ml})$$

取 95%乙醇 394.7ml，加水稀释至 500ml 即得。

（3）交叉计算　交叉计算，横向取量，需配浓度置中间。如用 95%乙醇和 40%乙醇稀释成 70%乙醇，可按如下交叉式计算：

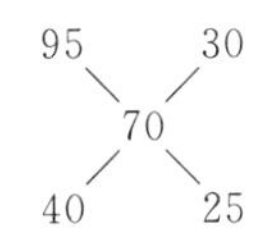

取 95%乙醇 30ml 和 40%乙醇 25ml 相加即成 70%乙醇。

2. 溶液剂的配制

溶液剂是指将药物溶解于溶剂中的澄明溶液。溶剂主要为蒸馏水或沸水，其次有乙醇和甘油等。配制步骤：溶质溶解→过滤→添加溶剂至全量。

（1）0.1%高锰酸钾溶液的配制　取高锰酸钾 1g 置 100ml 量杯中，加热蒸馏水约 80ml，搅拌溶解，过滤后再添加蒸馏水至 1000ml，搅匀即得。

（2）5%复方碘溶液的配制　取碘化钾 10g 溶于约 10ml 蒸馏水中，加碘 5g 搅拌溶解后，加水约 70ml 稀释，过滤，再加水至全量 100ml。为加速碘溶解，可在研钵中进行。于碘化钾溶解后加入碘在研钵中研磨，边研磨边加入少量蒸馏水，待溶解后，倒入量筒中，然后以少量蒸馏水洗涤研钵，洗液倒入量筒中，过滤，加水至全量即得。

（3）70%乙醇的配制　先以 $C_1V_1 = C_2V_2$ 公式，计算配 500ml 的 70%乙醇需 95%乙醇 368.4ml，量取 95%乙醇 368.4ml 加蒸馏水进行稀释使成 500ml，搅匀，即得。

（4）1%碘甘油的配制　取碘化钾 1g，加水 1ml 溶解后，加碘 1g，搅拌使溶解，再加甘油使成 100ml，搅匀，即得。

【注意事项】

1. 碘酊配制时，碘化钾完全溶解后加入碘，再加乙醇，以免不易溶解。

2. 碘甘油不易滤过，故所有用具必须洗刷干净，并以蒸馏水冲洗晾干备用。操作过程中避免异物落入容器内。量取甘油时，宜先将甘油及容器加热至 50℃左右。

【实训报告】 完成药物溶液配制的报告。

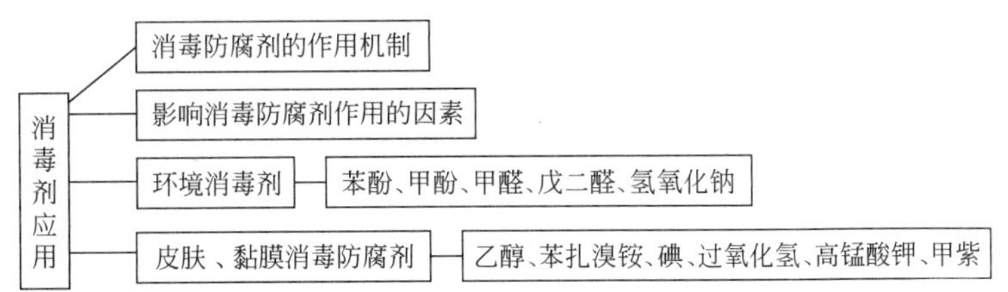

1. 影响消毒剂效果的因素有哪些？

2. 畜禽场的消毒程序是什么?

3. 哪些消毒剂可用于动物黏膜消毒,分别用什么浓度?

0.1%苯扎溴铵溶液(新洁尔灭)浸泡消毒手术器械时,为防止生锈应添加的药物是(　　)。

A. 5%碘酊　　B. 70%酒精　　C. 10%甲醛　　D. 2%戊二醛　　E. 0.5%亚硝酸钠

任务五　抗寄生虫药物使用

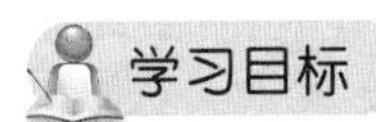

学习目标

基本概念：驱蠕虫药、抗原虫药、杀虫药。

基本知识点：驱蠕虫药、抗原虫药和杀虫药分类、性状、作用和应用。

技能目标：在兽医临床实践中结合动物疾病诊断结果，能合理选用常用驱线虫药、抗原虫药。

工作任务导入

1. 畜禽抗原虫用药物的选择与使用。
2. 畜禽线虫药、绦虫药的驱除。

案例分析

【确诊疾病】 左旋咪唑中毒

2007年11月20日，宁夏某县村民杨某家饲养的8头黄牛和21只羊口服左旋咪唑，用以预防和驱杀体内线虫。服药后有5头牛和13只羊出现兴奋不安、口吐白沫、食欲不振或废绝、精神沉郁、站立不稳、呕吐、流涎、流泪、肌肉震颤、腹泻、多汗、尿失禁、鼻镜干燥、眼结膜发绀、瞳孔缩小、可视黏膜苍白、呼吸困难、支气管痉挛、分泌增加、肺水肿等症状。听诊心律不齐，心跳加快，肠音明显增强。

根据使用左旋咪唑的病史及临床表现的特征性症状，诊断为左旋咪唑中毒。

【用药方案】 解毒：轻度中毒牛为20～30mg，羊为5～10mg；中度中毒牛为40～60mg，羊20～30mg；重度中毒牛为70～100mg，羊为30～50mg。每隔2.5～3h重复给药。为了保证快速达到有效血药浓度，均需静脉给药，对重度昏迷病畜必须采用静脉快速推注。

稀释毒物和促进毒物代谢：牛用5%葡萄糖2000ml、维生素B_{12} 40ml、维生素B_6 30ml、维生素C 10ml、ATP 40ml静脉滴注。羊用5%葡萄糖500ml、维生素B_{12} 20ml、维生素B_6 10ml、维生素C 60ml、ATP 10ml静脉滴注。

对症治疗：对中毒症状较重的采取对症疗法。心脏衰弱，用0.2%安钠咖10ml，1次皮下注射，每隔5h注射1次；呼吸抑制，肌内注射0.5%山梗菜素5ml；伴有脑水肿，用20%甘露醇或25%山梨醇溶液；保护肝脏，用糖盐水或等渗葡萄糖，加入适量维生素C、ATP、辅酶A等以促进毒素排泄；腹痛剧烈可注射安乃近等镇痛剂。

【效果分析】 本病及时治疗是关键，对于轻症患畜可单独注射阿托品，也能收到较为理想的治疗效果。因左旋咪唑在畜体内主要通过肾脏排出，故重症患畜应采取强心、利尿的方法，疗效较好。

左旋咪唑是一种高效、低毒驱虫药，但若超剂量内服，极易引起中毒。本病就是大剂量使用造成的，因此在使用过程中要严格掌握使用剂量，避免超量服用，同时要注意个体差异(如年龄、性别、体格大小等)，保证计算正确、称量标准，不随意加大剂量，避免滥用。应在兽医的指导下使用，这样能提高防治效果，可防止毒性反应的发生。

抗寄生虫药是指用来驱除或杀灭畜禽体内、外寄生虫的药物。畜禽寄生虫的感染是一种普遍存在的现象，且多为群发性疾病，给畜牧业生产的发展带来了严重的经济损失。有些寄生虫是畜禽和人类同患，不仅危害畜禽健康，而且也严重危害人类健康，甚至危及生命安全。如猪囊虫病、日本血吸虫病等。因此，对寄生虫的防治是畜牧工作者的一项重要任务。

根据寄生虫在畜禽体内或体外寄生的部位不同，抗寄生虫药分为驱蠕虫药、抗原虫药和杀虫药三大类。合理选用抗寄生虫药是防治畜禽寄生虫病的一个重要环节。

必备知识一　驱蠕虫药

凡能将畜禽体内寄生的蠕虫杀灭或驱出体外的药物，称为驱蠕虫药。寄生于畜禽体内的蠕虫种类很多，主要有线虫类、绦虫类、吸虫类和棘头虫类。由于驱虫药大多对机体有一定的毒性，因此，一定要根据不同种类的寄生虫针对性地用药，以达到预期的目的。

驱蠕虫药种类繁多，其作用机制也各不相同，但主要对虫体有三个方面的影响。

(1) 抑制虫体内酶的活性 许多驱蠕虫药进入虫体后，能抑制其体内一些酶的活性，使虫体的代谢发生紊乱，从而达到杀虫的目的。如有机磷酯类驱虫药能与胆碱酯酶结合，使其失去分解乙酰胆碱的作用，乙酰胆碱在体内积蓄，引起虫体兴奋痉挛，最后麻痹死亡。

(2) 干扰虫体的正常代谢 有些驱蠕虫药可直接干扰虫体内的物质代谢，使某些生命必需物质合成减少或缺失，影响其代谢的正常运行。例如贝尼尔能抑制虫体内 DNA 的合成，从而影响原虫的生长繁殖。

(3) 影响虫体内受体的作用 有些驱蠕虫药作用于虫体内的受体，使虫体内的递质不能与受体正常结合，从而影响正常的生命活动。如噻嘧啶能与虫体的胆碱受体结合，产生与乙酰胆碱相似的作用，其作用强度和持续时间都超过乙酰胆碱，使虫体肌肉强烈收缩，导致痉挛性麻痹。

一、驱线虫药

左旋咪唑

左旋咪唑又名左咪唑、左噻咪唑钩蛔、驱虫速。

【理化性质】 为噻咪唑的左旋异构体，常用其盐酸盐或磷酸盐，为白色或类白色结晶性粉末；无臭，味苦，在水中极易溶解，在乙醇中盐酸盐易溶，磷酸盐微溶。在碱性水溶液中均易分解失效。

【药动学】 口服：吸收良好。血药高峰：5h。代谢：肝。排泄：尿。$t_{1/2}$：4h。

【药理作用】 左旋咪唑为人工合成的广谱驱虫药，进入虫体后，抑制虫体肌肉的琥珀酸脱氢酶的活性，使延胡索酸不能还原为琥珀酸，糖代谢发生障碍，能量产生不足，虫体肌肉麻痹而被排出体外。

【临床应用】 左旋咪唑常用于各种动物的驱虫，对成虫和幼虫均有效。对多种线虫有驱除作用，如胃肠道线虫、肺线虫、肾虫、心丝虫、眼寄生虫等。对禽类可用于驱除多种线虫，如鸡蛔虫、异刺线虫、鹅裂口线虫、同刺线虫、鸽蛔虫、毛细线虫、气管线虫，鸭丝虫等。对马的蛔虫、蛲虫和肺丝虫（网尾线虫）特别有效。对反刍动物如绵羊和牛，可用于驱除大肠寄生虫（食道口属线虫、毛首属线虫）和肺丝虫（网尾线虫）、小肠寄生虫（古柏属线虫、毛圆属线虫、仰口属线虫）、皱胃寄生虫（血矛属线虫、奥斯特线虫）等。对猪可用于驱除蛔虫、肠道线虫（类圆线虫），对结节虫（食道口线虫）和处于输尿管的肾虫（有齿冠尾线虫）也有效。对犬可用于驱除蛔虫、钩虫和心丝虫。

【注意事项】 除单胃动物肺线虫病宜选择注射给药以防中毒外，一般宜用内服给药；本品对马慎用，骆驼禁用；给牛注射 2 倍治疗量的磷酸左旋咪唑，可引起 2/3 的牛出现轻度精神沉郁、流涎和舐唇等反应，在治疗后 1h 内这些症状消失；猪服用 3 倍治疗量的左旋咪唑，有时引起呕吐。寄生有肺丝虫成虫的猪，用治疗量时，出现呕吐与咳嗽，这是排虫的反应，可在数小时内消失；鸡能很好地耐受左旋咪唑，半数致死量（LD_{50}）为 2.75g/kg，应用治疗剂量（30～40mg/kg）的盐酸左旋咪唑，对产蛋量、受精率、孵化率均无不良影响；但鸽敏感，用后会出现呕吐。猫用于肺线虫（奥妙毛圆线虫）的治疗，用药后会发生大量流涎，须注意观察；密封保存。

【制剂、用法与用量】 片剂，25mg、50mg。内服、混饲或饮水，一次量，牛、羊、猪 7.5～8mg/kg；禽 25mg/kg；犬、猫 10mg/kg。

注射液，2ml：0.1g、5ml：0.25g、10ml：0.5mg。肌内、皮下注射，一次量，牛、羊、猪 7.5～8mg/kg；禽 25mg/kg；犬、猫 10mg/kg。

涂擦剂，100ml：10g。左旋咪唑涂擦剂耳根部涂敷，猪一次量，1～1.2ml/kg。

【休药期】 肉用动物屠宰前 7 天停药。

噻苯咪唑

噻苯咪唑又名噻苯唑、噻苯达唑。

【理化性质】 白色或微黄色结晶性粉末，味微苦，无臭，性质稳定，几乎不溶于水。

【药动学】 牛、绵羊、猪内服易自肠道吸收，吸收迅速、分布广，给药后 3～7h 血药浓度最高，代谢产物于 3 天全部经粪便排出。

【药理作用】 本品通过抑制虫体延胡索酸还原酶，使虫体能量产生不足而达到驱虫作用。还有改变虫体渗透性和抑制虫囊发育等作用。

【临床应用】 本品为合成的苯并咪唑类广谱、高效、低毒驱虫药，对大多数胃肠线虫均有高效，具有杀蚴和虫卵作用。临床上用于马大/小型圆形线虫、尖尾线虫；牛、羊血矛线虫、毛圆线虫、类圆虫和鞭虫等；对猪除蛔虫、鞭虫外，对其他线虫（如有齿食道线虫、红色舌圆线虫等）均有较好效果；对鸡作预防性用药，可控制气管比翼线虫，但对蛔虫、异刺线虫效果差。

【注意事项】 奶牛、奶羊用药 96h 内乳汁不能供人食用。

【制剂、用法与用量】 片剂，0.25g。

内服，一次量，马、牛、羊 50～100mg/kg；猪、犬 50mg/kg，1 次/天，连用 3 天。

混饲，禽0.05%～0.5%，连喂7～14天。

【休药期】 肉用动物休药期：牛为3天；猪、羊为30天。

甲苯咪唑

【理化性质】 白色或微黄色无晶形粉末，无臭，难溶于水和多数有机溶剂。

【药动学】 本药不溶于水，口服后能迅速吸收，但吸收量甚少，血浆浓度很低，原药及其代谢物在2～4h达峰值，其峰值仅为摄入量的0.3%。90%以上的药物未经变化而随粪便排出，吸收的药物在肝脏内代谢为无活性的部分，血浆半衰期为2～9h。

【药理作用】 对于线虫在于引起虫体肠道细胞质微管消失，阻断葡萄糖转运，导致虫体糖原和三磷酸腺苷耗尽；后者延长了细胞水解酶的存留，因而加速绦虫皮层的自身溶解。

【临床应用】 属于噻苯咪唑衍生物，具有广谱、低毒、高效驱线虫作用，也有驱绦虫作用。甲苯咪唑对马大/小型圆形线虫、蛲虫、蛔虫的驱除效果比噻苯咪唑好，增加剂量，对肺线虫亦有驱除作用。驱除猪鞭虫效果好。对犬钩虫、鞭虫、蛔虫、线虫和带绦虫均用于驱除作用。对禽类消化道和呼吸道寄生虫亦有良好驱除作用，对蛔虫、毛细线虫和气管比翼线虫将药物拌料饲喂，效果更好。动物园动物，如斑马、长颈鹿、羚羊、麋鹿、灵长类、鳍脚类、长鼻类动物驱除线虫时，可将药物加入饲料中连续投喂。

【注意事项】 孕畜禁用。

【制剂、用法与用量】 内服，一次量，马8～9mg/kg（驱除消化道线虫），15～20mg/kg（驱除肺线虫），1次/天，连用5天；猪20mg/kg（驱消化道线虫），连用10天；犬22mg/kg（驱除各种线虫），1次/天，连用3～5天；禽50mg/kg（驱蛔虫、毛细线虫、绦虫），1次/天，连用2天。

芬苯达唑

【理化性质】 白色结晶性粉末，无臭，难溶于水。

【药理作用】 干扰虫体能量生成。

【临床应用】 为噻苯咪唑的衍生物，是一种新型的广谱、高效、低毒的苯并咪唑类驱虫药。对多种动物的多数线虫及其幼虫有较强的驱除作用，尤其对反刍动物的血矛属、奥氏属、毛圆属、古柏属、仰口属、食道口属等线虫未成熟的如第四、第五期幼虫有90%以上的驱除效果。牛的瘤胃吸虫（同口虫）的成虫和幼虫，对本药也特别敏感。能有效地驱除猪胃肠大部分寄生虫，尤其对猪蛔虫比噻苯咪唑效果好，连续用药对猪鞭虫的驱除效果达99%。对犬、猫的钩虫、蛔虫、鞭虫和带状绦虫的驱除有良好效果。对禽类可有效地驱除胃肠和呼吸道寄生虫，如蛔虫、毛细线虫等。

【注意事项】 本品毒性低，动物的耐受性较大。对牛最小致死量为每千克体重750mg，大于治疗量100倍。犬可耐受每千克体重250mg/d，连用30天；遮光，密封保存。

【制剂、用法与用量】 片剂，0.1g；粉剂，100g∶5g。内服。一次量，马、牛、羊、猪5～7.5mg/kg，犬、猫25～50mg/kg，禽10～50mg/kg。

【休药期】 牛、羊14天，猪3天。

苯亚砜苯咪唑

苯亚砜苯咪唑又名奥芬达唑。

【理化性质】 白色或类白色粉末，有微弱的特殊气臭，难溶于水。

【药理作用】 本品的作用除了抑制延胡索酸还原酶，导致寄生虫因能量缺乏而死亡外，可能还包括其他机制，因本品对无延胡索酸还原酶的虫体也有效。

【临床应用】 对马的大、小型圆线虫和蛲虫、毛细线虫有90%的驱除效果，对蛔虫和未成熟蛲虫的驱除效果大于噻苯咪唑。对向动脉外膜移行的普通圆虫幼虫，需给予5倍治疗量才有效；对马胃蝇蚴无效。对反刍动物消化道线虫的成虫和幼虫有显著疗效，尤其对肺线虫的作用更强。对猪的胃肠道寄生虫，大部分驱除效果大于噻苯咪唑，尤其对猪蛔虫、结节虫（食虫）、类圆线虫、猪肺线虫等，均有较强的驱除作用，对幼虫也有一定的驱除作用。

【注意事项】 本品不能与驱虫药溴代水杨酰苯胺合用，以免导致牛的流产，绵羊的死亡；遮光，密封保存。

【制剂、用法与用量】 内服，一次量，马10mg/kg，牛5mg/kg，猪5mg/kg，羊2.5～5mg/kg，犬10mg/kg。

丙硫苯咪唑

丙硫苯咪唑又名阿苯唑、丙硫咪唑。

【理化性质】 白色或类白色结晶性粉末，无臭，无味，不溶于水。

【药动学】 易由消化道吸收，由尿中排出47%，其中28%在24h内排出。

【药理作用】 抑制虫体延胡索酸还原酶，阻止虫体能量的生成。

【临床应用】 为噻苯咪唑类药物，本品对畜、禽常见的胃肠道线虫、肺线虫、肝片吸虫和绦虫均有效。

【注意事项】 牛用本品的致死量为每千克体重300mg、羊为每千克体重200mg；遮光，密封保存。

【制剂、用法与用量】 25mg、50mg、200mg、500mg。内服，一次量，马、猪5～10mg/kg，牛、羊10～15mg/kg，犬25～50mg/kg，禽10～20mg/kg。

【休药期】 牛、羊妊娠45天内，动物宰前14天内停药。

美曲磷脂

美曲磷脂又名敌百虫。

【理化性质】 白色结晶性粉末或小粒，味甜，易潮解，易溶于水，性质不稳定，遇碱迅速变质。

【药动学】 无论以何种途径给药都能很快吸收。主要分布于肝、肾、心、脑、脾，肺次之，肌肉、脂肪等组织较少。体内代谢较快，主要由尿排出。

【药理作用】 抑制虫体内胆碱酯酶的活性，使乙酰胆碱在体内大量积蓄，导致虫体兴奋、痉挛，最后麻痹而死。同时，敌百虫可使宿主胃肠蠕动加强，促使虫体排出。

【临床应用】 本品为广谱驱虫药，对大多数消化道线虫及某些吸虫（如姜片吸虫、血吸虫等）以及体表皮肤的蝇蛆、螨、蜱、蚤、虱均有杀灭作用。

【注意事项】 本品有一定的毒性，不宜肌内注射；牛、羊慎用，家禽禁用，不能与碱性物质配伍，水溶液应现配现用；遮光，密封保存。

【制剂、用法与用量】 片剂，0.3g、0.5g。内服，一次量，马30～50mg/kg，牛20～40mg/kg，猪、绵羊80～100mg/kg，山羊50～70mg/kg，犬75mg/kg。1次/3～4天。外

用，局部涂擦或喷雾或点眼治疗眼病，其浓度为1%～2%。

【休药期】 动物宰前7天停药。

阿维菌素

阿维菌素又名虫克星。

【理化性质】 为白色或淡黄色结晶性粉末，无味，几乎不溶于水，微溶于乙醇，易溶于三氯甲烷。

【药动学】 经口服、注射给药，均易吸收，且吸收速率较快。以皮下注射的生物利用度较高，体内药物持续时间较长。对某些寄生虫尤其节肢动物的杀灭作用，皮下注射优于内服给药。

【药理作用】 为大环内酯类体内外驱虫药，通过干扰虫体递质（γ-氨基丁酸）而麻痹虫体。

【临床应用】 驱虫谱广、效力强，主要用于驱除肠道线虫，对体外寄生虫，如蜱、螨、虱、蝇类及蝇类蚴（如鼻蝇蚴、肠蝇蚴）、耳羌虫等亦有杀灭作用。本品的特点是：用量极少（小于1mg/kg），口服或注射都有良好的驱虫效果。但本品没有驱除吸虫、绦虫的作用。

【注意事项】 遮光，密封，在阴凉干燥处保存。

【制剂、用法与用量】 片剂，2mg、5mg。内服，一次量，羊、猪0.3mg/kg。

涂擦剂，2ml∶10mg、100ml∶500mg。浇注或涂擦，一次量，0.1ml/kg，牛、猪由肩部向后沿背正中线浇注，犬、兔于两耳耳部涂擦。

【休药期】 宰前35天停药。

伊维菌素

【理化性质】 为白色结晶性粉末，无味，在甲醇、丙酮或乙酸中易溶，在水中几乎不溶。

【药动学】 伊维菌素主要在肝和脂肪中代谢，98%从粪便中排泄。

【药理作用】 同于阿维菌素。

【临床应用】 作用同阿维菌素，是一种新型的高效、广谱、低毒、低残留动物用抗蠕虫药。治疗剂量对移行中的圆线虫具有高效，对蜱、虱、蛆、螨等也有驱杀作用。毒性小，临床上应用此药均未出现局部或全身性的副作用。对反刍动物、马、猪和犬至少有10倍治疗量的安全范围。

【注意事项】 柯利犬（带柯利犬血统包括苏格兰牧羊犬、喜乐蒂牧羊犬、边境牧羊犬等）禁用。

【制剂、用法与用量】 1ml∶0.01g（1万国际单位）、2ml∶0.02g（2万国际单位）、5ml∶0.05g（5万国际单位）。皮下注射，一次量，牛、羊0.2mg/kg，猪0.3mg/kg。混饲，每1000kg饲料，猪2g，连用7天。

【休药期】 动物宰前35天停药。

氟苯达唑

氟苯达唑又名氟苯咪唑、氟甲苯咪唑。

【理化性质】 白色或类白色粉末，无臭，不溶于水、甲醇、三氯甲烷，略溶于稀盐酸。

【临床应用】 为抗蠕虫药，抗虫效力高，抗虫谱广。驱除猪的各种线虫和家禽的肠道线虫及绦虫。

【注意事项】 遮光、密闭保存。

【制剂、用法与用量】 片剂，0.1g。口服，一次量，猪 5mg/kg。

预混剂，100g∶5g、100g∶50g。混饲，每 1000kg 饲料，猪 30g，连用 5～10 天；鸡 30g，连用 4～7 天。

【休药期】 屠宰前 2 周停药。

哌　嗪

哌嗪又名哌哔嗪、驱蛔灵。

【理化性质】 哌嗪的枸橼酸盐和磷酸盐均为白色结晶性粉末，略有食盐味。前者易溶于水，后者难溶于水。枸橼酸盐 120g 与磷酸盐 100g 药效大致相等。

【药理作用】 对虫体神经肌肉接点具有抗胆碱作用，阻断神经肌肉传导，麻痹虫体，使其不能附着宿主肠壁而被排出体外。

【临床应用】 本品是 20 世纪 50 年代的化学合成驱虫药，虽然抗虫谱窄，但是一种高效、低毒的驱虫药，患胃肠炎的动物也可安全服用。对马的蛔虫、毛线虫、蛲虫，猪的蛔虫、结节虫，犬和猫的弓首蛔虫，禽蛔虫均有良好的驱除作用。对其他线虫作用较差或几乎无作用。

【注意事项】 给药前先停料、停水 8～10h；饮水给药最好 12h 之内饮完；遮光，密封，干燥处保存。

【制剂、用法与用量】 枸橼酸哌嗪片，0.5g。一次量，马、牛 0.25g/kg，猪、羊 0.25～0.3g/kg，犬 0.1g/kg，禽 0.25g/kg。

磷酸哌嗪片，0.25g、0.5g。内服，马、牛 0.2g/kg，猪、羊 0.25g/kg，犬 0.08g/kg，禽 0.2g/kg。

【休药期】 牛、羊 28 天，猪 21 天，禽 14 天。

多拉菌素

本品为白色或白色结晶性粉末，无臭，有引湿性。本品在三氯甲烷、甲醇中溶解，在水中极微溶解。

【药理作用】 本品属大环内酯类抗体内外寄生虫药，其主要作用和抗虫谱与依维菌素相似，但抗虫活性稍强，毒性较小。作用机制与依维菌素相同。

【临床应用】 本品可用于治疗和控制动物的体内和体外寄生虫药病。胃肠道线虫，如奥氏奥斯特他氏线虫、竖琴奥斯特线虫、帕莱斯（氏）血矛线虫感染；肺线虫，如胎生网尾线虫感染；眼线虫和心丝虫感染等；体外寄生虫，如牛皮蝇、蜱、蚤、虱、痒螨和介螨等。

【制剂、用法与用量】 ①50ml∶0.5g（50 万单位）；②200ml∶2g（200 万单位）；③500ml∶5g（500 万单位）。皮下注射，一次量，0.2mg/kg 体重。

【休药期】 28 天。

二、驱绦虫药

吡 喹 酮

吡喹酮又名环吡异喹酮。

【理化性质】 白色或类白色结晶性粉末，味苦，几乎无臭，有吸湿性，微溶于水。溶于乙醇、三氯甲烷等有机溶剂。

【药动学】 内服后在肠道吸收迅速，并迅速分布于各种组织，其中以肝、肾中含量最高，能透过血脑屏障。黄牛、羊、猪、犬、兔等内服后，血浆的原型药浓度很低，生物利用度很小。静脉注射给药则可在血中达到高浓度。在体内代谢迅速，主要经肾排出。

【药理作用】 使宿主体内血吸虫兴奋、肌肉痉挛，并移行至肝脏而死亡，能抑制绦虫线粒体的氧化磷酸化作用，使头节、颈节死亡，可随粪便排出。

【临床应用】 是新型高效、广谱抗绦虫药，所有动物对其耐受性好，对各种绦虫的童虫和成虫都有作用，但无杀虫卵作用。该药毒性小、安全范围大，是目前较为理想的治疗绦虫病和日本血吸虫病的药物。

【注意事项】 用量过大，偶尔出现体温升高、呕吐、腹胀、呼吸频率增加，可静脉注射高渗葡萄糖溶液、碳酸氢钠溶液解救；遮光，密封保存。

【制剂、用法与用量】 片剂，0.1g、0.2g、0.5g。内服，治疗血吸虫病，一次量，牛25～30mg/kg，羊 60mg/kg，犬、猫 2.5～5mg/kg，家禽 10～20mg/kg。

肌内注射，一次量，牛 10～20mg/kg（治疗血吸虫），猪 50mg/kg，1 次/天，连用3 天。

【休药期】 28 天，弃奶期 7 天。

氯硝柳胺

氯硝柳胺又名硝氯柳胺、灭绦灵、血防 67、育米生。

【理化性质】 淡黄色或灰白色轻质粉末或结晶性粉末，无味，几乎不溶于水。露置空气中易呈黄色。

【药动学】 本品为较新的灭绦虫药，内服后难吸收，吸收后小部分可转变为无作用的氨基氯硝柳胺。通常绦虫与药物接触 1h，虫体萎缩，头节脱落死亡。用药 48h，虫体可全部排出。

【药理作用】 抑制虫体细胞内线粒体的氧化磷酸化作用，阻碍虫体的三羧酸循环，使乳酸蓄积而发挥灭绦虫作用。杀灭绦虫的头节及其近段，使绦虫从肠壁脱落而随粪便排出体外。

【临床应用】 对马裸头绦虫，牛、羊的莫尼茨绦虫、曲子宫绦虫、无卵黄腺绦虫，犬、猫复孔绦虫、多头绦虫、豆状带绦虫，鸡赖利绦虫、小鼠膜壳绦虫等有驱杀作用；还可用于兔、猴、鱼（鲤鱼）和爬虫类绦虫病的治疗。此外，对牛、羊的前后盘吸虫及其幼虫、牛双口吸虫及其幼虫、日本血吸虫中间宿主钉螺，也都有驱杀作用。

【注意事项】 犬、猫慎用，鱼禁用；用药前空腹 4～6h，以提高药效；遮光，密封保存。

【制剂、用法与用量】 片剂，0.5g。内服，一次量，马 80～90mg/kg，牛 60～70mg/kg，羊 50～70mg/kg，犬、猫 80～100mg/kg，禽 50～60mg/kg，火鸡、鸽 200mg/kg，兔、猴100mg/kg，灭钉螺陆地每平方米加药 2g，用 50ml 水调匀喷洒。

【休药期】 牛、羊 28 天，禽 28 天。

羟溴柳胺

【理化性质】 白色结晶性粉末，不溶于水。

【药动学】 排泄速度快，用药后 48h 血中即测不出药物，3 天后组织残留量极微。

【药理作用】 是近年来用于反刍动物的新驱绦虫药，其作用机制与阻断绦虫体内能量代谢有关。

【临床应用】 对牛、羊的莫尼茨绦虫效果显著，对羊、牛、鹿的前后盘吸虫及其幼虫也有效。

【注意事项】 密封，在干燥阴暗处保存。

【制剂、用法与用量】 内服，一次量，牛、羊、鹿 65mg/kg。

氢溴酸槟榔碱

【药理作用】 拟胆碱样作用，能增强胃肠蠕动。对绦虫有较强的麻痹作用，使虫体瘫痪，失去吸附肠黏膜的能力，促使虫体的排出。

【临床应用】 主要对犬绦虫、鸡绦虫、鸭和鹅剑带绦虫有效。一般可连用 2～3 次，每次间隔 7～10 天，效果更好。

【注意事项】 马属动物和猫对槟榔碱敏感，应慎用；鸡耐受性较大，鹅、鸭耐受性较小；中毒症状有呕吐、剧烈腹痛、腹泻等，主要由于槟榔碱的拟胆碱作用引起，可用硫酸阿托品解毒。用药前最好禁食 12h。

【制剂、用法与用量】 氢溴酸槟榔碱片，5mg、10mg。内服，一次量，每 1kg 体重，犬 1.5～2mg，鸡 3mg，鸭、鹅 1～2mg，混于饲料中投服。

【休药期】 休药期 5 天。

三、驱吸虫药

除前述的吡喹酮、阿苯达唑外，主要用于驱吸虫药的还有硫氯酚、联硝氯酚等。

硫　氯　酚

硫氯酚又名硫双二氯酚、别丁。

【理化性质】 白色或类白色结晶，有酚味，无臭，难溶于水，可溶于乙醇和稀碱溶液中。

【药动学】 内服吸收少，大部分随粪便排出，从而达到驱除畜禽多种吸虫和绦虫的作用。

【药理作用】 干扰虫体的能量代谢，阻止三磷酸腺苷（ATP）的合成，使虫体麻痹。一般对成虫效果好，对未成熟虫体效果差。

【临床应用】 对马、驴埃及腹盘吸虫，前后盘吸虫；牛、羊肝片吸虫；猪姜片吸虫、膜壳绦虫；犬、猫带绦虫；家禽多种绦虫均有效。

【注意事项】 马敏感，慎用，家禽中，鸭比鸡敏感，用时注意。多数动物用药后可出现暂时性腹泻。本品不宜与四氯化碳、吐酒石等合用，以防中毒；避光、密封保存。

【制剂、用法与用量】 片剂，0.25g、0.2g。内服，一次量，马 10～20mg/kg，牛 50～60mg/kg，猪、羊 75～100mg/kg，犬、猫 200mg/kg，兔 80～100mg/kg（连用两次，间隔时间为 1～2 天），鸡 100～200mg/kg，鸭 30～50mg/kg，鹅 600mg/kg。鸡、鸭、鹅均需连服两次，间隔时间为 4 天，可混于饲料中投服。

注射液，2ml∶0.4g、10ml∶2g。深部肌内注射，牛、羊 20～25mg/kg。

【休药期】 28天。

硝 氯 酚

硝氯酚又名拜耳-9015。

【理化性质】 黄色结晶性粉末，无味，无臭，不溶于水，其钠盐易溶于水，可溶于乙醇。

【药理作用】 抑制虫体琥珀酸脱氢酶的活性，干扰虫体的能量代谢而发挥驱虫作用。

【临床应用】 本品对牛、羊、猪的肝片吸虫成虫效果极佳，可达到100%的驱虫效果；对牛前后盘吸虫移行期幼虫有极好的效果，对肺吸虫也有效。

【注意事项】 注射液有刺激性，应深部注射；用药后9天内的乳汁、15天内的食品不能供人食用。

【制剂、用法与用量】 片剂，0.05g、0.1g。内服，一次量，牛3～8mg/kg，猪、羊3～6mg/kg。

注射液，10ml∶0.4g。肌内注射，一次量，牛0.8～1mg/kg，羊1～2mg/kg。

【休药期】 28天。

三氯苯咪唑

三氯苯咪唑又名肝蛭净。

【理化性质】 白色或类白色粉末，不溶于水。

【临床应用】 是一种新型的苯并咪唑类驱虫药。对肝片吸虫具有理想的杀灭效果，能杀死牛、羊各日龄阶段的肝片吸虫的成虫和幼虫。

【注意事项】 本品可与丙硫咪唑、噻苯达唑、苯硫哒唑、萘硫等驱虫药同时使用。

【制剂、用法与用量】 丸剂，200mg、900mg。内服，一次量，牛12mg/kg，羊10mg/kg。

【休药期】 牛、羊屠宰前休药期为28天。

必备知识二 抗原虫药

畜禽原虫病主要有球虫病、锥虫病、焦虫病、梨形虫病和弓形虫病等，多呈地方性、季节性流行和散发性，主要表现为急性或亚急性经过。给畜禽养殖带来了严重的危害，直接影响畜牧业生产的发展。

一、抗球虫药

球虫病以艾美耳属球虫为主，对雏鸡、幼兔、犊牛、羔羊的危害最大，常造成巨大的经济损失。抗球虫药的种类较多，由于其作用峰期不同（峰期是指药物适用于球虫发育的主要阶段），选用的药物也不同。如作用于第一代裂殖体的药物，虽然预防性强，但不利于动物免疫力的形成；作用于第二代裂殖体的药物，即治疗作用的药物，对动物免疫力的形成影响不大。经常使用一种药物，易形成耐药性，故应经常更换所用的药物。耐药性形成的快慢因药物种类不同而异，喹啉类药物产生耐药性最快；氯羟吡啶较快；磺胺类、呋喃类、胍类药物中等；氨丙啉、球痢灵较慢；尼卡巴嗪最慢；到目前为止球虫对莫能菌素还未产生明显的耐药性。在使用抗球虫药时，除选用高效、低毒药物，并按规定用量使用外，还要注意药物作用的峰期，以及畜禽饲养周期的长短。对饲养周期短的肉用鸡，可持续应用预防性抗球虫药。对饲养周期长的蛋鸡，应致力于建立机体的免疫力，可持续应用一段（14 周左右）预防性抗球虫药，或在病鸡出现时进行药物治疗。这样可使机体建立免疫力，经济、安全、效果好。

盐酸氯苯胍

本品又名罗苯尼丁、双氯苯胍。

【理化性质】 白色或微黄色结晶性粉末，无臭，味苦，在水中几乎不溶，略溶于乙醇，遇光变色。

【药理作用】 干扰虫体胞质中的内质网，影响虫体蛋白质代谢，使内质网和高尔基体肿胀、氧化磷酸化反应和三磷酸腺苷（ATP）酶的活性被抑制。作用的峰期为感染的第三天，主要是抑制球虫第一代裂殖体的生长繁殖，对第二代裂殖体也有作用，而且还能抑制卵囊的发育。

【临床应用】 本品是近年来国内新试制的抗球虫药，具有广谱、高效、低毒、适口性好等优点。它对畜、禽的多种球虫和弓形虫有效。

【注意事项】 ①毒性小，安全范围大；②长期使用本品时，可引起鸡肉、鸡蛋发生异臭；③与磺胺二甲嘧啶和乙胺嘧啶等合用，可降低异臭，提高疗效；④遮光，密闭保存。

【制剂、用法与用量】 片剂，10mg。内服，一次量，鸡、兔 10～15mg/kg。

预混剂，100g：10g、500g：50g。混饲，每 1000kg 饲料，鸡 300～600g，兔1000～1500g。

【休药期】 蛋鸡产蛋期禁用，鸡宰前 5 天停止给药，兔宰前 7 天停止给药。

盐酸氨丙啉

本品又名安宝乐、安普罗铵。

【理化性质】 白色或类白色粉末，带酸味，无臭，易溶于水，可溶于乙醇。性质稳定，适于与其他药物配合制成预混剂使用，产品有复方氨丙啉、强效氨丙啉、特效氨丙啉。

【药理作用】 本品化学结构与硫胺相似，可抑制球虫硫胺代谢而发挥抗球虫作用。作用峰期在感染后的第 3 天，抑制第一代裂殖体的生长繁殖。此外对性周期的配子体和孢子体也有某种程度的抑制作用。

【临床应用】 对鸡艾美耳球虫、柔嫩与堆型艾美耳球虫，羔羊、犊牛球虫都有效。用于预防和治疗球虫病。氨丙啉与磺胺喹噁啉、乙氧酰胺甲苯酯合用（混饲和饮水给药），可扩大抗球虫范围，提高疗效。

【注意事项】 本品引起的毒性反应与硫胺缺乏症相似，硫胺可预防氨丙啉的毒性反应；长期大量使用易引起维生素 B_1 缺乏症；产蛋鸡禁用；密封，遮光保存。

【制剂、用法与用量】 可溶粉 100g：盐酸氨丙啉 10g。内服，可溶粉混饮。治疗量：每 100L 水，禽 200g，连用 5～7 天；预防量：每 100L 水，禽 100g，连用 5～7 天。

预混剂，10g、100g、500g。盐酸氨丙啉、乙氧酰胺苯甲酯预混剂，混饲，每 1000kg 饲料，鸡 500g。

【休药期】 盐酸氨丙啉、乙氧酰胺苯甲酯预混剂休药期 3 天。

乙氧酰胺苯甲酯

【理化性质】 白色或类白色粉末，几乎无味，极微溶于水，能溶于乙醇。

【药理作用】 本品为氨丙啉等抗球虫药的增效剂，能阻断球虫四氢叶酸的合成，对球虫的作用峰期是周期的第4天。

【临床应用】 多配成复方制剂而广泛应用，对鸡巨型波氏艾美耳球虫以及其他小肠球虫具有较强的作用，而氨丙啉对此作用差；本品对柔嫩艾美耳球虫作用弱，而氨丙啉则作用较强，两者合用可起到良好的互补作用。

【注意事项】 密封，在干燥处保存。

【制剂、用法与用量】 混饲，每千克体重4～8mg。

【休药期】 盐酸氨丙啉、乙氧酰胺苯甲酯、磺胺喹噁啉预混剂休药期7天。

磺胺喹噁啉

【理化性质】 淡黄色粉末或结晶，难溶于水，其钠盐易溶于水。

【药理作用】 属磺胺类药物，兽医临床上主要用作抗球虫。其抗虫作用机制与抗菌作用相类似，主要作用于球虫的无性繁殖期，抑制第二代裂殖体的发育，作用峰期在感染后第4天。不影响宿主对球虫的免疫力，同时具有一定的抗菌作用。与氨丙啉、乙氧酰胺苯甲酯合用，可以起到协同作用。

【临床应用】 主要用于鸡球虫病的治疗，对家兔、羔羊、犊牛球虫病也有治疗效果。

【注意事项】 连续用药期不超过10天；遮光，密闭，干燥处保存。

【制剂、用法与用量】 可溶粉100g∶10g。可溶粉混饮，每1L水，鸡3～5g。

【休药期】 产蛋期禁用，宰前7天停止用药。

地 克 珠 利

本品又名杀球灵、球敌、伏球、球佳、氯嗪苯乙氰。

【理化性质】 为微黄色至灰棕色粉末，不溶于水，微溶于乙醇，性质稳定。

【药动学】 半衰期短，用药2天后作用基本消失，因此应连续用药，以防球虫病再度暴发。

【药理作用】 是新型广谱抗球虫药，具有高效、低毒的特点，是目前用药浓度最低的一种抗球虫药。药效期短，要连续用药。本品的抗球虫作用可能在子孢子和第一代裂殖体的早期阶段。

【临床应用】 临床上主要用于控制鸡、鸭、兔的球虫病。其效果优于莫能菌素和氨丙啉等。

【注意事项】 ①由于药量极低，必须分次充分拌匀；②药效期较短，停药1天抗球虫作用明显减弱，2天后作用基本消失，因此必须连续用药，以防球虫病再度暴发；③遮光，密闭，在干燥处保存。

【制剂、用法与用量】 预混剂，100g∶0.2g、100g∶0.5g。0.5%的预混剂混饲，鸡每1000kg饲料加量为200g，0.2%的预混剂混饲，每1000kg饲料加量为500g。

【休药期】 鸡5天。

托曲珠利

本品又名妥曲珠利（甲基三嗪酮），其商品名为百球清（Baycox）。

【理化性质】 本品为淡黄色或者类白色粉末，熔点194℃。几乎不溶于水，微溶于乙醇、乙醚，溶于乙酸乙酯、*N*,*N*-二甲基甲酰胺（DMF）、二甲基亚砜（DMSO）、四氢呋喃（THF）。

【药理作用】 抗球虫谱广，可作用于球虫在机体内的各个发育阶段，安全范围大，不影响球虫产生免疫力。

【临床应用】 用于预防及治疗家禽球虫病。该药在仔鸡可食性组织中残留时间很长，连续用药易产生耐药性。也用于仔猪球虫的治疗。

【制剂、用法与用量】 2.5%托曲珠利溶液。混饮，每升水12.5～25mg，混饲，每千克饲料25mg。

【休药期】 鸡8天。

莫能菌素

本品又名欲可胖、瘤胃素。

【理化性质】 其钠盐为淡黄色粉末，性质稳定，不溶于水，易溶于乙醇，在酸性介质中不稳定，在碱性介质中很稳定。

【药理作用】 为聚醚类广谱抗球虫药，其抗球虫的机制，一般认为，能与宿主以及正在发育的寄生虫的钠、钾离子形成复合物，从而影响钠、钾离子的转运。对鸡的毒害、柔嫩、堆型、波氏、巨型、变位艾美耳球虫均有效。用药后能制止症状发展，改善增重、提高饲料报酬和促进生长。

【临床应用】 临床上用于防治雏鸡、雏火鸡、犊牛、羔羊和兔的球虫病，对革兰阳性菌和猪的密螺旋体有抑制作用。本品的抗球虫作用峰期为周期的滋养体阶段。

【注意事项】 对马属动物毒性大，禁用；产蛋鸡禁用；禁止与地美硝唑、泰乐菌素、竹桃霉素、支原净并用，否则有中毒危险；搅拌配料时防止与皮肤、眼睛接触；遮光，密封干燥处保存。

【制剂、用法与用量】 混饲，每1kg饲料中，禽100～120mg，兔40mg，羔羊、犊牛20～30mg（效价）。

【休药期】 肉鸡3天。

盐 霉 素

本品又名优素精、球虫粉、沙利霉素。

【理化性质】 其钠盐为白色或淡黄色结晶性粉末，性质稳定，难溶于水，溶于乙醇，易溶于乙醚。

【药理作用】 为聚醚类抗生素、抗球虫药，其抗球虫机制、效应与莫能菌素相似。

【临床应用】 多制成6%或10%的预混剂供应，对鸡的毒害、柔嫩、堆型、波氏、巨型、变位艾美耳球虫有强大的抗虫作用，还可用于猪的促生长剂。

【注意事项】 ①马属动物禁用，产蛋鸡禁用；②禁止与地美硝唑、泰乐菌素、竹桃霉素、支原净并用，否则有中毒危险；③遮光，密封干燥处保存。

【制剂、用法与用量】 预混剂，5%、10%、45%、50%。混饲，每1kg饲料中（效价），犊牛20～50mg，羔羊10～25mg，雏鸡60～70mg，兔50mg。

【休药期】 牛、猪、鸡5天。

甲基盐霉素

本品又名那拉菌素。

【药理作用】 本品为单价聚醚类离子载体抗球虫药。其抗球虫效应大致与盐霉素相当。对鸡的堆型、布氏、巨型、毒害艾美耳球虫的抗球虫效果有显著差异。

【临床应用】 用于预防鸡的球虫病，并可用于猪的促生产，提高饲料转化率。

【注意事项】 本品毒性较盐霉素更强，对鸡安全范围较小，使用时必须准确计算用量。蛋鸡产蛋期禁用；马属动物禁用；禁止与泰妙菌素或竹桃霉素同时使用。

【制剂、用法与用量】 本品可用于肉鸡，每吨饲料添加60～70g(效价)。

【休药期】停药期5天。

马杜霉素

本品又名马度米星。

【理化性质】 白色结晶状粉末，有特殊臭味。

【药理作用】 为聚醚类抗生素、抗球虫药，其抗球虫机制、效应与莫能菌素相似。

【临床应用】 抗球虫药，用于预防鸡的毒害、柔嫩、堆型、波氏、巨型、变位等艾美耳球虫。

【注意事项】 产蛋鸡禁用；禁止与地美硝唑、泰乐菌素、竹桃霉素、支原净并用，否则有中毒危险；本品的毒性较大，安全范围窄，用药时必须精确计量，在饲料中逐级放大搅拌，较高浓度（7mg/kg饲料）混饲即可引起鸡不同程度的中毒，甚至引起死亡。遮光，密封干燥处保存。

【制剂、用法与用量】 1%马度米星铵预混剂，混饲，每1000kg鸡饲料中加预混剂500g。

【休药期】 鸡5天。

尼卡巴嗪

【理化性质】 本品为黄色粉末。

【药理作用】 主要抑制球虫第二个无性增殖期裂殖体的生长繁殖。据试验，感染球虫后48h内用药，能有效地抑制球虫发育；若用药迟过72h，则效果明显降低。

【临床应用】 主要用于鸡、火鸡的球虫病预防。

【注意事项】

① 夏天高温季节使用本品时，会增加应激和死亡率。

② 本品能使产蛋率、受精率及鸡蛋质量下降和棕色蛋壳色泽变浅。

③ 由于尼卡巴嗪对雏鸡有潜在的生长抑制效应，不足5周龄幼雏以不用为宜。

【制剂、用法与用量】 25%预混剂，以尼卡巴嗪计，混饲：每1000kg饲料，鸡100～125g。

【休药期】 鸡4天。

常 山 酮

【药理作用】 本品对鸡的柔嫩、毒害、巨型、堆型、布氏艾美耳球虫和火鸡的小艾美耳球虫、腺艾美耳球虫均有较强的抑制作用。对兔艾美耳球虫亦有作用。常山酮对第一、二代裂殖体和子孢子均有杀灭作用。用药后能明显控制球虫病症状，并完全抑制卵巢排出，从而减少再感染的机会。其抗虫指数超过某些聚醚类抗球虫药，对其他药物耐药的球虫，使用本品仍然有效。

【临床应用】 主要用于家禽球虫病。

【注意事项】 ①本品对珍珠鸡敏感，禁用；能抑制鹅、鸭、生长，应慎用。②混料浓度达 6mg/kg 时可影响适口性，使鸡采食减少；9mg/kg 时大部分鸡拒食。因此，药料应充分拌匀，否则影响疗效。③禁与其他抗球虫药合用。

二、抗梨形虫药

梨形虫病是由蜱传播的寄生在宿主红细胞内的原虫病。常发生于马、牛等动物。尽管梨形虫有很多种类，但病畜主要症状相似，如发热、贫血、黄疸等，往往引起患畜大批死亡。

三 氮 脒

本品又名贝尼尔、血虫净。

【理化性质】 为黄色或金黄色结晶性粉末，无臭，味微苦，易溶于水，微溶于乙醇。遇日光易变色，水溶液偏弱酸性。

【药理作用】 为新型抗梨形虫药，具有杀伤家畜血液中寄生性原虫的作用。能抑制虫体脱氧核糖核酸合成，从而影响其生长繁殖。

【临床应用】 对驽巴贝斯虫、马巴贝斯虫、牛双芽巴贝斯虫、牛巴贝斯虫、柯契卡巴贝斯虫、羊巴贝斯虫和牛泰勒虫效果显著；对牛环形泰勒虫和边缘无定形体有一定效果，对马媾疫锥虫、水牛伊氏锥虫也有一定的治疗作用。除有治疗作用外，还有一定的预防家畜梨形虫病的作用。但预防作用差，当剂量不足时，梨形虫与锥虫都可以产生耐药性。

【注意事项】 本品安全范围小，毒性较大，治疗量也会出现不良反应，马、水牛慎用，骆驼禁用；宜深部肌内注射，剂量大时应分点注射；轻症用药 1～2 次即可。

【制剂、用法与用量】 注射用粉针 1g。肌内注射，一次量，马 3～4mg/kg，乳牛 2～5mg/kg，黄牛 3～7mg/kg，水牛 7mg/kg，猪、羊 3～5mg/kg，犬 3.5mg/kg。用时配成 5%～7%溶液。

【休药期】 食品动物休药期 28～35 天。

硫酸喹啉脲

本品又名阿卡普林。

【理化性质】 淡黄绿色或黄色粉末，易溶于水，不溶于乙醇、三氯甲烷溶液，水溶液呈酸性反应。

【药理作用】 扰乱虫体代谢。药效快，一般于用药后 12～36h 外周血液中虫体消失，患畜体温下降，症状改善。

【临床应用】 可用于马、牛、羊、猪、犬的梨形虫病。对马巴贝斯虫、驽巴贝斯虫，牛双芽巴贝斯虫、柯契卡巴贝斯虫，羊巴贝斯虫等都有效；对牛瑟氏泰勒虫、环形泰勒虫、边缘无定形体疗效差，与其他药物合用，并配合对症治疗，可提高疗效。

【注意事项】 本品有抗胆碱酯酶的作用，用药后可出现拟胆碱样作用，如流涎、肌肉震颤、腹痛等不良反应，一般持续30～40min逐渐消失。严重者频频起卧，呼吸困难，结膜紫绀，频排粪尿，最后可因窒息而死亡。为减轻或防止不良反应，可同时或在用药前注射硫酸阿托品。禁止静脉注射；遮光，密封保存。

【制剂、用法与用量】 预混剂10ml：100mg、5ml：50mg。皮下注射，一次量，马0.6～1mg/kg，牛1mg/kg，猪、羊2mg/kg，犬0.25mg/kg。

三、抗锥虫药

家畜常见的锥虫病有伊氏锥虫病和马媾疫锥虫病。治疗本类寄生虫病常用药物有：甲硫喹嘧胺、萘磺苯酰脲、新胂凡纳明等。

甲硫喹嘧胺

本品又名安锥赛。

【理化性质】 白色或微黄色结晶性粉末。无臭，味苦，有吸湿性，易溶于水。

【药理作用】 本品影响虫体代谢过程，使生长繁殖受阻。抗虫范围广，对伊氏锥虫、刚果锥虫、马媾疫锥虫、活跃锥虫有明显效果，但对布氏锥虫效果差。

【临床应用】 主要用于防治马、牛、骆驼伊氏锥虫病和马媾疫锥虫病。

【注意事项】 有一定毒性和刺激性，马慎用；马于配种前18天分点注射1次，效果好；密封保存。

【制剂、用法与用量】 甲硫喹嘧胺500mg，含喹嘧胺氯化物286mg和喹嘧胺硫酸盐214mg。肌内或皮下注射，一次量，马、牛5mg/kg，配成10%溶液，分点注射。

萘磺苯酰脲

本品又名那加诺、那加宁、拜耳-205。

【理化性质】 其钠盐为白色、微红色或带乳酪色精细粉末，味涩，微苦。易溶于水，微溶于甲醇、乙醇，不溶于三氯甲烷、乙醚。有吸湿性，水溶液呈酸性反应，不稳定。遇光、酸、碱逐渐分解。

【药动学】 吸收入血后，药物与血浆蛋白结合，以后逐渐分离释出。由于排泄缓慢，在机体内的停留时间较长，可发挥预防作用。

【药理作用】 本品为传统的高效、低毒抗锥虫药物之一，对锥虫的作用在于直接抑制虫体代谢，导致虫体分裂受阻，最后溶解死亡。本品在体内停留时间长达数月，因此有预防作用。

【临床应用】 主要用于防治马、牛、骆驼伊氏锥虫病，马媾疫锥虫病和布氏锥虫病。对牛泰勒焦虫也有效。早期感染治疗效果最好。

【注意事项】 ①肾、肝、心脏病患畜慎用；②遮光，密闭，干燥处保存。

【制剂、用法与用量】 临用时，用灭菌注射用水或生理盐水配成10%的溶液注射。

治疗静脉注射，一次量，马10～15mg/kg，牛15～20mg/kg，骆驼20～30mg/kg。第一次用药后1个月再注射1次。

新胂凡纳明

本品又名“九一四”。

【理化性质】 黄色干燥粉末或颗粒，易溶于水，水溶液呈中性或弱碱性。易氧化，氧化后颜色变深，毒性增强，遇高温氧化迅速。

【药理作用】 本品有驱虫、抗菌作用。本品进入血液后被氧化成两分子的氧苯胂，氧苯胂与病原体内含巯基的酶相结合，使酶失去活性，阻止病原体的生长繁殖，最后死亡，从而发挥驱虫、抗菌作用。

【临床应用】 对马媾疫锥虫、伊氏锥虫等均有效。

【注意事项】 注射速度应缓慢，切勿将药液漏出血管外；现配现用，不可久存，氧化变色，毒性增强，不可再用，水溶液不能加热；本品中毒时，可用二巯丙醇解毒。

【制剂、用法与用量】 0.45g、1g。静脉注射，马10～15mg/kg（极量6g/kg），牛、羊10mg/kg（极量：牛4g/kg，羊0.5g/kg），兔60～80mg/kg，连续使用7天后，应间隔3～5天再使用。临用时，用灭菌生理盐水或注射用水配成10%溶液。

必备知识三　杀　虫　药

具有杀灭动物体外寄生虫作用的药物称为杀虫药，如虱、螨、蜱、虻、蚊、蝇及蝇蛆等所用的药物。杀虫药虽然能有效地消灭这些有害的节肢动物，但对人和畜禽也有较强的毒性。所以在使用杀虫药前，必须先熟悉药物性质和作用特点，掌握安全有效的使用方法，以及对人、畜的毒性和中毒的解救措施，以保证杀虫效果和人、畜安全。

一、有机磷杀虫药

有机磷化合物是传统使用的杀虫药，包括有机磷酸酯类和硫代有机磷酸酯类。有机磷杀虫药的作用特点是杀虫效力强，杀虫谱广，残效期短，对人、畜毒性一般较大。本类药物的作用机制是，由于有机磷杀虫药能与胆碱酯酶结合，使胆碱酯酶失去水解乙酰胆碱的活性，致使乙酰胆碱在虫体内蓄积，使昆虫神经系统过度兴奋，引起昆虫肢体震颤、痉挛、麻痹而死亡。由于乙酰胆碱也是畜禽的神经递质，所以用药过量也可使畜禽中毒。另外，一部分有机磷化合物具有潜在致畸作用。

由于有机磷化合物对人、畜毒性较大，因此有机磷杀虫剂用作杀灭畜禽体表寄生虫时，应严格注意用药浓度、使用范围和用药方法，以免造成人、畜中毒。如遇有中毒迹象，应立即采取抢救措施。中毒时，宜选用阿托品或阿托品和胆碱酯酶复合剂进行解救。常用的有机磷杀虫药有蝇毒磷、马拉硫磷、倍硫磷、敌敌畏、甲基吡啶磷、巴胺磷、二嗪农和辛硫磷等。除蝇毒磷外，其他有机磷杀虫剂一般不适用于泌乳奶牛。用药后至少需要停药7天，动物才能屠宰出售。

敌　百　虫

（见驱线虫药）

马　拉　硫　磷

【理化性质】 纯品为浅黄色油状液体。微溶于水，易溶于多数有机溶剂，具有强烈蒜臭味。

【药理作用】 无内吸杀虫作用，为接触性杀虫剂，亦有胃毒杀虫作用。

【临床应用】 对蚊、蝇、虱、螨、蜱、臭虫均有杀灭作用。

【注意事项】 ①不可与碱性物质或氧化物接触；②对鱼类敏感，对蜜蜂有剧毒；③1月龄以内的动物禁用；④遮光，密封保存。

【制剂、用法与用量】 马拉硫磷溶液，100ml∶25ml、100ml∶50ml；马拉硫磷乳剂，100ml∶50ml。用水配成0.1%～0.2%溶液喷洒。

二、拟除虫菊酯类杀虫药

拟除虫菊酯类杀虫药是一类性质稳定、杀虫谱广、高效、低毒、速效、残留期短、对人畜安全的新型杀虫药。是根据天然除虫菊中有效成分的化学结构，经人工合成的。其杀虫的作用机制属神经毒，可作用于昆虫神经，使其过度兴奋、痉挛，最后麻痹而死。

三氯杀虫酯

【理化性质】 白色结晶，不溶于水。

【药理作用】 本品为有机氯杀虫剂，作用以触杀为主，直接影响昆虫神经系统传导，使虫体麻痹死亡。

【临床应用】 对蚊、蝇和家畜体表寄生虫均有良好的杀灭作用。

【制剂、用法与用量】 三氯杀虫酯乳油，25%。用1%乳剂喷洒体表或每平方米用2g喷洒场地。

除虫菊酯

【理化性质】 淡黄色油状液体，遇碱、空气、热、光均迅速失效。

【药理作用】 其作用机制是扰乱昆虫神经的正常生理，使之由兴奋、痉挛到麻痹而死亡。除虫菊酯因用量小、使用浓度低，故对人畜较安全，对环境的污染很小。其缺点主要是对鱼毒性高，对某些益虫也有伤害，长期重复使用也会导致害虫产生抗药性。

【临床应用】 对蚊、蝇、蜱、虱有很好的杀灭效果。

【制剂、用法与用量】 除虫菊酯煤油溶液，0.2%；乳剂，1%～3%。外用。

溴氰菊酯

本品又名倍特、敌杀死。

【理化性质】 白色结晶性粉末，无味，难溶于水，遇碱易分解，但在酸、中性溶液、光中较稳定。

【药理作用】 属接触性杀虫剂，具有作用迅速、残效期长的特点。

【临床应用】 对动物体外寄生虫，如蚊、蝇、蜱、虱、螨等有很好的杀灭效果。对有机磷、有机氯耐药的虫体亦有强大的杀灭作用。药效长，可达1个月之久。

【注意事项】 本品对鱼剧毒，应慎用，蜜蜂、蚕对本品敏感；对皮肤、呼吸道有刺激性。

【制剂、用法与用量】 溴氰菊酯乳油，5%；溴氰菊酯可湿性粉，2.5%。外用。药浴或喷淋：50mg/L水。

任务小结

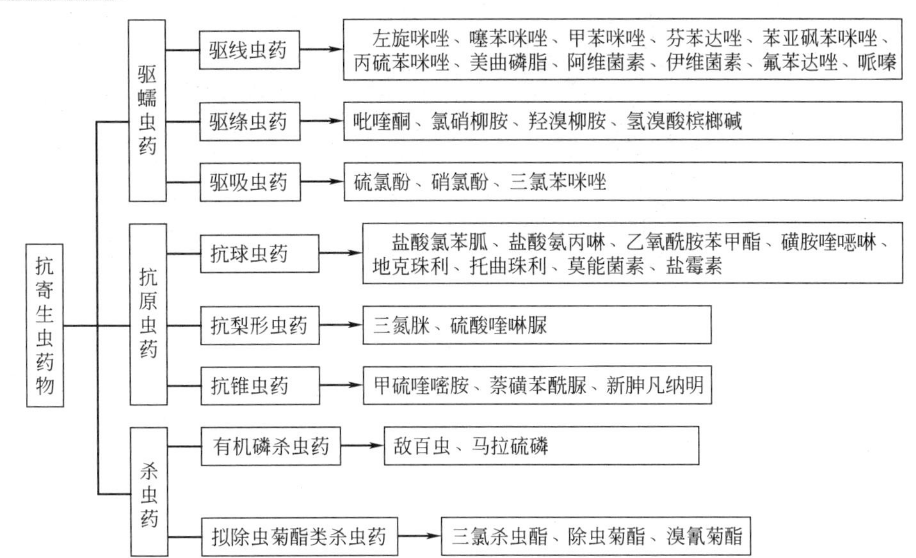

思考与复习

1. 简述抗寄生虫药物合理应用的原则。
2. 如何防治鸡球虫病？
3. 举例说明猪常见寄生虫的预防性驱虫方法。

执业考证

1. 防治禽皮刺螨病的药物是（　　）。

A. 氨丙啉　　B. 吡喹酮　　C. 地克珠利　　D. 阿苯达唑

E. 溴氰菊酯

2. 某猪群，部分3～4月龄育肥猪出现消瘦、顽固性腹泻，用抗生素治疗效果不佳，剖检死亡猪在结肠壁上见到大量结节，肠腔内检获长为8～11mm的线状虫体。治疗该病可选用的药物是（　　）。

A. 三氮脒　　B. 吡喹酮　　C. 左旋咪唑　　D. 地克珠利

E. 拉沙里菌素

任务六　促消化和消化功能障碍解除用药

学习目标

基本概念：消化系统结构功能、消化系统疾病的成因与症状。

基本知识点：健胃助消化药物、止泻与泻下药物、提高瘤胃功能药物的种类和作用。

技能目标：能合理选用消化功能障碍解除药物。

工作任务导入

饮食欲减退、消化不良（胃液分泌少、积食、腹泻、胃肠蠕动慢等）、反刍动物瘤胃功能障碍的治疗和用药。

案例分析

【确诊疾病】 瘤胃臌胀

病牛精神沉郁、呼吸急促、结膜发绀、皮肤弹性降低；食欲废绝、反刍停止、腹围明显增大、瘤胃蠕动音减弱至消失、排粪少。

【用药方案】 急性瘤胃臌胀，应迅速排除瘤胃内的气体。可使用胃管插入胃内排气；内服制酵剂，如鱼石脂 15～30g 加酒精 100ml。

【效果分析】

效果：兴奋和恢复瘤胃运动功能。

分析：胃管插入胃内排气，减轻瘤胃臌胀；鱼石脂有较弱的抑菌作用和温和的刺激作用，内服能制止发酵、祛风和防腐，促进胃肠蠕动；酒精溶解可促进鱼石脂吸收。

必备知识一　消化系统疾病的概况

一、消化系统的组成与功能

消化系统包括口腔、食管、胃、肠道、肛门和消化腺体等部分。

消化系统的主要功能包括采食、咀嚼和吞咽、受纳食物和水分、分泌消化液并消化吸收营养成分、排泄废物等。

二、消化系统疾病的成因与病理

家畜的消化系统疾病是发病率高、危害性大的一类常见、多发病。究其原因不外乎就是：饲料质量差、饲养方法不当、卫生条件差，从而造成了消化功能紊乱、障碍。

三、消化系统疾病的症状

消化系统疾病的症状主要有饮食欲减退或废绝、采食与咀嚼异常、吞咽困难、消化液分泌过少或过多、消化不良、呕吐与反刍减少或停止、腹泻、便秘、腹胀、腹痛等。

四、消化系统疾病的防治

消化系统疾病的发生与饲养管理有关，要做到精心饲养，给予质量良好、合乎所需要求的全价日粮；饮食应规律，不能突然改变；搞好畜舍卫生；适当的运动使役。

对消化系统疾病应早诊断、早治疗。在兽医临床上，动物的消化系统疾病是多发的常见病，作用于消化系统的药物，主要通过调节胃肠道的运动和消化腺的分泌功能维持胃肠道内环境和微生态平衡，从而改善和恢复消化系统功能。有些病例还需手术治疗，如肠套叠、肠扭转等。

必备知识二　常见的消化不良药

由于饲喂不当引起动物消化不良的功能障碍，主要表现为：饮食欲减退、胃液分泌较少、积食、腹泻等。根据其作用和临床应用，可将药物分为健胃药与助消化药、泻药与止泻药。

一、健胃药与助消化药

1. 健胃药

健胃药是促进唾液和胃液的分泌，调整胃的功能活动，以提高食欲、加强消化的一类药物。健胃药的主要功用为能增强食欲，促进消化，有利于营养成分的吸收利用，有助于疾病的治疗和病畜的康复，增进食欲。临床上健胃药主要适用于功能性食欲不振，或作为病因治疗的辅助药物。常见的有龙胆、陈皮、人工盐等药物。

龙　　胆

【药理作用】 本品性寒、味苦，强烈的苦味能刺激口腔内舌的味觉感受器，通过迷走神经反射性地兴奋食物中枢，使唾液、胃液的分泌增加以及游离盐酸也相应增多，从而加强消化和提高食欲。

【临床应用】 临床主要用于治疗动物的食欲不振、消化不良或某些热性病的恢复期等。

【注意事项】 本品必须通过口腔给药，使用胃导管将药物直接投到胃内，无效不可反复多次或大剂量使用，以免产生与健胃相反的作用；慢性胃肠炎病畜禁用。

【制剂、用法与用量】 龙胆末。内服，一次量，马、牛 15～45g，羊、猪 6～15g，犬 1～5g，猫 0.5～1g。

龙胆酊。由龙胆 100g，用 40%乙醇 1000ml 浸制成澄明、黄棕色液体，能与水任意混合。内服，一次量，马、牛 50～100ml，羊 5～15ml，猪 3～8ml，犬、猫1～3ml。

复方龙胆酊（苦味酊），由龙胆末 100g、橙皮末 40g、豆蔻末 10g，加 70%乙醇至 1000ml 制成红棕色液体。内服，一次量，马、牛 50～100ml，羊、猪 5～20ml，犬、猫 1～4ml。

大 黄

【药理作用】 大黄的作用与用量有密切关系。口服小剂量时，苦味质发挥其苦味健胃作用；中等剂量时，鞣质发挥其收敛止泻作用；大剂量时，因蒽醌苷类被吸收，在体内水解为大黄素和大黄酚等，再由大肠分泌进入肠腔，刺激大肠黏膜，使肠蠕动增强，引起下泻。致泻后往往继发便秘，故临床很少单独作为泻药，常与硫酸钠配用。此外，大黄还有较强的抗菌作用，能抑制金黄色葡萄球菌、大肠埃希菌、痢疾杆菌、铜绿假单胞菌、链球菌及皮肤真菌等。

【临床应用】 临床上主要作为健胃药，也可与硫酸钠配用治疗大肠便秘。大黄末与石灰粉（2∶1）配成撒布剂，可治疗化脓创；与地榆末配合调油，擦于局部，可治疗火伤和烫伤等。

【注意事项】 孕畜应慎用或忌用。

【制剂、用法与用量】 大黄末。内服（健胃），一次量，马 10～25g，牛 20～40g，羊 2～4g，猪 1～5g，犬 0.5～2g；内服（致泻），一次量，马、牛 100～150g，驹、犊 10～30g，仔猪 2～5g，犬 2～4g。

大黄流浸膏。内服（健胃），一次量，马 10～25ml，牛 20～40ml，羊 2～10ml，猪 1～5ml，犬 0.5～2ml；内服（致泻），一次量，驹、犊 10～30ml，仔猪 2～5ml，犬 2～4ml。

复方大黄酊。内服，一次量，牛 30～100ml，羊、猪 10～20m，犬、猫 1～4ml。

陈 皮

【药理作用】 本品为芸香科植物橘及其栽培变种的干燥成熟果皮，能对消化道有缓和的刺激作用，有利于胃肠积气的排出。同时又可使胃液分泌增加而助消化；也能刺激呼吸道使分泌增多，有利于痰液排出；使用时病畜略有升高血压、兴奋心脏的作用；其主要成分橙皮苷有降低胆固醇的作用。

【临床应用】 用于因长期食欲不振而引起的肚腹胀满、食欲不振、呕吐、腹泻等。

【制剂、用法与用量】 陈皮酊。由 20%陈皮末制成酊剂。口服，一次量，马、牛 30～100ml，羊、猪 10～20ml，犬、猫 5～10ml。

人 工 盐

【药理作用】 本品具有多种盐类的综合作用。内服少量时，能轻度刺激消化道黏膜，促进胃肠的分泌和蠕动，从而产生健胃作用。小剂量还有利胆作用，可用于胆道炎、肝炎的辅助治疗。内服大量时，其中的主要成分硫酸钠在肠道中可解离出 Na^+ 和不易被吸收的 SO_4^{2-}，由于渗透压作用，使肠管中保持大量水分，并刺激肠壁增强蠕动，软化粪便，引起缓泻作用。

【临床应用】 临床用于消化不良、胃肠弛缓、慢性胃肠卡他、早期大肠便秘等。

【注意事项】 因本品为弱碱性类药物，禁与酸类健胃药配合使用；内服作泻剂应用时宜大量饮水。

【制剂、用法与用量】 白色粉剂。本品由干燥硫酸钠 44%、碳酸氢钠 36%、氯化钠 18%和硫酸钾 2%混合制成。内服（健胃），一次量，马、牛 50～150g，羊、猪 10～30g，犬 5～10g。内服（缓泻），马、牛 200～400g，羊、猪 50～100g，犬 20～50g。

2. 助消化药

助消化药一般是消化液中的主要成分，如稀醋酸、淀粉酶、胃蛋白酶、胰酶等。它们能补充消化液中某种成分的不足，发挥替代疗法的作用，从而迅速恢复正常的消化活动。助消化药作用迅速、疗效快。但必须对症下药；否则，不仅无效，有时反而有害。在临床上常与健胃药配合应用。

胃蛋白酶

【药理作用】 本品是由动物的胃黏膜制得的一种蛋白质分解酶，内服后可使蛋白质初步分解为蛋白胨，有利于动物的进一步分解吸收，但不能进一步分解为氨基酸。在0.1%～0.5%盐酸的酸性环境中作用强，pH为1.8时其活性最强。一般1g胃蛋白酶能完全消化2000g凝固卵蛋白。当胃液不足，消化不良时，胃内盐酸也常不足，为充分发挥胃蛋白酶的消化作用，在用药时应灌服稀盐酸。

【临床应用】 临床常用于胃液分泌不足或幼畜因胃蛋白酶缺乏引起的消化不良。

【注意事项】 忌与碱性药物、鞣酸、重金属盐等配合使用；温度超过70℃时迅速失效；剧烈搅拌可破坏其活性，导致减效；当胃液分泌不足引起消化不良时，胃内盐酸也常不足，为充分发挥胃蛋白酶的消化作用，再用药时应同服稀盐酸。即用前先将稀盐酸加水20倍稀释，再加入胃蛋白酶，于饲喂前灌服。

【制剂、用法与用量】 胃蛋白酶冲剂。内服，一次量，马、牛4000～8000国际单位，猪、羊800～1600国际单位，驹、犊1600～4000国际单位，犬80～800国际单位，猫80～240国际单位。

稀醋酸

【药理作用】 本品内服后可刺激十二指肠产生胰分泌素，反射性地引起胃液、胆汁和胰液的分泌。此外，酸性环境能抑制胃肠内细菌的生长与繁殖以制止异常发酵，并可影响幽门括约肌的紧张度。消化道中的乙酸（醋酸）亦有利于钙、铁等矿物质营养的溶解和吸收。

【临床应用】 本品临床多用于治疗幼畜消化不良、马属动物的急性胃扩张和反刍动物前胃鼓胀。

【注意事项】 用前加水稀释成0.5%左右浓度。

【制剂、用法与用量】 内服，一次量，马、牛50～200ml，羊、猪5～10ml。

干酵母

【药理作用】 本品富含B族维生素，每克酵母含硫胺0.1～0.2mg、核黄素0.04～0.06mg、烟酸0.03～0.06mg，此外还含有维生素B_6、维生素B_{12}、叶酸、肌醇以及转化酶、麦芽糖酶等。它们均是体内酶系统的重要组成物质，参与体内糖、蛋白质、脂肪等代谢过程和生物氧化过程。

【临床应用】 常用于食欲不振、消化不良和B族维生素缺乏症。

【注意事项】 用量过大会发生轻度下泻，密封干燥处保存。

【制剂、用法与用量】 干酵母片。内服，一次量，马、牛120～150g，猪、羊30～60g，犬8～12g。

乳 酶 生

【药理作用】 本品为活乳酸杆菌的干燥制剂，每克乳酶生中含活的乳酸杆菌数在1000万个以上。内服进入肠内后，能分解糖类产生乳酸，使肠内酸度增高，从而抑制腐败性细菌的繁殖，并可防止蛋白质发酵，减少肠内产气。

【临床应用】 临床主要用于消化不良、肠鼓气和幼畜腹泻等。

【注意事项】 应用时不宜与抗菌药物、吸附剂、鞣酸、酊剂等配伍，并禁用热水调药，以免降低药效。一般宜于饲前给药。

【制剂、用法与用量】 乳酶生片剂。内服，一次量，驹、犊10～30g，猪、羊2～10g，犬0.3～0.5g。

二、泻药与止泻药

1. 泻药

泻药是能促进肠管蠕动、增加肠内容积或润滑肠道、软化粪便，从而促进粪便排泄的药物。临床上主要用于治疗便秘、排除肠内毒物和腐败分解产物等。或服用驱虫药后，除去肠内残存的药物和虫体。

硫 酸 钠

结晶水的硫酸钠俗称芒硝，无色晶体，易溶于水。

【药理作用】 本品内服小剂量时，能适度吸收，在肠腔内保留大量水分（480g硫酸钠可保持15L水），增加肠内容积，并稀释肠内容物，软化粪便，促进排粪。

【临床应用】 临床上小剂量内服可健胃，用于消化不良，常配合其他健胃药使用。大剂量用于大肠便秘，排除肠内毒物、毒素，或作为驱虫药的辅助用药。

【注意事项】 用时加水稀释成3%～4%溶液灌服。浓度过高的盐类溶液进入十二指肠后，会反射性地引起幽门括约肌痉挛，妨碍胃内容物的排空，有时甚至能引起肠炎。

【制剂、用法与用量】 硫酸钠片。内服（健胃），一次量，马、牛15～50g，猪、羊3～10g。内服（致泻），马200～500g，牛400～800g，羊40～100g，猪25～50g，犬10～20g，猫2～5g。

硫 酸 镁

【药理作用】 本品致泻作用与硫酸钠相似，但作用较强。此外，镁盐还可刺激十二指肠分泌胰胆囊收缩素，能促进胰腺分泌，增强肠蠕动。

【临床应用】 临床上小剂量内服可健胃，用于消化不良，常配合其他健胃药使用。大剂量用于大肠便秘，排除肠内毒物、毒素，或作为驱虫药的辅助用药。

【注意事项】 用时加水稀释成6%～8%溶液灌服；本品比硫酸钠应用较少的原因，可能是在某些情况下（如机体脱水、肠炎等）Mg^{2+}吸收增多会产生毒副作用；中毒时表现为呼吸浅表，肌腱反射消失，应迅速静脉注射氯化钙进行解救。对Mg^{2+}中毒引起的骨骼肌松弛，可用新斯的明拮抗。

【制剂、用法与用量】 硫酸镁注射液。内服，一次量，马200～500g，牛300～800g，羊50～100g，猪25～50g，犬10～20g，猫2～5g。

液体石蜡

【药理作用】 本品内服后，在消化道中不被代谢和吸收，大部分以原型通过全部肠管，产生润滑肠道和保护肠黏膜的作用，亦可阻碍肠内水分被重吸收而软化粪便。本品作用缓和而安全。

【临床应用】 临床可用于小肠阻塞、瘤胃积食及便秘，或用于猫预防“毛球”的形成。

【注意事项】 其泻下作用缓和，比较安全，孕畜可应用；不宜多次服用，以免影响消化，阻碍脂溶性纤维素及钙、磷的吸收。

【制剂、用法与用量】 可加温水灌服，一次量，马、牛 500～1500ml，羊 100～300ml，猪 50～100ml，犬 10～30ml，猫 5～10ml。

植物油

【药理作用】 包括各种食用的植物油，如豆油、菜籽油、芝麻油、花生油、棉籽油等。大量灌服这些油类后，只有小部分在肠内分解，大部分以原型通过肠管，润滑肠道，软化粪便，促进排粪。

【临床应用】 临床适用于瘤胃积食、小肠阻塞、大肠便秘等。

【注意事项】 本品不用于排出脂溶性毒物，慎用于孕畜、患肠炎病畜。

【制剂、用法与用量】 内服，一次量，马、牛 500～1000ml，羊 100～300ml，猪 50～100ml，犬 10～30ml。

2. 止泻药

止泻药是指一些能保护肠黏膜、吸附毒物、收敛消炎的药物。属于本类的药物包括鞣酸、碱式硝酸铋、药用炭、矽炭银、止泻宁（苯乙哌啶）、促菌生等；适用于剧烈腹泻或长期慢性腹泻，以防止机体过度脱水、水盐代谢失调、消化障碍等。临床上止泻药多与抗菌消炎药、制酵药等配合应用。

鞣酸

【药理作用】 本药为内敛药。内服后鞣酸与胃黏膜蛋白结合生成鞣酸蛋白薄膜，被覆于胃黏膜表面起保护作用，免受各种因素刺激，使局部达到消炎、止血、镇痛及制止分泌作用。形成的鞣酸蛋白到小肠后再被分解，释放鞣酸，呈现止泻作用，故内服作收敛止泻药。外用 5%～10%溶液或 20%软膏治疗湿疹、褥疮等。另外，鞣酸能与士的宁、奎宁、洋地黄等生物碱和重金属铅、银、铜、锌等发生沉淀，当因上述物质中毒时，可用鞣酸溶液（1%～2%）洗胃或灌服解毒，但须及时用盐类泻药排除。鞣酸对肝有损害作用，不宜久用。

【临床应用】 临床主要用于非细菌性腹泻和肠炎的止泻。在某些毒物（如铅、银、铜、士的宁、洋地黄等）中毒时，可用鞣酸溶液（1%～2%）洗胃或灌服，以沉淀胃肠道中未被吸收的毒物，但沉淀物结合不牢固，解毒后必须及时使用盐类泻药以加速排出。

【注意事项】 鞣酸吸收后对肝脏有毒性；对细菌感染引起的腹泻，宜先控制感染，再使用本品。

【制剂、用法与用量】 内服，一次量，马、牛 10～20g，羊、猪 2～5g，犬 0.2～2g，猫 0.15～2g。

碱式硝酸铋

【药理作用】 本品内服后在胃肠内能缓慢地解离出铋离子。铋离子既能与蛋白质结合呈收敛作用，又能在肠内与硫化氢结合，形成不溶性硫化铋覆盖于黏膜表面，保护肠黏膜，并减少硫化氢对肠壁的刺激而发挥止泻作用。碱式硝酸铋外用，在炎症组织中也能缓慢地解离出铋离子，与细菌、组织表层的蛋白质结合，产生收敛和抑菌消炎作用。

【临床应用】 临床常用于胃肠炎和腹泻症。

【注意事项】 在治疗肠炎和腹泻时，可能因肠道中细菌如大肠埃希菌等可将硝酸离子还原成亚硝酸而中毒，目前多改用碱式碳酸铋。

【制剂、用法与用量】 碱式硝酸铋片剂。内服，一次量，马、牛 15～30g，猪、羊、驹、犊 2～4g，犬 0.3～2g。

药 用 炭

【药理作用】 由于本品颗粒细小，分子间空隙多，表面积大，其吸附作用很强，因而具有广泛而强的吸附力，1g 药用炭具有 500～800m^2 表面积，可吸附大量气体、化学物质和毒素。内服到达肠道后，能与肠道中有害物质结合，如细菌、发酵物等，阻止其吸收，从而能减轻肠道内容物对肠壁的刺激，使蠕动减弱，呈现止泻作用。

【临床应用】 临床上用于治疗肠炎、腹泻、中毒等。外用于浅部创伤，有干燥、抑菌、止血和消炎作用。

【注意事项】 本品禁与抗生素、乳酶生合用，因其被吸附而降低药效；本品的吸附作用是可逆的，用于吸附毒物时，必须用盐类泻药促使排出。在吸附毒物的同时也能吸附营养物质，不宜反复应用。

【制剂、用法与用量】 药用炭片。内服，一次量，马 20～150g，牛 20～200g，羊 5～50g，猪 3～10g，犬 0.3～2g。

矽 炭 银

【药理作用】 矽炭银具有收敛和吸附作用。

【临床应用】 常用于胃肠炎、腹泻和肠内异常发酵等。

【注意事项】 本品宜空腹时灌服。

【制剂、用法与用量】 矽炭银片剂。每片含白陶土 0.24g、药用炭 0.06g、氯化银 0.015g。内服，马、牛 40～80g/次，猪、羊 5～10g/次。

地芬诺酯（止泻宁）

【药理作用】 本品具有收敛及减少肠蠕动的作用。可直接作用于平滑肌，通过抑制肠黏膜感受器，消除局部黏膜的蠕动反射而减弱肠蠕动，同时可增加肠的阶段性收缩，使肠内容物通过延迟，有利于肠内水分的吸收。

【临床应用】 适用于急性、慢性功能性腹泻及慢性肠炎，也可与抗菌药物合用于菌痢，以控制腹泻症状。

【制剂、用法与用量】 复方地芬诺酯片剂。内服，犬 2.5mg/次，每 8h 1 次。

促 菌 生

【药理作用】 促菌生安全、无毒，无蓄积作用。内服后可在消化道内迅速生长繁殖，消耗大量氧气，造成厌氧环境，有利于正常厌氧菌群的生长。厌氧菌生长过程中分解糖及脂肪，从而抑制病原菌的生长繁殖。

【临床应用】 主要用于幼畜肠炎、腹泻、家禽白痢等。

【注意事项】 本品为活菌制剂，禁与抗菌药物同时应用。

【制剂、用法与用量】 促菌生片剂。每片含5亿个活菌。内服，驹、犊15～20片/次，犬4～8片/次，每日1～2次。

必备知识三 常用反应功能障碍用药

一、瘤胃兴奋药

凡能加强瘤胃平滑肌收缩，促进瘤胃蠕动，兴奋反刍，从而消除积食和气胀的药物称瘤胃兴奋药。反刍动物的瘤胃容积庞大，食物停留时间较长，因此，瘤胃的正常活动是确保饲料的消化、营养物质合成的前提。当饲养管理不善，饲料质量低劣，某些全身性疾病如高热、低血钙等，都可继发前胃弛缓、反刍减弱或停止，从而产生瘤胃积食、瘤胃鼓胀等一系列疾病。治疗时除消除病因、加强饲养管理外，还必须应用瘤胃兴奋药，以促进瘤胃功能的恢复。

可促进瘤胃兴奋的药物有硫酸新斯的明、浓氯化钠注射液等。

新 斯 的 明

本品又名普洛色林、普洛斯的明。

【理化性质】 本品为人工合成的二甲氨基甲酸酯类药物，结构中具有季铵基团。临床上用的甲硫酸新斯的明为白色结晶性粉末，无臭，味稍苦，易溶于水，易溶于乙醇，遇光易变成粉红色。应遮光密封保存。

【药理作用】 本品能可逆性地抑制胆碱酯酶的活性，使乙酰胆碱的分解破坏减少，乙酰胆碱在体内浓度增高，呈现拟胆碱样作用。对胃肠道和膀胱平滑肌作用较强；对骨骼肌的兴奋作用最强；对心血管、腺体、眼和支气管平滑肌作用较弱；对中枢作用不明显；收缩瞳孔和睫状肌的作用较毒扁豆碱弱。本品选择性较高，毒性较低，故临床应用几乎取代了毒扁豆碱。研究报道，新斯的明等抗胆碱酯酶药对神经毒性蛇毒有对抗作用，但只对眼镜蛇有效。

【临床应用】 临床主要用于治疗重症肌无力、箭毒中毒，还可用于前胃弛缓、肠弛缓、手术后腹气胀、尿潴留及牛产后子宫复位不全等。

【注意事项】 腹膜炎、麻痹、痉挛疝、肠道或尿道机械性阻塞患畜及妊娠后期动物禁用。癫痫、哮喘动物慎用。用药过量时，可肌内注射阿托品解救，也可静脉注射硫酸镁以直接抑制骨骼肌的兴奋性。

【制剂、用法与用量】 甲硫酸新斯的明注射液，1ml∶1mg、10ml∶10mg。皮下注射或肌内注射，一次量，马4～10mg，牛4～20mg，猪、羊2～5mg，犬0.25mg。

浓氯化钠注射液

【药理作用】 本品为氯化钠的高渗灭菌水溶液，静脉注射后能短暂抑制胆碱酯酶活性，出现胆碱能神经兴奋的效应，可提高瘤胃的运动。血中高氯离子（Cl^-）和高钠离子（Na^+）能反射性兴奋迷走神经，使胃肠平滑肌兴奋，蠕动加强，消化液分泌增多。尤其在瘤胃功能较弱时，作用更加显著。本品一般用药后2～4h作用最强。

【临床应用】 临床上常用于前胃弛缓、瘤胃积食、马属动物的便秘疝等。

【注意事项】 静脉注射时不能稀释，静脉注射速度宜慢，不可漏至血管外；心力衰竭和肾功能不全患畜慎用。

【制剂、用法与用量】 10%浓氯化钠注射液。静脉，一次量，大家畜1ml/kg。

二、制酵药与消沫药

制酵药是指能制止胃肠内微生物发酵产气的药物，如鱼石脂、甲醛溶液，常用于治疗瘤胃鼓胀、肠胀气等病症。

消沫药是能降低液体表面张力或减少泡沫的稳定性，从而能使泡沫迅速破裂的药物。如二甲基硅油、植物油等，常用于治疗泡沫性瘤胃鼓气。

鱼 石 脂

【药理作用】 本品有较弱的抑菌作用和温和的刺激作用，内服能制止发酵、祛风和防腐，促进胃肠蠕动。外用时具有局部消炎作用。

【临床应用】 临床上内服常用于瘤胃鼓胀、急性胃扩张、前胃弛缓、胃肠气胀、消化不良。治疗马便秘时，常与泻药配合。

本品外用，对局部有缓和的刺激作用，有消炎、消肿和促进肉芽新生等功效。用于慢性皮炎、蜂窝织炎、腱炎、冻疮等，多配成30%～50%软膏局部涂敷。

【注意事项】 本品内服前，应先加2倍乙醇溶解后，再用水稀释成3%～5%的溶液灌服；禁与酸性药物如稀盐酸、乳酸等联合使用。本品软膏由鱼石脂与凡士林按1∶1比例混合而成，仅供外用。

【制剂、用法与用量】 鱼石脂软骨。内服，一次量，马、牛10～30g，猪、羊1～5g。

甲醛溶液

【药理作用】 本品为消毒防腐剂，甲醛能与蛋白质的氨基结合而使蛋白质变性，有很强的杀菌作用，其3%～5%浓度的溶液能杀死多种细菌、芽孢和病毒。1%甲醛溶液内服能制止瘤胃内发酵。

【临床应用】 临床用作胃肠道防腐制酵药，治疗瘤胃鼓胀、急件胃扩张等。

【注意事项】 服时用水稀释成1%的甲醛溶液灌服；由于本品刺激性较强，并能杀灭瘤胃内多种细菌和纤毛虫，破坏微生物生态平衡，因而在鼓胀治愈后常伴发消化不良或胃肠炎，加之对动物的致癌作用，因此，本品不宜作为常规制酵剂用，更不能多次反复使用。

【制剂、用法与用量】 内服，一次量，牛8～25ml，羊1～3ml，用水稀释20～30倍内服。

二甲硅油

【药理作用】 本品的表面张力低，内服后能迅速降低瘤胃内泡沫液膜的表面张力，使小泡沫破裂而成为大泡沫，产生消除泡沫作用。本品消沫作用迅速，用药后5min内产生效果，15～30min作用最强。治疗效果可靠、作用迅速，几乎没有毒性。

【临床应用】 临床主要用于治疗反刍动物的瘤胃鼓气，特别是泡沫性鼓气等。

【注意事项】 用时配成2%～5%乙醇或煤油溶液，通过胃管灌服；灌服前后宜注入少量温水以减少刺激。

【制剂、用法与用量】 二甲硅油片（消胀片）。每片含二甲基硅油25mg、氢氧化铝40mg。内服，牛80～100片/次；羊20～30片/次。

二甲基硅油粉剂。临用时配成2%～5%酒精溶液或煤油溶液。最好用胃管投服，牛2%溶液100ml或5%溶液50ml。

必备知识四 消化功能障碍解除药物的合理选用

一、健胃药与助消化药的合理选用

健胃药与助消化药可用于动物的食欲不振、消化不良，临床上常配伍应用。但食欲不振、消化不良往往是许多全身性疾病或饲养管理不善的临床表现，因此，必须在对因治疗和改善饲养管理的前提下，配合选用本类药物，则能提高疗效。

猪、犬、猫的消化不良，一般选用人工盐或大黄苏打片。

吮乳幼畜的消化不良，主要选用胃蛋白酶、乳酶生、胰酶等。

反刍动物吃草不吃料时，亦可选用胃蛋白酶，配合稀盐酸。牛摄入蛋白质丰富的饲料后，在瘤胃内产生大量的氨，影响瘤胃活动，早期可用稀盐酸或稀乙酸，疗效良好。

二、泻药与止泻药的合理选用

在应用泻药时需注意：①应防止泻下作用太猛，水分排出过多，引起患畜衰竭或机体脱水。一般只投药一次，并补充饮水。幼畜、孕畜、体弱患畜应选用作用缓和的油类泻药。②对脂溶性毒物、药物引起的家畜中毒，禁止使用油类泻药，以防促进毒物的吸收而加重病情。③驱虫药需要配伍泻药时，不宜用油类泻药，最好选用盐类泻药。④治疗便秘时，泻药多与制酵药、镇静药、强心药、补液药等配合应用。

腹泻是机体的一种保护性反应，有利于细菌、毒物或腐败分解产物的排出。腹泻的早期不应立即使用止泻药，应先用泻药排除有害物质，再用止泻药。但剧烈或长期腹泻，不仅影响营养物质的吸收，严重的会引起机体脱水及钾、钠、氯等电解质紊乱，这时必须立即应用止泻药，并注意补充水分和电解质等，采取综合治疗。

治疗腹泻时，应先查明腹泻的原因，然后根据需要，选用止泻药。如细菌性腹泻，特别是严重急性肠炎时，应给予抗菌药止泻，一般不选用吸附药和收敛药；对大量毒物引起的腹泻，不急于止泻，应先用盐类泻药以促进毒物排出，待大部分毒物从消化道排出后，方可用碱式硝酸铋等保护受损的胃肠黏膜，或用活性炭吸附毒物；一般的急性水泻，往往导致脱水、电解质紊乱，应首先补液，然后再用止泻药。

三、制酵药与消沫药的合理选用

由于采食大量容易发酵或腐败变质的饲料导致的臌气，或急性胃扩张，除危急者可以穿刺放气外，一般可用制酵药或瘤胃兴奋药，加速气体排出。对其他原因引起的臌气，除制酵外，主要应对因治疗。

在常用的制酵药中以甲醛的作用确实可靠，但由于对局部组织刺激性强，加之能杀灭多种机体有益的肠道微生物和纤毛虫，因此，除严重气胀外，一般情况均不宜选用。鱼石脂的制酵效果较好，刺激作用比较缓和，所以比较多用。鱼石脂与酒精配合应用效果好。

泡沫性臌气时，如果选用制酵药，仅能制止气体的产生，对已形成的泡沫无消除作用。因此，必须选用消沫药。

实训 6-1 观察新斯的明对瘤胃运动的作用

【目的】 观察拟胆碱药甲基硫酸新斯的明对反刍动物瘤胃运动的影响。

【材料】

1. 器械　20ml 金属注射器 2 把、镊子 2 把、12 号或 13 号短针头 20 支、16 号针头 15 支、9 号针头 15 支、针盒 1 个、注射器、镊子、听诊器 1 个、体温计 1 根。

针头放入针盒煮沸消毒 20min，倾干水备用。

2. 动物　成年黑山羊 2 只。

3. 药物　兽用甲基硫酸新斯的明注射液 1 盒、5%碘酊 100ml 1 瓶、棉球 30 个。

【方法】

1. 治疗之前，测定山羊三大生理指标，即瘤胃蠕动音、次数、强度。

2. 肌内注射不同剂量的兽用甲基硫酸新斯的明注射液：山羊 A 3mg、山羊 B 6mg。

3. 分别在注射后 5min、10min、15min、20min、30min 测定山羊三大生理指标。

【结果】

指标 \ 时间		5min	10min	15min	20min	30min
山羊 A 瘤胃	蠕动音					
	次数					
	强度					
山羊 B 瘤胃	蠕动音					
	次数					
	强度					

【分析训练题】 根据实验结果分析甲基硫酸新斯的明的作用。不同剂量有何影响？应用禁忌有哪些？

实训 6-2 观察硫酸钠、硫酸镁及液体石蜡的导泻作用

【目的】 了解盐类泻药的导泻作用机制和泻药浓度对泻下作用的影响。

【材料】

1. 动物 兔。

2. 药物 5%和20%硫酸钠溶液、30%硫酸镁注射液、液体石蜡、生理盐水、0.25%盐酸普鲁卡因注射液。

3. 器材 兔手术台、台称、毛剪、镊子、手术刀、止血钳、缝合针、缝合线、纱布。

【方法】 取一只兔，仰卧固定于手术台上，腹部剪毛消毒，以0.25%普鲁卡因注射液于手术部位浸润麻醉，切开腹部，暴露肠管，取出一段小肠，在不损伤肠系膜血管的情况下，用线将此段肠管结扎成四小段，每段长2～4cm，使成互不相通的盲囊。

向四个盲囊内分别注入5%硫酸钠、生理盐水、20%硫酸钠（一段留空对照），使肠管充盈适度，勿太膨胀，注毕将肠管送回腹腔，闭合腹壁，2h后打开腹腔，观察四段肠管充盈度有何不同。

【结果】

注入药液名	注入药液肠管变化
5%硫酸钠	
生理盐水	
20%硫酸钠	
对照(留空)	

【分析训练题】 临床上在哪种情况下选用硫酸钠溶液作为泻药？合适浓度是多少？

实训 6-3 观察消沫药的体外作用效果

【目的】 观察几种消沫药在体外的消沫作用。

【材料】

1. 药物 松节油、煤油、烟叶浸液、1%肥皂水。

2. 器材 试管、烧杯、玻璃棒、滴管。

【方法】 将1%肥皂水数毫升，分别装入3支试管中加以振荡，使其产生大量泡沫，然后分别滴入松节油、煤油、烟叶浸液各1～2滴，观察其泡沫消失速度与情况。

【结果】

消沫药	松节油	煤油	烟叶浸液
消沫效果			

【分析训练题】 良好消沫药必须具备哪些条件？临床上怎样选用？

实训 6-4 观察活性炭的吸附作用

【目的】 了解吸附药的吸附作用和其在毒物中毒时的吸附解毒作用。

【材料】

1. 动物　蛙。

2. 药物　活性炭、0.1%硝酸士的宁溶液。

3. 器材　试管、漏斗、滤纸、注射器、针头、蛙笼。

【方法】

1. 取活性炭1g，加入盛有0.1%硝酸士的宁溶液10ml的试管中，充分振荡5min，过滤，取滤液备用。

2. 取蛙2只，一只在淋巴囊注射上述经活性炭处理的硝酸士的宁溶液0.2～0.5ml，另一只在淋巴囊注射未经活性炭处理的硝酸士的宁溶液0.2～0.5ml，观察两只蛙反应有何不同。

【结果】

注射药物	蛙反应状况
经活性炭处理的硝酸士的宁	
未经活性炭处理的硝酸士的宁	

【分析训练题】　活性炭有何作用？应用机制如何？

任务小结

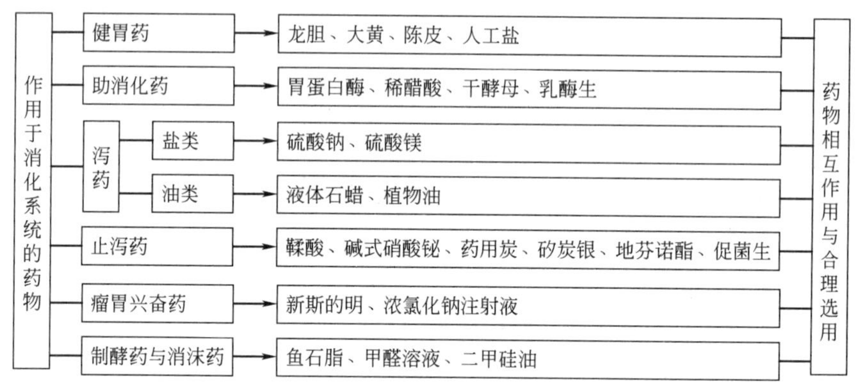

思考与复习

1. 健胃药与助消化药有何不同？如何合理应用？
2. 稀盐酸有何作用？临床上应如何应用？
3. 制酵药与消沫药有何作用？临床上应如何应用？
4. 某奶牛场一奶牛发生前胃迟缓，请按处方格式写出合适的处方。
5. 试述泻药与止泻药的合理选用原则。

执业考证

1. 松节油内服可用于（　　）。

A. 止泻　　　　B. 镇吐

C. 中和胃酸　　D. 制酵健胃

E. 解胃肠痉挛

2. 具有增加肠内容、软化粪便、加速粪便排泄作用的药物是（　　）。

A. 稀盐酸　　B. 硫酸钠

C. 鱼石脂　　D. 铋制剂

E. 鞣酸蛋白

任务七 解除呼吸系统症状用药

学习目标

基本概念：祛痰药、镇咳药、平喘药。

基本知识点：祛痰药、镇咳药、平喘药的作用机制与种类及其作用，祛痰药、镇咳药与平喘药的合理选用。

技能目标：熟知磷酸可待因的镇咳作用、药物对气管平滑肌的收缩或松弛作用以及它们之间的相互关系、氨茶碱的平喘作用，并能在临床中科学地选用相关药物。

工作任务导入

合理选择和使用解除呼吸系统症状的药物，治疗动物咳喘。

案例分析

【确诊疾病】 耕牛急性支气管炎的诊治

一头5岁公牛发生气喘，临床检查体温41.3℃，呼吸96次/min，呼吸急促、喘气、声音粗粝，鼻翼扇动明显、咳嗽、鼻流浓涕。听诊肺啰音，其音盖过心音。鼻干无汗，口色红，口液黏稠，耳鼻皆热，大便干硬且量少，喜饮冷水。根据临床症状诊断为急性支气管炎。

【用药方案】 复方氨苄青霉素钠3.5g、地塞米松50ml、氨茶碱2g、5%葡萄糖生理盐水1000ml，静脉注射。链霉素400万国际单位、安痛定（阿尼利定）30ml，混匀肌内注射。

【效果分析】

效果：用药3日后，体温40.1℃，呼吸50次/min、较缓和，食欲和反刍增强。

分析：治疗原则为止咳平喘、消炎杀菌。采用氨茶碱平喘，复方氨苄青霉素钠、链霉素消炎，地塞米松抗炎，安痛定镇痛，5%葡萄糖生理盐水补充能量。安痛定和链霉素副作用大，要肌内注射，如采用静脉注射易造成血药浓度急剧升高，可能引起中毒。

呼吸系统通过呼吸道与外界相通，在行使呼吸功能的过程中常受到机体内、外环境的影响，引发呼吸系统疾病。动物呼吸系统疾病常表现为咳嗽、气管和支气管分泌物增多，呼吸困难，可归纳为咳、喘、痰。它们都属于机体在病理情况下的保护性反射。而过度的咳、喘、痰可严重影响呼吸和循环功能，由此引发肺脏、心脏功能障碍，甚至缺氧死亡。引发呼吸系统疾病常见病因包括微生物感染、寄生虫感染、过敏反应、化学刺激、气候骤变等。临床上应主要针对病因进行治疗及加强饲养管理，提高其自身的免疫功能，同时适当使用祛痰、镇咳和平喘药进行对症治疗，缓解症状，以利疾病的恢复。

根据药物作用的特点，可将呼吸系统的常用药物分为祛痰药、镇咳药和平喘药三类。

必备知识一　祛　痰　药

凡是促进呼吸道分泌，使痰液变稀、易于排出的药物叫祛痰药。在病理条件下，气管内的分泌物增多，或因呼吸道黏膜上皮的纤毛运动减弱，痰液不能及时排出，可因水分重吸收或气流蒸发而变稠，黏附气管内并刺激黏膜下感受器引起咳嗽。祛痰药可清除痰液，从而减少对呼吸道黏膜的刺激，间接起到镇咳、平喘作用。

氯　化　铵

本品又名氯化铔。

【理化性质】 无色结晶或白色结晶性粉末。无臭。味咸、凉。易溶于水，略溶于醇。吸湿性小，但在潮湿的阴雨天气也能吸潮结块，应密封保存于干燥处。

【药动学】 口服后本品可完全被吸收，在体内几乎全部转化降解，仅极少量随粪便排出。氯化铵进入体内，部分铵离子迅速由肝脏代谢形成尿素，由尿排出；极少量由呼吸道排出。

【药理作用】 氯化铵内服后能刺激胃黏膜迷走神经，促进支气管腺体分泌，使稠痰稀释，易于咳出。同时，吸收后的氯化铵，有一部分经呼吸道排出，可带出一定的水分，使痰液变稀产生祛痰作用。此外，氯化铵有酸化体液、尿液及轻微的利尿作用。

【临床应用】 主要用于急性呼吸道炎症的初期痰液黏稠而不易咳出的病例。也用于纠正代谢性碱中毒。还可用于泌尿系统感染需酸化尿液时的病例。

【注意事项】 氯化铵禁与磺胺类药物并用，以免磺胺在酸性尿中析出结晶，发生泌尿道损害；氯化铵与碱性药物或重金属盐配合即分解失效；肝脏、肾脏功能异常的患畜，内服氯化铵容易引起血氯过高性酸中毒和血氨升高，应慎用或禁用；单胃动物用后有恶心、呕吐反应。

【制剂、用法与用量】 氯化铵片。0.3g。内服，一次量，马 8～15g，牛 10～25g，羊 2～5g，猪 1～2g，犬、猫 0.2～1g。一日 3 次。

碘　化　钾

本品又名灰碘。

【理化性质】 无色结晶或白色结晶性粉末。无臭。味咸、带苦。易溶于水，能溶于乙醇。微有吸湿性，应密封遮光保存。

【药动学】 碘和碘化物在胃肠道内吸收迅速而完全，碘也可经皮肤进入体内。在血液中碘以无机碘离子形式存在，由肠道吸收的碘约 30% 被甲状腺摄取，其余主要由肾脏排出，少量由乳汁和粪便中排出，极少量由皮肤与呼吸道排出。碘可以通过胎盘进入胎儿体内，影响胎儿甲状腺功能。

【药理作用】 碘化钾内服后能刺激胃黏膜迷走神经，促进支气管腺体分泌。同时，吸收后的碘化钾，一部分很快从呼吸道腺体排出，直接刺激支气管腺体分泌，使痰液变稀，产生祛痰作用。

【临床应用】 用于慢性和亚急性支气管炎；作为助溶剂，用于配制碘酊和复方碘溶液。

【注意事项】 碘化钾在酸性溶液中能析出游离碘；与甘汞混合后能生成金属汞和碘化汞，使毒性增强；碘化钾溶液遇生物碱可生成沉淀；肝、肾功能低下患畜慎用；不适于急性支气管炎症。

【制剂、用法与用量】 碘化钾片。10mg、20mg。内服，一次量，马、牛 5～10g，猪、羊 1～3g，犬 0.2～1g。

溴 己 新

本品又名溴苄环己铵、溴己铵、必消痰、必嗽平、溴环己铵。

【理化性质】 人工合成药，为白色结晶性粉末。无臭。微溶于水，能溶于乙醇。密封保存于干燥处。

【药动学】 本品自胃肠道吸收快而完全。绝大部分降解转化成代谢产物随尿排出，仅极少部分由粪便排出。

【药理作用】 本品能裂解痰液中酸性黏多糖纤维，使痰液黏度下降。还可促进呼吸道黏膜的纤毛运动，并刺激胃黏膜，反射性地引起支气管浆液腺体分泌增加，有较强的祛痰作用。还能增加四环素类抗生素在支气管中分布的浓度，合并用药时可提高疗效。

【临床应用】 适用于支气管肺炎、重剧持续咳嗽等痰液黏稠不易咳出的病例。

【注意事项】 胃炎或胃溃疡患畜慎用；动物用后有恶心、呕吐反应。

【制剂、用法与用量】 溴苄环己铵片，4mg、8mg。内服，马 2mg/kg，犬 6～15mg。一日 3 次。

乙酰半胱氨酸

本品又名痰易净、易咳净。

【理化性质】 为白色结晶性粉末，性质不稳定，能溶于水和乙醇。有吸湿性，密封保存于干燥处。

【药动学】 本品喷雾吸入在 1min 内起效，最大作用时间为 5～10min，吸收后在肝内脱去乙酰而成半胱氨酸代谢。

【药理作用】 为黏痰溶解性祛痰剂。结构中的巯基（—SH）能使痰液中的黏性成分糖蛋白多肽链中的二硫键（—S—S—）断裂，降低痰液的黏度；对脓痰中 DNA 也有裂解作用，故对白色黏痰和脓性黏痰均有效。

【临床应用】 用于急、慢性支气管炎，支气管扩张、喘息、肺炎、肺气肿等咳嗽困难的患畜。也可用于小动物（犬、猫）扑热息痛（对乙酰氨基酚）中毒的治疗。

【注意事项】 本品可减低青霉素、头孢菌素、四环素等的药效，不宜混合或并用；本品不宜与金属、氧化剂等接触；应现配现用；小动物于喷雾后宜运动，以促进痰液咳出。

【制剂、用法与用量】 乙酰半胱氨酸。用 10%～20%溶液喷至咽喉部，中等动物 2～5ml，一日 2～3 次；用 5%溶液自气管插管或直接滴入气管内，牛、马 3～5ml，一日 2～4 次。

喷雾用乙酰半胱氨酸，0.5g、1g。喷雾，犬、猫 50ml/h。每 12h 喷雾 30～60min。

必备知识二 镇 咳 药

凡能降低咳嗽中枢兴奋性，减轻或制止咳嗽的药物称为镇咳药或止咳药。正常动物很少咳嗽，支气管虽不断产生分泌物，但其量很少，通过纤毛作用，在气管支气管上行，到达咽部后即被吞咽，整个过程均不易察出。当呼吸道受异物或炎症产物的刺激时会引起防御性反射——咳嗽。咳嗽可清除进入呼吸道的异物或炎性产物，保持呼吸道清洁和通畅，防止感染形成。因此，轻微的咳嗽有助于祛痰，对机体有利，不宜镇咳。但剧烈而频繁的咳嗽，则会加重呼吸道损伤，甚至产生并发症，影响动物休息。此时除积极采取对因治疗外，还应使用镇咳药，以缓解咳嗽。对于有痰而剧烈的咳嗽，还应配合使用祛痰药。

枸橼酸喷托维林

本品又名咳必清。

【理化性质】 为人工合成的镇咳药，白色结晶性或颗粒性粉末。无臭、味苦。易溶于水。有吸湿性，密封保存于干燥处。

【药理作用】 本品对咳嗽中枢具有选择性抑制作用。部分从呼吸道排出时，对呼吸道黏膜有轻度局部麻醉作用。同时还有微弱的阿托品样作用，吸收后可使痉挛的支气管平滑肌松弛。

【临床应用】 用于呼吸道炎症引起的干咳、阵咳。

【注意事项】 痰多者宜与祛痰药合用；大剂量易产生腹胀和便秘（阿托品样作用）；心脏功能不全并伴有肺部瘀血的患畜忌用。

【制剂、用法与用量】 枸橼酸喷托维林片，25mg。内服，马、牛 0.5～1g，猪、羊 0.05～0.1g。一日 3 次。

复方枸橼酸喷托维林糖浆，每 100ml 含枸橼酸喷托维林 0.2g，氯化铵 3g，薄荷油 0.008ml。内服，马、牛 100～150ml，猪、羊 20～30ml。一日 3 次。

可 待 因

本品又名甲基吗啡。

【理化性质】 本品从阿片中提取，也可由吗啡甲基化而得。常用其磷酸盐，为无色细微结晶。味苦，易溶于水。

【药动学】 本品吸收快而完全，在肝内大部分代谢成无活性产物，由尿排出，约 10% 转化成吗啡，呈游离型或结合型由尿排出。

【药理作用】 本品作用与吗啡相似而较弱，能抑制咳嗽中枢而产生较强的镇咳作用，镇咳作用约为吗啡的 1/4，同时还有镇痛作用，镇痛强度为吗啡的 1/10～1/7，强于一般解热镇痛药，能抑制支气管腺体的分泌，可使痰液黏稠难以咳出。

【临床应用】 多用于无痰、剧痛性咳嗽及胸膜炎等疾患引起的干咳。

【注意事项】 对多痰的咳嗽不宜应用，以免造成呼吸道阻塞及继发感染；有成瘾性，慎用。

【制剂、用法与用量】 磷酸可待因片，15mg、30mg。内服，马、牛 0.2～2g，猪、羊 15～60mg，犬 15～30mg。

复方甘草合剂

【理化性质】 本品为棕色或红褐色液体。每 100ml 本品含甘草 12ml、复方樟脑酊 12ml、酒石酸锑钾 0.024g、亚硝酸乙酯醑 0.3mg、甘油 12ml。有香气，味甜。应遮光密封保存。

【药理作用】 甘草制剂能促进咽喉及支气管分泌，有祛痰、镇咳作用；复方樟脑酊能镇咳；亚硝酸乙酯醑能松弛支气管平滑肌；酒石酸锑钾能刺激胃黏膜，引起支气管腺体分泌增加；甘油能保护咽喉部组织。故本品有镇咳、祛痰、平喘作用。

【临床应用】 适用于一般性咳嗽。

【制剂、用法与用量】 内服，马、牛 50～100ml，猪、羊 10～30ml。

必备知识三 平 喘 药

平喘药是缓解或消除支气管平滑肌痉挛、支气管哮喘，扩张支气管的药物。祛痰镇咳药由于能排出阻塞支气管通路的稠痰或炎症产物，也有缓解喘息的作用。动物的气喘有的由微生物感染引起，有的由非感染性支气管痉挛引起。平喘药仅可缓解症状，不能根治。因此要根据临床病情，及早合理应用抗炎药；结合使用平滑肌松弛药、抗胆碱药、抗过敏药，才能获得较理想的治疗效果。常用平喘药有以下几种。

氨 茶 碱

【理化性质】 氨茶碱为茶碱和乙二胺的复合物，白色或淡黄色颗粒或粉末。微有氨臭。味苦。易溶于水，微溶于醇。露置于空气中吸收二氧化碳分解成茶碱，水溶液呈碱性。易结块，应遮光密闭保存。

【药动学】 茶碱内服易吸收，马、犬、猪内服生物利用度几乎 100%。吸收后分布于细胞外液和组织液，能穿过胎盘并进入乳汁（达血清浓度的 70%）。

【药理作用】 氨茶碱具有松弛支气管平滑肌的作用。当支气管平滑肌处于痉挛状态时，氨茶碱的作用更为明显，解除支气管平滑肌痉挛，增加呼吸道口径，缓解支气管黏膜的充血水肿，发挥相应的平喘功效。氨茶碱还可兴奋呼吸中枢，舒张血管和利尿等。氨茶碱能抑制肾小管对钠离子、氯离子的重吸收，加强心肌收缩力，从而增加肾血流量，使尿量增加。

【临床应用】 主要用于治疗支气管炎、支气管喘息等。

【注意事项】 对局部有刺激性，应深部肌内注射和静脉注射；静脉注射要用葡萄糖溶液稀释至 2.5%以下浓度，控制注入速度和剂量；禁与酸性药物配伍。

【制剂、用法与用量】 氨茶碱片，0.05g、0.1g、0.2g。内服，一次量，马 5～10mg/kg，犬、猫 10～15mg。

氨茶碱注射液，2ml∶0.25g、2ml∶0.5g、5ml∶1.25g。静脉或肌内注射，一次量，马、牛 1～2g，猪、羊 0.25～0.5mg，犬 0.05～0.1mg。

麻 黄 碱

【理化性质】 为麻黄科植物麻黄中提出的一种生物碱，也可由人工合成。常用其盐酸盐。盐酸麻黄碱为白色结晶。无臭。味苦。易溶于水，能溶于乙醇。遇光易分解，应遮光密闭保存。

【药动学】 本品内服、皮下注射都易吸收而且完全。吸收后，可透过血脑屏障。只有少量在肝内代谢，大部分以原型从尿排出。酸性尿排泄较快。能进入乳汁。

【药理作用】 麻黄碱能松弛支气管平滑肌、扩张支气管，作用比肾上腺素缓和而持久。还能加强心肌收缩力，增加心输出量，使静脉回心血量充分。吸收后易于透过血脑屏障，有明显的中枢兴奋作用。

【临床应用】 用于轻度的支气管哮喘，配合祛痰药用于急、慢性支气管炎，以减轻支气管痉挛及咳嗽。还可用于解救麻醉药中毒。

【注意事项】 用量过大，动物易产生躁动不安，甚至发生惊厥等中毒症状，严重时可用巴比妥类等缓解；连续用药易产生快速耐受性，作用迅速减弱甚至完全消失；哺乳期家畜禁用。

【制剂、用法与用量】 盐酸麻黄素片，0.25mg。内服，一次量，马、牛 50～500mg，羊 20～100mg，猪 20～50mg，犬 10～30mg，猫 2～5mg。

盐酸麻黄碱注射液，1ml∶30mg、5ml∶150mg。皮下注射，一次量，马、牛 50～30mg，猪、羊 20～50mg，犬 10～30mg。

必备知识四　祛痰药、镇咳药与平喘药的合理选用

呼吸系统疾病的病因较多，但对动物来说，更多的是微生物引起的炎症性疾病，因此用药时首先必须考虑对因治疗。祛痰、镇咳、平喘均是对因治疗的辅助疗法，应有针对性地选用。

呼吸道炎症初期，痰液黏稠而不易咳出，可选用刺激性弱的祛痰药如氯化铵。碘化钾刺激性较强，不适用于急性支气管炎。而呼吸道感染伴全身症状的，应以抗菌药物控制感染为主，同时选用刺激性较弱的祛痰药。对于频繁无痛性咳嗽，痰黏度增高，难以咳出，应选用碘化钾等刺激性祛痰药。

轻度咳嗽有利于排痰，一般不需要用镇咳药，而是选用祛痰药将痰液排出后，咳嗽就会减轻或停止。但严重的咳嗽，特别是激烈无痰的痛性干咳，应选用可待因等强止咳药，或镇咳药与祛痰药合用。炎症引起的干咳，可选用非成瘾性镇咳药咳必清。

轻度喘息，可选用氨茶碱或麻黄碱平喘，辅以氯化铵、碘化钾等祛痰药进行治疗，以使痰液迅速排出，缓解病情。但不宜应用可待因或咳必清等镇咳药，因其能阻止痰液的咳出，反而加重喘息。肾上腺糖皮质激素、异丙肾上腺素等均有平喘作用，可适应于过敏性喘息。

总之，呼吸系统疾病在明确诊断的情况下，采用“标”“本”兼治的原则。既要考虑对症治疗，更要进行对因治疗。

实训 7-1　观察磷酸可待因的镇咳作用

【目的】 掌握小鼠的氨水引咳实验方法，观察磷酸可待因的镇咳作用。

【原理】 具有挥发性的浓氨水被小鼠吸入后，可刺激气管及支气管上的感官神经末梢，引起咳嗽。可待因可通过抑制咳嗽中枢而达到镇咳作用。

【材料】

1. 动物　小鼠 24 只，体重 18～22g。
2. 药品　250mg/ml 氨水溶液、2mg/ml 磷酸可待因溶液；生理盐水。
3. 器材　大烧杯、天平、棉球、细线、注射器、秒表。

【方法】

1. 每组取小鼠 8 只，称重，标记，随机分组，扣入 500ml 烧杯中，观察它们的呼吸和活动情况。实验组小鼠腹腔注射 2mg/ml 磷酸可待因（0.4mg/10g 体重），对照组小鼠腹腔注射等容量生理盐水，以作对照。

2. 20min 后把细线系好的棉球悬吊于 500ml 大烧杯底部，用胶泥固定。向棉球中滴入 1 滴氨水，将实验组和对照组的小鼠同时放入倒扣的大烧杯内，启动秒表，观察各鼠的咳嗽潜伏期及 3min 内的咳嗽次数。

【注意事项】

1. 小鼠咳嗽很难听到声音，表现为剧烈腹肌收缩，同时张大嘴，观察必须细致。咳嗽潜伏期是指从吸入氨水到产生咳嗽的时间。

2. 该实验也可用氨气喷雾引咳法，效果更好。

3. 各组使用烧杯的大小和棉球内的氨水量要求一致。氨水量不宜过多，以 0.5ml 为宜，防止小鼠氨中毒死亡。

4. 实验时保持室内通风。

【结果】 收集全班实验结果，填入表实 7-1，并对两组小鼠的咳嗽潜伏期进行组间 t 检验。

表实 7-1 磷酸可待因对小鼠镇咳的作用

鼠号	体重/g	药物	咳嗽潜伏期/min	给药时间	3min 内咳嗽次数
1					
2					
3					
4					
5					
6					
7					
8					

【分析训练题】 简述可待因的镇咳作用机制、应用及不良反应。

实训 7-2 观察药物对豚鼠离体气管平滑肌的作用

【目的】 利用离体豚鼠气管环，观察药物对气管平滑肌的收缩或松弛作用以及它们之间的相互关系。

【原理】 豚鼠离体气管平滑肌上主要分布有 β_2 受体、M 受体和 H_1 受体。β_2 受体兴奋使气管平滑肌舒张，M 受体和 H_1 受体兴奋使平滑肌收缩。异丙肾上腺素是 β_2 受体激动剂，可使平滑肌松弛；乙酰胆碱和组胺分别是 M 受体和 H_1 受体的激动剂，可使平滑肌收缩。

【材料】

1. 动物　豚鼠 12 只。

2. 药品　3mmol/L 磷酸组胺溶液、10mmol/L 氯化乙酰胆碱溶液、70mmol/L 氨茶碱溶液、0.4mmol/L 硫酸异丙肾上腺素溶液、7mmol/L 硫酸阿托品溶液、克-亨营养液（NaCl 8.0g、$MgCl_2$ 0.42g、$CaCl_2$ 0.4g，用蒸馏水溶解并稀释至 1000ml，临用前加入葡萄糖 1.0g）。

3. 器材　计算机、BL-420E 生物功能实验系统、张力换能器、HW-400 型恒温平滑肌槽，手术器械 1 套、培养皿、注射器、“L”形钩、铁架台等。

【方法】

1. 打开 HW-400 型恒温平滑肌槽，调节温度为（37±0.5）℃，浴管内加入克-亨营养液，通气。

2. 启动计算机，打开 BL-420E 生物功能实验系统软件。在实验系统的 1 信号通道上连接张力换能器，在“输入信号”下拉菜单中选择“1 通道”的“张力”。

3. 制备并悬挂标本。取豚鼠 1 只，致死，从颈正中切开，轻剥周围组织，取出气管。置于盛有克-亨液的培养皿中，剪成 5mm 宽的气管环数段。取其中一段用两只弯钩通过管腔将其悬挂，一端固定于“L”形钩上，置于浴管中；另一端与张力换能器相连，调整张力换能器高度，使其张力适中，平衡 20min 后给药。

4. 给药。每次给药，其作用明显后，换液洗去前一种药物，待曲线回至基线时，再给予下一种药物。给药次序为：①0.4mmol/L 硫酸异丙肾上腺素 0.1ml；②70mmol/L 氨茶碱溶液 0.1ml；③3mmol/L 磷酸组胺溶液 0.1ml，作用达高峰后加入 0.4mmol/L 硫酸异丙肾上腺素 0.1ml；④3mmol/L 磷酸组胺溶液 0.1ml，作用达高峰后加入 70mmol/L 氨茶碱溶液 0.1ml；⑤10mmol/L 氯化乙酰胆碱溶液 0.1ml，作用达高峰后加入 0.4mmol/L 硫酸异丙肾上腺素 0.1ml；⑥10mmol/L 氯化乙酰胆碱溶液 0.1ml，作用达高峰后加入 70mmol/L 氨茶碱溶液 0.1ml；⑦10mmol/L 氯化乙酰胆碱溶液 0.1ml，作用达高峰后加入 7mmol/L 硫酸阿托品溶液 0.1ml。

【注意事项】

1. 制备离体气管标本时动作要快而轻巧，勿损伤平滑肌。

2. 每加入一种药物时要观察 5min，记录药物反应后再换液。待前一种药物充分洗去（一般换液 3 次），曲线回至基线时再加入下一种药物。

【结果】 打印图纸，标记实验题目、药物、剂量及其他实验条件。

【分析训练题】 异丙肾上腺素、氨茶碱、磷酸组胺、硫酸阿托品在豚鼠气管环上所显示作用的机制有何异同？各有何临床意义？

实训 7-3 观察氨茶碱对豚鼠组胺引喘的平喘作用

【目的】 学习用组胺喷雾引起豚鼠哮喘的方法，观察氨茶碱的平喘作用。

【原理】 组胺药物以气雾法给药，可引起豚鼠支气管痉挛、窒息，导致其抽搐而跌倒。这种动物模型可用于观察支气管平滑肌松弛药的平喘作用。

【材料】

1. 动物　豚鼠 24 只，体重 200g 左右，雌雄不限。

2. 药品　4g/L 磷酸组胺溶液、125g/L 氨茶碱溶液、生理盐水。

3. 器材　喷雾箱、喷雾管、打气筒、天平、注射器。

【方法】

1. 实验前一天，将 24 只豚鼠分别装入喷雾箱内，将盛有 4g/L 磷酸组胺溶液 2ml 的喷雾管连接于喷雾箱，其外侧端与打气筒相接。缓慢而均匀地打气，即有组胺从喷雾管喷出。此时仔细观察豚鼠的呼吸和活动情况。动物一般是先呼吸加快，继而发生呼吸困难，最后出现抽搐和跌倒。如见到豚鼠跌倒，应立即将其取出，以免死亡，并记录引喘潜伏期（从喷雾开始到抽搐跌倒的时间），一般不超过 150s，超过 150s 者可认为不敏感，不予选用。

2. 次日取经过预选的豚鼠 2 只，一只腹腔注射 125g/L 氨茶碱（125mg/kg 体重），另一只腹腔注射等容量生理盐水。30min 后，将两只豚鼠分别置于喷雾箱内，同前法进行喷雾和测定其引喘潜伏期，若超过 6min 仍不出现哮喘者即取出按 6min 计算。

【注意事项】

1. 豚鼠必须选用幼鼠，体重不超过 250g，且引喘潜伏期不超过 150s。
2. 引喘潜伏期指从开始喷雾至站立不稳或窒息跌倒出现的时间。
3. 判断药物有无平喘作用的指标：用药后引喘潜伏期明显延长或用药后动物不会因呼吸困难、窒息而跌倒，一般观察 6min，不跌倒者引喘潜伏期以 6min 计算。
4. 多次重复接触组胺，部分豚鼠可能出现“耐受”现象，因此在实验安排上要注意各鼠接受喷雾的机会相等。一般各鼠每天只能测定引喘潜伏期一次。

【结果】 按下表的项目做好氨茶碱对豚鼠的平喘作用记录。

豚鼠号	药物	剂量/mg	引喘后反应	引喘潜伏期/s	
				给药前	给药后
1					
2					

汇总全实验室结果，分别计算豚鼠给药前和给药后引喘潜伏期的平均数及标准差。根据给药前、后数据进行自身对照的显著性 t 检验，以 P 值表示给药前、后有无显著性差异(也可进行组间比较)。

【分析训练题】 常用的平喘药有哪几类？各有何特点？

任务小结

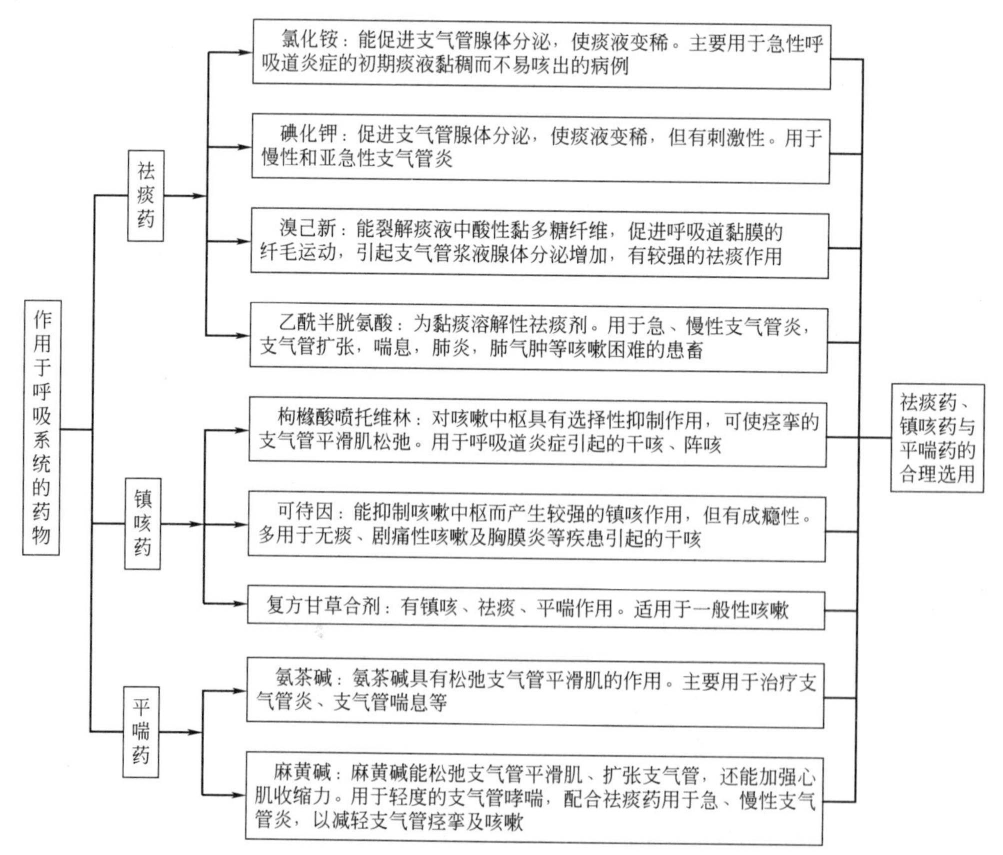

思考与复习

1. 常用的祛痰药、镇咳药、平喘药有哪些？
2. 如何合理选用祛痰药、镇咳药、平喘药？
3. 举例说明祛痰药、镇咳药及平喘药在临床上的配伍应用。
4. 祛痰药如何与抗菌药配伍应用？简要说明其原则。

执业考证

通过松弛支气管平滑肌产生平喘作用的药物是（　　）。

A. 氨茶碱　　B. 氯化铵

C. 碘化钾　　D. 可待因

E. 喷托维林

血液循环系统用药

学习目标

基本概念：强心苷、促凝血药、抗凝血药、抗贫血药、血容量扩充药。

基本知识点：强心药的给药方法，抗凝血药的作用机制，氨吡酮、奎尼丁、普鲁卡因胺、盐酸乙吗噻嗪、安络血、酚磺乙胺、维生素K、枸橼酸钠、肝素、铁制剂、维生素B_{12}、叶酸、葡萄糖等药物的作用与应用。

技能目标：熟知常用强心苷、促凝血药、抗凝血药、抗贫血药、血容量扩充药的使用方法，能正确选择和应用。

工作任务导入

1. 强心、抗心率失常用药。
2. 合理选用促凝血药与抗凝血药。
3. 合理选用抗贫血药。
4. 血容量扩充。

案例分析

【确诊疾病】 母猪产后阴道流血

【用药方案】 某猪场有一头母猪产后常见从阴道流出少量血液，几天不见好转，随即肌内注射0.5g酚磺乙胺，连用两天，同时应用抗生素。

【效果分析】

效果：出血现象消除，该母猪体况逐渐恢复，泌乳、发情表现正常。

分析：母猪产后子宫易出血，时间过长可能导致贫血、子宫内膜炎等。酚磺乙胺能促进释放凝血因子、降低毛细血管通透性，防止血液外渗。同时应用抗生素，消除炎症。

血液循环系统药物的主要作用是能改变心血管和血液的功能。虽然许多药物都能影响心血管的功能，但它们另有其他重要的药理作用，故分别在有关章节讨论。根据兽医临床应用实际，本部分主要介绍作用于心脏的药物、促凝血药与抗凝血药、抗贫血药、血容量扩充剂。

必备知识一　强心与调节心率用药

作用于心脏的药物种类很多，有些是直接兴奋心肌（如强心苷），有些是通过神经的调节来影响心脏的功能（如拟肾上腺素药），有的则通过影响环腺苷酸（cAMP）的代谢而起强心作用（如咖啡因）。它们的作用强弱、快慢，作用机制和适应证均有不同，必须根据疾病情况合理选用。此处重点讨论抗慢性心功能不全药和抗心律失常药。

心功能不全(心力衰竭)是指心肌收缩力减弱或衰竭，使心脏排血量减少，静脉回流受阻等，从而呈现全身血液循环障碍的一种临床综合征。家畜的充血性心力衰竭多是由于长期重剧劳役所造成的后果，也常继发于心脏本身的各种疾病，如心包炎、心肌炎、慢性心内膜炎等。临床上对本病的治疗，除治疗原发病外，主要是使用改善心脏功能、增强心肌收缩力的药物。强心苷类至今仍属首选药物，近年也出现一些非强心苷类能加强心脏收缩性的药物，如多巴酚丁胺等，其应用的原理与强心苷相同。另外，还使用血管扩张药和利尿药做辅助治疗。本处仅介绍强心苷和非苷类正性肌力药。

一、强心苷

强心苷是一类选择性作用于心脏，能加强心肌收缩力的药物。临床上主要用于治疗慢性心功能不全。兽医常用的有四种化合物：洋地黄毒苷、地高辛、毒毛花苷 K、毒毛花苷 G。洋地黄毒苷为慢作用药物，其他为快作用药物。

强心苷主要来源于植物，常用的有紫花洋地黄和毛花洋地黄，故强心苷类又称洋地黄类药物。其他植物如夹竹桃、羊角拗、铃兰等，以及动物蟾蜍的皮肤也含有强心苷成分。

【理化性质】 强心苷由苷元（配基）和糖两部分结合而成，各种强心苷元有着共同的基本结构即由甾核和一个不饱和内酯环所构成。强心苷含有 1～4 个糖分子，除葡萄糖外，都是稀有的糖如洋地黄毒糖等。

【药动学】 强心苷的作用有强弱、快慢、长短的区别。为了便于临床选用，一般按其作用的快慢分为两类。①慢作用类：有洋地黄和洋地黄毒苷。作用出现慢，维持时间长，在体内代谢较慢，蓄积性大，适用于慢性心功能不全。②快作用类：有毒毛花苷 K、毛花丙苷等。作用出现快，维持时间短，在体内代谢较快，蓄积性小，适用于急性心功能不全或慢性心功能不全的急性发作。

单胃动物内服洋地黄，在肠内吸收良好，约 2h 呈现作用，6～10h 作用达最高峰。停药后需两周时间，作用才完全消除。成年反刍动物不宜内服。快作用强心苷在肠中吸收不良，不宜内服。

【药理作用】 各种强心苷的作用性质基本相同，只是在作用强弱、快慢和持续时间上有所不同。

① 加强心肌收缩力（正性肌力作用） 强心苷能选择性地加强心肌收缩力，对离体心乳头肌及体外培养的心肌细胞都有作用，所以认为这是一种对心肌细胞的直接作用。心脏收缩增强使每搏输出量增加，使心动周期的收缩期缩短，舒张期延长，有利于静脉回流，增加每搏输出量。

强心苷对正常心脏和充血性心力衰竭的心脏均具有正性肌力作用，但只能增加后者的心输出量，而不增加正常心脏的心输出量，甚至可能有轻微的减少。因为强心苷在正常动物使用后由于提高交感血管运动中枢的张力和直接收缩血管而使外周阻力增加，抵消了正性肌力的作用，同时正常心脏亦无更多的回心血量供提高心输出量。而在心力衰竭患畜由于心肌收缩力减弱，心输出量减少，导致交感神经张力提高，外周阻力增大，在使用强心苷后，由于增强心脏收缩功能，通过压力感受器反射性降低交感神经张力，外周阻力下降；加上舒张期延长，心舒张后，使回心血量增加，导致心输出量增加。

② 减慢心率和房室传导　强心苷对心功能不全患畜的主要作用是减慢窦性心律（负性心律作用）和减慢房室冲动传导。反射性心动过速是心功能不全患畜代偿作用的一部分，由于心输出量减少，通过颈动脉窦和主动脉弓压力感受器反射性提高了交感神经的活性，降低了迷走神经的张力，从而使心率加快。强心苷应用后使心缩加强、循环改善，消除了反射性增加心率的刺激，使窦性心律恢复正常。所以强心苷减慢心率的作用是继发于血流动力学的改善和反射性降低交感神经活性、增加迷走神经张力的结果。

迷走神经兴奋引起心房的特征性作用，表现为减慢窦性心律、降低不应期的动作电位，减慢冲动传导。迷走神经兴奋也能减慢房室结的传导，延长房室结不应期。

③ 利尿作用　心功能不全的患畜，由于交感神经血管收缩张力增加，使肾小动脉收缩，肾血流量减少，肾小球滤过率减少，导致钠和水的潴留。肾血流灌注低下也激活了肾依赖性体液机制，进一步促进盐和水的重吸收，使血容量扩大。

强心苷的作用可使上述过程逆转，当心输出量增加和血流动力学改善时，血管收缩反射停止，肾血流量和肾小球滤过率增加，醛固酮分泌明显下降，表现较强的利尿作用，减轻心源性水肿症。

【药理作用】 强心苷增强心肌收缩力的机制与心肌细胞内 Ca^{2+} 数量的增加有关，目前认为，Na^+,K^+-ATP 酶是强心苷的药理学受体，强心苷能与心肌细胞膜上的 Na^+,K^+-ATP 酶（Na^+-泵）发生特异性的结合，诱导酶结构发生变化，抑制其活性，从而减少了 Na^+ 的转运。结果使细胞内 Na^+ 逐渐增加，K^+ 逐渐减少，导致细胞外的 Na^+ 与细胞内的 Ca^{2+} 交换减少，细胞内的 Ca^{2+} 增加，并使肌浆网中的 Ca^{2+} 贮存增加。因此，随着每一个动作电位，使有更多的 Ca^{2+} 释放以激活心肌收缩装置，增强了心肌收缩力。

【临床应用】 强心苷在兽医临床的适应证是充血性心力衰竭，心房纤维性颤动和室上性心动过速。常见于马属动物，尤其是赛马；牛、犬也可发生。

【用法用量】 强心苷的传统用法常分为两步，即首先在短期内（24～48h）应用足量的强心苷，使血中迅速达到预期的治疗浓度，称为“洋地黄化”，所用剂量称全效量。然后每天继续用较小剂量以维持疗效，称为维持量。具体给药剂量参见洋地黄毒苷。

由于病畜对强心苷的治疗作用或毒性反应存在显著的个体差异，不能预先绝对准确地计算好洋地黄化的剂量甚至维持量，因此每次患畜的洋地黄化应考虑制订个体化的给药方案，以确定不会诱导毒副作用的有效剂量。全效量的给药方法有两种。

① 缓给法　适用于慢性、轻症病例。将洋地黄全效量分为 8 剂，每隔 8h 内服 1 剂。首次给全效量的 1/3，第二次给全效量的 1/6，第三次给全效量的 1/12。如果想要较快地呈现效果，还可将全效量分为 4 剂，首次给全效量的 1/2，6h 后给全效量的 1/4，以后每隔 6h 给全效量的 1/8。

② 速给法　适用于病情较重、较急的病例，可用洋地黄毒苷注射液静脉注射。首注射全效量的 1/2，以后每隔 2h 注射全效量的 1/10。

达到洋地黄化后，每日给维持量，维持量约为全效量的 1/10。维持量应用时间长短随病情而定，往往是 1～2 周或更长时间。

【不良反应】 强心苷有几种特征性的不良反应，依毒性反应程度可表现为胃肠道扰乱、体重减轻和心律失常。厌食和腹泻是最常见的副作用，呕吐在静脉注射后常见，内服后则更为严重。严重中毒则表现心律失常，导致死亡。

动物对强心苷的毒性反应存在明显的种属差异，以 LD_{50} 作比较，以猫作单位，可得出如下敏感性顺序：猫 1，兔 2，蛙 28，蟾蜍大于 400，大鼠 671。

洋地黄毒苷

【理化性质】 味极苦，有特殊臭。遮光、密封保存于干燥阴凉处。

【药动学】 洋地黄毒苷内服后能迅速在小肠吸收。酊剂吸收较好，可达 75%～90%，内服后 45～60min 达峰浓度；片剂吸收较慢，达峰时间约 90min，峰浓度也较低。洋地黄毒苷的蛋白结合率很高，犬为 70%～90%。在体内分布广泛，最高浓度发现于肝、胆汁、肠道和肾；中等浓度则是肺、脾和心；较低浓度的组织为血液、骨骼肌和神经系统。部分洋地黄毒苷在肝内进行生物转化，从胆汁排出，可形成肝肠循环。犬的消除半衰期范围为 8～49h，个体差异很大；猫的半衰期长达 100h，故一般不推荐使用。

【药理作用】 洋地黄毒苷对心肌和其传导系统有直接作用和提高迷走神经活性的间接作用。药物作用表现为：①正性肌力作用，抑制肌膜 Na^{+},K^{+}-ATP 酶。增加钙内流，增强心肌收缩力。增加衰竭心脏的心输出量，降低心室充盈压和外周阻力。②电生理作用，减慢心室率，中毒量可增加自律性、抑制传导性，出现各种心律失常。

【临床应用】 主要用于治疗急、慢性心力衰竭、心房颤动、心房扑动或室上性心动过速。

【制剂、用法与用量】 洋地黄毒苷片。

洋地黄全效剂量：内服，一次量，每 1kg 体重，马 0.03～0.06mg，犬 0.011mg。一天 2 次，连用 24～48h。

维持剂量：内服，一次量，每 1kg 体重，马 0.01mg，犬 0.011mg。一天 1 次。

毒毛花苷 K

【理化性质】 本品系从夹竹桃科植物绿毒毛旋花种子中提取的强心苷，其化学极性高，脂溶性低，为常用的、高效、速效、短效强心苷。

【药动学】 口服经胃肠道不易吸收且吸收不规则，不宜口服。静脉注射作用迅速，蓄积性较低，对迷走神经作用很小，静脉注射后 5～15min 生效，1～2h 达最大效应，作用维持 1～4 天。可分布于心、肝、肾等组织中。血浆蛋白结合率仅 5%。以原型经肾排泄。清除半衰期约 21h。

【药理作用】

① 正性肌力作用　本品选择性地与心肌细胞膜 Na^{+},K^{+}-ATP 酶结合而抑制该酶活性，激动心肌收缩蛋白，增加心肌收缩力。

② 负性频率作用　由于其正性肌力作用，血流动力学状态改善，消除反射性交感神经张力的增高，增强迷走神经张力，因而减慢心率、延缓房室传导。

③ 心脏电生理作用　降低窦房结自律性；提高普肯耶纤维自律性；减慢房室结传导速度，可减慢心房纤颤或心房扑动的心室率。

【临床应用】 适用于急性心功能不全或慢性心功能不全的急性发作，特别适用于洋地黄无效的患畜，亦可用于心率正常或心率缓慢的心房颤动的急性心力衰竭患畜。但对用过洋地黄的患畜，须经1～2周后才能使用。

【注意事项】 不宜与碱性溶液配伍；急性心肌炎、感染性心内膜炎、晚期心肌硬化等患者忌用；用药期间忌用钙剂，应用本品时静脉注射硫酸镁应极其谨慎，尤其是静脉注射钙盐时，可发生心脏传导阻滞。

【制剂、用法与用量】 毒毛花苷K注射液，1ml：0.25mg、2ml：0.5mg。临用时以5%葡萄糖注射液稀释，缓慢静脉注射，一次量，每1kg体重，马、牛0.25～3.75mg，犬0.25～0.5mg。

二、非苷类正性肌力药

非苷类正性肌力药系一类在化学结构上既不是强心苷类，也不属儿茶酚胺类的正性肌力药。具有增强心肌收缩性能以及直接扩张血管的作用。在增加心肌收缩能力的同时，并可增加心肌耗氧量，其作用也不被受体阻滞剂所对抗，与体内儿茶酚胺的储量无关。该类药物作用并不激活心肌细胞的腺苷酸环化酶。

氨　吡　酮

本品又名氨双吡酮。

【药理作用】 是一种新型的非苷、非儿茶酚胺类强心药，口服和静脉注射均有效，兼有加强心肌收缩和舒张血管的作用，能增加心输出量，降低心脏前后负荷，降低左心室充盈压，改善左心室功能，但并不引起心律失常。还可使房室结功能和传导功能增强。

【临床应用】 适用于治疗各种原因引起的急性、慢性心力衰竭。

【注意事项】 长期大剂量用本药，可出现血小板减少，减量或停药后即可好转。

【制剂、用法与用量】 内服，一次量，犬、猫25～50mg。

静脉注射，一次量，马、牛100～300mg，犬、猫20～50mg。

米　力　农

本品又名米利酮、甲腈吡酮。

【药理作用】 有正性肌力作用和扩张血管的作用。其作用较强，无减少血小板的副作用。内服在0.5h内生效，1～2.5h达最大效应，作用维持6h，半衰期约为2h。

【临床应用】 适用重度充血性心力衰竭。

【注意事项】 过量可导致动物血压下降，心动过速。

【制剂、用法与用量】 内服，一次量，每1kg体重，犬0.5～1mg，1天2次。

三、抗心律失常药

当心脏自律性异常或冲动传导障碍时，均可引起心动过速、过缓或心律不齐，统称为心律失常。心律失常可分为快速型和缓慢型两类，前者常见的有心房纤维性颤动、心房扑动、房性心动过速、室性心动过速和早搏（期前收缩）等；后者有房室阻滞、窦性心动过缓等。缓慢型心律失常可应用阿托品或肾上腺素类药物治疗。

抗心律失常药的基本电生理作用是影响心肌细胞膜的离子通道，改变离子流的速率或数量而改变细胞的电生理特性，达到恢复正常心律的目的。其基本作用可概括为：①降低自律性。②减少后除极与触发活动。后除极的发生与 Ca^{2+} 内流的增多有关，因此钙通道阻滞药（钙拮抗剂）对此有效。触发活动与细胞内 Ca^{2+} 过多和短暂的 Na^{+} 内流有关，因此钙拮抗剂和钠通道抑制剂有效。③改变膜反应性和传导性。④改变有效不应期和动作电位过程。

抗心律失常药可分为两大类，治疗过速型心律失常药和治疗过缓型心律失常药。一般情况下，在心动过速时需应用抑制心脏自律性的药物（奎尼丁、普鲁卡因胺等）；心房颤动时需应用抑制房室间传导的药物（奎尼丁、普萘洛尔等）；当房室传导阻滞时则需应用能改善传导的药物（苯妥英钠、阿托品等）；对于自律性过低所引起的心动过缓型心律失常，则应采用肾上腺素或阿托品类药物。

本类药物在兽医临床应用不多，常用药物介绍如下。

奎 尼 丁

【理化性质】 奎尼丁来源于金鸡纳树皮所含的生物碱，是抗疟药奎宁的右旋体，常用其硫酸盐。

【药理作用】 奎尼丁对心脏节律有直接和间接的作用，直接作用是与膜钠通道蛋白结合产生阻断作用，抑制 Na^{+} 内流；奎尼丁还具有阿托品样的间接作用。

奎尼丁的作用表现主要是抑制心肌兴奋性、传导速率和收缩性，它能延长有效不应期，从而防止折返移动现象的发生和增加传导次数。奎尼丁还具有抗胆碱能神经的活性，降低迷走神经的张力，并促进房室结的传导。

【临床应用】 主要用于小动物或马的室性心律失常的治疗，不应期室上性心动过速、室上性心律失常伴有异常传导的综合征和急性心房纤维性颤动。

【不良反应】 在犬胃肠道反应有厌食、呕吐或腹泻；心血管系统可能出现衰弱、低血压和负性心力作用。在马可出现消化扰乱、伴有呼吸困难的鼻黏膜肿胀、蹄叶炎、荨麻疹，也可能出现心血管功能失调，包括房室阻滞、循环性虚脱，甚至突然死亡，尤其在静脉注射时容易发生。所以，最好能做血中药物浓度监测，犬的治疗浓度范围为 2.5～5.0μg/ml，在小于 10μg/ml 时一般不出现毒性反应。

【制剂、用法与用量】 内服，一次量，每 1kg 体重，犬 6～16mg，猫 4～8mg，3～4 次/天。马第 1 天 5g，第 2、第 3 天 10g（每日 2 次），第 4、第 5 天 10g（每日 3 次），第 6、第 7 天 10g（每日 4 次），第 8、第 9 天 10g（每 5h 1 次），第 10 天以后 15g（每日 4 次）。

普鲁卡因胺

【理化性质】 普鲁卡因的衍生物，以酰胺键取代酯键的产物。白色或淡黄色结晶性粉末，无臭，有吸湿性，极易溶于水，易溶于乙醇。

【药动学】 内服给药在肠吸收，食物或降低胃内 pH 均可延缓吸收。犬吸收半衰期为 0.5h，生物利用度约 85%，但个体差异大。可很快分布于全身组织，较高浓度发现于脑脊髓液、肝、脾、肾、肺、心和肌肉，表观分布容积为 1.4～3L/kg，犬的蛋白结合率为 15%，能穿过胎盘并进入乳汁。部分在肝代谢，犬有 50%～75% 以原型从尿液排出，犬的消除半衰期为 2～3h。

【药理作用】 对心脏的作用与奎尼丁相似而较弱，能延长心房和心室的不应期，减弱心肌兴奋性，降低自律性，减慢传导速度，抗胆碱作用也较奎尼丁弱。

【临床应用】 适用于室性早搏综合征、室性或室上性心动过速的治疗，临床报道本品控制室性心律失常比房性心律失常效果好。

【不良反应】 与奎尼丁相似。静脉注射速度过快可引起血压显著下降，故最好能监测心电图和血压。肾衰患畜应适当减少剂量。

【制剂、用法与用量】 内服，一次量，每1kg体重，犬8～20mg，4次/天。

静脉注射，一次量，每1kg体重，犬6～8mg（在5min内注完），然后改为肌内注射，一次量，每1kg体重，6～20mg，每4～6h一次。

肌内注射，每1kg体重，马0.5mg，每10min一次，直至总剂量为2～4mg。

盐酸乙吗噻嗪

【理化性质】 白色或乳白色结晶性粉末，溶于水，难溶于乙醇。

【药理作用】 其作用与利多卡因相似。抑制快速钠离子内流，并直接作用于心肌传导系统。抑制房室束和束支纤维的自律性，延长房室传导及希氏束传导时间，能扩张冠状动脉血管。

【临床应用】 用于治疗房性和室性早搏，房性、室性心动过速。

【制剂、用法与用量】 内服，1天量，犬、猫100～300mg，1天2～3次。

静脉注射，一次量，犬、猫50～125mg。

肌内注射，一次量，25～50mg。

肝、肾功能不全时，应减少用量。

必备知识二　促凝血药与抗凝血药

血液凝固有外源性和内源性两条途径，前者是指心血管受损或血液流出体外，接触某些异物表面时触发的凝血过程；后者则指由于受损组织释放组织促凝血酶原激酶（凝血活素、凝血因子Ⅲ）而引起凝血过程。血液凝固过程一般分为三个阶段，即凝血酶原激活复合物的形成、凝血酶的形成和纤维蛋白的形成。

纤维蛋白溶解系统：它由纤溶酶原、纤溶酶、纤溶酶原激活因子和纤溶酶原、纤溶酶抑制因子组成。纤维蛋白溶解是指凝固的血液在某些酶的作用下重新溶解的现象。由于纤维蛋白是血栓的构架，它的溶解便使血块得以清除。

一、促凝血药

促凝血药是能够促进血液凝固和制止出血的药物。

生理上，血凝是一种保护性反应。当血管和组织损伤后，由于提供了粗糙面，血小板破裂并释放凝血因子，加上受损组织释放的凝血因子一起形成凝血酶原激活物，在Ca^{2+}参与下，使血浆中无活性的凝血酶原被激活为凝血酶，此时，血浆中处于溶解状态的纤维蛋白原在凝血酶的作用下变为丝状的纤维蛋白。纤维蛋白复合物，形成网状结构，把血细胞包藏其中，形成血凝块，在创口制止出血。

临床上常将促凝血药分为局部止血药和全身性止血药，局部止血常用外科处理法，在此介绍全身性止血药，全身性止血药物按其作用方式的不同可分为：①作用于血管的促凝血药，如安络血；②影响凝血因子的促凝血药，如维生素K和酚磺乙胺；③抗纤维蛋白溶解的促凝血药，如6-氨基己酸、氨甲苯酸、氨甲环酸和凝血酸。

卡巴克络

本品又名安络血、安特诺新。

【理化性质】 本品是肾上腺色素缩氨脲与水杨酸钠生成的水溶性复合物，为橙红色粉末，易溶于水。

【药理作用】 主要作用于毛细血管，促进毛细血管收缩，增强断裂毛细血管断端的回缩，降低毛细血管通透性，减少血液外渗，本品是肾上腺素氧化衍生物，无拟肾上腺素作用，因而不影响血压和心率。

【临床应用】 常用于因毛细血管损伤或通透性增高引起的出血，如鼻出血、血尿、产后出血、内脏出血、手本品术后出血等。

【制剂、用法与用量】 肌内注射，一次量，马、牛5～20ml，羊、猪2～4ml，2～3次/天。

酚磺乙胺

本品又名止血敏。

【理化性质】 能溶于水，怕热怕光，应于密闭阴凉处保存。

【药理作用】 能使血小板数量增加，并增强血小板的聚集和黏附力，促进凝血活性物质的释放，缩短凝血时间，从而产生止血作用。还有增强毛细血管抵抗力及降低其通透性，防止血液外渗的作用。作用迅速，肌内注射后1h作用最强，一般可维持4～6h。毒性低，无副作用。

【临床应用】 适用于各种出血，如手术前后止血，消化道、鼻、膀胱、子宫出血等，也可与其他止血药合用。

【制剂、用法与用量】 肌内或静脉注射，一次量，马、牛1.25～2.5g，猪、羊0.25～0.5g

维生素K

【理化性质】 维生素K为白色结晶性粉末，无臭或微有特臭，有吸湿性，遇光分解，易溶于水，微溶于乙醇。应遮光密封保存。

【药理作用】 维生素K的主要作用是促进肝脏合成凝血酶原，并能促进血浆凝血因子Ⅶ、Ⅹ、Ⅺ在肝脏内合成。如果缺乏维生素K时，则引起凝血时间延长，容易出血不止。

【临床应用】 本品适用于牛、猪的低凝血酶原血症，预防雏鸡维生素K的缺乏，或某些原因引起的凝血酶原合成障碍。也用于毛细血管性及实质性出血（胃肠、子宫、鼻等出血），阻塞性黄疸及急性肝炎；长期内服肠道广谱抗菌药物的病畜。

【注意事项】 天然的维生素K_1、维生素K_2无毒性，人工合成的维生素K_3、维生素K_4具有刺激性，长期使用可刺激肾脏引起蛋白尿、溶血性贫血和肝细胞的损害。

【制剂、用法与用量】 维生素K_1注射液，1ml∶4mg。肌内注射、静脉注射，一次量，每1kg体重，犊牛1mg，犬、猫0.5～2mg。

维生素K_3注射液，1ml∶4mg、10ml∶40mg。肌内注射，一次量，牛、马100～300mg，猪、羊30～50mg，犬10～30mg。

氨甲苯酸与氨甲环酸

氨甲苯酸又名止血芳酸，氨甲环酸又名凝血酸。

【药理作用】 氨甲苯酸和氨甲环酸都是纤维蛋白溶解抑制剂，它们能竞争性对抗纤溶酶原激活因子的作用，使纤溶酶原不能转变为纤溶酶，从而抑制纤维蛋白的溶解，呈现止血作用。此外，还可抑制链激酶和尿激酶激活纤溶酶原的作用。氨甲环酸的作用比氨甲苯酸略强。

【临床应用】 主要用于纤维蛋白溶酶活性升高引起的出血，如产科出血，肝、肺、脾等内脏手术后的出血，因为子宫、卵巢等器官、组织中有较高含量的纤溶酶原激活因子。对纤维蛋白溶解活性不增高的出血则无效，故一般出血不能滥用。

本类药物副作用较小，但过量可致血栓形成。

【制剂、用法与用量】 静脉注射，一次量，马、牛 0.5～1g，羊、猪 0.15～0.2g，以1～2倍量的葡萄糖注射液稀释后，缓慢静脉注射。

二、抗凝血药

抗凝血药简称抗凝剂，是通过干扰凝血过程中某一或某些凝血因子延缓血液凝固时间或防止血栓形成和扩大的药物。

根据兽医临床应用特点，一般将其分为两类：①当手术后或患有形成血栓倾向的疾病时，为防止血栓形成和扩大，主要用影响凝血酶和凝血因子形成的药物，如肝素和香豆素类，称为体内抗凝剂；②体外抗凝血药，用于在输血或体外血样检查时，为了防止血液在体外凝固，需加的抗凝剂，如枸橼酸钠，称为体外抗凝剂。

肝　　素

【理化性质】 肝素是动物体内天然的抗凝血物质，因首先从肝脏发现而得名，存在于肥大细胞，现主要是从牛、猪、羊的肺、肝或小肠黏膜提取的一种黏多糖的硫酸酯。其抗血栓与抗凝血活性与分子量大小有关。肝素具较强酸性，并高度带负电荷。

【药动学】 肝素内服不吸收，无效。故只能注射给药，多用静脉注射、静脉滴注。给药后大部分肝素与内皮细胞、巨噬细胞和血浆蛋白发生紧密的结合，成为其贮库，不能穿过胎盘也不进入乳汁。在体内半衰期很短，每次用药仅能维持 4～6h。

【药理作用】 肝素能作用于内源性和外源性凝血途径的凝血因子，在体内或体外均有迅速的抗凝血作用，对凝血过程每一步几乎都有抑制作用。静脉快速注射后，其抗凝作用可立即发生，但深部皮下注射则需要 1～2h 后才起作用。肝素还能与血管内皮细胞壁结合，传递负电荷，影响血小板的聚集和黏附，并增加纤溶酶原激活因子的水平。

【临床应用】 主要用于马和小动物的弥散性血管内凝血的治疗；血栓栓塞性或潜在的血栓性疾病，如肾综合征、心肌疾病等；低剂量给药可用于减少心丝虫杀虫药治疗的并发症和预防性治疗马的蹄叶炎；体外血液样本的抗凝血。

【不良反应】 过量的抗凝血可导致出血；不能做肌内注射，否则，易形成血肿；马连续应用几天可引起红细胞的显著减少。肝素轻度过量，停药即可，不必做特殊处理，如因过量发生严重出血，除停药外，还需注射肝素特效解毒剂鱼精蛋白。

鱼精蛋白为低分子量蛋白质，具强碱性，在体内能与肝素形成复合物，使肝素失去抗凝活性。每 1mg 鱼精蛋白可中和 100 单位肝素，一般用 1%硫酸鱼精蛋白溶液缓慢静脉注射。

【制剂、用法与用量】 高剂量方案（治疗血栓栓塞症）：静脉或皮下注射，一次量，每 1kg 体重，犬 150～250 单位，猫 250～375 单位，每天 3 次。

低剂量方案（治疗弥散性血管内凝血）：马 25～100 单位，小动物 75 单位。

枸橼酸钠

【理化性质】 为白色结晶性粉末。易溶于水，不溶于乙醇。

【药理作用】 枸橼酸钠能与血浆中钙离子形成一种难解离的可溶性复合物枸橼酸钠钙，使血浆钙离子浓度迅速降低而产生抗凝血作用。

【临床应用】 枸橼酸钠主要用于体外抗凝血，如检验血样的抗凝和输血的抗凝（每 100ml 全血加入 2.5%枸橼酸钠溶液 10ml）。采用静脉滴注输血时，其中所含枸橼酸钠并不引起血钙过低反应，因为枸橼酸钠在体内易氧化，机体氧化速度已接近于其输入速度。用量过大或输血太快，可引起血钙过低，导致心功能不全，遇此情况，可静脉注射钙剂以防治低血钙症。

【制剂、用法与用量】 枸橼酸钠一般配成 2.5%～4%溶液使用，若供输血用时必须按注射剂要求配制。

华法林

本品又名苄丙酮香豆素，属香豆素类抗凝剂。

【药理作用】 华法林通过竞争性抑制维生素 K 的作用而起间接的抗凝作用，其作用机制是华法林能阻断维生素 K 环氧化物还原酶的作用，阻止了维生素 K 环氧化物还原为氢醌型维生素 K，从而不能合成凝血因子。因此，本品的特点是体外没有作用，其作用发生慢，一般在给药 24～48h 后才出现作用，最大效应在 3～5 天内产生，停止给药后，作用仍可持续 4～14 天。足量的维生素 K 能倒转华法林的作用。

【临床应用】 内服作长期治疗或预防血管内血栓性疾病、术后血栓性静脉炎，通常用于犬、猫或马。

华法林在体内可与许多药物发生相互作用，与影响维生素 K 合成、改变华法林蛋白结合率和诱导或抑制肝药酶的药物同时服用均可增强或减弱其作用。增强其作用的药物主要有保泰松、肝素、水杨酸盐、广谱抗生素和同化激素；减弱其作用的药物主要有巴比妥类、水合氯醛、灰黄霉素等。

本类药物的副作用是可能引起出血，因此要定期做凝血酶原实验，根据凝血酶原时间调整剂量与疗程，当凝血酶原的活性降到 25%以下时，必须停药。

【制剂、用法与用量】 内服，一次量，马 30～75mg/450kg 体重，犬、猫 0.1～0.2mg/kg 体重，1 次/天。

双香豆素

【药理作用】 为口服抗凝血药，在体外无效。与肝素相比，其作用特点是缓慢、持久。能抑制血中凝血酶原的合成，内服后经 1～2 天才能发挥作用，一次用药后可维持 4 天左右。

【临床应用】 主要用于治疗或预防血管内血栓性疾病、术后血栓性静脉炎。

【制剂、用法与用量】 内服，犬、猫第一天每千克体重 4mg，以后每天每千克体重

2.5mg，每天用量分 2～3 次内服。

必备知识三　抗贫血药

抗贫血药是指能增进机体造血功能、补充造血必需物质、改善贫血状态的药物。血液组成包括红细胞、白细胞和血小板，90%以上的血细胞为红细胞，其所含血红蛋白的主要功能是从肺携带氧到全身组织。当单位容积循环血液中的红细胞数和血红蛋白量长期低于正常时，便称为贫血。由其引起的病理生理学问题主要是组织供氧不足，所以贫血是一种综合症状，并不是独立的疾病。

引起贫血的原因很多，临床上可分为三类：缺铁性贫血、溶血性贫血和再生障碍性贫血。治疗时应先查明原因，首先进行对因治疗，抗贫血药只是一种补充疗法。根据兽医临床的特点，这里只讨论缺铁性贫血的治疗药物。

铁制剂

铁是构成血红蛋白的必需物质，红细胞的携氧能力决定于血红蛋白含量。进入机体内的铁约 60%用于构成血红蛋白，同时亦是肌红蛋白、细胞色素、血红素酶和金属黄素蛋白酶（如黄嘌呤氧化酶等）的重要成分。因此，铁缺乏不仅引起贫血，还可影响其他生理功能。

在正常情况下，成年动物不会缺铁。但在生长、妊娠和某些缺铁性贫血情况下，铁的需要量增加，缺铁不但使哺乳幼畜的生长发育受阻，而且还会增高动物对疾病的易感性。这时必须应用铁剂，补充机体对铁的需要。

临床常用的铁制剂，内服的有硫酸亚铁、富马酸亚铁和枸橼酸铁铵，注射的有右旋糖酐铁。

【药理作用】 铁剂主要应用于缺铁性贫血的治疗和预防。临床上常见的缺铁性贫血有两种：一种是哺乳仔猪贫血；另一种是慢性失血性贫血（如吸血寄生虫的严重感染）。

【临床应用】 治疗哺乳仔猪贫血。仔猪出生时铁贮存量较低（每头 45～50mg），母猪乳能供应日需要量的 1/7（约 1mg），而生长迅速的仔猪日需要量约 7mg。如果不给予额外的补充，则 2～3 周内就可发生贫血，并且可因贫血使仔猪对腹泻的易感性提高。哺乳仔猪贫血多注射右旋糖酐铁，成年家畜贫血多内服铁剂治疗如硫酸亚铁。

【不良反应】 铁盐可与许多化学物质或药物发生反应，故不宜与其他药物同时或混合内服给药，如硫酸亚铁与四环素同服可发生螯合作用，使两者吸收均减少。

使用过量铁剂，尤其注射给药，可引起动物铁中毒。仔猪铁中毒的临床症状表现为皮肤苍白、黏膜损伤、粪便发黑、腹泻带血、心搏过速、呼吸困难和嗜睡，严重者可发生休克。也有牛使用大剂量铁剂发生中毒死亡的报道。

【制剂、用法与用量】 肌内注射，一次量，仔猪 100～200mg，猫 50mg，犬 10～20mg/kg。

内服，一次量，马、牛 2～10g，羊、猪 0.5～3g，犬 0.05～0.5g（配成 0.2%～1%溶液使用）。

维生素 B_{12}

【理化性质】 维生素 B_{12} 是含有金属元素钴的维生素。为深红色结晶性粉末。吸湿性强，在水或乙醇中略溶。

【药理作用】 具有广泛的生理作用，它参与机体的蛋白质、脂肪和糖类的代谢，帮助叶酸循环利用，促进核酸的合成，为动物生长发育、造血、上皮细胞生长及维持神经髓鞘完整性所必需。缺乏时，常可导致猪的巨幼红细胞性贫血、犊牛发育不良、鸡蛋孵化率降低等。

【临床应用】 主要用于治疗维生素 B_{12} 缺乏所致的巨幼红细胞性贫血，也可用于神经炎、神经萎缩、再生障碍性贫血、肝炎等的辅助治疗。

【制剂、用法与用量】 肌内注射，马、牛 1～2mg，猪、羊 0.3～0.4mg，犬、猫 0.1mg。

叶　酸

【理化性质】 药用叶酸多为人工合成，黄橙色结晶性粉末，极难溶于水，遇光则失效。叶酸广泛存在于酵母、绿叶蔬菜、豆饼、苜蓿粉、麸皮、籽实类（玉米缺乏）中，动物的内脏、肌肉、蛋类含量很多。

【药理作用】 叶酸在体内与某些氨基酸的互变及嘌呤、嘧啶的合成密切相关。当叶酸缺乏时，红细胞的成熟和分裂停滞，造成巨幼红细胞性贫血和白细胞减少；病猪表现生长迟缓、贫血；雏鸡发育停滞，羽毛稀疏，有色羽毛褪色；母鸡产蛋下降、腹泻等。家畜由于消化道微生物能合成叶酸，一般不易发生缺乏症。长期使用磺胺类药等肠道抗菌药时，家畜也有可能发生叶酸缺乏症。

【临床应用】 主要用于叶酸缺乏症、再生障碍性贫血和母畜妊娠期等。亦常作为饲料添加剂，用于鸡和皮毛动物狐、水貂等的饲养。与维生素 B_{12}、维生素 B_6 联用，可提高疗效。

【制剂、用法与用量】 肌内注射，雏鸡 0.05～0.1mg，育成鸡 0.1～0.2mg。

必备知识四　血容量扩充药

机体在大量失血或失血浆时，由于血容量的降低，可导致休克。迅速补足和扩充血容量是抗休克的基本疗法。最好的血容量扩充剂是全血、血浆等血液制品。葡萄糖、右旋糖酐等高分子化合物，也能较长时间维持或增加血容量，可用于大量失血、大面积烧伤、剧烈吐泻等引起的循环血容量降低所致的休克。

葡　萄　糖

【药理作用】 具有供能、强心、利尿、解毒等作用。主要用于其不同浓度的灭菌水溶液静脉注射，必要时也可皮下注射。

【临床应用】 5%溶液为等渗液，用于各种急性中毒，以促进毒物排泄。10%～50%高渗葡萄糖溶液，用于低血糖症、营养不良，或用于心力衰竭、脑水肿、肺水肿、牛酮血症时治疗，以及马、驴、羊等动物妊娠毒血症，用以保肝，促使酮体下降。

【制剂、用法与用量】 静脉注射，一次量，马、牛 50～250g，骆驼 100～500g，羊、猪 10～50g，犬 5～25g，猫 2～10g。

右旋糖酐

【药理作用】 分子量较大，静脉注射后能提高血浆渗透压，扩充血容量，自肾脏排出时可产生渗透性利尿作用。右旋糖酐分子量越大，自肾排出越慢。中分子量右旋糖酐扩充血容量作用维持时间较长（约 12h），而小分子量右旋糖酐作用仅 3h。低分子量和中分子量右旋糖酐能改善微循环，防止弥散性血管内凝血。

【临床应用】 中分子量右旋糖酐主要用于改善血容量不足性休克。低分子量和小分子量右旋糖酐用于救治中毒性休克、创伤性休克、弥散性血管内凝血，也可用于血栓性静脉炎等血栓形成疾病的治疗。

【制剂、用法与用量】 静脉注射，马、牛 500～1000ml；羊、猪 250～500ml。

任务小结

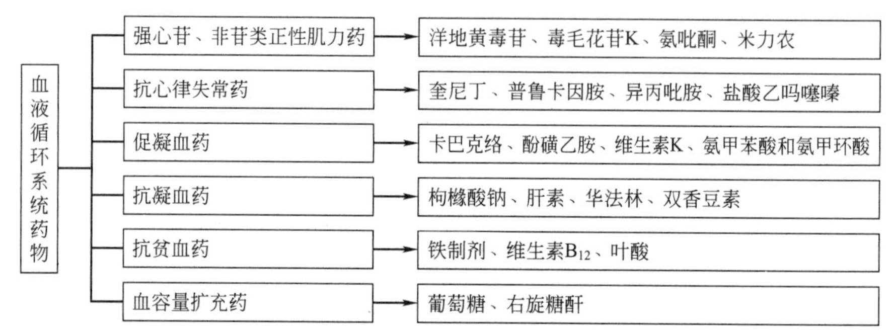

思考与复习

1. 强心苷的药理作用有哪些？如何正确使用强心药？
2. 如何正确选用抗凝血药？

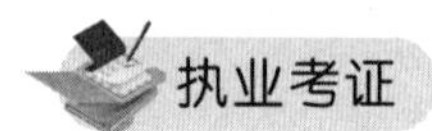

执业考证

血红蛋白包含的金属元素是（　　）。

A. 铜　　B. 锰　　C. 锌　　D. 钴　　E. 铁

任务九 解除泌尿系统症状和生殖调控用药

学习目标

基本概念：利尿药、脱水药、子宫收缩药。

基本知识点：利尿药、脱水药、孕激素和子宫收缩药的作用特点及应用。

技能目标：熟知利尿药、脱水药、子宫收缩药的临床使用方法，在兽医临床和畜牧生产中可熟练使用孕激素。

工作任务导入

1. 动物消除水肿用药。
2. 降低动物颅内压、眼内压用药。
3. 催产。
4. 子宫内膜炎治疗。

案例分析

【确诊疾病】 犬子宫内膜炎

【用药方案】

全身治疗：先做药敏实验，然后用选定的抗生素进行全身治疗，并且当体温降到正常以后，至少应继续用药3～4天。静脉补液，以解毒、防止脱水及纠正电解质平衡紊乱。

局部治疗：宫颈开放的化脓性子宫内膜炎，可用0.1%雷佛奴尔液冲洗子宫，冲洗后向其内注入选定的抗生素。不论冲洗与否，子宫内注入抗生素（合用雌激素更好）对防止感染扩散都是有益的。

促进子宫收缩及子宫内容物的排出：肌内注射催产素5～10单位，或按0.2mg剂量灌服麦角新碱（每日3次，连用2～3天）。

【效果分析】 在上述治疗方案中，如使用抗生素与雌激素合用冲洗子宫，雌激素能引起子宫黏膜白细胞浸润、供血旺盛、腺体分泌增多，故可提高对入侵微生物的抵抗力，同时还可增加阴道黏膜上皮细胞内的糖原。糖原分解时，可使阴道呈酸性反应，有利于乳酸菌生长繁殖，从而抑制其他微生物。所以二者合用能起到很好的抗感染作用。在促使子宫内容物的排出时，使用雌酚或催产素或麦角新碱均是通过它们兴奋子宫促进子宫收缩而起作用。

必备知识一　利尿药与脱水药

一、利尿药

利尿药是作用于肾脏，促进电解质和水的排出，增加尿量，消除水肿的药物。利尿药能促进水钠从尿中排出，因而可减轻或消除水肿。临床上一般用于减轻或消除机体水肿或腹腔积液，也用于促进体内毒物的排出及尿道上部结石的排出。

1. 作用机制

利尿药是通过影响尿的生成而发挥利尿作用的，它们作用于肾脏的不同部位，通过影响尿生成的几个环节而起作用，但以影响重吸收功能而产生的利尿作用最强。

(1) 增加肾小球滤过作用　在正常情况下，肾小球滤过主要受肾血流量及有效滤过压的影响，肾血流量和肾小球滤过率由于神经和体液的调节，二者保持相对稳定。肾小球滤过量的99%以上被再吸收。有的药物虽然可增加肾血流量及肾小球有效滤过压，提高滤过率，但99%以上的物质在肾小管重吸收。故利尿药对这一环节的影响作用不明显，没有临床实际意义。个别药物如氨茶碱只能产生较弱的利尿作用。

(2) 抑制肾小管与集合管的重吸收功能　钠离子重吸收的主要部位在近曲小管、髓袢升支，以及在远曲小管与集合管。钠离子的重吸收受阻产生尿量增多。钠离子主动重吸收的动力依靠肾小管上皮细胞上的“钠泵”来完成。所以凡能影响对钠离子重吸收的药物，均能产生利尿作用，如利尿酸、呋塞米等利尿药。

高效能利尿药呋塞米及利尿酸作用于髓袢升支粗段，抑制 Cl^-、Na^+ 的重吸收，干扰肾的稀释与浓缩机制，产生强大的利尿作用。而中效能利尿药噻嗪类只作用于髓袢升支粗段皮质部，对髓质部无影响，故利尿作用弱于前者。

(3) 影响肾小管与集合管的分泌功能　近曲小管、远曲小管和集合管皆可分泌 H^+，进行 H^+-Na^+ 交换。碳酸酐酶抑制药乙酰唑胺可使近曲小管 H^+ 的分泌减少，致使 H^+-Na^+ 交换不全产生较弱的利尿作用。

肾脏集合管还有向管腔分泌 K^+ 的功能。在分泌 K^+ 的同时，进行 K^+-Na^+ 交换，此过程起保钠排钾作用，并受醛固酮的调节。拮抗醛固酮的药物或抑制 K^+-Na^+ 交换的药物，均能促进钠离子的排出，产生“排钠留钾”的利尿作用。低效能利尿药螺内酯（安体舒通）及氨苯蝶啶具有此种作用，故称为留钾利尿药。

强效利尿药在应用时，经常造成低钠、低钾血症，故大量应用此类药物时应注意补钾。

2. 常见的利尿药

临床上常把利尿药分为：强效利尿药、中效利尿药、低效利尿药。呋喃苯氨酸、利尿酸属于强效利尿药，氢氯噻嗪、苄氧噻嗪、环戊氯噻嗪属于中效利尿药，安体舒通属于低效利尿药。

呋　塞　米

本品又名呋喃苯胺酸、速尿、利尿磺胺、腹安酸。

【理化性质】 系磺胺类衍生物。为白色粉末。无臭、无味。不溶于水，溶于乙醇。

【药理作用】 具有强大而迅速的利尿作用，口服后20～30min显效，1～2h达高峰，持续6～8h。静脉注射5min内即可见效，1h达高峰，持续约5h。本品能抑制髓袢升支对Cl^-的主动重吸收，间接抑制对Na^+的被动重吸收，由于管腔内Na^+浓度增高，使远曲小管和集合管的H^+-Na^+和K^+-Na^+增加，所以尿内Cl^-、Na^+、K^+、H^+含量很高。此外，本品尚能降低肾血管阻力，增加肾皮质部血量，促进肾小球的滤过。因而有强大的利尿作用。

【临床应用】

① 治疗各种原因引起的水肿　包括心源性、肾性及肝性水肿，乳房水肿、喉部水肿以及急性肺水肿。并可促进尿道上部结石的排出，特别适用于其他利尿药无效的水肿。

② 防治肾功能不全　对于急性肾衰竭的少尿期，静脉注射大量呋塞米，能降低肾血管阻力，增加肾血流量，改善肾脏缺血，并显示强大的利尿作用。

【注意事项】 由于强大的利尿作用，可出现低血容量、低血钾、低血钠和低氯性碱中毒等。所以在应用时注意服用氯化钾或合用留钾利尿药安体舒通。大量静脉注射可降低血清钙的含量，引起急性听力下降。为避免听力下降，应用本药期间应避免与易损害听神经的药物如氨基糖苷类抗生素合用。为防止低血钾症，可采取间歇疗法，即用药1～2天，停药2～4天，并补充钾盐或与留钾利尿药氨苯蝶啶合用。

【制剂、用法与用量】 片剂，20mg/片、50mg/片。内服，马、牛、羊、猪2mg/kg，每天2次，连服3～5天，停药2～4天后可再用。

呋塞米注射液，20mg/2ml、50mg/5ml，肌内注射或静脉注射，牛0.5～1mg/kg，犬、猫1～5mg/kg，每日或隔日1次。

氢氯噻嗪

本品又名双氢克尿噻、双氢氯噻嗪，属噻嗪类化合物，是作用较强的一类内服利尿药，其衍生物有多种，目前常用的是氢氯噻嗪。其衍生物主要区别是作用持续时间长短不同。如环戊氯噻嗪作用可持续24～30h，而双氢氯噻嗪则为12～18h。

【理化性质】 白色结晶性粉末，微溶于水，溶于碱性溶液丙酮。应密封保存。

【药理作用】 噻嗪类主要作用于髓袢升支粗段的皮部，可抑制该部位肾小管对Cl^-、Na^+的重吸收，Cl^-、Na^+大量留在小管液中，使管腔内渗透压升高，使相应的水分也留在管腔中并一同排出，从而出现显著的利尿作用。排钠能力达原尿钠量的10%～15%，由于Na^+的排出量增加，促进了远曲小管与集合管的K^+-Na^+交换，使K^+的排出量也随之增多。因此，长期或大量用药，易引起低血钾。故应与钾盐配伍应用或与保钾利尿药合用。同时由于应用本品能使血钾降低，故不应与洋地黄配伍应用。

噻嗪类对碳酸酐酶有轻微的抑制作用，使H^+-Na^+交换减少，因此尿中HCO_3^-排出略有增加，新合成的噻嗪类利尿药对该酶的抑制作用更差，而利尿作用却增强。

【临床应用】 本品可用于轻度及中度的全身或局部组织水肿，对心性水肿效果较好，是中、轻度心性水肿的首选药。也可用于某些急性中毒，加速毒物排出，如食盐中毒、溴化物中毒及巴比妥类中毒。

【注意事项】 本品副作用小，但长期应用可产生低血钾及低血氯症，为防止低血钾及低血氯症的产生，可配合使用氯化钾或保钾利尿药。本品不得与洋地黄合用，以防由于低血钾而增加洋地黄的毒性。

【制剂、用法与用量】 氢氯噻嗪片，25mg/片、50mg/片。内服，牛、马1～2mg/kg，猪、羊2～3mg/kg，犬、猫3～4mg/kg。

氢氯噻嗪注射液，1ml：25mg、5ml：125mg、10ml：250mg。肌内注射或静脉注射，牛 100～250mg，马 50～150mg，猪、羊 50～75mg，犬 10～25mg。

螺 内 酯

本品又名安体舒通。

【理化性质】 为淡黄色粉末，味稍苦，可溶于水和乙醇中，其化学结构与醛固酮相似，是醛固酮的拮抗剂，也属低效能利尿药，有“排钠留钾”功效。

【药理作用】 本品的作用部位是在远曲小管和集合管 Na^+-K^+ 交换过程。能阻断醛固酮的促酶合成作用。醛固酮的生理作用间接促进 Na^+,K^+-ATP 酶的合成，通过此酶实现 Na^+-K^+ 交换，完成“潴钠排钾”的生理功能。安体舒通阻断了醛固酮的促酶合成作用，从而抑制了 Na^+-K^+ 交换，起到保钾排钠的作用，在排 Na^+ 的同时，带走 Cl^- 和水分而产生利尿作用。在一般情况下，醛固酮的正常分泌量很少，故安体舒通的利尿作用较弱。

【临床应用】 很少单独作利尿药，主要与强中效利尿药合用治疗严重水肿，以增强利尿作用。

【制剂、用法与用量】 螺内酯胶囊，20mg、100mg。内服量，0.5～1.5mg/kg。每日 3 次。

氨 苯 蝶 啶

本品又名三氨蝶啶。

【理化性质】 为低效能利尿药，有“排钠留钾”功能。黄色结晶性粉末，无臭，无味，几乎不溶于水。

【临床应用】 氨苯蝶啶可增强远曲小管与集合管近端的 Na^+-K^+ 交换过程，产生“留钾排钠”利尿作用。因本品可直接抑制上述部位对钠的重吸收，由于 Na^+ 的重吸收减少，排出增加，Cl^- 的排出也相应增加，同时带出水分，而 K^+ 的排出不仅不增加，反而减少。氨苯蝶啶的利尿作用较弱，为非首选利尿剂，常与双氢氯噻嗪等排钾利尿药合用或交替应用，不仅利尿排钠作用加强，而且减少后者排钾的不良反应，纠正失钾的副作用。适用于对双氢氯噻嗪或安体舒通无效的病例。

【制剂、用法与用量】 氨苯蝶啶片，50mg。内服，0.5～0.3mg/kg，每日 3 次，3～5 天为一个疗程。

二、脱水药

脱水药是指能使组织脱水的药物，其兼有利尿作用，故又称渗透性利尿药。

此类药物多是一些在体内不易代谢或代谢较慢的电解质低分子物质，静脉注射后可迅速提高渗透压，促使组织脱水，经过肾脏排出时，在肾小管中使尿液渗透压升高，从而增加尿量和电解质的排出。其特点是：在体内不被代谢或代谢缓慢；易被肾小管滤过，但不易被重吸收，多以原型经尿排出；同浓度的药物，分子量起小，产生的渗透压起高，脱水能力愈强；可大量给药。

脱水药主要用于消除脑水肿、肺水肿，抑制房水生成，降低眼内压及治疗急性肾功能不全等。

本类药物主要有甘露醇、山梨醇、尿素、高渗葡萄糖注射液等。高渗葡萄糖注射液或尿素也有较好的脱水作用，但葡萄糖和尿素均能携带水分透过血脑屏障，进入脑脊液及脑组织中，使颅内压回升，出现“反跳”现象。

甘　露　醇

【理化性质】 甘露醇为己六醇，为白色结晶性粉末。无臭，味甜，能溶于水，微溶于乙醇。临床一般配成20%高渗水溶液。

【药理作用】

① 脱水作用　以其20%的高渗液静滴，能迅速提高血浆渗透压，使组织间隙水透过血管壁进入血液，造成组织脱水。能使颅内压和眼内压迅速下降，故可用来治疗脑水肿、降低眼内压与颅内压。

② 利尿作用　甘露醇经过肾脏时，不易被重吸收，因此在近曲小管处形成高渗环境。另一方面甘露醇对近曲小管和髓袢的钠离子的重吸收有抑制作用，也能使尿量增加。此外，由于肾髓质的血流量显著增加，使髓质间液中钠和尿素易随血流移走，因此降低了髓质间液高渗区的渗透压，导致髓袢降支与集合管对水的重吸收减少，使尿量增加。

【临床应用】

① 用于治疗脑炎、脑瘤、颅脑创伤、脑部感染、脑组织缺氧、食盐中毒等引起的脑水肿，可降低颅内压、眼内压或消除肺水肿。也可用于脊髓创伤性水肿及其他组织水肿。

② 预防、治疗急性肾衰竭。在溶血反应、严重创伤、出血、严重黄疸、毒物中毒时，可能出现急性肾衰竭。此时应用甘露醇，能维持足够的尿量，并能使肾小管内有害物质稀释，从而保护肾小管，免于坏死，可预防急性肾衰竭。

【注意事项】

① 心功能不全或心性水肿的患畜不宜应用。

② 不能与高渗盐水并用，因氯化钠可促使其迅速排泄。

③ 静脉注射时不宜太快，不能漏出血管外。

【制剂、用法与用量】 甘露醇注射液，100ml：20g、250ml：50g。天冷时如有结晶析出，可用热水加温振摇溶解后再用。静脉注射，牛、马1000～2000ml，猪、羊100～250ml。每天2～3次。

山　梨　醇

【理化性质】 为甘露醇的同分异构体，白色结晶性粉末，无臭，味略甜，易溶于水，等渗液为5.48%。常用其25%高渗液静脉滴注。

【药理作用】 其作用、用途和注意事项与甘露醇相似。但在体内有较多转化为糖原而失去高渗作用，所以相同浓度与剂量时疗效稍逊于甘露醇。但由于溶解度较大，可制成高浓度（25%）溶液，且价格便宜，不良反应较轻，临床上也常使用。

【制剂、用法与用量】 山梨醇注射液，100ml：25g、250ml：62.5g。用法与用量同甘露醇。

必备知识二　性激素与促性腺激素

一、性激素

性激素是由动物性腺分泌的类固醇激素，包括雌激素、孕激素及雄激素。目前临床上应用的性激素制剂，多是人工合成品及其衍生物。随着研究的不断深入，它们在畜牧兽医上的应用越来越广泛，尤其在促进畜牧业生产方面，配合前列腺素等药物，促进母畜同期发情，取得了很好的成果。

性激素的分泌，受下丘脑-腺垂体的调节。下丘脑分泌促性腺激素释放激素（GnRH），它可促进腺垂体前叶分泌促卵泡素（FSH）和黄体生成素（LH），在 FSH、LH 的相互作用下，促进雌激素、孕激素及雄激素的分泌。当性激素增加到一定水平时又可通过负反馈作用，使释放激素和促性腺素的分泌减少。

1. 雌激素

雌激素又称动情激素，由卵巢的成熟卵泡上皮细胞所分泌。天然品有从卵巢卵泡液中提纯的雌二醇和从孕畜尿中提取的雌酮、雌三醇。雌酮、雌三醇为雌二醇的代谢产物。人工合成品有已烯雌酚和乙烷雌酚。此类药物目前已禁止应用。

已烯雌酚

本品又名乙烯雌酚、乙底酚。

【理化性质】 为无色或白色结晶性粉末，难溶于水，易溶于醇及脂肪油，应密封避光保存。

【药理作用】 内服可由消化道吸收，易在肝内部分转化为雌酮及雌三醇，牛、羊内服后，部分在瘤胃被破坏。其活性大为减弱，最后与葡萄糖醛酸或硫酸结合经尿排出，也有一部分经胆汁排出。故经常采用肌内注射给药。

① 对生殖器官的作用　促进生殖器官发育，使子宫内膜及肌肉增殖，为完成生殖功能提供必要的基础，能提高子宫肌对催产素的敏感性，可使子宫颈口松弛，但对牛作用稍弱。因能引起子宫黏膜白细胞浸润，子宫血流旺盛，收缩力加强，腺体分泌增多，提高生殖道的防御能力。

② 对母畜发情　注射雌激素能引起母畜发情，以牛最敏感。但剂量过大由于反馈性抑制使促性腺激素分泌减少并抑制排卵。

③ 对乳腺的作用　未经产母畜可促进乳腺导管发育和泌乳，如与孕酮配合，效果更为显著。若给泌乳母畜大量注射，因能抑制催乳素的分泌，可导致泌乳停止。

④ 对代谢的影响　可增加肾小管对抗利尿素的敏感性及促进肾小管对钠的重吸收，故有轻度的水、钠潴留作用，使阴唇等处组织出现水肿；能加速骨骼钙盐的沉积和钙化；有蛋白同化作用，此作用对反刍兽更为明显，由于肉品中的残留对人有致癌作用，已禁用于催肥。

⑤ 对抗雄性激素　对抗雄性激素，抑制公畜促性腺素的分泌，使精子生成障碍，性兴奋降低。

【临床应用】 常用于宠物等非食用动物。

① 治疗子宫疾病　可治疗动物子宫炎、子宫蓄脓、胎衣不下、死胎等或作冲洗子宫时的宫颈松弛药。

② 作催情药　主要用于卵巢功能正常而发情不明显的家畜。但剂量过大可抑制发情。

③ 作催产用　应用催产素促进母畜分娩时预先注射能增强催产素的效果。

【注意事项】

① 家畜妊娠，或肝、肾功能严重减退时忌用。

② 用于催情时应尽量配合原有的发情周期。

③ 反复大剂量或长期应用可导致卵巢囊肿、卵巢萎缩、流产等。

【制剂、用法与用量】 乙烯雌酚片，0.25mg、0.5mg、1mg。内服，一次量，犬 0.1～1mg，猫 0.05～0.1mg。

丙酸乙烯雌酚注射液，1ml：1mg、1ml：3mg、1ml：5mg。肌内注射，一次量，马牛 10～20mg，猪 3～10mg，羊 1～3mg，犬 0.2～0.5mg，猫、貂 0.1～0.2mg。

2. 孕激素

黄 体 酮

由卵泡排卵后形成的黄体分泌，故名黄体素或黄体酮，又名孕酮。临床应用的孕酮主要是人工合成品及其衍生物。

【理化性质】 白色或微黄色结晶性粉末。不溶于水，可溶于乙醇或植物油。应密封避光保存。

【药理作用】 黄体酮内服吸收后，在肝脏迅速被灭活。口服疗效甚低，多用肌内注射给药。其代谢产物与葡萄糖结合后从尿中排出。

① 对子宫的作用　在雌激素作用的基础上，使子宫黏膜及腺体生长与分支，子宫内膜充血、增厚，供给受精卵及胚胎早期发育所需的营养，为受精卵着床及胚胎发育做好准备。降低子宫肌肉对催产素的敏感性，有安胎作用。使子宫颈口闭合，分泌黏稠液体，阻止精子或病原体进入子宫。

② 对卵巢的作用　孕激素可使垂体前叶促性腺激素分泌减少，抑制发情及排卵，但停药后，母畜又可出现发情。这一作用与雌激素协同，用于母畜同期发情。

③ 对乳腺的作用　孕酮可促进乳腺腺泡发育，为泌乳做准备。

【临床应用】

① 用于保胎，可用于预防或治疗因黄体分泌不足所引起的早期流产或习惯性流产。与维生素 E 同用效果更好。

② 用于治疗牛卵巢囊肿所引起的“慕雄狂”，可皮下埋植黄体酮以对抗发情。

③ 用于母畜同期发情，以促进品种改良和便于人工授精，但第一次发情时配种受胎率低，一般在第二次发情时配种。

【制剂、用法与用量】 黄体酮注射液，1ml：10mg、1ml：50mg。肌内注射，一次量，马、牛 50～100mg，猪、羊 15～20mg，犬、猫 2～5mg，母鸡醒抱 2～5mg。

3. 雄激素与同化激素

雄激素主要由睾丸间质细胞合成和分泌，称之为睾丸素、睾酮或睾丸酮。这些激素除了雄激素的活性外还有显著的蛋白质同化作用。现应用的主要是人工合成的睾酮及其衍生物，如甲基睾丸酮、丙酸睾丸酮、苯丙酸诺龙、司坦唑醇、去氢甲基睾丸素等，这些药物的雄激素活性大为减弱而同化作用明显增强，因此又被称为同化激素。以抗应激、提高饲料报酬、促进生长为目的使用，现已被禁止。

丙酸睾丸酮

【理化性质】 白色或黄色结晶性粉末。不溶于水，能溶于油，易溶于乙醇、乙醚。

【药理作用】 能促进雄性器官的发育和成熟，并维持其正常活动，激发和维持雄性的副性征。在促卵泡素的基础上，能使次级精母细胞发育成精子。同时兴奋中枢神经系统，引起性欲和性兴奋。大剂量注射，可抑制垂体前叶分泌促性腺激素，有对抗雌激素的作用，可抑制母畜发情。有促进蛋白质合成的作用，并可使体内蛋白质分解减少，增加氮磷在体内潴留。促进肌肉发育和增加体重。较大剂量可刺激骨骼造血功能，特别是红细胞生长加速。

【临床应用】 主要用于公畜睾丸发育不全和睾丸功能不足所致的性欲缺乏；去势牛、马役力早衰；骨折后愈合较慢；抑制母畜发情。

【注意事项】 长期大量使用可引起雌性畜禽雄性化，损害肝脏发生黄疸；能引起水钠潴留可致水肿。本品可自乳腺排出，泌乳母畜忌用；有一定的肝脏毒性，食品动物宰前休药期为 21 天。本品注射液如有结晶析出，可加温溶解后应用。

【制剂、用法与用量】 丙酸睾丸酮注射液，1ml：25mg、1ml：50mg。肌内注射、皮下注射，一次量，家畜 0.25～0.5mg/kg，母鸡醒抱肌内注射 12.5mg。

二、促性腺激素

促性腺激素分为两类，一类是垂体前叶分泌的促卵泡素（FSH，又称精子生成素）和促黄体素（LH，又名间质细胞刺激素）；另一类是非垂体促性腺激素，主要有绒毛膜促性腺激素及马促性腺激素等。

绒毛膜促性腺激素

本品又名普罗兰、人绒膜激素。

【理化性质】 系由孕妇胎盘绒毛膜产生，从孕妇尿中提取，也可从孕畜尿中提取。从刮宫废料中也可提出本品。为白色或灰白色粉末，易溶于水，溶液为无色或微黄色，应置避光容器内在阴凉处保存。

【药理作用】 本品和促黄体素相似，能促使成熟的卵泡排卵并形成黄体。当排卵障碍时，可促进排卵受孕，提高受胎率，在卵泡未成熟时，则不能促进排卵。对公畜能促使公畜睾丸间质细胞分泌雄激素，提高性欲。

【临床应用】 本品的应用同促黄体激素，主要用于性功能不全，母畜不发情，不孕症，功能性隐睾及幼畜发育不良。此外也用于性功能减退、子宫功能性出血、习惯性流产、卵巢囊肿等。在家畜同期发情方面也有较好的作用。

【注意事项】 配好的溶液应在 3～5h 内用完，治疗习惯性流产应在孕后每周注射一次；为提高受胎率应在配种当天注射；绒毛膜激素是一种异性蛋白，具有抗原性；若多次应用，可产生抗体，降低疗效。

【制剂、用法与用量】 肌内注射或静脉注射，一次量，马、牛 1000～10000 国际单位，猪 500～1000 国际单位，羊 100～500 国际单位，犬 100～500 国际单位，猫 100～200 国际单位。

卵泡刺激素

【理化性质】 本品从猪、羊垂体前叶中提取而得，属一种糖蛋白。为白色或黄白色的冻干块状物或粉末，易溶于水。应密封在冷暗处保存。

【药理作用】 本品作用于卵泡，刺激颗粒细胞增生和膜层的发育，导致整个卵泡迅速生长和发育，引起多数卵泡生长和多发性排卵。与少量黄体生成素合用，可促使卵泡分泌雌激素，使母畜发情；与大剂量促黄体素使用能促进卵泡成熟和排卵。本品作用于睾丸时，使睾丸的精原细胞变成精母细胞，促进精子的形成。

【临床应用】 主要用于母畜发情，提高同期发情的效果；治疗卵巢发育不良，多卵泡症等卵巢疾病及持久黄体疾病的治疗。剂量过大常引起卵巢囊肿。

【制剂、用法与用量】 皮下注射、肌内注射或静脉注射，一次量，马、牛 10～50mg，猪、羊5～25mg，犬 5～15mg。临用时以灭菌生理盐水溶解。

黄体生成素

本品又称促黄体素（luteotropic hormone，LH）、垂体促黄体素。

【理化性质】 本品从猪、羊垂体前叶中提取而得，属于一种糖蛋白。为白色或黄白色的冻干块状物或粉末，易溶于水。应密封在冷暗处保存。

【药理作用】 本品在卵泡刺激素的作用基础上，使卵泡进一步成熟，分泌雌激素并引起排卵，排卵后形成黄体，分泌黄体酮，具有早期安胎作用，可作用于家畜睾丸，使精原细胞发育成精母细胞，促进精子形成，促进睾丸酮的分泌，提高性欲，增加精液量。

【临床应用】 主要用于提高同期发情的效果，用于促进母马排卵时，先检查卵泡的大小，卵泡直径在 2.5cm 以下时禁用；治疗成熟卵泡排卵障碍、卵巢囊肿、早期习惯性流产、不孕及雌性动物性欲减退、精液量减少等。

【注意事项】 禁止与抗肾上腺素药、抗胆碱药、抗惊厥药、麻醉药和安定药等抑制 LH 释放和排卵的药物同用，反复或长期使用，可导致抗体产生，降低药效。

【制剂、用法与用量】 皮下或静脉注射，一次量，马、牛 25mg，猪 5mg，羊 2.5mg，犬 1mg。可在 1～4 周内重复使用。

血 促 性 素

本品又名孕马血促性素、孕马血清，PMSG。

【理化性质】 本品是由孕马子宫内膜杯状细胞产生的一种糖蛋白，以 30～100 天的孕马血清含量较高，其中 60～70 天含量最高，含有促卵泡素和促黄激素两种成分。为白色或黄白色的粉末，溶于水，水溶液不稳定。

【药理作用】 具有卵泡刺激素和黄体生成素两种活性，主要有促卵泡素的作用，促黄体素作用较弱。未发情的母畜注射，能促进卵泡发育和成熟，促进成熟卵泡排卵，引起超数排卵，对多胎动物可提高产仔率。并能促使卵泡分泌雌激素而激发母畜发情和促进子宫及阴道的生理变化。对公畜可刺激睾丸产生精子，促进雄性激素分泌，提高性欲。

【临床应用】 主要用于因卵巢囊肿而长期不发情的病畜、卵巢功能低下、卵泡发育中途停滞、多卵泡等。或发情不明显的母畜，促使发情、排卵、受孕。猪、羊使用本品，可增加产仔数和窝产仔数。对久不发情的母畜，可使其发情排卵受孕。对发情反常的多种卵巢疾病可使之出现正常发情排卵。也用于胚胎移植时的超数排卵。

【注意事项】 本类药物为非消炎性药物，当子宫、卵巢、输卵管等有炎症时用之无效。本类药物有一定的抗原性，反复应用易产生抗体而失去疗效。配好的溶液应在数小时内用完。直接用孕马血清时，供血马必须健康。

【制剂、用法与用量】 肌内或静脉注射，催情，一次量，马、牛 1000～2000 国际单位，猪、羊 200～1000 国际单位，犬、猫 25～200 国际单位。

超排，母水 2000～4000 国际单位，母羊 600～1000 国际单位。

必备知识三　子宫收缩药

能选择性地兴奋子宫平滑肌，引起子宫收缩的药物。常用的药物主要有缩宫素、麦角制剂、前列腺素和益母草等。临床上用于催产、排除胎衣、死胎产后子宫复原或治疗产后子宫出血。拟胆碱药氨甲酰胆碱、新斯的明等对子宫平滑肌也有收缩作用，也可用于排除胎衣、死胎和猪的催产，但因对机体作用广泛，故一般不作为子宫收缩药使用。

缩 宫 素

本品又名催产素。

【理化性质】 白色结晶性粉末。能溶于水，水溶液呈酸性，是垂体后叶素的主要成分。内服易被消化液破坏，故口服无效，肌内注射吸收良好，经 3～5min 产生作用，但持续时间短。大部分在肝、肾破坏，少量经尿排出。垂体后叶素的另一种成分是抗利尿素。目前产科上多用人工合成的催产素。

【药理作用】

① 对子宫　缩宫素能直接兴奋子宫平滑肌，加强收缩。其作用强度取决于给药剂量和子宫的生理状态。子宫对催产素的敏感性受性激素的影响，雌激素使子宫对催产素的敏感性增高，而黄体素则使敏感性降低，所以对于非妊娠子宫，小剂量能加强子宫的节律性收缩，大剂量可引起子宫的强直性收缩。对妊娠子宫，在妊娠早期不敏感，而在妊娠后期至临产前因雌激素分泌增多，子宫对催产素的敏感性逐渐加强，临产时作用最强。对子宫的作用特点是：对子宫体的收缩作用强。而对子宫颈的收缩作用小，有利于胎儿娩出。

② 排乳作用　能加强乳腺泡周围的肌上皮细胞和乳腺导管肌的收缩，促进排乳。

【临床应用】

① 催产　可用小剂量治疗子宫收缩无力引起的难产。

② 产后子宫出血　可用较大剂量肌内注射，使子宫强直收缩压迫血管而迅速止血。

③ 用于胎衣不下、排出死胎、子宫复原等　在子宫脱垂时，用本品分点注射于子宫，可促进复原。

④ 催乳　用于新分娩母畜的缺乳症。

【注意事项】 催产应用时应严格掌握剂量，以免引起子宫强直性收缩，造成胎儿窒息或子宫破裂。应用前应注意对临产母畜的检查，在胎位不正、产道狭窄、宫颈口未开放情况下禁用。

【制剂、用法与用量】 垂体后叶素注射液，1ml∶10 国际单位，5ml∶50 国际单位。皮下或肌内注射，牛、马 30～100 国际单位，羊 10～50 国际单位，犬 2～10 国际单位，猫 2～5 国际单位。

缩宫素注射液，1ml∶10 国际单位、5ml∶50 国际单位。用法与剂量同垂体后叶素注射液。

麦 角 新 碱

【理化性质】 麦角是寄生于黑麦或其他禾本植物上的一种麦角菌的干燥菌核。麦角的有效成分是多种麦角生物碱。临床常用的麦角制剂是麦角新碱。常用其马来酸盐，其马来酸盐为白色或微黄色晶粉。无臭，微有吸湿性，略溶于水和乙醇。遇光易变质，须避光保存。

【药理作用】 本品对子宫平滑肌具有选择性兴奋作用，其作用比缩宫素强而持久。与缩宫不同的是它能引起整个子宫平滑肌兴奋，对子宫体和子宫颈的兴奋作用无明显差别，因此，只适用于产后止血和促子宫复旧，禁用于产前催产或引产。对妊娠子宫比未孕子宫敏感，临产时及新产后最敏感，对未妊娠子宫小剂量能引起节律性收缩，大剂量能使子宫产生强直性收缩；对妊娠子宫小剂量亦可引起强直性收缩，导致胎儿难以娩出，有时亦可引起子宫破裂。故不宜用作催产。

【临床应用】 主要用于产后子宫出血、子宫复原不全及胎衣不下的治疗。治疗产后子宫出血时，胎衣未排出前禁用。

【制剂、用法与用量】 马来酸麦角新碱注射液，1ml：0.5mg，1ml：2mg。肌内注射或静脉注射，一次量，猪、羊 0.5～1mg，犬 0.1～0.5mg。

前列腺素

前列腺素（PG）为一类化学结构近似的自体活性物质的总称，广泛分布于机体组织和体液中，本品从动物精液或猪、羊的精囊中提取，现已能人工合成。

前列腺素的种类很多，根据其构型的不同，可分为 A、B、C、D、E、F、G、H、I 九型，但有实际意义的只有 A、B、E、F 四型。PG 具有强大而广泛的生理功能和药理作用，其作用取决于 PG 的种类与所作用的靶组织，在兽医临床上主要利用其对生殖系统的作用，主要是促进发情、排卵及提高受胎率，治疗不孕症和终止妊娠等方面。兽医临床常用的主要有 PGE_1、PGF_2、$PGF_{1\alpha}$、$PGF_{2\alpha}$以及氯前列醇、氟前列醇等。

地诺前列素（$PGF_{2\alpha}$、$PGF_{2\alpha}$）

本品又名黄体溶解素。

【理化性质】 目前多人工合成，为无色结晶，溶于水、乙醇。

【药理作用】

① 溶解黄体，抑制孕酮的合成　一方面 $PGF_{2\alpha}$直接作用于黄体细胞，使孕酮分泌减少，另一方面能选择性地减少黄体血流量，使黄体缺血、萎缩、退化而溶解，最后使孕酮合成抑制。利用这一特点可使母畜同期发情和排卵。

② 兴奋子宫平滑肌　$PGF_{2\alpha}$对子宫平滑肌有强烈的收缩作用，特别是妊娠子宫非常敏感，子宫平滑肌张力增加，子宫颈松弛，有利于催产、引产。促进输卵管收缩，影响精子的发生和移行。

【临床应用】 主要用于畜群的同期发情；治疗母畜卵巢黄体囊肿及持久黄体；也可用于母猪催情，使断奶母猪提早发情和配种；用于催产、引产、子宫蓄脓、慢性子宫内膜炎、排出死胎；增加公畜的精液射出量和提高人工授精率。

【制剂、用法与用量】 地诺前列素注射液，1ml：1mg、1ml：5mg。肌内或子宫内注射，一次量，马、牛 6～20mg，羊、猪 3～8mg。

氯前列醇

【理化性质】 本品为人工合成的 $PGF_{2\alpha}$同系物。为白色或黄白色非晶型粉末。常用其钠盐，溶于水和醇。

【药理作用】 本品有强烈溶解黄体及收缩子宫的作用，对怀孕 10～150 天的母牛给药后 2～3 天流产，而非妊娠牛于用药后 2～5 天发情。

【临床应用】 临床主要用于同期发情、催产、引产及子宫蓄脓的治疗，还可用于诱导母猪分娩。

【注意事项】 对循环、呼吸、消化系统有疾病的患畜禁用。宰前 1 天停药，无需休药期。

【制剂、用法与用量】 氯前列醇注射液，2ml：175μg、2ml：500μg。肌内注射，一次量，牛 500μg/头，猪 175μg/头。

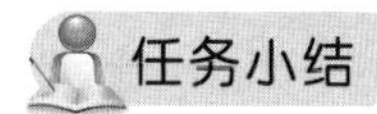

任务小结

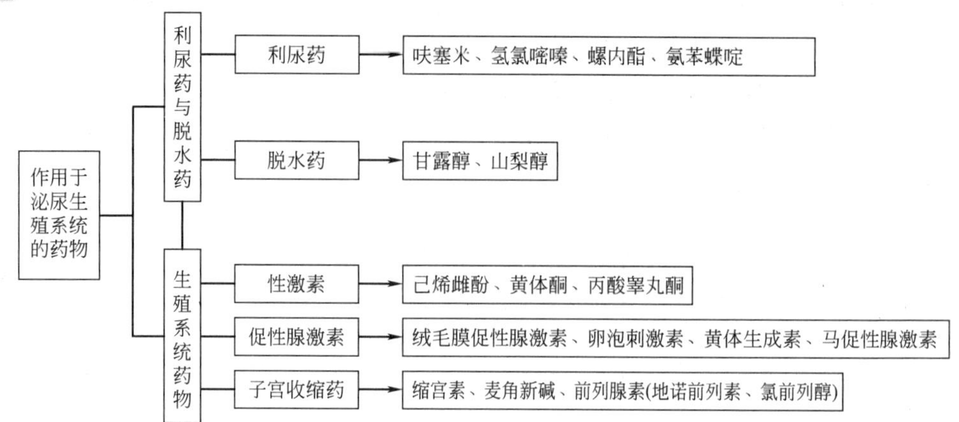

思考与复习

1. 利尿药与脱水药有何区别?
2. 比较垂体后叶素与麦角新碱的作用特点及应用时的注意事项。
3. 孕激素有何作用?在兽医临床和畜牧生产上有何用途?
4. 对家畜繁殖有影响的生殖激素有哪些?它们有什么用途?
5. 试述孕马血促性素的作用及其临床应用。

执业考证

1. 牛超数排卵时能显著促进卵泡发育的激素是(　　)。

A. 雌二醇　　B. 前列腺素　　C. 促黄体素　　D. 人绒毛膜促性腺激素

E. 马绒毛膜促性腺激素

2. 奶牛,离分娩尚有1月余。近日出现烦躁不安,乳房胀大,临床检查心率90次/分,呼吸30次/分,阴门内有少量清亮黏液。最适合选用的治疗药物是(　　)。

A. 雌激素　　B. 黄体酮　　C. 前列腺素　　D. 垂体后叶素

E. 马绒毛膜促性腺激素

任务十 代谢平衡和营养调节用药

学习目标

基本概念：微生态制剂。

基本知识点：常用新陈代谢调节用药，包括水盐代谢平衡用药和常用营养用药。

技能目标：常用新陈代谢调节药物的使用，包括水盐代谢平衡药物和常用营养药物的使用。

工作任务导入

1. 维持动物机体水盐代谢平衡的治疗用药。
2. 常见动物营养缺乏的治疗用药。

案例分析

案例 1 黑龙江某养殖户饲养波尔山羊 76 只，全部饲喂当地的饲料、饲草。2013 年 4 月 28 日，有几只羊发病并死亡。病初为急性发作，不见症状突然倒地昏迷死亡。大多数羔羊呈亚急性经过，表现为卧地不愿起立、运动不协调、体温高、呼吸急迫、心律不齐、排尿次数增多并呈淡红色，随即口吐白沫、呼吸困难，多昏迷而死亡。经剖检发现，病死羊四肢主要骨骼肌色淡苍白，切面似煮肉样或石灰样，心肌有灰白区。经实验室饲料检验，每千克饲料硒含量为 29mg。

【确诊疾病】 波尔山羊白肌病

【所用药物】 亚硒酸钠维生素 E 注射液、维生素 B_1、维生素 E。

【用药方案】 发病羊肌内注射 0.2%亚硒酸钠维生素 E 注射液 1.5～2.0ml、维生素 B_1 100mg，每隔 3 日 1 次，连用 3 次；同时每只、每次口服维生素 E 丸剂 3 丸。对没有发病的羊，在饲料中添加含硒添加剂及 0.5%的植物油。同时，母羊肌内注射 0.25%亚硒酸钠维生素 E 注射液 2ml，羔羊肌内注射 1ml，每月注射 1 次。

【效果分析】 采取上述防治措施后，4 只病羔羊全部治愈，并再无新病例发生。因此，定期补硒是预防羊白肌病的有效措施。

案例 2 2013 年 2 月，辽宁省某养猪专业户饲养猪 35 头。该户每天用自家大豆做豆腐的副产品豆腐渣、豆浆水为主要饲料，外加少量玉米面喂猪。多数猪的营养状态不佳，所有母猪消瘦、毛焦、精神不振，育肥猪生产发育缓慢、膘情不好、被毛无光泽、皮屑增多、眼角有眼眵，个别的出现运动失调和腹泻。

【确诊疾病】 猪维生素A缺乏症

【所用药物】 维生素AD_3粉、苍术。

【用药方案】 维生素AD_3粉，每袋500g，每袋拌料50kg，连喂1周。1周后改为按说明书预防量拌料。苍术1500g研为细末，7头母猪按每日150g拌于饲料中饲喂，每日1次，连用10天。

【效果分析】 根据母猪和育肥猪的不同，在饲料中增喂适量的黄玉米面、豆粕和青绿饲料。经以上治疗和改进饲料配方1周后，猪的精神状态有所好转，皮肤的痂皮逐步脱落、被毛渐有光泽、食欲恢复，猪的神经症状、眼干燥症基本消除，达到了较好的治疗效果。

必备知识一 水盐代谢平衡药物

一、调节水盐代谢药物

氯 化 钠

【理化性质】 氯化钠为白色结晶性粉末，无臭、味咸、有吸湿性，易溶于水，微溶于乙醇。水溶液呈中性。应密封保存。

【药动学】 动物摄入的氯化钠，通过肠黏膜吸收迅速且完全，并广泛分布于全身各组织器官，大部分经肾脏随尿排出，少部分随汗排出。

【药理作用】 ①维持细胞外液恒定的渗透压和容量，细胞外液中90%晶体渗透压是依靠氯化钠维持和调节。②调节体液的酸碱平衡。血液缓冲系统中的主要缓冲碱为HCO_3^-，常由于钠离子的增减而升降，因而钠盐参与体液平衡的调节。③维持神经肌肉的兴奋性，当Na^+、K^+浓度增高时，则肌肉应激性增高。

【临床应用】 氯化钠主要用于防治低钠综合征、低渗性脱水和等渗性脱水（如烧伤、腹泻、中毒、休克）等，也可用于失血过多、血压下降。临床上应用1%～3%氯化钠溶液冲洗新鲜创、5%～10%氯化钠溶液冲洗化脓创。生理盐水可用于洗眼、洗鼻及洗口腔，也可作为某些粉针剂的稀释液。

【注意事项】 禁用于肺水肿，对有心脏衰弱、肾炎、腹腔积液、颅内疾病及有酸中毒倾向的患畜应慎用。

【制剂、用法与用量】 氯化钠注射液（生理盐水），500ml：4.5g、1000ml：9g。静脉注射，一次量，马、牛1000～3000ml，猪、羊250～500ml，犬100～500ml。

浓氯化钠注射液，50ml：5g、250ml：25g。用法与生理盐水相同。

复方氯化钠注射液（林格液），100ml：（氯化钠0.85g、氯化钙0.033g、氯化钾0.03g）。用法与生理盐水相同。

氯 化 钾

【理化性质】 氯化钾为无色长棱形、立方体形结晶或白色结晶性粉末，无臭、味咸涩，易溶于水，在乙醇或乙醚中不溶，应密封保存。

【药动学】 动物从饲料或内服摄入的氯化钾，在肠道内进行吸收，钾离子在体内以肌肉分布最多，皮肤、红细胞、内脏及软组织次之。大部分由肾脏排出，经粪便也有少量排出。

【药理作用】 ①维持细胞内的渗透压和体液酸碱平衡。钾离子是细胞内的主要阳离子，对维持细胞内的渗透压和酸碱平衡极为重要，若钾离子代谢失调，常导致水及酸碱平衡紊乱。②参与糖、蛋白质和能量的代谢。细胞内糖原分解为葡萄糖时，钾离子由细胞内释放到细胞外，而当细胞内糖原合成时，钾离子又从细胞外进入细胞内。同样，在蛋白质的代谢过程中，钾离子也起着重要的作用。③维持心脏的自动节律和神经肌肉的兴奋性。血液中适当浓度的钾离子是心脏的自动节律和神经冲动传导所必需的物质。

【临床应用】 主要用于各种疾病所引起的低血钾的辅助治疗，如肝硬化、剧烈腹泻和呕吐，以及长期应用利尿剂和肾上腺皮质激素的家畜。也可用于强心苷中毒。

【注意事项】 内服对动物胃肠刺激很大，应饲喂后给药；静脉注射时，速度不可过快，应稀释后缓慢滴注；慢性肾功能不全、尿闭和脱水的动物，排钾缓慢，易引发高血钾症，应慎用或禁用。

【制剂、用法与用量】 氯化钾注射液，10ml：1g。静脉注射，一次量，马、牛 2～5g，猪、羊 0.5～1g，必须用 5%葡萄糖注射液稀释成 0.1%～0.3%浓度后缓慢注射。

口服补液盐

【理化性质】 畜禽口服补液盐其构成比例为氯化钠 3.5g、碳酸氢钠 2.5g、氯化钾 1.5g、葡萄糖 20g，混合均匀制成白色粉剂。使用时，溶解于 1000ml 蒸馏水中。

【药动学】 口服补液盐含动物机体所必需的营养成分葡萄糖、K^+、Na^+、Cl^-、HCO_3^-，动物口服后可以扩充血容量，利用以上离子和葡萄糖的协同作用调节体内电解质及酸碱平衡。

【药理作用】 纠正代谢性酸中毒，具有碱化尿液、中和胃酸、祛痰、健胃等作用，K^+ 还参与糖及蛋白质代谢，从而维持神经肌肉兴奋性和心脏自动节律，增加机体抗病力。

【临床应用】 动物细菌性疾病、病毒性疾病的辅助治疗，缓解某些中毒性的疾病及发挥抗应激作用；还可用于早期断奶仔猪的腹泻。此外，口服补液盐还能促进动物生长发育，可提高仔畜、幼畜的成活率，增加动物肉、蛋、奶产量，提高羊毛产量。

【注意事项】 动物剧烈腹泻未停前、胃肠阻塞未通者、伴有休克或病情严重者及发生食盐中毒者不能应用。此外，本品不能与酸性药物配伍，对大中型动物及危重病畜急救时应先输液，后酌情用本品补液。

【制剂、用法与用量】 临用前在 1L 40℃的温水中加 27.5g 口服补液盐（ORS）配成溶液，或适当稀释后供动物自饮或灌服。用量每日按 30～40ml/kg，分 4～6 次补完。一般情况下，马、牛一次量 3000～5000ml；猪、羊一次量 500～1000ml，1～2 次/天。

二、调节酸碱平衡药物

碳酸氢钠

【理化性质】 碳酸氢钠为白色结晶性粉末，无臭、味咸，在潮湿空气中即缓缓分解，水溶液放置稍久、振摇或加热时，碱性即增强。本品在水中溶解，乙醇中不溶。

【药动学】 碳酸氢钠进入机体后，解离为 Na^+ 和 HCO_3^-，HCO_3^- 与细胞外液中的 H^+ 化合成 H_2CO_3，然后解离为 H_2O 和 CO_2，CO_2 经肺排出后，体内 H^+ 浓度明显降低，则可有效纠正代谢性酸中毒。

【药理作用】 ①碳酸氢钠内服后可中和胃酸，缓解幽门括约肌的紧张度。②参与体液的酸碱平衡。作为缓冲物质，能够增加血液中的碱储，降低血液中的 H^+ 的浓度。③碳酸氢钠可增高尿液的碱性。可减少磺胺类药物或水杨酸在尿道析出结晶的副作用。④内服碳酸氢钠还能够溶解或稀释痰液，发挥其祛痰的作用。

【临床应用】 碳酸氢钠是防治酸中毒的首选药。还可用于碱化尿液、健胃、祛痰及外用。

【注意事项】 碳酸氢钠对局部组织有刺激作用，静脉注射时勿漏出血管外，用量过大时，可导致代谢性碱中毒。对心脏衰弱、肾功能不全、缺钾或水肿等患畜，应慎用。

【制剂、用法与用量】 碳酸氢钠注射液，10ml：0.5g、250ml：12.5g、500ml：25g。静脉注射，一次量，马、牛 15～30g，猪、羊 2～6g，犬 0.5～1.5g，用 2.5 倍生理盐水稀释成 1.4%的浓度进行注射。

碳酸氢钠片，0.3g、0.5g。内服，一次量，马 15～60g、牛 30～100g、猪 2～5g、羊 5～10g、犬 0.5～2g。

乳 酸 钠

【理化性质】 乳酸钠为无色或微黄色结晶或黏稠液体，几乎无臭，味微酸，有引湿性。易溶于水、乙醇、甘油。

【药动学】 本品静脉注射后直接进入血液循环。乳酸钠在体内经肝脏氧化生成二氧化碳和水，两者在碳酸酐酶催化下生成碳酸，再解离成碳酸氢根离子而发挥作用。

【药理作用】 在有氧条件下，乳酸钠经机体肝脏乳酸脱氢酶的作用，氧化成丙酮酸，再经三羧酸循环的脱羧作用，生成二氧化碳，进而转化为碳酸氢根离子，发挥纠正酸中毒的作用。

【临床应用】 本品主要用于纠正代谢性酸中毒，由于其作用不及碳酸氢钠稳定、迅速，故临床应用较少。但在高血钾症或普鲁卡因等药物引起的心律失常伴发酸中毒时，仍以乳酸钠治疗为宜。

【注意事项】 对伴有休克、缺氧、肝功能失常或右心衰竭的酸中毒，应选择碳酸氢钠，不宜使用乳酸钠，特别是乳酸钠中毒时，更不能使用，否则引起代谢性碱中毒。

【制剂、用法与用量】 乳酸钠注射液，20ml：2.24g、50ml：5.60g、100ml：11.20g。静脉注射，一次量，马、牛 200～400ml，猪、羊 40～60ml，用 5 倍生理盐水稀释成 1.9%的浓度进行注射。

缓 血 酸 胺

【理化性质】 为白色结晶固体或粉末，略有特异臭，易溶于水，水溶液为碱性，应避光密闭保存。

【药理作用】 本品为不含钠的有机氨基碱，对纠正酸中毒有双重作用，能通过细胞膜，对细胞内、外体液均有缓冲作用，既能中和挥发性酸，又能清除碳酸，并且不含钠，适用于忌钠病例。

【临床应用】 本品适用于治疗代谢性酸中毒和急性呼吸性酸中毒。也可应用于伴有急性肾功能衰竭、水肿或心力衰竭的酸中毒的患畜。

【注意事项】 本品呈碱性，注射时，药液不可漏出血管内，否则会引起局部组织坏死。

慢性呼吸性中毒及肾性酸中毒忌用。

【制剂、用法与用量】 缓血酸胺注射液，10ml：0.725g、20ml：1.456g、100ml：7.28g。静脉注射时，用等量5%葡萄糖注射液稀释后输入。一次量，用7.28%的缓血酸胺注射液每千克体重2～3ml。

必备知识二　常见营养药物

一、维生素与类维生素物质

维生素是动物体维持正常代谢和功能所必需的一类有机化合物，是构成酶的辅酶（或辅基），参与机体物质和能量代谢。分脂溶性和水溶性两大类，脂溶性维生素包括维生素A、维生素D、维生素E和维生素K。水溶性维生素包括B族维生素和维生素C。缺乏时，可引起动物特定的维生素缺乏症。

1. 脂溶性维生素

维生素A

【理化性质】 为淡黄色油溶液，或结晶与油混合物（加热至60℃为澄清溶液），无败油臭；不溶于水，易溶于油脂溶剂；在空气中易氧化，遇光易变质。

【药动学】 在动物性饲料中，维生素A主要以酯形式存在，进入动物肠道被胰脂酶水解后，游离出的维生素A被肠黏膜吸收，然后通过淋巴循环贮存于肝脏，当组织器官需要时，它从肝中释出供利用。体内的维生素A几乎全部被代谢，其代谢产物主要由尿中排出。

【药理作用】 ①构成视觉细胞内感光物质。视网膜含有的杆细胞中存在的感光色素是视紫红质，而维生素A是它的组成成分之一。②维持上皮组织的完整性。维生素A参与细胞间质黏多糖的合成，黏多糖是维持上皮组织正常结构和功能所必需的物质。③参与维持正常的生殖功能。缺乏维生素A可影响受精卵的植入和受精，引起胎儿被吸收、流产、死胎，影响公畜精子的生成，性功能和繁殖效率下降。④促进动物的生长、发育。维生素A可促进幼畜的生长发育，参与骨骼、牙齿等组织的生长。

【临床应用】 本品适用于防治维生素A缺乏症，补充妊娠期、泌乳期及仔畜生长期的需要。也可用于增加机体对感染的抵抗力，对皮肤、黏膜炎症的治疗以及烧伤，有促进愈合的作用。

【注意事项】 本品大量或长期摄入可发生中毒，表现为食欲不振、体重减轻、关节疼痛、皮肤瘙痒等症状。

【制剂、用法与用量】 维生素AD油，1g含维生素A 5000单位。内服，一次量，马、牛20～60ml，猪、羊10～15ml，禽1～2ml，犬5～10ml。

维生素AD注射液，1ml含维生素A 50 000单位，有0.5ml、1ml、5ml三种针剂。肌内注射，一次量，马、牛5～10ml，猪、羊2～4ml，羔羊、仔猪0.5～1ml。

维生素D

【理化性质】 维生素D为白色晶体，能溶于脂溶性溶剂；耐热，特别是在中性及碱性溶液中能耐高温和氧化，但在酸性溶液中较不稳定，逐渐分解、失效。

【药动学】 维生素D在肠内吸收必须有胆汁的协助，到血液后，与血浆中的α-球蛋白结合，被转运至肝脏贮存，也有少量分布在肾、脑和皮肤。维生素D主要从胆汁排入肠腔，随粪便排出，也有一部分从乳汁排出。

【药理作用】 ①促进小肠对钙、磷的吸收。维生素D增加钙对骨的供应，从而促进成骨作用。②维持血液循环中的钙离子正常水平。维生素D的这种作用，需要甲状旁腺激素和降钙素的参与。

【临床应用】 临床上主要用于防治维生素D的缺乏症，如佝偻病、骨软症等，对泌乳畜、幼畜和妊娠母畜补充维生素D，以促进饲料中钙、磷的吸收。

【注意事项】 本品大量应用易引起高血钙、骨变脆、肾结石等，家畜表现为食欲不振、腹泻，猪出现肌肉震颤和运动失调等症状。

【制剂、用法与用量】 维生素D_2注射液，0.5ml∶3.75mg（15万单位）、1ml∶7.5mg（30万单位）、1ml∶15mg（60万单位）。肌内注射，一次量，每1kg体重1500～3000单位。

维生素K

具体介绍见任务八。

维生素E

本品又名生育酚。

【理化性质】 维生素E为微黄色或黄色透明的黏稠液体；几乎无臭，遇光色渐变深，本品在无水乙醇、丙酮、乙醚或石油醚中易溶，在水中不溶。

【药动学】 维生素E在小肠吸收后，经淋巴进入血液，以脂蛋白为载体而进行转运，分布到体内各组织。大部分代谢产物是从胆汁经粪便排出，部分代谢产物可经尿排泄。

【药理作用】 ①具有抗氧化作用。维生素E可保护维生素C和维生素A免于氧化破坏，并能阻止生物膜中不饱和脂肪酸的过氧化反应。②维护内分泌功能。维生素E可促进性激素分泌，调节性腺的发育和功能，并能防止流产，提高繁殖力。

【临床应用】 主要用于防治畜禽维生素E的缺乏症，还可用于缓解或治疗溶血性贫血。

【注意事项】 饲料中的不饱和脂肪酸含量越高，动物对维生素E的需求量越大；饲料中矿物质、糖的含量变化，其他维生素的缺乏等均可加重维生素E的缺乏。

【制剂、用法与用量】 维生素E注射液，1ml∶50mg、10ml∶500mg。皮下、肌内注射，一次量，犊、驹0.5～1.5g，仔猪、羔羊0.1～0.5g，犬0.03～0.1g。

2. 水溶性维生素

维生素B_1

【理化性质】 维生素B_1为白色结晶或结晶性粉末；有微弱的特臭，味苦；干燥品在空气中迅速吸收约4%的水分。在水中易溶，在乙醇中微溶，在乙醚中不溶。

【药动学】 摄入体内的维生素B_1分布于各组织中，以肝、脑、肾分布较多，小部分被小肠吸收后，大部分由粪便排出。

【药理作用】 ①促进正常的糖代谢。维生素B_1参与糖代谢过程中的α-酮酸氧化脱羧反应，发挥丙酮酸脱氢酶系的辅酶作用。②抑制胆碱酯酶活性。维生素B_1通过抑制胆碱酯酶的活性，来加强胃肠蠕动和分泌，以及影响神经传导功能。

【临床应用】 除用于防治维生素 B_1 缺乏症，还可用于神经炎、牛酮血症、心肌炎及消化不良等疾病的辅助治疗。

【注意事项】 维生素 B_1 多与其他 B 族维生素或维生素 C 合用，发挥对代谢的综合疗效；维生素 B_1 对多种抗生素如氨苄西林、邻氯青霉素、多黏菌素等有不同程度的灭活作用，故不宜混合注射。

【制剂、用法与用量】 维生素 B_1 注射液，1ml：10mg、1ml：25mg、1ml：250mg。皮下、肌内注射，一次量，牛、马 100～500mg，猪、羊 25～50mg，犬 10～25mg。

维生素 B_1 片 10mg，50mg。内服，用量同维生素 B_1 注射液。

维生素 B_2

本品又名核黄素。

【理化性质】 维生素 B_2 为橙黄色结晶性粉末；微臭，味微苦；溶液易变质，在碱性溶液中或遇光变质更快。本品在水、乙醇、三氯甲烷或乙醚中几乎不溶，在稀氢氧化钠溶液中溶解。

【药动学】 维生素 B_2 内服或注射均易吸收，吸收能均匀分布于各组织中，但存储很少，摄入过量时，以原型由尿排出。

【药理作用】 ①在体内构成黄酶的辅酶或辅基。在机体生物氧化的呼吸链中起传氢作用。②参与机体三大物质的代谢。当缺乏时，就会影响生物氧化，使物质代谢发生障碍。③参与维持眼的正常视觉功能。

【临床应用】 本品用于防治维生素 B_2 缺乏症，常与维生素 B_1 合用，用以发挥维生素 B 复合体的综合疗效。也用于难治性低血色素性贫血。

【注意事项】 维生素 B_2 对多种抗生素都有灭活作用，故禁与抗生素混合注射。

【制剂、用法与用量】 维生素 B_2 注射液，2ml：10mg、5ml：25mg、10ml：50mg。皮下、肌内注射，一次量，牛、马 100～150mg，猪、羊 20～30mg，犬 10～20mg。

维生素 B_2 片，5mg、10mg。内服，用量同维生素 B_2 注射液。

维生素 B_6

【理化性质】 维生素 B_6 为白色或类白色结晶或结晶性粉末；无臭，味酸苦；遇光渐变质，本品在水中易溶，在乙醇中微溶，在三氯甲烷或乙醚中不溶。

【药动学】 由于饲料中维生素 B_6 含量丰富，而且家畜肠道内的微生物又能合成维生素 B_6，所以一般家畜很少发生维生素 B_6 缺乏症。

【药理作用】 维生素 B_6 在体内经磷酸化后，生成磷酸吡哆醛及磷酸吡哆胺，参与氨基酸代谢，发挥辅酶的作用。磷酸吡哆醛还参与脂肪代谢中的亚油酸转变为四烯酸过程。

【临床应用】 主要用于维生素 B_6 缺乏症的治疗，也可用于长期和大量服用异烟肼而引起的神经炎和胃肠道反应。

【制剂、用法与用量】 维生素 B_6 注射液，1ml：25mg、1ml：50mg、2ml：100mg、10ml：500mg。肌内注射、静脉注射，一次量，牛、马 3～5g，猪、羊 0.5～1g。

维生素 B_6 片，10mg。内服，用量同维生素 B_6 注射液。

烟　酸

【理化性质】 烟酸为白色结晶或结晶性粉末；无臭或有微臭，味微酸；水溶液呈酸性反应。本品在沸水中或沸乙醇中溶解，在水中略溶，在乙醇中微溶，在乙醚中几乎不溶。

【药动学】 烟酸主要是以辅酶的形式存在于食物中，经消化后于胃及小肠吸收。吸收后以烟酸的形式经门静脉进入肝脏。过量的烟酸大部分从尿中排出。

【药理作用】 烟酸在体内转变为烟酰胺，在体内的生物氧化中脱氢和加氢，充分发挥脱氢酶辅酶的作用，因此烟酸和烟酰胺统称为维生素 PP。烟酸还有较强的外周血管扩张作用。

【临床应用】 临床上常用于维生素 PP 缺乏所引起的疾病。

【制剂、用法与用量】 烟酸片，50mg、100mg。内服，一次量，成年家畜，每 1kg 体重，马、牛、猪、羊、犬 0.2～0.6mg；幼畜，每 1kg 体重不超过 0.3mg。

泛酸钙

【理化性质】 泛酸通常以其钙盐——泛酸钙形式结晶存在。泛酸钙为白色粉末，无臭，味微苦；有引湿性。水溶液显中性或弱碱性反应。本品在水中易溶，在乙醇中极微溶解，在三氯甲烷或乙醚中几乎不溶。

【药动学】 泛酸能从整个胃肠道吸收，在体内只有少量被代谢，大部分都以原型由尿排出，少量随粪便排出。

【药理作用】 泛酸是辅酶 A 组成成分之一。辅酶 A 参与蛋白质、脂肪、糖代谢，起乙酰化作用。

【临床应用】 用于猪、鸡的泛酸缺乏症，草食动物极少发生。在防治其他维生素缺乏症同时给予本品，可提高疗效。

【制剂、用法与用量】 泛酸片，20mg。内服，一日量，每 1kg 体重，猪 0.17mg，犬 0.055mg；禽混饲，为每 1000kg 饲料加 8g。

叶酸

具体介绍见任务八。

生物素

本品又名维生素 H。

【理化性质】 生物素为白色针尖状结晶，能溶于水，对热稳定，但在氧化剂、强酸、强碱环境中易破坏。

【药动学】 生物素进入机体后，被转运到以肝脏和肾脏为主的细胞中发挥作用。生物素在细胞中发挥作用后，大部分被降解为双降生物素，连同未降解的生物素一起从尿中排出，而未被小肠吸收的生物素则由粪中排出。

【药理作用】 生物素为动物酶体系中的辅酶。雏鸡缺乏时，发育缓慢，脚、喙、眼及周围发炎。产蛋鸡缺乏时，产蛋率和孵化率降低，死胚较多，新孵化出的雏鸡产生骨短粗症等畸形症状。毛皮动物缺乏时，出现被毛卷曲、换毛障碍等症状。母猪缺乏时，裂蹄概率升高。

【临床应用】 临床上主要用于生物素的缺乏症。

【制剂、用法与用量】 2%生物素，即罗维素 H-2，是维生素类添加剂。每吨饲料中，猪 100～200mg，禽 100～250mg，毛皮动物 200～300mg。

维生素C

本品又名抗坏血酸。

【理化性质】 维生素C为白色结晶或结晶性粉末，无臭，味酸，久置色渐变微黄，水溶液显酸性反应。本品在水中易溶，在乙醇中略溶，在三氯甲烷或乙醚中不溶。

【药动学】 动物内服后易吸收，分布于各组织中，以肾上腺皮质及垂体含量最高，体内储存极少。维生素C大部分转化后由尿排出，小部分以原型排出。

【药理作用】 ①参与体内氧化还原反应。维生素C在体内组成氧化还原系统，发挥递氢作用。②参与细胞间质的形成。胶原蛋白是细胞间质的主要成分，而维生素C能促进胶原蛋白的生成。③参与解毒功能。维生素C在体内能使氧化型的谷胱甘肽转变为还原型谷胱甘肽，从而保护含巯基的酶，使细胞膜避免毒物的破坏。④增强机体对疾病的抵抗力。维生素C能提高白细胞和吞噬细胞的功能，促进抗体形成，增强抗应激能力，维护肝脏的解毒功能，改善心血管功能。⑤促进消化酶的活性。动物胃肠道内的多种消化酶可通过维生素C来激活，从而促进营养的消化。

【临床应用】 临床上主要用于维生素C的缺乏症，治疗家畜各种急、慢性传染病和高热病，也可用于各种贫血及高铁血红蛋白症，砷、铅、汞等慢性中毒。另外，维生素C对创伤愈合、过敏性疾病也有一定的辅助治疗作用。

【注意事项】 本品对多种抗生素都有不同程度的灭活作用，不能混合注射；不能与氨茶碱等强碱性注射液配伍；在瘤胃内，维生素C易被破坏，故反刍动物不宜内服。

【制剂、用法与用量】 维生素C片，100mg。内服，一次量，马1～3g，猪0.2～0.5g，犬0.1～0.5g。

维生素C注射液，2ml∶0.1mg、2ml∶0.25mg、5ml∶0.5mg、20ml∶2.5mg。肌内注射、静脉注射，一次量，马1～3g，牛2～4g，猪、羊0.2～0.5g，犬0.02～0.1g。

3. 类维生素物质

一些物质，尽管不是真正的维生素类，但它们所具有的生物活性却非常类似维生素，通常称它们为“类维生素物质”。类维生素物质在生产上具有特殊功效，如水溶性氯化胆碱、甜菜碱和微溶于水的二氢吡啶等。

氯化胆碱

【理化性质】 氯化胆碱为白色结晶，味咸苦，极易溶于水，易溶于乙醇。在碱性溶液中不稳定，有吸湿性，吸收二氧化碳时有氨味。

【药理作用】 本品由于提供甲基，能促进体内氨基酸的再构成，能够预防脂肪在肝胃中的积累及组织变质，具有提高鸡产蛋率、加速畜禽增重、提高饲料利用率的特点。

【临床应用】 主要用于氯化胆碱的缺乏症，治疗家畜的急、慢性肝炎及马属动物的妊娠毒血症。

【注意事项】 动物对氯化胆碱的需要量大于维生素，但在哺乳、生长和肥育期每千克饲料添加2g时，猪的日增重降低。

【制剂、用法与用量】 复方胆碱注射液，2ml∶150mg。肌内注射，一次量，马、牛20～80ml，羊、猪4～6ml。

粉剂或溶液剂。把所需量的本品与10倍量的饲料混合，然后再与所需饲料总量均匀混合即可。小鸡及孵卵时母鸡 600mg/kg，成年鸡 500mg/kg；母猪、仔猪 300mg/kg，育肥猪 250mg/kg；成年马 200mg/kg，马驹 300mg/kg。

甜 菜 碱

【理化性质】 甜菜碱为季铵型生物碱，通常含有一分子结晶水，具有两性，水溶性呈中性，有甜味，极易溶于水，溶于甲醇、乙酸等，微溶于乙醚，极易潮解。

【药理作用】 作为甲基供体来源，甜菜碱提供甲基的功效是氯化胆碱的 1.2 倍，为蛋氨酸的 3.8 倍。胆碱本身不能作为甲基供体，必须先输到线粒体，氧化成甜菜碱，最后释放到细胞液，才能作为甲基供体。

【临床应用】 可用于提高猪胴体的肉质，能够代替蛋氨酸，供营养之用，还有防治猪、鸡脂肪肝的作用。

【制剂、用法与用量】 粉剂。混饲，每 1kg 饲料，断奶仔猪 0.2～2g，育肥猪 1～2g，妊娠母猪 0.5～1.5g，肉鸡 0.5～2g，蛋鸡 0.5～1g。

二 氢 吡 啶

【理化性质】 二氢吡啶为淡黄色细粉末结晶，微溶于水，能溶于热乙醇，易氧化。

【药动学】 本品在动物体内通过胃肠吸收，随尿排出，粪尿排泄物中标记的代谢物占食入量的 97%～99%。在其他器官和组织中很少存留，对动物不产生突变和胚胎中毒。

【药理作用】 本品能抑制脂类化合物的氧化过程，形成保护层，用以隔断微粒体电子输送还原型辅酶Ⅱ的活体，从而抑制生物膜氧化，稳定体内的细胞组织，因而可提高畜禽的日增重。

【临床应用】 主要用于提高奶牛发情期受胎率及种公牛精子质量，提高瘦肉率；此外，还可用作饲料添加剂及食油的抗氧化剂。

【制剂、用法与用量】 粉剂。混饲，一次量，奶牛、羊 100～150mg/kg，猪 200mg/kg，鸡 150mg/kg。

二、钙、磷与微量元素

1. 钙、磷

氯 化 钙

【理化性质】 氯化钙为白色、坚硬的碎块或颗粒，无臭，味微苦，极易潮解。

【药动学】 氯化钙主要在小肠的前段吸收，并且肠内酸碱度影响钙的吸收，饲料中的维生素 D 能促进钙的吸收。饲料中没有被吸收的钙由粪便排出，血液中的钙主要由尿排出。

【药理作用】 ①促进动物的骨骼和牙齿的钙化成形，从而有助于动物正常发育。②维持神经肌肉组织正常兴奋性。血钙浓度低于正常水平时，神经肌肉兴奋性升高，甚至引起肌肉强直性痉挛；血钙浓度过高，则神经肌肉兴奋性降低，出现肌肉软弱无力。③抗过敏、消炎的作用。钙能使微血管内皮细胞间隙致密，降低毛细血管通透性，减少渗出和防止水肿作用。④其他作用。氯化钙还有促进血凝、解除镁中毒等作用。

【临床应用】 主要用于钙的缺乏症，如乳牛产后瘫痪、骨软症、佝偻病。也可用于某些过敏性疾病的治疗，如荨麻疹、渗出性水肿、瘙痒性皮肤病。也可解救硫酸镁的中毒。

【注意事项】 静脉注射要缓慢进行，以防心脏骤停于收缩期，并且不可漏于血管之外，防止机体局部组织肿胀和坏死；应用洋地黄或肾上腺素时禁用钙剂。

【制剂、用法与用量】 氯化钙注射液，10ml：0.3mg、10ml：0.5mg、10ml：0.6mg、20ml：1g。静脉注射，一次量，马、牛 20～60g，猪、羊 1～15g，犬 0.1～1g。

葡萄糖酸钙

【理化性质】 葡萄糖酸钙为白色颗粒性粉末，无臭，无味。本品在沸水中易溶，在水中缓缓溶解，在无水乙醇、三氯甲烷或乙醚中不溶。

【药动学】 葡萄糖酸钙主要在小肠的前段吸收，饲料中没有被吸收的钙由粪便排出，血液中的钙主要由尿排出。

【药理作用】 葡萄糖酸钙有促进动物骨骼和牙齿的钙化成型和正常发育、维持神经肌肉组织正常兴奋性、抗过敏、消炎、促进血凝、解除镁中毒等作用。

【临床应用】 本品的优点是对组织刺激性小，比氯化钙应用广。主要用于防治钙的代谢障碍。

【制剂、用法与用量】 葡萄糖酸钙注射液，20ml：1g、50ml：5g、100ml：10g、500ml：50g。

静脉注射，一次量，马、牛 20～60g，猪、羊 5～15g，犬 0.5～2g。

磷酸二氢钠

【理化性质】 磷酸二氢钠为无色结晶或白色粉末，易溶于水，应密封保存。

【药动学】 磷酸二氢钠中的磷元素与钙一致，主要在小肠的前段吸收，若机体缺乏维生素 D，则直接影响对磷的吸收，饲料中没有被吸收的磷由粪便排出，血液中的磷主要由尿排出。

【药理作用】 本品能参与维持细胞膜的结构和功能，用于机体的能量代谢，对蛋白质的合成、调节体液的酸碱平衡、畜禽繁殖都有重要作用。

【临床应用】 临床上可用于动物的钙磷代谢障碍、急性低血磷或慢性缺磷症等疾病。

【制剂、用法与用量】 磷酸二氢钠粉。内服，一次量，马、牛 90g，3 次/天。

2. 微量元素

硒

【药动学】 动物摄入硒后，硒与血液中的血浆蛋白结合，分布于全身各组织中，其中在脑、脾、肝、肾、小肠和胸腺中含量较高，绝大部分硒由尿液排出，肠道末端吸收的以及从胆汁、肠黏膜排出的硒随粪便排出。

【药理作用】 硒参与过氧化物的还原反应，可以防止细胞膜和组织受过氧化物的损害。参与辅酶 Q_{10} 的合成，从而保证辅酶 Q_{10} 在呼吸链中的递氢作用。此外，硒能促进抗体的产生，增强机体的抵抗力。

【临床应用】 主要用于防治硒缺乏症，与维生素 E 合用，治疗幼畜白肌病效果良好，也用于渗出性素质以及缺硒引起的家畜繁殖率下降。

【注意事项】 硒属于剧毒药物，安全范围小，用量不宜过大，以免中毒。

【制剂、用法与用量】 亚硒酸钠注射液，1ml：1mg，1ml：2mg，5ml：5mg，5ml：10mg。肌内注射，一次量，牛、马 30～50mg，驹、犊 5～8mg，仔猪、羔羊 1～2mg。家禽

1mg 混于饮水 100ml 中自饮。预防时，可适当减量。

亚硒酸钠维生素 E 注射液，1ml∶1mg、5ml∶5mg、10ml∶10mg。肌内注射，一次量，驹、犊 5～8ml，羔羊 1～2ml。

【休药期】 猪在屠宰前休药期为 60 天。

钴

【药动学】 钴易在肠道被吸收，主要分布于肝、肾、肾上腺和骨骼中。大部分钴由尿排出，少量由胆汁和肠黏膜排出。

【药理作用】 钴是维生素 B_{12} 的组成成分，能促进骨髓的造血功能，有抗贫血作用。反刍动物瘤胃内微生物可利用随饲料进入胃内的钴，合成自身需要的维生素 B_{12}。钴还参与脱氧核糖核酸的生物合成和氨基酸代谢。

【临床应用】 主要用于防治恶性贫血、肝脂肪变性等钴缺乏症，也可用于促进食欲和增重。

【注意事项】 本品只能内服，注射无效。摄入过量导致红细胞增多症，主要用于反刍动物钴缺乏症。

【制剂、用法与用量】 氯化钴片或氯化钴溶液，20mg，40mg。内服，一次量，牛 500mg，羊 100mg，犊牛 200mg，羔羊 50mg；预防量，牛 25mg，羊 5mg，犊牛 10mg，羔羊 2.5mg。

铜

【药理作用】 铜能促进骨髓生成红细胞和血红蛋白的合成，促进铁在胃肠道的吸收，促进磷脂的生成而有利于大脑和脊髓的神经细胞形成髓鞘。内服 1%的硫酸铜溶液能刺激胃黏膜反射性地引起呕吐。

【临床应用】 主要用于各种铜的缺乏症。硫酸铜也用作猪、犬的催吐药。

【制剂、用法与用量】 硫酸铜，饲料添加，内服，一日量，牛 2g，犊 1g；羊，每 1kg 体重 20mg。作生长促进剂，混饲，猪 800g，鸡 20g。硫酸铜催吐，用 1%溶液，猪一次内服 50～80ml。

锌

【药动学】 锌主要在十二指肠吸收，吸收率很低，吸收的锌在血浆中与白蛋白、球蛋白结合，转运到全身组织中，它在前列腺和眼的脉络膜中含量最高。锌主要随胰液经粪便排出，并可从胆汁经大肠排出一些，在尿中排锌量很少。

【药理作用】 锌对动物机体的作用广泛，锌参与动物体内碳酸酐酶、碱性磷酸酶、精氨酸酶等多种酶的组成和激活，促进机体的生长发育和组织再生，保护动物皮毛和饮食健康，也参与动物免疫功能过程。

【临床应用】 主要用于锌缺乏症。

【注意事项】 锌对动物毒性较小，但摄入过多也可发生中毒。

【制剂、用法与用量】 硫酸锌。内服，一日量，牛 0.05～0.1g，驹 0.2～0.5g，猪、羊 0.2～0.5g，禽 0.05～0.1g。

锰

【药动学】 锰由消化道吸收，血液中的锰与血浆蛋白结合疏松，分布于全身各组织，在细胞线粒体中浓度最高，在肝、骨、胰、肾及垂体中浓度也较高。体内的锰主要经胆汁、胰液排出，没被吸收的锰，随粪排出。

【药理作用】 锰可促进动物骨骼的生长发育，维持正常的糖代谢和脂肪代谢，可改善肌体的造血功能。

【临床应用】 主要用于动物的锰缺乏症。

【制剂、用法与用量】 硫酸锰。混饲，每 1000kg 饲料添加 242g，可满足各种动物的需要。

铬

【药动学】 铬进入机体后经肠道吸收，并以低浓度广泛分布于动物全身，肝脏和骨组织中铬的含量最高。铬大部分从尿中排出，少量的由胆汁、粪便、毛发和乳汁中排出。

【药理作用】 铬参与动物的糖、脂肪及蛋白质代谢，可使血糖降低，影响脂肪在动物体内的合成与消除，提高机体利用氨基酸合成蛋白质的效率。此外，铬对动物的免疫功能、生产性能、胴体品质改善也都有重要的作用。

【临床应用】 主要用于动物的铬缺乏症。

【注意事项】 正常情况下，添加微量 3 价铬不会引起中毒现象，铬添加过量或使用 6 价铬时，会引起中毒。

【制剂、用法与用量】 吡啶羧酸铬，混饲，每 1kg 饲料添加 200μg。应激牛，一日量，每千克饲料 4mg；0～3 周龄肉仔鸡，每千克饲料，用有机吡啶羧酸铬或无机三氯化铬，0.5～2.0mg。

碘

【药动学】 碘随饲料饮水进入动物体内，在消化道各部位可直接吸收，且消化吸收率特别高。碘在动物体内分布于全身组织器官，但以甲状腺、肌肉、骨骼中含量最高。碘主要通过肾脏随尿排出，少部分通过胃肠道随唾液、胃液、胆汁和粪排出。

【药理作用】 碘是甲状腺素的重要组成成分。甲状腺素具有调节新陈代谢的重要作用，包括促进蛋白质合成、调节能量的转换、加速生长发育等。

【临床应用】 主要用于防治碘缺乏症。

【注意事项】 家禽对碘有较高耐受性，不易产生中毒，但大剂量碘有抗甲状腺素作用。

【制剂、用法与用量】 碘化钾，口服或饮水，一次量，马、牛 2～10g，猪、羊 0.5～2g，犬 0.2～1g。

三、常用必需氨基酸

赖 氨 酸

【理化性质】 白色或类白色的结晶性粉末；无臭，味苦。本品在水中溶解，在乙醇和三氯甲烷中几乎不溶。

【药理作用】 赖氨酸为第一限制性氨基酸，饲料中添加赖氨酸，不仅可以使饲料蛋白质的必需氨基酸平衡和节约蛋白质资源，而且可以改善肉质。

【临床应用】 用于配制氨基酸平衡日粮、改善胴体质量、提高家禽应激能力，还可以延缓黄曲霉素的吸收，减轻腐败饲料导致的肌胃糜烂。

【注意事项】 饲料中不应添加过多的赖氨酸，以防止导致精氨酸的不足。

【制剂、用法与用量】 L-赖氨酸盐。鸡饲料添加量为0.78%～0.85%。

蛋　氨　酸

【理化性质】 白色结晶或结晶性粉末，甜味，略有轻微气味。溶于稀盐酸和氢氧化钠溶液中。

【药理作用】 蛋氨酸可以改善蛋白质平衡，促进保证家禽的生产和生长；蛋氨酸在机体内转化后，生成胱氨酸，可缓解铅、钴、铜、硒等微量元素的中毒；蛋氨酸还是重要的甲基供体，发挥预防脂肪肝的作用。

【临床应用】 除作为饲料添加剂外，蛋氨酸还可以预防脂肪肝，改善鸡胴体品质，减轻鸡啄癖。

【制剂、用法与用量】 饲料级DL-蛋氨酸纯品，鸡饲料添加量一般为0.29%～0.34%。羟基蛋氨酸，有效成分含量为88%，用喷雾装置喷洒在饲料中。

苏　氨　酸

【理化性质】 白色斜方晶系或结晶性粉末。无臭，味微甜。253℃熔化并分解。高温下溶于水，25℃溶解度为20.5g/100ml。等电点为pH 6.16。不溶于乙醇、乙醚和三氯甲烷。

【药理作用】 苏氨酸可调整饲料中氨基酸平衡，促进生长；可改善肉质；改善氨基酸消化率低的饲料原料的营养价值；可降低畜禽粪便和尿液中的含氮量，畜禽舍中氨气浓度及释放速度。

【临床应用】 广泛用于添加仔猪饲料、种猪饲料、肉鸡饲料等。

【制剂、用法与用量】 按动物营养需要量与饲料中可利用的苏氨酸含量之间的差值添加。在仔猪日粮中，赖氨酸与苏氨酸的比例最好是1.5∶1。

四、微生态制剂

微生态制剂，又称微生态调节剂，是在微生态学理论的指导下，调整生态失调，保持微生态平衡，提高宿主健康水平或增进健康状态的生理性活菌制品（微生物）及其代谢产物以及促进这些生理菌群生长繁殖的物质制品。目前国际上已将其分成三种类型，即益生菌、益生元和合生素。

【药理作用】 微生态制剂通过扶植正常微生物种群，调整生理平衡，发挥生物拮抗作用，从而可排除致病菌和条件致病菌侵袭，使宿主体内恢复正常的微生态平衡，达到防病治病的目的。

【临床应用】 微生态制剂可用于动物饲养添加剂及疾病的防治。

【制剂、用法与用量】 动物常用微生态制剂主要分为两类：一是防治疾病，多采用乳酸杆菌、双歧杆菌、蜡状芽孢杆菌等活菌制剂，用于防治畜、禽、鱼的消化道、泌尿道疾病；二是微生物饲料添加剂，多以乳酸杆菌和蜡样芽孢杆菌为主，用于猪、牛、鸡、兔等禽畜的育肥、抗病，可代替抗生素，减少有毒物质在体内的残留量。

任务小结

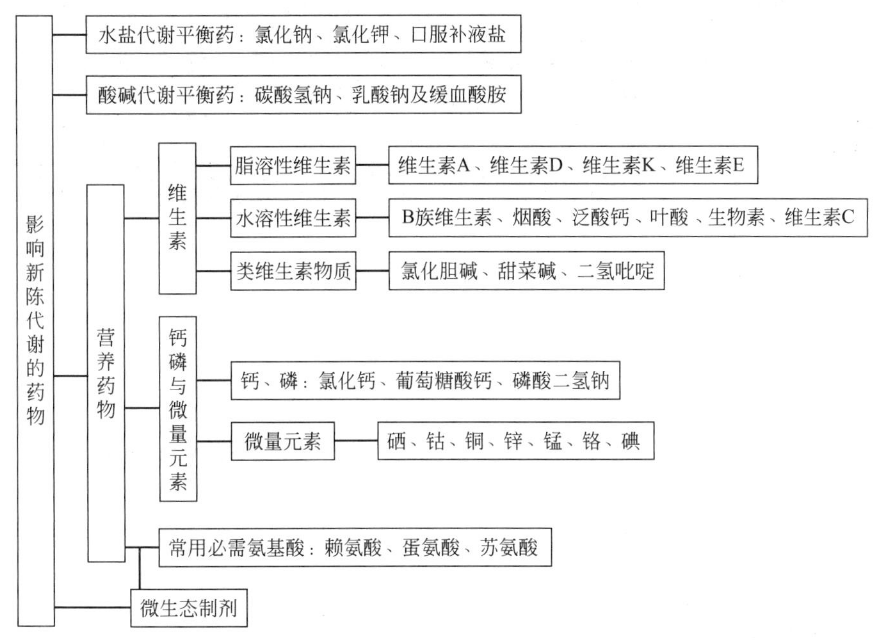

思考与复习

1. 简述氯化钠、氯化钾、口服补液盐临床应用时的注意事项。
2. 碳酸氢钠、乳酸钠及缓血酸胺在临床上有哪些应用？
3. 简述维生素 A 和维生素 B_1 的药理作用。
4. 氯化胆碱在应用时的制剂、用法与用量是什么？
5. 简述氯化钙的药理作用、临床应用及注意事项。
6. 微量元素硒、钴可以防治畜禽哪些疾病？
7. 赖氨酸、蛋氨酸及苏氨酸在兽医临床中如何应用？
8. 什么是微生态制剂？有哪几种类型？

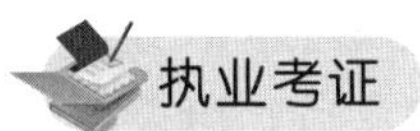

执业考证

对动物钙、磷代谢及幼畜骨骼生长有重要影响的药物是（　　）。

A. 维生素 A　　B. 维生素 B_1

C. 维生素 C　　D. 维生素 D

E. 维生素 E

任务十一 中枢神经功能控制用药

学习目标

基本概念：全身麻醉药、中枢兴奋药、抗惊厥药、麻醉前给药、基础麻醉。

基本知识点：麻醉的分期，全身麻醉药的作用特点，中枢兴奋药和抗惊厥药的应用。

技能目标：在兽医临床治疗中熟练使用全身麻醉药和化学保定药，并能根据不同动物的生理状态选用合理的麻醉方式。

工作任务导入

1. 动物全身麻醉用药。
2. 动物兴奋中枢用药。
3. 动物镇静、抗惊厥用药。

案例分析

【确诊疾病】 耕牛，2岁，体重600kg，公。主诉：使役时因棍打致病已有3天，精神差，吃料少，后肢不能站立行走。临诊：体温39.2℃，呼吸、脉搏增数，听诊胃肠蠕动音增强，有轻度臌气，驱赶该牛时不能站立；触诊背腰结合部异常敏感，针刺脚趾反应迟钝，据主诉和初步诊断为牛腰椎损伤。

【用药方案】 硝酸士的宁注射液（2ml∶4mg）1.2ml百会穴注射，每天1次，连用3天；维生素B_1注射液16ml、维生素B_{12}注射液8ml混合。分别选择悬枢、命门、阳关、关后，每穴6ml注入，每天1次，连用3天观后；另嘱回家后静养。3天后回访，患牛已明显好转，继续用药4天而愈。

【效果分析】 硝酸士的宁为脊髓兴奋药，为治疗腰椎损伤的常用药物，但用量过大可引起中毒，又因选择了穴位封闭疗法，因此较小用量即可达到治疗目的。维生素B_1和维生素B_{12}注射液起辅助营养神经作用，同样选择穴位注射具有用药量小、疗效好的特点。

必备知识一　全身麻醉药与化学保定药

一、全身麻醉药

1. 概念与分类

(1) 概念　全身麻醉药（全麻药）是指能使动物暂时失去意识、痛觉和大部分反射活动消失、肌肉松弛，而维持重要生命活动的呼吸、血压基本正常的药物。全身麻醉的目的是便于安全地为动物进行各种外科手术。

理想的全身麻醉药应具有如下条件：即在麻醉中枢神经的同时，对延脑的生命活动中枢作用微小或无，麻醉作用安全性大，不易引起中毒或麻醉深度易于调节，停药后能迅速恢复原有的生理功能。

（2）分类 麻醉药按给药方式不同，可分为吸入麻醉药与非吸入麻醉药（注射麻醉药）。

① 吸入麻醉药。吸入麻醉药为气体或挥发性液体。它们能随呼吸进入肺内，并易于吸收进入血液而呈现全身性麻醉作用。本类药物的优点：麻醉作用深度易于调节、安全性较大。不足之处：在进行麻醉时需要专门设备与专人负责，因而兽医临床上少用。宠物医疗常用异氟烷和七氟烷做吸入麻醉药。

② 注射麻醉药。注射麻醉药都是非挥发性药物，与吸入麻醉药相比，排泄慢，麻醉深度不易控制，兴奋期不明显，麻醉持续时间较长，动物不需事先做复杂的保定。

2. 麻醉分期

为了掌握麻醉深度，防止麻醉时发生事故，常根据动物在麻醉过程中的表现将其分为三个时期。

（1）第一期（诱导期） 是麻醉的最初期，动物表现不随意运动性兴奋、挣扎、嘶鸣、呼吸不规则、脉搏频数、血压升高、瞳孔扩大、肌肉紧张，各种反射都存在。

（2）第二期（麻醉期） 又分浅麻期和深麻期。

① 浅麻期。动物的痛觉、意识完全消失。肌肉松弛，呼吸浅而均匀，瞳孔逐渐缩小，痛觉反射消失，角膜和跖反射仍存在，但较迟钝。一般手术可在此期进行或配合局部麻醉药进行大手术。

② 深麻期。麻醉继续深入，动物出现以腹式呼吸为主的呼吸式，角膜和跖反射也消失，舌脱出不能回缩，由于深麻期不易控制而易转入延髓麻痹期，使动物发生危险，故常避免进入此期。

（3）第三期（苏醒期或麻痹期） 麻醉由深麻期继续深入，动物瞳孔扩大，呼吸困难，呈现陈-施二氏呼吸，心跳微弱而逐渐停止，最后麻痹死亡，称延髓麻痹期。如动物逐渐苏醒而恢复，称苏醒期。苏醒过程中，动物虽然已醒，但站立不稳，易于跌撞，应加以防护。

3. 麻醉方式

为减少其毒性、副作用，增强麻醉的药效，常采用合并用药的方法。

（1）麻醉前给药 在进行麻醉前，为了达到消除麻醉药的不良反应，或增强麻醉强度而给予某种药物，称为麻醉前给药。如为减少麻醉时动物唾液和气管腺分泌液过多，可在麻醉前给予阿托品；为增强麻醉效果、强化麻醉深度而给予氯丙嗪等。

（2）基础麻醉 在吸入麻醉药前，为缩短兴奋期，减少麻醉药的用量和毒性，常先给予一种注射麻醉药，使其产生轻度麻醉，称为基础麻醉。常用作基础麻醉药的有巴比妥类与水合氯醛等。

（3）混合麻醉 把两种以上的麻醉药混配在一起进行麻醉，往往可达到更安全与更深的麻醉。如水合氯醛硫酸镁注射液、水合氯醛酒精注射液等。

（4）配合麻醉 以某种麻醉药为主进行麻醉，同时并用另一种麻醉药做辅助进行的麻醉。如用局部麻醉药配合全身麻醉药等。

4. 注意事项

(1) 麻醉前 麻醉前要仔细检查动物体况，对过于衰弱、消瘦或有严重心、血管疾病或呼吸系统、肝脏疾病的病畜及怀孕母畜，不宜进行全身麻醉。

(2) 麻醉过程中 要不断观察动物呼吸和瞳孔的变化情况，检查脉搏数和心跳的强弱、节律，以免麻醉过深。如发现瞳孔异常，应立即停止麻醉并进行对症处理。如打开口腔、引出舌头、进行人工呼吸或注射中枢兴奋药等。

(3) 准确选用全麻药 要根据动物种类和手术需要选择适宜的全麻药和麻醉方式。一般马属动物和猪对全麻药较能耐受，但巴比妥类易引起马产生明显的兴奋过程，反刍动物在麻醉前宜停饲12h以上，且不宜单用水合氯醛做全身麻醉。

异氟醚（异氟烷）

【理化性质】 为无色澄明液体，不燃烧、不易爆炸，带乙醚样气味，遇碱石灰不分解，对金属、橡胶和塑料无腐蚀作用。

【药理作用】 MAC（最低肺泡有效浓度，MAC越小，麻醉效能越强）为1.15%，血/气分配系数较小，吸入后药物浓度在血中迅速达到平衡，肺泡内浓度很快上升并接近吸入气浓度，故诱导迅速，苏醒亦快。对中枢神经系统可产生进行性下行性抑制，脑耗氧量减少，脑血流量增多及颅内压上升，但过度通气即可纠正。能抑制神经肌肉接头，肌松良好。

【临床应用】 临床适用于各种手术的麻醉，尤其是癫痫、颅高压、重症肌无力、嗜铬细胞瘤、糖尿病及支气管哮喘等病畜，也可酌情选用于分娩麻醉及颈部手术麻醉等。短期可以重复应用。

【注意事项】 本品的不良反应少而轻，但深麻醉仍可抑制循环和呼吸。对呼吸道略有刺激性，诱导期可出现咳嗽、屏气，苏醒期偶见肢体活动和寒战。深度麻醉可使产科手术出血增多，偶尔出现呕吐、流涎、喉痉挛等。

【制剂、用法与用量】 诱导期吸气内浓度1.5%～3%，维持用浓度为1%～1.5%。通过连接麻醉机的呼吸面罩或呼吸管吸入使用。

七 氟 烷

【理化性质】 本品为无色澄清的液体，易挥发，不易燃。

【药理作用】 吸入麻醉作用。本品MAC为1.71%～2.49%，气管刺激性较小，麻醉诱导和觉醒平稳而迅速，麻醉深度容易调节。

【临床应用】 用于动物手术的全身麻醉的诱导和维持。

【注意事项】

① 偶有出现恶心呕吐、心律失常、低血压。

② 可使谷草转氨酶升高，1周内恢复正常。

【制剂、用法与用量】 诱导浓度为0.5%～5.0%，维持根据患畜的情况，采用最小的有效浓度维持麻醉状态，通常浓度为4.0%以下。通过连接麻醉机的呼吸面罩或呼吸管吸入使用。

水 合 氯 醛

【理化性质】 本品为无色透明结晶或白色结晶，味微苦，有刺激性臭味，在空气中易挥发，易潮解，极易溶于水，遇热或遇碱易分解，水溶液不稳定，久贮后逐渐分解，应密封避光保存。

【药动学】 内服易吸收，直肠灌注吸收很快，能迅速分布于脑内和其他组织。在体内被还原成为麻醉作用稍弱的三氯乙醇，后者在肝脏与葡萄糖醛酸结合成氯尿酸排出体外，少量以原型排出。

【药理作用】 水合氯醛及其代谢物三氯乙醇主要抑制脑干网状结构上行激活系统，对大脑产生抑制作用。本品随剂量不同有镇静、催眠、麻醉及抗惊厥作用。由于本品对大脑皮层感觉区作用差，镇痛作用弱、安全范围窄、副作用多，现已不用作大动物麻醉。

【临床应用】 临床常用作镇静、催眠药，用于麻醉前动物保定，或高热引起的惊厥。剂量过大对心肌和呼吸系统有抑制作用。

【注意事项】

① 本品刺激性大，静脉注射时不可漏出血管外，内服或灌注时，宜用10%的淀粉浆配成5%～10%的浓度应用。

② 本品能抑制体温中枢，使体温下降1～3℃，故在寒冷季节应注意保温。

③ 静脉注射时，先注入2/3的剂量，余下1/3剂量应缓慢注入，等动物出现后躯摇摆、站立不稳时，即可停止注射并助其缓慢倒卧。

④ 有严重的心、肝、肾脏疾病的病畜禁用。

【制剂、用法与用量】 以水合氯醛计。

内服：镇静，马、牛10～25g，猪、羊2～4g，犬0.3～1g；催眠，每1kg体重，马30～60g，牛10～30g。

灌肠：催眠，马30～50g，牛20～30g，猪、羊5～10g。

静脉注射：催眠，每1kg体重，牛、马0.08～0.12g，水牛0.13～0.18g，猪0.15～0.18g，骆驼0.1～0.11g，鸡10～40mg。

氯胺酮

【理化性质】 本品为盐酸氯胺酮，白色结晶性粉末，无臭。用注射用水溶解，水溶液呈酸性。

【药动学】 吸收后首先大量分布于脑组织，继而迅速分布于其他组织，故作用时间短。在肝内被迅速转化为苯环己酮随尿排出。代谢产物也有轻度的麻醉作用。

【药理作用】 本品为新型麻醉药，与传统麻醉药的区别在于，它可选择性地阻断痛觉冲动传导，而不抑制整个中枢神经系统，为良好的静脉注射麻醉药和镇痛药。静脉注射给药在1min内意识丧失，仅持续5～10min；肌内注射后3～5min可产生作用，持续时间30min。肌肉不松弛，通常不影响呼吸功能。大剂量或静脉注射过快可抑制呼吸，甚至突然停止呼吸。

【临床应用】 本品临床应用，可依赖剂量大小产生镇静、催眠或麻醉。因而可用于马、猪、羊及多种野生动物的保定。也可与氯丙嗪、阿托品、二甲苯嗪等复合麻醉。

【注意事项】 严格按照《麻醉药品和精神药品管理条例》生产、经营和使用。使用记录和销毁记录保存两年以上备查。

【制剂、用法与用量】 盐酸氯胺酮注射液，1ml∶50mg、2ml∶100mg。静脉注射麻醉，每1kg体重，马1mg，牛、羊2mg；作用消失后可再注射相同剂量。肌内注射镇静性保定，每1kg体重，羊20～40mg，猪12～20mg，鹿10mg，犬6～10mg，猫7～11mg，水貂6～14mg，熊8～10mg。

巴比妥类

【药理作用】 巴比妥类药物能抑制脑干网状结构上行激活系统，具有镇静、催眠、抗惊厥和麻醉作用。

【临床应用】 可用于减轻脑炎、破伤风等引起的兴奋、惊厥及缓解中枢神经过度兴奋引起的中毒症状。也常作为中、小动物的全身麻醉药，各种动物的镇静、抗惊厥药和中枢兴奋药中毒的解救药。

临床上常根据其作用时间的长短分为长效（苯巴比妥钠）、中效（异戊巴比妥钠）、短效（戊巴比妥钠）和超短效（硫喷妥钠）四种类型。

【制剂、用法与用量】 苯巴比妥钠粉针。肌内注射（镇静），马、牛10～15mg/kg，猪、羊0.25～1g/kg。静脉注射（抗惊厥），各种动物25mg/kg。

戊巴比妥钠粉针　静脉注射（麻醉），马、牛15～20mg/kg，猪、羊20～25mg/kg。肌内注射（镇静），马、牛、猪、羊5～15mg/kg。

二、化学保定药

指能在不影响动物意识和感觉的情况下，使之安静、嗜睡和肌肉松弛，停止抗拒和挣扎，达到类似保定作用的药物。这类药物近年来发展较快，在动物园、经济饲养场中野生动物的锯茸、繁殖配种、诊治疾病和野外野生动物的捕捉，马、牛等大家畜的运输、人工授精、诊疗检查等工作中，都有重要的实用价值。也可作为麻醉的辅助药而用于全身麻醉。

速眠新

本品又名846合剂。

【理化性质】 本品为保定宁、氟哌啶醇等药物制成的复方制剂；白色结晶，难溶于水，易溶于有机溶剂。

【药理作用】 本品为我国合成的中枢制动药，具有安定、镇痛、催睡与肌肉松弛作用。其作用强度、持续时间与剂量有关。剂量大则作用强，持续时间长。肌内注射后约20min，动物出现精神沉郁、活动减少、头颈下垂、两眼半闭、站立不稳以至倒卧。此外，动物全身肌肉松弛，针刺反应迟钝。用药过程中动物无兴奋表现。对反刍动物，除可引起心律减慢及轻度流涎外，其他副作用少。

【临床应用】 作镇静保定药。使狂躁兴奋难于控制的动物安定，便于诊疗和进行外科操作，也常用于捕捉野生动物和制服动物园内凶禽猛兽。小剂量用于动物运输、换药及进行穿鼻、子宫脱出时的整复，以及食道梗塞等小手术。

【注意事项】 为避免本品对心、肺的抑制和减少腺体的分泌，可在用药前给予小剂量阿托品。

给牛大剂量应用时，应先停饲数小时，卧倒后宜将头部放低，以免唾液和瘤胃液进入肺内，并应防止瘤胃鼓胀。

妊娠后期不宜应用本品。

【制剂、用法与用量】 速眠新注射液。肌内注射，马1.5～3mg/kg，牛0.2～0.3mg/kg，羊 3～4mg/kg，犬 4～6mg/kg，猫 4～10mg/kg。

保 定 宁

【理化性质】 保定宁是二甲基苯胺噻唑和乙二胺四乙酸（EDTA）制成的二甲基苯胺噻唑的依地酸盐。

【药理作用】 对多种动物有镇痛、镇静和肌肉松弛作用。麻痹期持续 1～1.5h。安全范围大，使用治疗量的 2～3 倍尚无中毒症状，是一种较为理想的动物全身麻醉药物。

【临床应用】 本品对马属动物效果好，具有用量小、使用方便、作用迅速、副作用小、苏醒期短等特点。其对牛最敏感。

【制剂、用法与用量】 保定宁注射液。每千克体重 1mg，静脉注射或肌内注射均可。成年马一次量 3～4g，静脉注射后 1～3min 显效，肌内注射后 5～10min 显效。

必备知识二 镇静、安定与抗惊厥药

一、镇静药

镇静药指能加强大脑皮层的抑制过程，从而使被破坏的兴奋过程和抑制过程得以恢复平衡的药物。大剂量时可适用于大脑过度兴奋引起的惊厥，代表药物是溴化物，包括溴化钠、溴化钾、溴化铵和溴化钙。

溴 化 物

【理化性质】 溴化物多为无色的结晶或结晶性粉末，味苦咸，易溶于水，有刺激性，应密封保存。

【药动学】 内服后迅速由肠道吸收，溴离子在体内的分布与氯离子相同，多分布于细胞外液，主要经肾排泄，肾脏对溴离子和氯离子的排泄是按照它在体内所含浓度的比例而定。当体内氯化物含量增加时，氯离子的排出量增加，溴离子排出也增加，反之亦然。溴化物的排泄，最初较快，以后缓慢。单胃动物一次内服后，在 24h 内排出 10%。

【药理作用】 溴化物在体内释放出溴离子，可加强和集中大脑皮层的抑制过程，从而恢复兴奋过程和抑制过程的平衡，呈现镇静作用。当大脑皮层兴奋过程占优势时，这种作用更为明显，在大剂量作用下，动物出现全身抑制，可引起睡眠。两种以上溴化物合用有相加作用。

【临床应用】 常用于治疗中枢神经过度兴奋的病畜，如破伤风引起的惊厥、脑炎引起的兴奋、猪和家畜因食盐中毒引起的神经症状以及马骡疝痛引起的疼痛不安等。

【注意事项】 溴化物对局部组织和胃肠黏膜有刺激性，静脉注射时不可漏出血管外；内服应配成 1%～3%的水溶液。

本品排泄缓慢，长期应用可引起蓄积中毒。动物表现嗜睡、乏力、黏膜卡他、皮疹与消瘦等。故连续用药不宜超过 1 周。发现中毒时应立即停药，可内服或静脉注射氯化钠，并给予利尿药，促进溴离子的排出。

【制剂、用法与用量】 三溴片（溴化钾、溴化钠、溴化铵）。内服，马 15～50g，牛 15～60g，猪 5～10g，羊 5～15g，犬 0.5～2g，家禽 0.1～0.5g。

溴化钠注射液。静脉注射，牛、马 5～10g。

安溴注射液。每 100ml 含溴化钠 10g，安钠咖 2.5g。静脉注射，牛、马 80～100ml，猪、羊 10～20ml。

二、安定药

安定药是指能在不影响意识清醒的情况下，使精神异常兴奋的动物转为安定的药物。与镇静、催眠药不同，安定药对不安和紧张等异常兴奋具有选择性抑制作用。一般情况下，加大剂量时不引起麻醉，单独应用时抗惊厥作用不明显。

盐酸氯丙嗪

【理化性质】 本品盐酸盐为白色或微红色结晶粉末，味苦，易溶于水，水溶液呈酸性，与碳酸氢钠、巴比妥类钠盐等碱性药物配伍，产生沉淀而失效。

【药动学】 内服、注射均易吸收。吸收后分布于全身，肺中浓度高。脑组织浓度较其他器官浓度低，但比血中高数倍，可透过胎盘屏障。主要在肝内代谢，其代谢产物与葡萄糖醛酸或硫酸结合，经尿或粪排出。

【药理作用】 本品体内作用较广泛。

① 镇静安定作用。给药后对精神不安或躁狂的动物具有强大的镇静作用，使动物呈现安静和嗜睡状态。

② 增强其他中枢抑制药的作用。与水合氯醛、巴比妥类、硫酸镁注射液、哌替啶等并用，能增强和延长药物的作用，减少使用剂量。

③ 止吐作用。

④ 降低体温和人工冬眠作用。能使正常体温下降，降低基础代谢，对热应激有保护性反应。

【临床应用】 临床上可用于如下疾病。

① 镇静抗惊厥药。用于大家畜脑炎、破伤风、痉挛疝的辅助用药。消除中枢过度兴奋，减轻刺激反应，消除脑炎狂暴，消除食道梗塞及肠痉挛。

② 麻醉前给药。与麻醉药（水合氯醛、巴比妥类等）并用，可强化麻醉。

③ 安定、降温、抗休克。用于严重外伤、呕吐、中暑等，可减少动物在高温运输中因中暑或应激反应而死亡。

【注意事项】 治疗量时对大多数动物一般无毒副作用。给犬注射 2.5～5mg/kg 时，可引起心律不齐。马用药后表现为数分钟安静，随即兴奋，动作不协调前冲或两足起立，常易摔倒。故马不宜用。应用过量时，其他动物也可发生中毒，表现为心率加快、呼吸浅表、肌肉震颤、血压下降，甚至发生休克。可用强心药进行解救，但不宜用肾上腺素。

【制剂、用法与用量】 盐酸氯丙嗪注射液，1ml∶25mg、2ml∶50mg。镇静：每 1kg 体重，肌内注射，牛 1.0～4.4mg，羊 2.2～6.6mg，猪 2～4mg。犬：0.5mg，每日 2 次（镇静）；2mg，每日 2 次（抗惊厥）。猫：0.5mg，每日 1 次（镇静）。犬、猫 1.1mg（强化麻醉）。

地　西　泮

本品又名安定、苯甲二氮唑。

【理化性质】 为白色或类白色结晶性粉末，不溶于水，极易溶于三氯甲烷和丙酮。

【药动学】 内服吸收迅速。本品肌内注射吸收缓慢且不规则。静脉注射后与血浆蛋白结合率高，马为87%。因脂溶性高，其未结合部分可迅速通过血脑屏障进入中枢神经系统，但又快速转移至其他组织再分布，可蓄积于脂肪和肌肉组织中。在肝内生物转化，生成具有药理活性的代谢物，如去甲西泮、奥沙西泮和替马西泮等。在长期用药过程中去甲西泮在体内所占比例增加，使去甲西泮的作用时间进一步延长，半衰期比母药更长，半衰期2～5天。由肝代谢的产物可与葡萄糖醛酸结合而失活，经肾排除。可通过胎盘屏障最终排入乳汁中。

【药理作用】 本品具有安定、镇静、催眠、肌肉松弛和抗惊厥作用。用药后能降低动物的攻击性。临床上用作镇静药及抗惊厥药。用于恐惧、肌肉痉挛、癫痫及惊厥等。

【临床应用】 与氯胺酮、盐酸二甲苯嗪或二甲苯唑合用，有明显对抗后者的副作用，用于手术麻醉。

【注意事项】 静脉注射应缓慢，以防造成心血管和呼吸抑制。畜禽抗应激时不能使用本品，也不能作为畜禽饲料添加剂。

【制剂、用法与用量】 安定片，2.5mg；注射液，2ml∶10mg。镇定：每1kg体重，牛、羊肌内注射0.55～1.1mg。镇静：犬静脉注射0.2～0.6mg；内服0.25mg，每8h 1次；猫内服1～2mg/只，每日2次。

三、抗惊厥药

抗惊厥药指能抑制中枢神经系统，解除骨骼肌非自主性强烈收缩的药物。主要用于全身强直性痉挛或间歇性痉挛的对症治疗，如癫痫性发作、破伤风、士的宁及农药中毒等。

硫 酸 镁

【药理作用】 本品注射后镁离子吸收作用快，能对中枢神经系统产生抑制作用，能松弛骨骼肌，对抗惊厥作用，对肠道平滑肌也有松弛作用，还能直接舒张血管平滑肌和抑制心肌，使血压快速而短暂地下降。

【临床应用】 临床上主要用于缓解破伤风、士的宁中毒所致肌肉僵直及治疗膈肌与肠道痉挛，有松弛胆道作用。

【注意事项】 为避免硫酸镁注射引起不良反应，静脉注射时宜缓慢，也可用5%葡萄糖注射液稀释成1%浓度静脉滴注。

【制剂、用法与用量】 硫酸镁注射液，20ml∶5g、50ml∶12.5g、100ml∶25g。肌内注射或静脉注射，马、牛、骆驼10～25g，羊、猪2.5～7.5g，犬1～2g。

必备知识三　中枢兴奋药

中枢兴奋药是指能兴奋中枢神经功能的药物。但不同的中枢兴奋药对中枢神经系统的各部位作用有一定的选择性。如在治疗剂量时，由于它们主要作用的部位不同，可将其分为三类：①主要兴奋大脑皮层的药物，亦称大脑兴奋药，如咖啡因；②主要兴奋延脑呼吸中枢的药物，亦称呼吸兴奋药，如尼可刹米；③主要兴奋脊髓的药物，又称脊髓兴奋药。

咖 啡 因

【理化性质】 本品为白色针状结晶，味苦，微溶于水，与苯甲酸（安息香酸）钠形成的可溶性复盐称苯甲酸钠咖啡因，又称“安钠咖”。本品与鞣酸、银盐、碘和苛性碱一起产生沉淀，禁配伍。

【药动学】 本品易从胃肠道或注射部位吸收，分布于各组织，脂溶性高，易透过血脑屏障，也可通过胎盘屏障。大部分药物在肝内脱去一部分甲基被氧化，以甲基尿酸或3-甲基黄嘌呤的形式由尿排出，仅有少量以原型从尿排出。在体内转化和排泄的速度较快，作用时间较短，安全范围较大，不易产生蓄积作用。

【药理作用】 咖啡因及其制剂在兽医临床上的主要作用如下。

① 中枢神经系统兴奋作用。小剂量咖啡因即能兴奋大脑，动物呈现活泼、好动，劳动能力和耐力增强。稍大剂量就可兴奋呼吸中枢、血管运动中枢和迷走中枢，动物呈现呼吸加深加快、肺换气量增大。这种作用，在呼吸中枢抑制时尤为明显。在临床剂量时，对脊髓有兴奋作用，但不明显。中毒剂量可引起动物体强直性惊厥。

② 强心作用。本品能直接兴奋心脏肌肉，使心脏收缩加快而有力。增强心脏的功能，对急性心力衰竭最适用。在心输出量增加的同时，使血压上升，能使循环衰竭的症状加以改善。

③ 血管作用。本品能直接扩张血管，使心、脑、骨骼肌和皮肤血管扩张。心脏血管扩张、改善心肌营养；脑血管扩张有利于兴奋中枢神经功能。本品能兴奋血管运动中枢，使内脏神经支配的腹腔血管收缩。咖啡因扩张肾血管有利尿作用。

④ 平滑肌作用。能松弛支气管平滑肌和肠道平滑肌，有明显的解痉作用。

⑤ 利尿作用。咖啡因能扩张肾血管，增加有效流量。本品能减少肾小管对水、钠离子和氯离子的再吸收。

⑥ 其他。咖啡因对猫、犬的胃腺细胞能直接兴奋，有增加胃液分泌作用。

咖啡因主要用作中枢兴奋药，用于对抗中枢抑制药中毒，及某些传染病所引起的呼吸抑制或昏迷等。

【临床应用】 作中枢兴奋药：用于重病、中枢抑制药过量、过度劳役引起的精神沉郁、血管运动中枢和呼吸中枢衰竭，剧烈腹痛，牛产后麻痹和肌红蛋白症等。

作强心药：用于高热、中毒、中暑（日射病、热射病）等引起的急性心力衰竭。

作利尿药：用于心、肝和肾病引起的水肿。

【注意事项】 本品常规用药较为安全，若过大药量可引起中毒。其症状有：呼吸及心率加快、腹痛、呕吐、惊厥等，急救可用溴化物、水合氯醛等对抗兴奋症状。

【制剂、用法与用量】 苯甲酸钠咖啡因注射液，1ml∶0.25g、2ml∶0.5g、10ml∶1g。皮下或肌内注射，马、牛2～5g，猪、羊0.5～2g，犬0.1～0.3g，家禽0.025～0.05g/羽。

尼可刹米

本品又名可拉明。

【理化性质】 为无色或淡黄色澄明油状液体，放置冷处即成结晶，味微苦，能与醇任意混合。

【药动学】 本品内服或注射均易吸收，在体内转变为烟酰胺，再被甲基化成为N-甲基烟酰胺由尿排出。该药作用时间短，一次静脉注射仅维持5～10min，应根据临床表现及时补药。

【药理作用】 本品大剂量直接兴奋呼吸中枢，小剂量通过刺激颈动脉体的化学感受器反射性兴奋呼吸中枢，提高呼吸中枢对二氧化碳（CO_2）的敏感性，使呼吸加深加快，特点是当呼吸中枢处于抑制状态时该作用更为明显。本品对延脑血管运动中枢也有较弱的兴奋作用。

【临床应用】 本品作用温和，安全范围大，但作用时间短。临床常用于各种原因所致的中枢性呼吸抑制，如麻醉药中毒或严重疾病所致的呼吸及循环衰竭。

【制剂、用法与用量】 尼可刹米注射液，1ml∶0.25g、1.5ml∶0.375g、10ml∶2.5g。皮下、肌内注射或静脉注射，马、牛2.5～5g，猪、羊0.25～1g，犬0.125～0.5g。

樟　脑

【理化性质】 为樟科植物樟树蒸馏而得，现可人工合成。为白色结晶性粉末或无色半透明硬块。有挥发性和刺激性气味。难溶于水，易溶于乙醇。密封凉暗处保存。

【药动学】 樟脑可从各种给药部位吸收，吸收后大部分在肝脏氧化为樟脑醇，再与葡萄糖醛酸结合从尿排出，小部分以原型由肾脏、支气管、汗腺、乳汁等排泄，对乳、肉品的质量有明显影响。

【药理作用】 樟脑吸收后，可兴奋延髓呼吸中枢和血管动物中枢，使呼吸增强、血压回升。对正常状态的动物作用较弱，在动物中枢处于抑制状态时作用较为明显。

【临床应用】 临床上主要用于强心，如某些衰竭性疾病。内服可用于消化不良，胃肠臌气等；因其对血管也有温和的刺激作用，使皮肤血管扩张，血液循环旺盛，可用于某些炎症的治疗，如乳腺炎、风湿症等。

【注意事项】 宰前动物或泌乳动物禁用樟脑，以免影响肉、乳的质量；动物处于严重缺氧时忌用；幼畜对樟脑敏感应慎用。

【制剂、用法与用量】 樟脑磺酸钠注射液，1ml∶0.1g、5ml∶0.5g、10ml∶1g。皮下、肌内、静脉注射，一次量，牛、马1～2g，猪、羊0.2～1g，犬0.05～0.1g。

氧化樟脑注射液（强尔心），10ml∶0.05g。皮下、肌内注射或静脉注射，一次量，牛、马0.05～0.1g，猪、羊0.02～0.05g。

二甲弗林

本品又名回苏灵。

【理化性质】 为白色结晶性粉末，无臭，味苦。溶于水和乙醇，不溶于三氯甲烷和乙醚。

【药理作用】 本品为中枢神经兴奋药，对呼吸中枢有直接兴奋作用。其作用比尼可刹米强而快，但毒性稍大。用药后可增加肺换气量，降低动脉血的二氧化碳分压和提高血氧饱和度。

【临床应用】 适用于各种原因引起的中枢性呼吸衰竭及由麻醉药、安眠药所致的呼吸抑制以及外伤手术等引起的虚脱和休克。常用于治疗各种传染病和中枢抑制药中毒引起的呼吸衰竭。

【注意事项】①有恶心、呕吐、皮肤烧灼感等。剂量过大，可引起肌肉震颤、惊厥等。②应准备短效巴比妥类（如异戊巴比妥），作惊厥时急救用。③静脉注射速度必须缓慢，并应随时注意病情变化。④有惊厥病史、肝肾功能不全者及孕畜禁用。

【制剂、用法与用量】回苏灵注射液，每支2ml：8mg。肌内注射量，马、牛40～80mg，猪、羊8～16mg。静脉注射时需用5%葡萄糖注射液稀释后缓慢注入。

士的宁

本品又名番木鳖碱。

【理化性质】本品是马钱子中提取的生物碱，其盐酸盐或硝酸盐溶于水，味极苦。

【药动学】本品内服或注射给药均易吸收，吸收后体内分布均匀。80%在肝脏氧化破坏，20%以原型经尿和唾液排出。士的宁排泄缓慢，反复应用易产生蓄积中毒。

【药理作用】本品内服或注射均易吸收，能选择性地兴奋脊髓，增加骨骼肌的张力，改善骨骼肌无力状态。随剂量的增加，亦能增强呼吸中枢和血管运动中枢的兴奋性，中毒剂量时极大地提高大脑皮层兴奋性，易诱发全身性痉挛、抽搐。

【临床应用】本品临床上可用作脊髓兴奋药，治疗神经、肌肉的不全麻痹和肌无力，治疗动物四肢麻痹。

【注意事项】本品为剧毒药，应用不当极易中毒。中毒时动物兴奋性增强，肌肉震颤，四肢僵硬，阵发性抽搐，呈现角弓反张，最后呼吸抑制死亡。一旦士的宁中毒，应将动物处于安静环境中，静脉注射中枢抑制药如水合氯醛、戊巴比妥钠、硫喷妥钠等药对抗。内服时应清除胃内尚未吸收的药物，可用0.1%高锰酸钾溶液或活性炭混悬液洗胃，已进入肠道时应用盐类泻药促进排出。

【制剂、用法与用量】硝酸士的宁注射液，1ml：2mg、5ml：10mg、10ml：20mg。皮下注射，一次量，马、牛15～30mg；猪、羊2～4mg；犬0.5～0.8mg。

【休药期】士的宁的一次剂量从体内排出需48～72h，重复给药可产生蓄积作用，故在用药3天后，应间隔3～4天再用。

实训 观察水合氯醛的全身麻醉作用及氯丙嗪的增强麻醉作用

【目的】观察水合氯醛的作用及主要体征变化，了解氯丙嗪的增强麻醉作用。

【材料】家兔、10%水合氯醛溶液、2.5%氯丙嗪注射液、注射器（1ml、5ml）、5号针头。

【方法】

1. 取健康家兔3只，称重，观察其正常情况，如呼吸、脉搏、体温、痛觉反射、翻正反射、瞳孔大小、角膜反射、骨骼肌紧张度等。

2. 分别给家兔注射药物。甲兔按每千克体重1.2ml的全麻醉量，静脉注射10%水合氯醛溶液；乙兔按每千克体重0.6ml的半麻醉量，静脉注射10%水合氯醛溶液；丙兔先按每千克体重0.12ml静脉注射2.5%氯丙嗪注射液，然后再按每千克体重0.6ml的半麻醉量，静脉注射10%水合氯醛溶液。

【结果】 分别观察各家兔的反应及体征。将观察结果记入下表。

兔号	体重	药物	麻醉时间		用药前			用药后		
			出现时间	麻醉时间	痛觉反射	角膜反射	肌肉紧张	痛觉反射	角膜反射	肌肉紧张
甲		全麻醉量水合氯醛								
乙		半麻醉量水合氯醛								
丙		氯丙嗪加半麻醉量水合氯醛								

【分析训练题】

1. 全身麻醉时，为什么要观察体征？
2. 氯丙嗪在全身麻醉前给药有什么好处？

任务小结

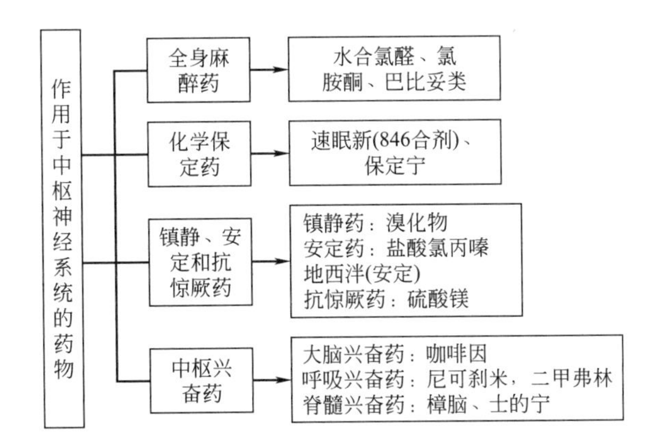

思考与复习

1. 麻醉过程分为哪几个时期？一般外科手术在哪一期进行，为什么？
2. 动物在全身麻醉时，需要注意哪些事项？
3. 比较全身麻醉药、安定药和抗惊厥药有何不同？
4. 中枢兴奋药分为几类？作用有何不同？

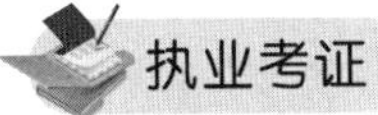

执业考证

禁止在动物饮水中使用的兽药不包括（　　）。

A. 巴比妥　　B. 盐酸异丙嗪　　C. 苯巴比妥钠　　D. 盐酸沙拉沙星　　E. 绒毛膜促性腺激素

任务十二　调控外周神经系统用药

学习目标

基本概念：局部麻醉药、表面麻醉、浸润麻醉、传导麻醉、椎管内麻醉、封闭疗法。

基本知识点：临床常用局部麻醉药物的应用，传出神经药物的分类、作用及应用。

技能目标：掌握常见局部麻醉药和传出神经药物的应用。

工作任务导入

局部麻醉、表面麻醉、浸润麻醉、传导麻醉、椎管内麻醉、封闭疗法、休克抢救等用药。

案例分析

【确诊疾病】 断奶仔猪腹泻

畜主先后交替使用环丙沙星注射液和痢菌净注射液肌内注射，氟哌酸粉剂拌料，3天后效果不佳，还有部分猪未控制腹泻，并死亡2头。之后，除继续用上述抗生素药物对尚在腹泻的13头仔猪进行治疗外，另外每头1次增加肌内注射1%硫酸阿托品液0.5ml。

【用药方案】 畜主先后交替使用环丙沙星注射液和痢菌净注射液肌内注射，诺氟沙星（氟哌酸）粉剂拌料，每头1次增加肌内注射1%硫酸阿托品液0.5ml。

【效果分析】

效果：第2天复诊仔猪腹泻明显减少，第3天全部痊愈。停药后观察1周，单用抗生素治疗，已停止腹泻的部分仔猪又发生腹泻症状。

分析：阿托品是M胆碱受体阻断药，它能抑制胃肠道平滑肌的强烈痉挛，降低蠕动的幅度和频率，从而减少下痢次数，延长常规抗菌药物在体内的停留时间，以提高其治疗作用。

必备知识一　局部麻醉药

局部麻醉药（local anesthetic，LA）简称局麻药，是一类能在用药局部可逆性地阻断感觉神经发出的冲动与传导，并获得局部组织痛觉暂时消失的药物。局部麻醉药与全身麻醉药不同，它不影响大脑意识，动物可在清醒状态下进行外科手术。局部麻醉药要达到局部感觉一时性丧失，其可逆性很重要，可按手术需要使动物在一定时间内丧失痛觉，在恢复时组织不留任何损伤。有些药物（如苯酚等）也可产生局部麻醉作用，但它们是原浆毒，可损伤任何组织，即对神经及周围组织产生不可逆性的损害，不能作局部麻醉药使用。临床上适于作局部麻醉药的，必须是在适当浓度下能选择性地阻断神经干或神经纤维、神经从冲动的传导，产生暂时、可逆的局部麻醉作用，不影响其他组织。在实际应用时常与全麻药配伍进行手术，以减少全麻药的用量和毒性，同时易于保证麻醉安全性。

一、作用特点

局部麻醉药有作用快和扩散广的优点。

局麻药能阻断各种类型神经冲动的传导，其阻断冲动传导的作用与神经纤维的种类、粗细、有无髓鞘等有关。一般细的神经纤维比粗的神经纤维阻断得快，消失得慢；无鞘神经纤维比有鞘纤维麻醉得快。如在进行区域局部麻醉时最先受到阻滞的是无鞘、细的神经纤维。即先是传递痛觉和控制血管收缩的交感神经节后纤维，继而是有鞘的感觉神经纤维。有鞘的神经纤维在无髓鞘的郎飞节处麻醉最快，有髓鞘部分则药物很难进入。现知感觉神经纤维比运动神经纤维细，细纤维的表面积大，易受局部麻醉药的作用，而首先产生传导阻滞。并非感觉神经对局麻药比运动神经敏感，如果两者粗细一样，则反应没有差别。感觉纤维的各种感觉的先后消失顺序为痛觉、冷觉、温觉、触觉、关节感觉、深压感觉。原因是传递痛觉的纤维最细，深压感觉的纤维最粗，温觉、触觉的纤维居中。感觉恢复时则以相反的顺序进行。运动神经纤维较粗，且分布在神经干的深部，只有在较高的药物浓度下才能被麻醉。

二、作用机制

神经冲动的产生和传导有赖于动作电位的产生与传导，而动作电位的产生又取决于钠离子的内流。目前一般认为，局部麻醉药阻滞神经冲动的传导是由于改变神经纤维细胞膜的通透性，在神经兴奋时膜外钠离子不能大量内流进入膜内，钾离子不能外流，从而不能产生去极化，阻碍了动作电位的产生和神经冲动的传导。由于局麻药不论在兴奋或休止时，使神经膜的离子通透性全受抑制，不发生神经兴奋的去极化，因而局麻药就起着膜稳定剂的作用。这种作用与钙离子稳定神经膜而影响离子通透性的作用相似。神经在正常静息状态下，钙离子与神经膜上控制离子通透性的受体部位相结合，使膜外钠离子不能透过细胞膜。当神经冲动到达时，与位点结合的钙离子脱离结合部位，膜通透性增大，钠离子透入膜内，从而产生动作电位。由于局麻药与钙离子存在拮抗关系，它与钙离子竞争性地与神经膜上受体部位相结合，因而钠离子不能透入膜内，钾离子不能外流，而不产生去极化，即动作电位不能产生而阻断神经冲动的传导、产生局部麻醉作用。如图 12-1 所示。

研究认为局麻药主要是封闭钠离子通道的内口，而非膜表面外口，而且局麻药与钠离子内侧受体结合，使钠离子通道蛋白构象改变，促使钠离子通道闸门关闭。当钠离子通道恢复正常时，其局麻作用消失。

三、局部麻醉的方式

局部麻醉的方法有如下几种，可按需要选择适当方法。

1. 表面麻醉

将药液用于黏膜的表面，使黏膜下的感觉神经末梢被麻醉。可采用滴入、涂布或喷雾等

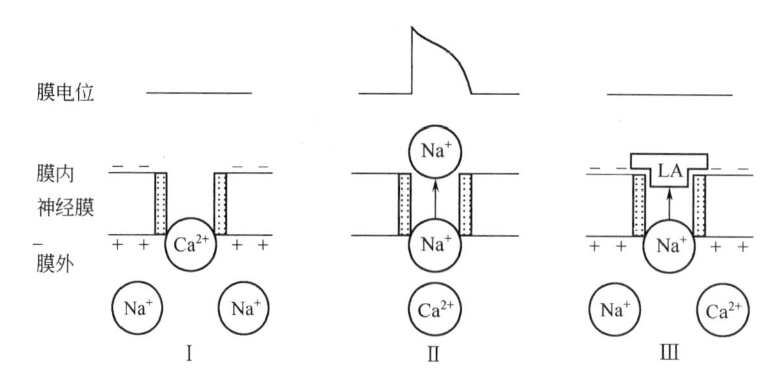

图 12-1 局部麻醉药（LA）的作用机制示意图

Ⅰ—静息状态，静息时 Ca^{2+} 与膜的脂蛋白结合，阻止 Na^{+} 内流；

Ⅱ—兴奋状态，兴奋时 Ca^{2+} 离开结合点，Na^{+} 大量内流，产生动作电位；

Ⅲ—局麻状态，局麻药（LA）牢固占据 Ca^{2+} 结合点，阻止 Na^{+} 内流，产生动作电位

方法，用于眼、鼻、口腔及泌尿道等手术的麻醉。要求药物的穿透力强，对黏膜无损害作用。可用丁卡因、利多卡因等。

2. 浸润麻醉

将药液注入皮下、肌肉、浆膜等处，使支配其部位的神经纤维和神经末梢被麻醉，阻断疼痛刺激向中枢传导。选用于脓肿切开等各种小手术。可选用毒性最小的普鲁卡因，其次是利多卡因等。

3. 传导麻醉

将药液注入神经干周围，使其所支配的区域产生麻醉。常用剖腹术及跛行诊断等，可选用普鲁卡因、利多卡因。传导麻醉不会引起神经的永久性损伤，一般情况下用药后 10min 开始完全麻醉，持续约 1h。此法的优点是只用少量较高浓度的药液，就可取得广大区域的麻醉，由于用药量较小，药物过量所致的危险较小。但必须防止误将药物注入血管内。

4. 椎管内麻醉

将药液注入椎管中的麻醉方式。若将药液注入硬膜外腔（常选在腰荐或荐尾椎之间的凹陷处），称硬膜外腔麻醉。此法临床多适用于牛的乳房、膀胱、阴茎麻醉以及难产的救助等。可选用的药物有普鲁卡因、利多卡因。注射时，使药液局限于注射部位，麻醉范围限于后躯，使畜体前躯处于高位。反之，如头部低于后躯或尾部，用药量多时，则药液可扩展到前方，使麻醉区域扩大。如药液扩展过量，则有呼吸麻痹和虚脱的危险。若将药液注入蛛网膜下腔（腰荐椎之间的凹陷处，较前法刺入稍深些），称腰椎麻醉。此法家畜一般不采用。

5. 封闭疗法

将药液注入患部周围或与患部有关的神经通路上，以阻断病灶的不良冲动向中枢传导，从而减轻疼痛，缓解症状，改善神经营养。一般用盐酸普鲁卡因。临床主要用于治疗蜂窝织炎、疝痛、关节炎、久治不愈的创伤、风湿病等。临床上常用的封闭疗法如下。

① 静脉内封闭疗法。将药液缓缓注入静脉内，使药液作用于血管内壁感受器，以达到止痛和封闭的目的。主要用于治疗疝痛、烧伤、蜂窝织炎、关节炎、蹄叶炎、顽固性浮肿、久不愈合的创伤、风湿痛与蹄真皮炎等。

② 四肢环状封闭疗法。将药液注射于四肢病变部位上方各层组织内，使药液与注射部位周围组织内的神经接触，以达到封闭的目的。主要用于四肢蜂窝织炎初期、愈合迟缓的创

伤等。

③ 病灶周围封闭疗法。将药液注射于病灶周围和下面的组织内。

④ 穴位封闭疗法。将药液注射入选定的穴位。如治疗前肢疾病时常选用抢风穴，后肢病常选百会穴。

四、常用药物

普鲁卡因

本品又名奴佛卡因，为最早合成的毒性较小的局麻药，常选用其盐酸盐。

【理化性质】 本品为对氨基苯甲酸二乙氨基乙酯。其盐酸盐为白色粉末。无臭，味微苦，有麻感，易溶于水，水溶液呈中性，水溶液不太稳定，遇碱或碳酸及金属存在时易分解，变为黄色，局麻作用下降，在 pH 4.0 左右较为稳定。遇光、久贮、受热后效力下降。

【药动学】 普鲁卡因在注射部位吸收快，吸收后大部分与血浆蛋白结合，而后再逐渐分离。它主要被血浆和组织中的假性胆碱酯酶迅速水解为对氨基苯甲酸与己二氨基乙醇，前者大部分随尿排出，后者有微弱的局麻作用，再经氧化、脱羟与脱胺等进一步降解后随尿排出。对氨基苯甲酸能竞争性地对抗磺胺类药物的抗菌作用，因此不能配伍使用。

【药理作用】 本品麻醉力较强，毒性较低；穿透力较弱，不宜用作表面麻醉；作用快，维持时间短，注射后 1～3min 内起效，维持时间 30～45min，若按十万分之一的比例加入盐酸肾上腺素（椎管内麻醉除外），可延长麻醉时间 1～1.5h；静滴低浓度时具有镇静、镇痛、解痉、止痒等作用，大剂量对中枢神经系统有兴奋作用，动物表现不安、定向障碍、颤抖，甚至阵挛性惊厥，然后很快转为抑制，出现呼吸抑制和昏迷。本品还能抑制心脏的兴奋型、传导性、延长不应期、降低心脏异位起搏点的自律性。

【临床应用】 是临床应用最多的局麻药，主要用于动物的浸润麻醉、传导麻醉、椎管内麻醉。在损伤、炎症及溃疡组织周围注入低浓度溶液，做封闭疗法。治疗马痉挛性腹痛、缓解外伤或烧伤引起的剧痛、犬的瘙痒症，以及某些过敏性疾病等。

【注意事项】 ①本品不可与磺胺类药物配伍用，因普鲁卡因在体内可分解出对氨基对抗磺胺的抑菌作用。也不能与洋地黄、抗胆碱酯酶药、肌松药、碳酸氢钠、氨茶碱、巴比妥类、硫酸镁等合并应用。②虽然本品毒性低，但用量过大时，也可引起毒性反应，表现为中枢神经先兴奋后抑制，甚至造成麻痹等。如出现中毒症状，应立即对症治疗，兴奋期可给予小剂量的中枢抑制药，若转为抑制期则不可用兴奋药解救，只能采用人工呼吸等措施。

【制剂、用法与用量】 盐酸普鲁卡因注射液，5ml：0.15g、10ml：0.3g、50ml：1.25g、50ml：2.5g，浸润麻醉，封闭疗法用 0.25%～0.5%溶液。传导麻醉用 2%～5%溶液，每个注射点，大动物 10～20ml，小动物 2～5ml。硬膜外腔麻醉用 2%～5%溶液，马、牛 20～30ml。马痉挛疝时用 5%溶液缓慢静脉滴注，每 100kg 1.3～1.8ml，能在 5～10min 内解除疼痛。

利多卡因

本品又名昔罗卡因。

【理化性质】 利多卡因的化学结构与普鲁卡因不同，中间链为酰胺，不是酯。药用盐酸盐为白色结晶粉末，无臭，有苦麻味，易溶于水或乙醇，可溶于三氯甲烷，水溶液稳定，可耐高压灭菌，应密封保存。

【药动学】 本品易被吸收。表面给药或注射给药，1h 内有 80%～90%被吸收，与血浆蛋白暂时性结合率为 70%。进入体内大部分先经肝微粒体酶系降解，在进一步被酰胺酶水解，最后随尿排出，少量出现在胆汁中。大约 10%～20%以原型随尿排出。能透过血脑屏障和胎盘。

【药理作用】 本品组织穿透力强，可作表面麻醉；麻醉力强，作用快，维持时间长，可达 1.5～2h；对组织无刺激性；弥散性广；毒性较普鲁卡因稍大，毒性与药物深度有关。另外，本品静脉注射还能抑制心室的自律性，缩短不应期，吸收后对中枢神经系统具有抑制作用，用药后出现疲倦嗜睡现象，但大量吸收也引起中枢兴奋，甚至惊厥，而后再转为抑制。

【临床应用】 临床主要用于动物的表面麻醉、浸润麻醉、传导麻醉及硬膜外麻醉，也可用作窦性心动过速，治疗心律失常。

【注意事项】 作表面麻醉时，必须严格控制剂量，因毒性大，一般不做腰麻。对患有严重心传导阻滞动物禁用，肝、肾功能不全及充血性心衰动物慎用。

【制剂、用法与用量】 盐酸利多卡因注射液，5ml：0.1g、10ml：0.2g、10ml：0.5g、20ml：0.4g。浸润麻醉用 0.25%～0.5%溶液。表面麻醉用 2%～5%溶液。传导麻醉用 2%溶液，每个注射点，马、牛 8～12ml，羊 3～4ml。硬膜外腔麻醉用 2%溶液，马、牛 8～12ml。

丁 卡 因

本品又名地卡因。

【理化性质】 丁卡因的化学结构与普鲁卡因相似，中间链为酯。盐酸丁卡因为白色结晶性粉末，无臭，味苦有麻感，有吸湿性，易溶于水。

【药理作用】 本品局麻作用比普鲁卡因强。硬膜外阻滞时起效较慢，10～15min 起效，但作用时效可长达 2～3h。蛛网膜下腔阻滞时，与神经组织结合快而牢固，1.5～2min 起效。黏膜表面麻醉时，作用迅速，1～3min 生效，维持时间 20～40min，适用于眼、耳、鼻、喉科等手术。

【临床应用】 临床常用于表面麻醉及硬膜外腔麻醉。①表面麻醉，0.5%～1%等渗溶液用于眼科；1%～2%溶液用于鼻、咽部喷雾；0.1%～0.5%溶液用于泌尿道黏膜麻醉。因无收缩血管作用，故需加 0.1%盐酸肾上腺素溶液（1：100 000)。②硬膜外麻醉，用 0.2%～0.3%等渗溶液。

【注意事项】 由于毒性较大（约为普鲁卡因的 10 倍），毒性反应发生率亦高。注射后吸收又迅速，所以一般不宜用作浸润和传导麻醉，但可与普鲁卡因或利多卡因配成混合液应用。如 0.1%～0.2%丁卡因和 1%～1.5%利多卡因混合用于传导麻醉。

【制剂、用法与用量】 盐酸丁卡因注射液，5ml：50mg。滴眼麻醉用 0.5%溶液。喉头喷雾或气管内插管时用 1%～2%溶液。泌尿道黏膜麻醉用 0.1%～0.3%溶液。硬膜外腔麻醉用 0.2%～0.3%溶液，最大剂量每千克体重不超过 1～2mg。

必备知识二　作用于传出神经的药物

一、作用特点与机制

为了便于理解和掌握作用于传出神经药物的药理作用、作用机制与治疗应用等，必须充分了解传出神经系统的生理功能与生化特点。

根据传出神经在兴奋状态下其神经末梢所释放递质不同，可将传出神经纤维分为胆碱能神经和肾上腺素能神经两类。

胆碱能神经，当神经兴奋时，其末梢释放乙酰胆碱（Ach）者皆称为胆碱能神经。包括：全部交感神经和副交感神经的节前纤维；运动神经；全部副交感神经的节后纤维；极少数交感神经节后纤维，如汗腺的分泌神经和骨骼肌内的血管舒张神经等。

肾上腺素能神经，当神经兴奋时，其末梢释放去甲肾上腺素（NA 或 NE）和少量肾上腺素者皆称为肾上腺素能神经。几乎全部交感神经节后纤维都属于此类。它们支配的效应器细胞上的受体是 α 受体和 β 受体。

除上述两类神经外，据报道在中枢及内脏器官内发现了多巴胺能神经、肽能神经及嘌呤能神经。

1. 传出神经的受体

传出神经的生理功能是通过递质与受体结合而产生效应的。它能选择性地与某些递质或药物结合，产生一定的生理或药理效应。受体可分为两大类。

（1）胆碱受体 指能与乙酰胆碱结合的受体。这种受体又可分为：毒蕈碱型胆碱受体，简称 M 胆碱受体或 M 受体。对毒蕈碱敏感，主要分布于副交感神经节后纤维和一小部分释放乙酰胆碱的交感神经节后纤维所支配的效应器上的细胞膜上。

烟碱型胆碱受体，简称 N 胆碱体或 N 受体。对烟碱的作用比较敏感，主要分布于自主神经节细胞膜和骨骼肌细胞膜上，一般将自主神经节细胞膜上的受体叫做 N_1 受体，骨骼肌细胞膜上的受体叫做 N_2 受体。

（2）肾上腺素受体 指能与去甲肾上腺素或肾上腺素结合的受体。此种受体也可分为如下两种。

α-肾上腺素受体，简称 α 受体。主要分布于皮肤、黏膜、内脏的血管，虹膜辐射肌和腺体细胞等效应器细胞膜上及肾上腺素能神经末梢的突触前膜。

β-肾上腺素受体，简称 β 受体。主要分布于心脏、血管、支气管等效应器细胞膜上。β 受体又分为两种，即 β_1 受体和 β_2 受体。β_1 受体主要分布在心脏，β_2 受体主要分布在血管（骨骼肌、内脏、冠状动脉）和支气管。

2. 传出神经递质的作用

神经末梢释放的递质与受体结合后产生一定的生理效应，表现如下。

（1）胆碱能神经递质的作用 ①M 样作用（毒蕈碱样作用），是兴奋 M 受体时所呈现的作用。表现为心脏抑制，多数平滑肌收缩，瞳孔缩小，腺体分泌增加等。②N 样作用（烟碱样作用），是兴奋 N 受体时所呈现的作用。表现为自主神经节兴奋，肾上腺髓质分泌增加，骨骼肌收缩等。

（2）肾上腺素能神经递质的作用 ①α 样作用，是兴奋 α 受体所呈现的作用，表现为血管收缩、血压升高等。②β 样作用，是兴奋 β 受体所呈现的作用，表现为心跳加快、心肌收缩力加强、平滑肌松弛、脂肪和糖原分解。

3. 传出神经系统受体的分布和效应

见表 12-1。

表 12-1 传出神经系统受体的分布和效应

效应器		去甲肾上腺素能神经兴奋		胆碱能神经兴奋	
		受体类型	效应	受体类型	效应
心脏	心肌	β_1	心率加快	M	心率减慢
平滑肌	眼平滑肌	α	散瞳		缩瞳
	支气管	β_2	舒张		收缩
	胃肠平滑肌	$\alpha\beta$	舒张		收缩
	血管平滑肌	$\alpha\beta$	收缩或舒张		舒张
腺体		α	分泌增强		分泌增强
肾上腺髓质		—	—	N_1	分泌肾上腺素
自主神经节		—	—	N_1	兴奋
骨骼肌		β_2	血管舒张	N_2	收缩

二、药物的作用与分类

1. 传出神经系统药物的作用

作用于传出神经系统的药物，大多数是通过影响突触传递而产生效应，其基本作用是直接作用于受体或通过影响递质的代谢过程（正常情况，体内乙酰胆碱主要被胆碱酯酶分解而消除）而产生兴奋或抑制效应。

直接作用于受体，药物直接与效应器细胞膜上的受体结合，产生两种效应：一种是产生与递质（乙酰胆碱或去甲肾上腺素）相似的作用，有拟胆碱药和拟肾上腺素药；另一种是产生与递质相反的作用，有抗胆碱药和抗肾上腺素药。

影响递质的代谢过程，药物通过影响递质的释放和转化而产生作用。如新斯的明通过抑制胆碱酯酶的活性，减少乙酰胆碱的破坏而呈现拟胆碱作用；麻黄碱除直接作用于受体而产生效应外，还可通过促进去甲肾上腺素的释放而发挥拟肾上腺素作用。

2. 传出神经系统药物的分类

传出神经系统药物按其作用性质和作用部位进行分类。具体见表 12-2。

表 12-2 传出神经系统药物的分类

分类		常用药物	主要作用部位
拟胆碱药	完全拟胆碱药	乙酰胆碱、氨甲酰胆碱、槟榔碱	兴奋 N、M 胆碱受体
	节后拟胆碱药	氨甲酰甲胆碱、毛果芸香碱	兴奋 M 胆碱受体
	抗胆碱酯酶药	新斯的明、毒扁豆碱、加兰他敏	抑制胆碱酯酶
抗胆碱药	节后抗胆碱药	阿托品、山莨菪碱	阻断 M 胆碱受体
	骨骼肌松弛药	琥珀胆碱、筒箭毒碱、潘克罗宁	阻断 N_2 胆碱受体
拟肾上腺素药		肾上腺素	兴奋 α、β 受体
		麻黄碱	兴奋 α、β 受体并促进递质释放
		去甲肾上腺素	兴奋 α 受体
		异丙肾上腺素	兴奋 β 受体
抗肾上腺素药		酚妥拉明	阻断 α 受体
		普萘洛尔	阻断 β 受体

三、常用药物

1. 拟胆碱药

拟胆碱药是一类作用与递质乙酰胆碱相类似的一类药物。因其作用机制不同可分为直接作用于胆碱受体的胆碱受体激动药及发挥间接作用的抗胆碱酯酶药两种类型。

胆碱受体激动药是一类直接作用于胆碱受体产生与乙酰胆碱相似作用的药物。根据对受体选择性的不同，可分为 M、N 胆碱受体激动药，M 胆碱受体激动药和 N 胆碱受体激动药等三类。

抗胆碱酯酶药是一类能与胆碱酯酶结合，使其丧失活性，不能水解乙酰胆碱，使胆碱能神经末梢所释放的乙酰胆碱在局部浓度增加，从而间接地发挥拟似乙酰胆碱作用。本类药物作用机理虽然不同于完全拟胆碱药，但它们作用的表现却很相似。

乙酰胆碱

【理化性质】 本品为季铵类化合物，脂溶性低，不易透过生物膜，现已能人工合成，是白色或淡黄色结晶性粉末，化学性质不稳定，遇水易分解，其氯化物极易溶于水，难溶于乙醇，水溶液稳定，加热煮沸不被破坏。

【药理作用】 本品能直接兴奋 M 受体和 N 受体，从而产生 M 样作用和 N 样作用。

M 样作用：即兴奋 M 受体产生的作用或相当于全部胆碱能神经节后纤维兴奋所产生的作用。表现为心率减慢、血管舒张、血压下降，支气管、胃肠道与泌尿道等平滑肌兴奋，括约肌松弛，汗腺、唾液腺等腺体分泌增加，眼虹膜括约肌和睫状肌收缩。

N 样作用：兴奋 N 体产生的作用或相当于运动神经即全部自主神经节兴奋所产生的作用，还能兴奋肾上腺髓质的嗜铬组织，使之释放肾上腺素。运动神经兴奋表现为骨骼肌收缩。全部神经节兴奋的结果，使节后的交感神经和副交感神经纤维皆兴奋，而这两种神经大多数情况下是互相拮抗的，其综合作用非常复杂，可因剂量、给药途径及机体机能状态的不同而有所变化。但在一般情况下，仍表现为副交感神经功能占优势的状态。

对中枢神经作用：乙酰胆碱能兴奋中枢神经系统的 M 受体和 N 受体产生中枢作用，表现为兴奋、不安、震颤乃至惊厥。

【临床应用】 本药临床上无应用价值，但可作为药理学研究的工具药。

氨甲酰胆碱

【理化性质】 本品为人工合成药，是无色或淡黄色小棱柱形结晶或结晶性粉末，有潮解性，其氯化物极易溶于水，难溶于乙醇，在丙酮或醚中不溶。耐高温，加热煮沸不被破坏。

【药理作用】 与乙酰胆碱相似，亦能直接兴奋 M 受体和 N 受体，并可促进胆碱能神经末梢释放乙酰胆碱发挥间接拟胆碱作用。

本品是胆碱酯类药物作用最强的一种，其特点为性质稳定、作用强且持久；对心血管系统作用较弱，对胃肠、膀胱、子宫等平滑肌作用强。

对消化系统有较强的作用，小剂量即可加强胃肠收缩，促进肠内容物迅速排出；亦能增加反刍兽瘤胃的反刍功能。

本品一般剂量对骨骼肌无明显影响，但大剂量可引起肌束震颤，乃至麻痹。

【临床应用】 临床主要用于瘤胃积食、前胃弛缓、肠臌气、大肠便秘及子宫松弛、胎衣不下、子宫蓄脓等。

【注意事项】 ①本品作用强烈，在治疗便秘时，应先给予盐类或油类泻药或大量饮水，然后每隔 30～40min，分次小剂量给药。②禁用于老龄、瘦弱、妊娠、心肺疾患的动物及机械性肠梗阻等患畜。③发生中毒时可用阿托品解救，但效果不理想。④切勿肌内注射和静脉注射。

【制剂、用法与用量】 氯化氨甲酰甲胆碱注射液，1ml：0.25mg、5ml：1.25mg、10ml：25mg。皮下注射，一次量，马、牛 0.05～0.1mg/kg，猪、羊 0.1～0.2mg/kg，兔、猫、犬 0.25～0.5mg/kg。本品不宜超大剂量使用。

毛果芸香碱

本品又名匹罗卡品。

【理化性质】 本品是从毛果芸香叶中提取的一种生物碱，现已人工合成。其硝酸盐为白色粉末，无臭，味苦，易溶于水，水溶液稳定。遇光易变质。

【药理作用】 能直接选择性作用于 M 受体，呈现 M 样作用。对腺体、胃肠平滑肌及瞳孔括约肌的作用明显，而对心血管系统的作用较弱。

对腺体和胃肠平滑肌的作用：对唾液腺、泪腺、支气管腺等腺体以及胃肠平滑肌有明显的兴奋作用，给马皮下注射后 3～5min 即开始出现作用，10min 后作用最明显，持续 1～3h。由于胃肠分泌增加，蠕动加快，可促进秘结粪块的排出。

对眼睛的作用：能使虹膜括约肌收缩，瞳孔缩小，前房角间隙扩大，房水易于通过巩膜静脉窦进入循环，从而使眼内压降低。

【临床应用】 临床主要用于治疗不全阻塞性肠便秘、前胃弛缓、手术后肠麻痹、猪食道梗塞；1%～3%溶液作为缩瞳剂，与阿托品交替使用，治疗虹膜炎或青光眼，以防止虹膜与晶状体粘连。

【注意事项】 ①治疗马便秘时，用药前应大量灌水、补液，并注射安钠咖等强心剂，以防脱水或加重心力衰竭。②易引起呼吸困难和肺水肿，用药后应保持患畜安静，加强护理，必要时采取对症治疗，如注射氨茶碱以扩张支气管，注射氯化钙以制止渗出。③完全阻塞的肠便秘患畜禁用，以防因肠管剧烈收缩，导致肠破裂。④用药剂量过大时易发生中毒，中毒时可用阿托品解救。⑤体弱、老龄、妊娠、心肺疾患等动物禁用。

【制剂、用法与用量】 硝酸毛果芸香碱注射液，1ml：30mg、5ml：150mg。皮下注射，一次量，马、牛 30～300mg，猪 5～50mg，羊 10～50mg，犬 3～20mg。

吡啶斯的明

【药理作用】 本品作用与新斯的明相似，但抗胆碱酯酶作用强度只是新斯的明的 1/20，抗箭毒作用及兴奋平滑肌作用强度为新斯的明的 1/4。副作用较少，持续作用时间较长。

【临床应用】 应用同新斯的明。

【制剂、用法与用量】 溴吡啶斯的明制剂　片剂：每片 60mg；注射剂：每支1ml：1mg、1ml：5mg。内服，一次量，每 1kg 体重，猪、犬 1.2mg。

2. 抗胆碱药

抗胆碱药又称胆碱受体阻断药，一般常指作用于节后胆碱能神经支配的效应细胞，阻断节后胆碱能神经兴奋效应的药物。

抗胆碱药能与乙酰胆碱争夺胆碱受体，对抗乙酰胆碱的作用，即这类药物虽与胆碱受体结合，但本身不产生或较少产生拟胆碱作用，这样就阻碍了胆碱能神经递质或外源性拟胆碱药与受体的结合，从而产生抗胆碱作用。表现为胆碱能神经功能被抑制的种种作用。

抗胆碱药依据对M受体或N受体作用的选择性及临床上主要应用，将抗胆碱药分为M胆碱受体阻断药，如阿托品、东莨菪碱；N胆碱受体阻断药又分为N_1胆碱受体阻断药，如美加明、六甲双铵；N_2受体阻断药，如琥珀胆碱、筒箭毒碱；中枢性抗胆碱药，如二苯羟乙酸奎宁酯。N_1胆碱受体阻断药和中枢性抗胆碱药在兽医临床上无应用价值，故不做介绍。

阿 托 品

【理化性质】 阿托品是从茄科植物颠茄、曼陀罗或莨菪等提得的生物碱，现已能人工合成。常用其硫酸盐。硫酸阿托品为白色结晶性粉末，无臭，味极苦，极易溶于水，易溶于乙醇，水溶液久置或遇碱性物质可分解。遇光易变质。

【药动学】 本品易从胃肠道和黏膜吸收。吸收后快速分布于全身组织。能通过胎盘屏障和血脑屏障。在体内阿托品大部分被酶水解失效，只少部分以原型随尿排出。各种动物体内酶的分布不一样，如家兔体内各组织中均有此酶分布，但豚鼠体内仅存在于肝中。滴眼应用时，作用可持续数天之久，这可能是因为通过房水循环消除较慢所致。给予阿托品后迅速从血中消失，约80%经尿排出，其中原型占30%多。粪便、乳汁中仅有少量阿托品。

【药理作用】 阿托品的药理作用广泛，并常取决于器官的功能状态。其作用机制系与M胆碱受体相结合，使胆碱受体失去与乙酰胆碱结合的可能性，从而阻断了胆碱能功能。

阿托品对M受体选择性极高，但对M受体各亚型的选择性却很低，故对M_1、M_2、M_3受体皆有阻断作用。当阿托品剂量相当大，接近中毒剂量时，也能阻断N_1受体。

① 平滑肌　阿托品对胆碱能神经支配的内脏平滑肌均具有松弛作用，一般对正常活动的平滑肌影响较小，当平滑肌过度收缩或痉挛时，松弛作用极显著。但对支气管平滑肌松弛作用不明显。对子宫一般无效。它可阻断迷走神经对胃肠道的兴奋作用，使之松弛，故可用于解除内脏平滑肌痉挛。对眼平滑肌的作用，阿托品使虹膜括约肌和睫状肌松弛，表现为散瞳、眼内压升高（瞳孔散大，虹膜退向周围边缘，压迫眼前房角间隙，使角间隙变窄，阻碍房水流入巩膜静脉窦，以致房水蓄积造成眼内压升高）和调节麻痹（因阿托品使睫状肌松弛而退向四周，致使悬韧带紧张，使晶体固定于扁平状态，不能调节视力）。

② 腺体　唾液腺或汗腺对阿托品极敏感。小剂量能使唾液、器官及汗腺（马除外）分泌减少，较大剂量可减少胃液分泌，但对胃酸的分泌影响较小。阿托品对胰腺、肠液等分泌影响甚少。

③ 心、血管系统　阿托品对正常心血管系统并无影响。大剂量阿托品能扩张外周及内脏血管，解除小血管的痉挛。这种作用具有临床意义，如治疗马乙型脑炎、中毒性休克时，可因血管扩张，增加组织血液灌注量，改善微循环。另外，较大剂量阿托品可解除迷走神经对心脏的抑制作用，对抗因迷走神经过度兴奋所造成的传导阻滞剂心律失常，因阿托品能提高窦房结的自律性，缩短心房不应期，促进心房内传导。阿托品对心脏活动的影响，与动物年龄有关，如幼犬反应比成年犬弱。幼驹和犊牛心脏活动的加强，需要阿托品的剂量往往要比成年畜大0.75～1倍。治疗剂量阿托品对血管的血压无显著的影响，这可能与多数血管缺

乏胆碱能神经支配有关。

④ 中枢作用　大剂量阿托品吸收后，可呈现明显中枢兴奋作用，如兴奋迷走神经中枢、呼吸中枢、大脑皮层运动区和感觉区。中毒量时，大脑和脊髓强烈兴奋，动物表现兴奋不安、运动亢进、不协调、肌肉震颤，随后由兴奋转为抑制、昏迷，终因呼吸麻痹而死。毒扁豆碱对抗阿托品的中枢作用。

⑤ 解毒作用　解除有机磷中毒，当敌百虫、敌敌畏、对硫磷等中毒时，体内乙酰胆碱大量堆积，出现M样和N样作用，这时应用阿托品能有效地解除M样中毒症状，但对N作用几乎是无效的。若能与胆碱酯酶复活剂早期配合应用，可获得良好的戒毒效果。解除拟胆碱药中毒；可用为耕牛由吐酒石等引起的心脏毒性反应，及缓解应用喹啉脲引起的严重副作用。

【临床应用】

① 解除平滑肌痉挛　主要用于胃肠道及支气管平滑肌过度痉挛，如治疗肠痉挛、肠套叠、急性肠炎和毛粪石等病例，能缓解疼痛，调节肠蠕动。

② 解毒作用　家畜发生有机磷中毒时，由于体内乙酰胆碱的大量堆积，而出现强烈的M样和N样作用，此时应用阿托品治疗，能迅速有效地解除M样作用的中毒症状。亦可解除毛果芸香碱过量造成的中毒。

③ 作为麻醉前给药　可在麻醉前15～20min皮下注射小剂量阿托品，能抑制呼吸道腺体分泌，防止呼吸道阻塞和吸入性肺炎及反射性的心跳停止。

④ 散瞳　用0.4%～1%溶液点眼，与毛果芸香碱交替使用，可防止急性炎症时晶状体、睫状体和虹膜粘连，用于治疗虹膜炎、周期性眼炎及做眼底检查时用。

⑤ 抗休克　大剂量阿托品可用于失血性休克及感染中毒性休克，如中毒性菌痢、中毒性肺炎等并发的休克。

【注意事项】 当阿托品用于治疗消化道疾病时，易导致肠鼓胀、便秘等，尤其是消化道内容物多时，加之饲料过度发酵，更易造成胃肠过度扩张乃至胃肠破裂。这主要是阿托品对胃肠道腺体与平滑肌的抑制作用，而又使胃肠道全部括约肌收缩的结果。

家畜对阿托品的感受性有种间差异，一般而言，草食动物比肉食动物对本品的敏感性低些。阿托品过量中毒症状：口腔干燥、瞳孔扩大、脉搏与呼吸增加、兴奋不安、肌肉震颤等明显症状。严重时，表现体温下降、昏迷、呼吸浅表、运动麻痹、括约肌松弛，最后终以窒息而死亡。解救时，多以对症治疗为主，如用镇静药或抗惊厥药来对抗中枢兴奋症状；应用毛果芸香碱、新斯的明或毒扁豆碱对抗其周围作用和部分中枢症状；必要时可用毛果芸香碱、新斯的明或毒扁豆碱等拟胆碱药解救。

【制剂、用法与用量】 硫酸阿托品注射液，1ml∶0.5mg、2ml∶1mg、1ml∶5mg。通常皮下注射，一次量，马、牛、羊、猪、犬、猫0.02～0.05mg/kg，禽0.04～0.1mg/kg。解除有机磷酯类中毒时，马、牛、猪、羊0.5～1mg/kg，犬、猫0.1～0.15mg/kg，禽0.1～0.2mg/kg。马迷走神经兴奋性心律不齐，0.045mg/kg；犬、猫心动过缓，0.02～0.04mg/kg。

琥珀胆碱

本品又名司可林。

【理化性质】 为白色结晶性粉末，无臭，味苦，极易溶于水，水溶液呈酸性。遇光、遇碱均易分解失效。需放在凉处遮光密封贮存。

【药理作用】 本品属于骨骼肌 N_2 受体阻断剂。它作用于神经肌肉接头，与运动终板上的 N_2 胆碱受体结合，产生持久的去极化作用，使骨骼肌松弛。肌松具有一定顺序性，首先是头部的眼肌、耳肌等小肌肉，继而是头部、颈部肌肉，再次为四肢和躯干肌肉，最后是膈肌。当用药过量时，由于膈肌麻痹而窒息死亡。

【临床应用】 临床常用于骨折整复、去势、腹腔手术或断角、锯茸等以保定动物，也可用作气管插管时短时肌松剂。国外多用作马、犬、猫的手术麻醉辅助药。

【注意事项】 ①本品有部分拟胆碱作用，用药前宜使用小剂量阿托品，以免唾液腺、支气管腺分泌过多而发生窒息。反刍兽用药前停食半日左右，以免胃内容物返流引起异物性肺炎。②本品应避免与有机磷酸酯类、苯海拉明等抑制血浆胆碱酯酶活性的药物配伍用，以免增加其毒性。③老、弱、孕畜忌用本品。严重肝病、贫血、急性传染病等患畜禁用本品。④中毒时，多采用对症治疗，如用安钠咖或肾上腺素强心，不可用新斯的明等拟胆碱药解救。

【制剂、用法与用量】 氯化琥珀胆碱注射液，2ml：50ml、2ml：100mg。肌内注射，一次量，马 0.07～0.2mg/kg，牛、羊 0.01～0.16mg/kg，猪 2mg，犬、猫 0.06～0.11mg/kg，梅花鹿、马鹿 0.08～0.12mg/kg，水鹿 0.04～0.06mg/kg。

东莨菪碱

【药理作用】 本品药理作用基本同阿托品。但对中枢作用因动物的中枢不同而异，亦与剂量的大小密切相关。如犬用小剂量可出现中枢抑制作用，有些情况也出现兴奋；大剂量产生兴奋作用，表现为不安和运动失调。对马可产生明显兴奋作用。

【临床应用】 主要应用于有机磷酸酯中毒的解救，本品抗震颤作用是阿托品的 10～20 倍；也可用于麻醉前给药，优于阿托品。注意马属动物常出现中枢兴奋。

【制剂、用法与用量】 片剂：0.3mg；注射剂：1ml：0.3mg、1ml：0.5mg。皮下注射，马、牛 1～3mg/次，羊、猪 0.2～0.5mg/次，犬 0.1～0.3mg/次。

筒箭毒碱

本品是由南美数种马钱子科及防己科植物中提得的生物碱。

【药理作用】 筒箭毒碱是最早应用于临床的典型的非去极化型肌松药。药效稳定，肌松效果可靠。因内服难吸收，故静脉给药为主要途径。给药后即刻产生肌松作用（约 1min），3～5min 肌松作用达高峰，45min 左右可恢复肌张力。本品可引起所有的骨骼肌弛缓性瘫痪，大剂量时，具有阻断神经节及释放组胺作用，可引起血压下降、心率减慢、支气管痉挛和唾液分泌增多等。

【临床应用】 可用于犬、猪、羔羊、犊牛作肌肉松弛药。但由于药源少，并存在一定缺点（马尤其多见），兽医临床已少用。本品安全范围小，大剂量可引起较长时间的呼吸暂停，应慎用。中毒时，可用新斯的明解救。

【制剂、用法与用量】 氯化筒箭毒碱注射液，1ml：10mg。静脉注射，每 1kg 体重，犊牛、羔羊 0.05～0.06mg/次，猪 0.2～0.3mg/次，犬 0.4～0.5mg/次，猫 0.3mg/次，兔 0.2mg/次。

泮库溴铵

泮库溴铵又名溴化双哌雄酯、巴夫龙。为近年合成的非去极化型肌松药。

【药理作用】 本品作用机制同筒箭毒碱，作用相似，强度为其3～10倍。等效剂量时，该药的作用或阻断作用较小。

【临床应用】 可配合全身麻醉药，使肌肉松弛，利于手术。麻醉前宜先用阿托品制止腺体分泌。本品中毒或手术后造成神经肌肉麻痹时用新斯的明解救。

【制剂、用法与用量】 泮库溴铵注射液，2ml：4mg。仅供静脉注射，每1kg体重，猪0.11mg/次，犬、猫0.044～0.11mg/次。

3. 拟肾上腺素药

拟肾上腺素药又称肾上腺素受体激动药，能与肾上腺素受体结合，并激动受体，产生与肾上腺素相似的药理作用。这类药物在化学结构上属于苯乙胺类，其作用又与交感神经兴奋的效应相似，故又称为拟交感胺。其中肾上腺素、去甲肾上腺素、异丙肾上腺素在C_3、C_4位上都具有羟基形成儿茶酚核（邻苯二酚核）的胺类化合物，故它们又属于儿茶酚胺类。

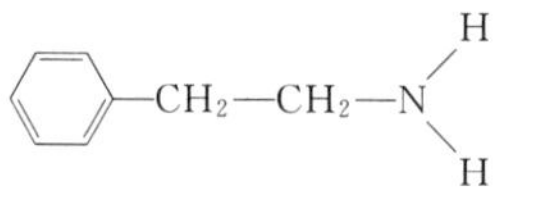

$C_6H_5-CH_2-CH_2-NH_2$ （β-苯乙胺）　　儿茶酚胺（邻苯二酚核，HO、HO）

β-苯乙胺 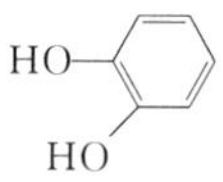　　儿茶酚胺

拟肾上腺素药的作用可以概括分为五个方面：周围器官的兴奋作用，周围器官的抑制作用，心脏的兴奋作用，代谢作用及中枢神经系统兴奋作用。但是各种拟肾上腺素药所引起的这些作用，在程度上并不一样。这主要是由于分布在效应细胞上的受体类型及密度不同的缘故。一般来说，α型受体是兴奋型，β型受体是抑制型，这并非是绝对的，如肠平滑肌的α型受体和β型受体都能引起平滑肌弛缓效应，而心脏的β型受体则为兴奋型的。

肾上腺素能神经支配的效应细胞可以有α型受体和β型受体，或者同时具有两者。但一般存在两种受体时，总是以一种类型的受体占优势。如骨骼肌血管以β型受体占优势，肾上腺素可引起血管舒张，但同时也有较少的α型受体、去甲肾上腺素可引起血管收缩，因为去甲肾上腺素对平滑肌的β型受体作用远比肾上腺素为弱。以上所述肾上腺素受体的分类仅仅适用于拟肾上腺素药的周围器官兴奋作用（α型受体）、周围器官抑制作用（β_1型受体）、心脏兴奋作用（β_2型受体）。

肾上腺素、去甲肾上腺素等儿茶酚胺类是通过直接作用于效应细胞上的受体部位而发挥作用的。也有的拟肾上腺素药如麻黄碱，则是作用于肾上腺素能神经末梢，促使去甲肾上腺素的释放，间接地产生拟肾上腺素能神经兴奋效应，但也可直接作用于肾上腺素受体而发挥作用。

拟肾上腺素药依据对不同肾上腺素受体的选择性可分为α受体激动药、α受体与β受体激动药、β受体激动药三类。

肾上腺素

本品是肾上腺髓质细胞分泌的激素，药用肾上腺素主要从动物肾上腺提取或人工合成。

天然品为左旋异构体，合成品为消旋体，后者效价仅为左旋品的 50%。

【理化性质】 药用盐酸盐是白色或类白色结晶性粉末，无臭，味苦，遇空气及光易氧化变质。易溶于水，在中性或碱性水溶液中不稳定。注射液变色后不能使用。

【药动学】 因易被消化酶破坏，所以内服无效，本身又具有局部血管收缩作用，减少了黏膜吸收，而且在肠黏膜和肝内迅速被破坏。肌内注射吸收比皮下注射快，但作用持续时间相对短。肾上腺素在体内的转化与转运基本同去甲肾上腺素。

【药理作用】 肾上腺素能激动 α 受体和 β 受体，从而产生较广泛且复杂的作用，并随剂量不同，肌体的生理与病理情况不同，其作用表现有别。对 β 受体的作用强于 α 受体。

① 对心脏的作用　由于肾上腺素激动了心脏的传导系统、窦房结与心肌上的 β_1 受体，表现出心脏兴奋性提高，使心肌收缩力、传导及心率明显增强，对离体心脏表现为正性肌力效应，表明肾上腺素使心室肌达到收缩顶峰的时间缩短。心脏搏出量与输出量增加，扩张冠状血管，改善心肌血液供应，呈现快速强心作用。但使心肌代谢增强，耗氧量增加，加之心肌兴奋性提高，此时若剂量过大或静脉注射过快，可引起心律失常，出现期前收缩，甚至心室纤颤。动物应用较大剂量时，心电图显示 T 波下降、ST 波上升或下降。

② 对血管的作用　由于各靶部位肾上腺素受体数量及受体亚型分布情况不同，导致对不同血管、不同器官内血管作用强度与性质各异。如可致皮肤、黏膜和肾脏血管强烈收缩（此处 α 受体占优势，且数量多）；骨骼肌血管呈扩张状态（此处 β_2 受体为主）；冠状血管扩张；脑和肺血管收缩作用很微弱，但有时因血压上升而被动扩张。对小动脉、毛细血管作用强，而对大动脉、静脉作用弱，这主要与受体数量多少有关。

③ 对血压的影响　静脉注射肾上腺素可立即出现典型的血压急剧升高，这个反应是心肌收缩加强、心率加速和血管收缩三个因素共同作用的结果。但由于骨骼肌血管扩张作用对血压的影响抵消或超过皮肤黏膜血管收缩作用的影响，故舒张压不变或下降，在较大剂量静脉注射时，收缩压和舒张压均升高，随后出现微弱的降压反应，这可能是由于 β_2 受体兴奋的表现。

④ 对平滑肌的作用　本品可兴奋支气管平滑肌的 β_2 受体，使之松弛，当支气管平滑肌痉挛时，其松弛作用更显著。另外，还可抑制肥大细胞释放过敏物质，间接缓解支气管平滑肌痉挛，加之该药收缩支气管黏膜血管，降低了毛细血管通透性，从而减轻了支气管黏膜水肿，有助于呼吸困难的缓解。能抑制胃肠平滑肌蠕动，收缩幽门和回盲括约肌，但当括约肌痉挛时，能使其抑制。能收缩虹膜孔开大肌，使瞳孔散大，有瞬膜的动物可引起瞬膜收缩。对子宫平滑肌作用较复杂，与动物种类、性周期的不同阶段及妊娠与否等因素有关。如对孕犬和未孕犬子宫均呈先兴奋后抑制的双向作用；可抑制猫未孕子宫，但可兴奋妊娠早期的猫子宫；对羊子宫平滑肌影响情况基本同猫。上述情况表示子宫的 α 受体与 β 受体共存，而且不同种动物其子宫内受体类型各异，当然也与性激素影响不同有关。

⑤ 对代谢的影响　肾上腺素活化代谢，增加细胞耗氧量。由于激活腺苷酸环化酶，促进了肝与肌糖原分解，使血糖升高，血中乳酸量增加。又有降低外周组织对葡萄糖摄取的作用，加速脂肪分解，血中游离脂肪酸增多，这是肾上腺素激活甘油三酯酶所致。

⑥ 其他作用　本品可使马、羊等动物发汗、兴奋竖毛肌。收缩脾被膜平滑肌，使脾脏中贮备的红细胞进入血液循环，增加血液中红细胞数。

【临床应用】

① 作为恢复心功能的急救药　常用于过敏性休克、溺水、传染病、药物中毒、手术意

外及心脏传导阻滞等引起的心跳微弱或骤停。心跳完全停止时，可采用心内注射，并配合有效的人工呼吸、心脏按压等措施。

② 用于过敏性疾病　如过敏性休克、荨麻疹、支气管痉挛、蹄叶炎等。对免疫血清和疫苗引起的过敏性反应也有效。

③ 与局部麻醉药配伍使用　延长麻醉时间，减少麻醉药的毒性反应。

④ 外用作为局部止血药　当鼻黏膜、子宫或手术部位出血时，可用纱布浸以0.1%的盐酸肾上腺素溶液填充出血处，以使局部血管收缩，制止出血。

【注意事项】 ①心血管器质性病变及肺出血的患畜禁用。②使用时剂量过大或静脉注射速度过快，可导致心律失常，甚至心室颤动，故应严格控制剂量。忌用于水合氯醛中毒的病畜，也不宜与强心苷、钙剂等具有强心作用的药物并用。③急救时可根据病情将0.1%的肾上腺素注射液做10倍稀释后静脉注射，必要时可做心内注射。一般过敏性疾病或病情紧急的急性心力衰竭，不必静脉注射，可稀释后做皮下注射或肌内注射。

【制剂、用法与用量】 盐酸肾上腺素注射液，1ml∶1mg、5mg∶5mg。

皮下注射，一次量，马、牛 2～5ml，猪、羊 0.2～1ml，犬 0.1～0.5ml，猫 0.1～0.2ml。

静脉注射，一次量，马、牛 1～3ml，猪、羊 0.2～0.6ml，犬 0.1～0.3ml，猫 0.1～0.2ml。

异丙肾上腺素

本品又名异丙肾、喘息定、治喘灵。

【理化性质】 本品由人工合成。常用其盐酸盐和硫酸盐。盐酸盐为白色或类白色结晶性粉末，无臭，遇光逐渐变色。两种盐均溶于水，水溶液在空气中逐渐变色，遇碱变色更快。应避光保存。

【药理作用】 本品主要作用于β受体。对心血管系统具有兴奋心脏、增强心肌收缩力、加速房室传导、增加心输出量、扩张外周血管、有利于心肌工作效率提高。解除休克时小动脉痉挛和改善微循环等作用；对支气管平滑肌有较强的松弛作用，作用迅速、短暂。亦具有抑制组胺及其他过敏性物质释放的作用。

【临床应用】 临床主要用于支气管痉挛所致的哮喘发作；抢救心脏骤停、治疗房室传导阻滞等；也可用于抗休克（必须在及时补液，使血容量充足的情况下使用）。

【制剂、用法与用量】 盐酸异丙肾上腺素注射液，2ml∶1mg。皮下注射或肌内注射，一次量，犬、猫 0.1～0.2mg。每6h给药1次。静脉滴注，一次量，马、牛 1～4mg，猪、羊 0.2～0.4mg（混入5%葡萄糖溶液500ml中缓慢滴注），犬、猫 0.5～1mg（混入5%葡萄糖溶液250ml缓慢滴注）。

克伦特罗

【药理作用】 本品对β_2受体具有选择性兴奋作用，显著舒张支气管平滑肌，缓解呼吸困难。本品特点是见效快，作用持续时间长。

【临床应用】 主要用于呼吸系统疾病治疗，如支气管哮喘、肺气肿等。在大剂量情况下，可激动β_1受体，引起心悸、心室早搏等心律失常。还可引起骨骼肌震颤。克伦特罗还有增加蛋白质合成的作用，可使动物瘦肉率增加。但因其必须使用大剂量，造成在动物可食性组织中蓄积，这种残留可使消费者产生严重的毒性反应，危害人的身体健康，故我国禁止用克伦特罗作药物添加剂应用。

4. 抗肾上腺素药

抗肾上腺素药又称肾上腺受体阻断药，能与肾上腺受体结合，阻碍去甲肾上腺素能神经递质或外源性拟肾上腺素药与受体结合，从而产生抗肾上腺素作用。根据其对受体选择性的不同，可分α受体型抗肾上腺素药（α型受体阻断剂）和β型抗肾上腺素（β型受体阻断剂）。前者表现为血管舒张，外周血压降低。后者主要表现为心率减慢，心收缩力减弱，心输出量减少，血压稍降低，支气管和血管收缩等。

酚妥拉明

【药理作用】 酚妥拉明与α受体结合力弱，作用时间短暂，属于短效类α受体阻断药。本品对 α_1 受体和 α_2 受体的选择性较低，但对 α_1 受体的阻断作用弱于对 α_2 受体的作用，由于本品对 α_1 受体的阻断作用，加之对血管的直接扩张效应，表现出血管舒张、血压下降，肺动脉压与外周阻力下降的作用。同时亦出现心脏收缩力增强，心率加快，心输出量增加的心脏兴奋效应。心脏的兴奋性一方面是因血管舒张，血压下降，由此引起的反射性交感神经兴奋而使末梢释放的递质增加，同时亦与阻断 α_2 受体促进递质释放有关。另外，还具有拟胆碱作用，表现胃肠道平滑肌张力增强。

【临床应用】 主要用于犬休克治疗。但必须补充血容量，最好与去甲肾上腺素配伍使用。

【制剂、用法与用量】 甲苯磺酸酚妥拉明注射液。静脉滴注，一次量，犬、猫 5mg，以 5%葡萄糖注射液 100ml 稀释滴注。

普萘洛尔

本品又名心得安。

【理化性质】 是等量的左旋和右旋异构体混合而得的消旋体。主要用其盐酸盐。为白色结晶性粉末。易溶于水。

【药理作用】 普萘洛尔有较强的β受体阻断作用，但对 β_1、β_2 受体的选择性较低，且无内在拟交感活性。可阻断心脏的 β_1 受体，抑制心脏收缩力与房室传导，减慢心率，使循环血流量减少，降低血压，心肌耗氧量降低。阻断平滑肌 β_2 受体，表现支气管和血管收缩。另外，本品又具有防止肾上腺素所致高血糖反应以及β受体激动药所致的胰岛素分泌反应；能降低肾上腺素释放；抑制血小板聚集等作用。

【临床应用】 主要用于抗心律失常，如犬心节律障碍-早搏，猫不明原因的心肌疾患。

【制剂、用法与用量】 盐酸普萘洛尔注射液。静脉注射，一次量，马每 100kg 体重 5.6～17mg（每日 2 次），犬 1～3mg（以每分钟 1mg 的速度注入），猫 0.25mg（稀释于 1ml 生理盐水中注入）。

盐酸普萘洛尔片。内服，一次量，马每 450kg 体重 105～350mg，犬 5～40mg，猫 2.5mg，每日 3 次。

实训 12-1　观察普鲁卡因的传导麻醉效果

【目的】 了解普鲁卡因对神经干的传导麻醉作用，掌握传导麻醉的一般方法。

【原理】 通过阻断 Na^+ 通道，减少 Na^+ 内流，从而影响动作电位的产生和传导，呈现麻醉作用；用药后痛觉、温觉、触觉、压觉依次消失，恢复时顺序相反。

【材料】

1. 动物　蛙。

2. 器材　铁支架、双凹夹、50ml 烧杯 2 个、探针、秒表、1ml 注射器、干纱布、手术剪、人手术刀、剥离针。

3. 药品　盐酸、2%盐酸普鲁卡因液。

【方法】

用探针毁坏大脑，以减少动物的随意运动，用细线穿颌将其悬挂在铁支架上。分别将蛙两后肢的趾蹼部浸入盐酸中，并测定其缩脚反应时间。每次都是恰好将整个趾蹼部浸入盐酸中，浸入面积前后必须一致，时间不超过 30s，浸后立即浸入水中洗盐酸并擦干。

注射 2%盐酸普鲁卡因液 0.3ml 于其中；一腿的坐骨神经干处，每 5min 检查两腿反向时间，若缩脚反射时间延长，表示反向作用被阻断（即神经干传导被阻滞），记录麻醉开始时间及持续时间。

【结果】

用药前的反应	用药后的反应/min						
	5	10	15	20	25	30	35

注：为了准确地阻断神经干，药液应尽可能注入坐骨神经干周围。应在大腿背面上 1/3 的部位刺入注药，然后沿该部从上至下边退边注射药液，注完后，局部揉一下，便于药液弥散接触神经干。

【分析训练题】 分析普鲁卡因作用机制，除了局部麻醉外，临床上普鲁卡因还可用于治疗哪些疾病？

实训 12-2　观察肾上腺素对心脏的作用

【目的】 观察肾上腺素对离体蛙心的作用。

【原理】 肾上腺素主要激动 α 受体和 β 受体。作用于心肌、传导系统和窦房结的 β_1 受体及 β_2 受体，加强心肌收缩性，加速传导，加快心率，提高心肌的兴奋性，提高心肌代谢，使心肌耗氧量增加。

【材料】

1. 动物　蟾蜍。

2. 器材　生物功能系统、张力换能器、探针、外科剪、小手术剪、烧杯、滴管、蛙心套管、蛙心夹、铁支架、试管夹、眼科镊、丝线、双凹夹、蛙板、蛙足钉等。

3. 药品　任氏液、0.1%盐酸肾上腺素溶液。

【方法】

1. 取蟾蜍1只，使头向下，将探针于枕骨大孔处向前插入颅腔左右摇动，破坏脑组织，再将针插入脊椎管，以破坏脊髓，使动物全身软瘫。

2. 仰位固定于蛙板上，先用普通剪刀将胸部皮肤剪开，再将胸部肌肉及软骨剪去，用虹膜剪破心包膜暴露心脏。

3. 于主动脉干以下绕一线，左右放平，备结扎用。在主动脉右侧分支下，再穿一线，尽量在远心端扎紧，左手提线，右手以眼科剪于左主动脉上向心剪一“V”形切口，将盛有任氏液的蛙心套管，通过主动脉球转向左后方，同时用镊子轻提动脉球，向插管移动的反方向拉，即可使插管尖端顺利进入心室，用主动脉干下的线结扎固定。

4. 剪断两根动脉，轻轻提起蛙心套管，再在静脉窦以下把其余血管一起结扎，在结扎下方剪断血管使心脏与蛙体分离，立即以滴管吸去蛙心套内血液，以任氏液反复冲洗数次，直到离体心脏无存血为止。最后套管内任氏液限定1ml。

5. 将蛙心套管固定于铁柱上，用蛙心夹夹住心尖，连于张力换能器，输入生物功能系统进行信号采集，记录和分析。

6. 将0.1%盐酸肾上腺素溶液滴入套管内，记录曲线。

【结果】 记录曲线。

任务小结

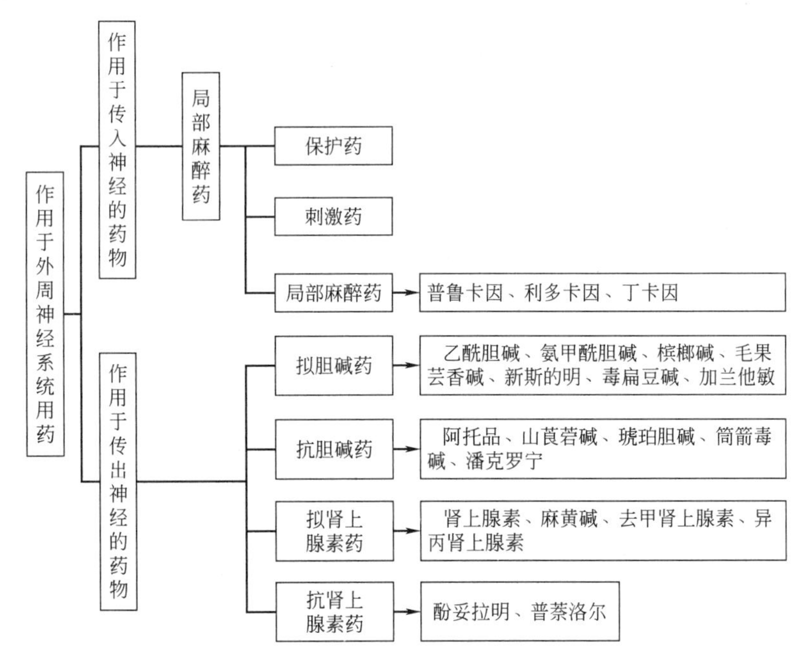

思考与复习

1. 简述局部麻醉药的概念、作用机制及麻醉方式。
2. 简述盐酸普鲁卡因的作用、应用及常用浓度。
3. 比较盐酸普鲁卡因和利多卡因的作用特点，说说应用中应注意些什么。
4. 什么是拟胆碱药、抗胆碱药及拟肾上腺素药？举出常用的代表药物及其作用方式。

5. 试述阿托品在兽医临床中的应用。

6. 根据肾上腺素的作用机制，简述其对机体功能的影响和在临床中的应用。

1. 肾上腺素适合于治疗动物的（　　）。

A. 心律失常　B. 心脏骤停　C. 急性心力衰竭　D. 慢性心力衰竭　E. 充血性心力衰竭

2. 适用于表面麻醉的药物是（　　）。

A. 丁卡因　B. 咖啡因　C. 戊巴比妥　D. 普鲁卡因　E. 硫喷妥钠

任务十三 解热镇痛和消炎用药

学习目标

基本概念：组胺、抗组胺药、解热镇痛药、肾上腺皮质激素。

基本知识点：组胺受体的分类、抗组胺药的分类及药物的应用；解热、镇痛及抗炎作用的基本概念、作用机制及各类药物的药理作用和应用；糖皮质激素的抗炎作用、抗毒素作用、抗过敏作用、抗休克等药理作用及其不良反应。

技能目标：熟知常用抗组胺药、各类解热镇痛药和糖皮质激素在兽医临床中的应用。

工作任务导入

1. 动物解热镇痛用药。
2. 动物消炎用药。

案例分析

【确诊疾病】 牛酮病

某农户同舍饲养黄牛12头，春节前先后或同时患病。经检查，畜主将制粉条的粉渣喂牛。走进饲养室有较浓的烂苹果味。卧地的牛，头颈曲于一侧，呈睡眠状。据此初诊为酮病。取尿液用pH试纸检验，pH为6，用酮实验粉少许置白纸上，加尿液数滴呈紫红色者，即确诊为酮病。

【用药方案】 促肾上腺皮质激素200～600国际单位，牛一次肌内注射，3天后再注射一次，剂量减半，或醋酸可的松250mg×4支，牛一次肌内注射，隔天再注射一次。

【效果分析】 经治疗后牛尿液中的酮体含量降至正常，临床症状消失。反刍动物的血糖主要靠瘤胃中微生物分解所产生的丙酸，再通过肝脏的糖异生途径转化为葡萄糖，而酮病的发生正是由于动物采食的碳水化合物、粗纤维不足导致丙酸生成不足，故干扰了糖的异生途径，致使动物出现低血糖、高酮体的临床病理特征。由于肾上腺皮质激素类药物可使血糖很快升高到正常，促进肝糖原异生，故使临床症状消失。

必备知识一　抗组胺药

一、组胺与组胺受体

组胺广泛存在于动物各种组织中，以与外界接触的皮肤、胃肠道和肺组织中含量最高。

组胺有重要的生理功能，因为组胺是一种预先生成贮存于肥大细胞内的介质，其释放是抗原与肥大细胞表面IgE抗体相互作用的结果，它在速发型过敏性和变态反应中起核心作用。组胺对支气管平滑肌和血管的作用可部分阐明变态反应的症状。

组胺受体现已发现三种，外周组织中存在两种即 H_1 和 H_2 两种类型。组胺与其受体结合可发生多种生物学效应，见表13-1。中枢神经系统可能还存在着组胺的 H_3 受体，但 H_3 受体在兽医临床上的意义尚待进一步研究。

表13-1 组胺受体的分布与作用

受体	分布	效应
H_1 受体	支气管、胃肠、子宫平滑肌	收缩
	皮肤、毛细血管	血管扩张、通透性增加、渗出、水肿
	心房、房室结	收缩加强、传导变慢
	中枢	觉醒反应
H_2 受体	胃壁旁细胞	胃酸分泌
	血管	舒张
	心室、窦房结	收缩加强、心率加快

组胺在医学上仅作为诊断用药，兽医临床上无应用价值。

二、抗组胺药

组胺在变态反应和过敏性休克中起着非常重要的作用，故可以从多种途径预防或治疗组胺的不良生物学效应，如减少组胺释放，阻断组胺与其受体结合，抗组胺药是指能与组胺竞争靶细胞上组胺受体，使组胺不能与受体结合，达到阻断组胺作用的药物。抗组胺药仅是通过阻断组胺与受体结合而发挥药理学作用。根据组胺的受体不同，可分为 H_1 受体阻断药、H_2 受体阻断药。

1. H_1 受体阻断药

人工合成的 H_1 受体阻断药大多数具有组胺的乙基胺的结构，此结构是 H_1 受体阻断药与组胺阻断受体的必需结构。H_1 受体阻断药能对抗组胺的兴奋支气管和胃肠道平滑肌，增加毛细血管通透性及扩张血管和降压等作用。

H_1 受体阻断药与其他药物相互作用：①乙醇及其他中枢神经抑制药，如巴比妥酸盐类、催眠药、阿片类镇痛药、抗焦虑镇痛药等可增加抗组胺的中枢神经抑制作用；②其他有抗胆碱作用的药物，如阿托品可加强本类药物的抗胆碱作用。

本类药物有如下不良反应，大剂量静脉注射 H_1 受体阻断药时可以引起动物兴奋、流涎、肌肉震颤、运动失调。

苯海拉明

本品又名苯那君。

【理化性质】 本品制品为盐酸盐，为白色、无臭的结晶性粉末，极易溶于水，光照条件下缓慢变黑。

【药动学】 本品经胃肠道吸收较好，但首过效应明显。苯海拉明在体内分布广泛，包括中枢神经系统，可穿过胎盘。本品蛋白结合率很高，主要经尿以代谢物形式排出，原型药物很少。

【药理作用】 苯海拉明是通过与组胺竞争效应细胞上的 H_1 受体从而对抗组胺的作用，主要是抑制血管渗出，减轻组织水肿；对中枢神经系统也有显著的抑制作用，产生较强的镇静、催眠、防晕动和镇吐作用。此外本品还有抗胆碱作用和局部麻醉作用。

【临床应用】 主要用于Ⅰ型和Ⅳ型变态反应。各种皮肤、黏膜的过敏性疾病，如荨麻疹、皮疹、药疹、血管神经性水肿、血清病、皮肤瘙痒症等。也可用于因组织损伤伴有组胺释放的疾病，如可作为烧伤、冻伤、乳腺炎等疾病的辅助治疗药。

【制剂、用法与用量】 盐酸苯海拉明注射液。一次肌内注射量，马、牛 100～500mg，羊、猪 40～60mg/kg，犬、猫 0.5～1mg/kg。

盐酸苯海拉明片。一次内服量，马 0.2～1g，牛 0.6～1.2g，羊、猪 0.08～0.12g，犬 0.03～0.06g，猫 0.01～0.03g。

异　丙　嗪

本品又名非那根。

【理化性质】 本品制品为其盐酸盐，为白色或淡黄色、几乎无臭的结晶性粉末；长期暴露于空气中可缓慢被氧化并变为蓝色。在水中极易溶解。

【药动学】 本品肌内注射或口服吸收良好，肝脏首关代谢显著，在体内分布广泛，主要以代谢物形式经尿及胆汁缓慢排泄。

【药理作用】 与苯海拉明相似。抗组胺作用较苯海拉明强而持久，并有显著的中枢抑制作用，能增强麻醉药、催眠药、镇痛药和局麻药的作用，并能降低动物体温。

【临床应用】 与苯海拉明相似。

【制剂、用法与用量】 盐酸异丙嗪片。一次内服量，马、牛 0.25～1g，羊、猪 0.1～0.5g，犬 0.05～0.1g。

盐酸异丙嗪注射液。一次肌内注射量，马、牛 0.25～0.5g，羊、猪 0.05～0.1g，犬 0.025～0.05g。

氯苯那敏

本品又名扑尔敏。

【理化性质】 本品制品为马来酸盐，为白色结晶性粉末，无臭，溶于水。

【药动学】 本品经胃肠道吸收相对较慢。首关代谢显著，体内分布广泛，可通过血脑屏障。以原型药物及代谢物主要经尿排泄。

【药理作用】 本品与苯海拉明相似，其特点是抗组胺作用强而持久，而中枢抑制作用微弱，副作用小。

【临床应用】 与苯海拉明相似。

【制剂、用法与用量】 氯苯那敏片。一次内服量，马、牛 80～100mg，羊、猪 12～16mg，犬 0.4～2mg/kg。

氯苯那敏注射液。一次肌内注射量，马、牛 60～100mg，羊、猪 10～20mg。

2. H_2 受体阻断药

外源性或内源性组胺作用于胃壁 H_2 受体，刺激胃酸分泌。H_2 受体阻断药均是从组胺咪唑环的侧链改变而来的。对胃酸的分泌有强大的抑制作用。本类药物主要用于治疗胃炎、消化道溃疡及其他病理性胃酸分泌过多症。

西咪替丁

本品又名甲氰咪胍。

【理化性质】 本品为白色或类白色结晶性粉末，几乎无臭，味苦，微溶于水。

【药动学】 本品口服吸收迅速而良好，主要在十二指肠和小肠吸收。在体液和周围组织中广泛分布，主要从尿中排泄，约70%为原型，10%经粪便排出。

【药理作用】 本品具有显著抑制胃酸分泌作用，还具有轻度抑制胃蛋白酶、保护胃黏膜和增加胃黏膜血流量的作用。

【临床应用】 主要用于治疗胃肠的溃疡及促进溃疡愈合，胃炎、胰腺炎和畸形胃肠出血。

【制剂、用法与用量】 西咪替丁片。内服，一次量，猪300mg；每1kg体重，牛8～16mg，3次/天；犬、猫5～10mg，2次/天。

雷尼替丁

本品又名甲硝呋胍。

【药理作用】 本品为第二代高效、长效 H_2 受体阻断剂。其作用比西咪替丁强5～8倍，作用维持时间长。

【临床应用】 应用同西咪替丁。

【制剂、用法与用量】 雷尼替丁片。内服，一次量，驹150mg；每1kg体重，犬0.5mg，3次/天。

必备知识二　解热镇痛药

解热镇痛药是兼有解热、镇痛作用的药物，其中大多数还具有消炎、抗风湿的作用。常见的解热镇痛抗炎药按化学结构分为水杨酸类、苯胺类、吡唑酮类和有机酸类，化学结构中不含甾核，有别于糖皮质激素甾体类抗炎药，故又称为非甾体抗炎药。本类药物的作用机制是抑制体内环氧化酶，从而抑制前列腺素（PGs）的生物合成。

PGs是一类具有高度生物活性的物质，PGs广泛存在于机体的各种重要组织和机体的体液中。大多数细胞均有合成PGs的能力。它参与机体发热、疼痛、炎症、血栓、速发型过敏等多种生理、病理过程。PGs的前体物质是花生四烯酸，游离的花生四烯酸分别通过环氧化酶和5-脂氧酶途径，进一步代谢成PGs、血栓素和白三烯。解热、镇痛、抗炎药抑制环氧化酶的活性，从而阻止了PGs的合成，故具有广泛的药理作用。

1. 解热作用

诸多原因可引起发热，如病原体及其毒素等，会刺激中性粒细胞或其他细胞产生并释放内热源，内热源作用于下丘脑前部前列腺素合成酶，使PGs的合成与释放增加，导致体温调定点上移，此时产热增加、散热减少，从而引起发热。解热作用是通过减少前列腺素合成，作用部位是在下丘脑体温调节中枢，影响机体散热过程，通过扩张血管、增加出汗而使体温下降，可使发热患畜的体温降至正常，对正常体温无影响，这有别于氯丙嗪对体温的影响。

2. 镇痛作用

在组织损伤引起炎症反应的过程中，有许多致痛、致炎物质被合成并释放。PGs除本身的致痛作用外，还能提高痛觉感受器对致痛物质的敏感性，起到痛觉放大的作用，产生持续的钝痛。解热镇痛药的镇痛部位在外周，通过抑制炎症部位前列腺素的合成和释放，阻断PGs的致痛作用及致痛增敏作用而产生镇痛作用。具有中等程度镇痛作用，对头痛、关节痛、肌肉痛等钝痛有良好镇痛疗效。

3. 抗炎及抗风湿作用

本类药物除非那西汀、扑热息痛（对乙酰氨基酚）外，都具有较强的消炎和抗风湿作用，能明显减轻炎症的红、肿、热、痛。PGs是参与炎症反应的主要活性物质，可增强血管通透性，引起局部充血、水肿和疼痛，还与其他致炎物质有协同作用。解热镇痛抗炎药的作用机制是抑制致炎物质PGs的生物合成，消除其对痛觉的增敏作用。此外本类药物还能稳定溶酶体膜，减少溶酶体内水解酶的释放，减轻炎症介质的形成与释放。本类药物按其化学结构分为以下四类。

一、水杨酸类

阿司匹林

本品又名乙酰水杨酸。

【理化性质】 为白色晶粉，在湿润的空气中缓慢分解，贮藏时容器宜严密，避免潮湿。本品难溶于水，易溶于醇。水溶液呈酸性。

【药动学】 本品口服后可迅速自胃及小肠上部吸收。马、犬、猫吸收快，牛、羊慢。本品吸收后易被血浆和红细胞中的酯酶水解呈乙酸和水杨酸盐，后者与血浆蛋白结合率为80%～90%，游离的水杨酸盐分布到各组织和体液，能进入关节腔、脑脊液和胎儿体内。大部分代谢产物及少量水杨酸盐以原型药物经肾随尿排出。尿液pH可影响水杨酸盐的排泄速度。碱化尿液，解离型的水杨酸盐增多，肾小管重吸收减少。故当急性中毒时可用碳酸氢钠碱化尿液，加速其排泄。

【药理作用】

① 解热镇痛及抗炎、抗风湿作用　阿司匹林有较强的解热镇痛作用，通过减少PGs合成，使发热机体体温降至正常。其解热作用与对乙酰氨基酚、氨基比林相近，略差于安乃近。镇痛作用与安乃近、氨基比林相仿而不及吲哚美辛、甲酚那酸等。PGs减少，也达到抗炎、抗风湿作用。

② 抗血小板聚集作用。由于本品能减少促使血小板聚集和血管收缩的血栓素A_2的形成，因此可抑制血小板聚集，故用于抗风湿连续使用时应注意其引起抑制凝血酶原的形成而引起的出血倾向。

【临床应用】 兽医临床主要用于中小动物的解热、抗风湿和镇痛。阿司匹林具有抗血小板凝集作用，可预防犬脑血栓后遗症。

【注意事项】 阿司匹林为酚的衍生物，对猫具有毒性，禁用于猫及溃疡病患动物。水杨酸钠内服时对胃黏膜有刺激性。本类药物还可抑制肝脏生成凝血酶原，阻碍凝血，而发生出血，能使血中二氧化碳及碱贮减少，从而使呼吸加深、加快。

【相互作用】 本品与非甾体类抗炎药合用，胃肠不良反应增加，而疗效并不加强；与抗凝血药、巴比妥类等药物合用可增强它们的作用和毒性；与糖皮质激素合用可加剧胃肠出血。

【制剂、用法与用量】 阿司匹林片。内服，一次量，马、牛 15～30g，羊、猪 1～3g，犬 0.2～1g。

卡巴匹林钙

【理化性质】 类白色粉末，是乙酰水杨酸钙（阿司匹林的钙盐）和尿素的螯合物。

【药理作用】 解热镇痛药。鸡口服卡巴匹林钙后，水解为阿司匹林（乙酰水杨酸）。阿司匹林吸收快，主要经肝脏代谢，在鸡体内迅速降解为水杨酸。本品主要通过阿司匹林发挥解热、镇痛和抗炎发挥作用。

【临床应用】 用于鸡的发热和缓解疼痛。

【注意事项】

① 不得与其他水杨酸类解热镇痛药合用。

② 糖皮质激素能刺激胃酸分泌，降低胃及十二指肠黏膜对胃酸的抵抗力，与本品合用可使胃肠出血加剧；与碱性药物合用，使疗效降低，一般不宜合用。

【制剂、用法与用量】 50%可溶性粉。以卡巴匹林钙计。内服，一次量，每 1kg 体重，鸡 40～80mg。

【休药期】 鸡 0 天。蛋鸡产蛋期禁用。

二、苯胺类

苯胺类药物有非那西汀和对乙酰氨基酚（又称“扑热息痛”），为非那西汀的代谢产物，与之具有相同的药理作用。

对乙酰氨基酚

本品又名扑热息痛。

【理化性质】 白色或类白色结晶或晶粉，无臭，味微苦。溶于热水。水溶液呈微酸性。

【药动学】 口服吸收迅速、完全，在体液中分布均匀。90%～95%在肝内代谢，中间代谢产物对肝脏有毒性作用。非那西汀在肝内转化为对乙酰氨基酚，极少数转化为对氨基苯乙醚，这些代谢产物能与葡萄糖酸或硫酸结合，随尿排出体外。对氨基苯乙醚能使血红蛋白氧化成高铁血红蛋白呈毒性反应。

【药理作用】 非那西汀和对乙酰氨基酚的解热镇痛作用持久而缓和，强度与阿司匹林相近，而无抗炎、抗风湿作用。

【临床应用】 主要用作中小动物的解热镇痛药，治疗发热、神经痛关节痛、肌肉痛等疼痛性疾病。

【注意事项】 猫禁用本品，因给药后易引起严重的毒性反应。

【制剂、用法与用量】 对乙酰氨基酚片。内服，一次量，马、牛 10～20g，羊 1～4g，猪 1～2g，犬 0.1～1g。

对乙酰氨基酚注射液。肌内注射，一次量，马、牛 5～10g，羊 0.5～2g，猪 0.5～1g，犬 0.1～0.5g。

三、吡唑酮类

本类常用药物有氨基比林、安乃近、保泰松和羟布宗（羟基保泰松），均有解热镇痛和消炎作用，氨基比林和安乃近解热作用强，保泰松消炎作用较好。

氨基比林

本品又名匹拉米洞。

【理化性质】 本品为白色晶粉，无臭，味微苦，易溶于水，遇光和氧化剂易氧化，应避光保存。

【药理作用】 具有较强的解热镇痛、消炎抗风湿作用，与巴比妥类药物合用能增强其镇痛作用。

【临床应用】 主要用于发热性疾患、肌肉痛、关节痛、神经痛和风湿症等。

【注意事项】 氨基比林与巴比妥类配成复方制剂可增强其镇痛效果。家畜长期连续使用可使颗粒性白细胞减少。

【制剂、用法与用量】 复方氨基比林注射液，含氨基比林 7.15%、巴比妥 2.85%。一次皮下注射或肌内注射量，马、牛 20～50ml，羊、猪 5～10ml，兔 1～2ml。

【休药期】 28 天，弃奶期 7 天。

安　乃　近

本品又名诺瓦经。

【理化性质】 本品为氨基比林与亚硫酸钠的结合物。为白色或淡黄色结晶或结晶性粉末，易溶于水，水溶液放置后渐变黄色。

【药理作用】 解热作用显著，镇痛作用也较强，有一定的消炎和抗风湿作用。

【临床应用】 应用同氨基比林。

【注意事项】 本品长期应用可引起粒细胞减少，还有抑制凝血酶原形成，加重出血的倾向。

【制剂、用法与用量】 安乃近片。一次内服量，马、牛 4～12g，羊、猪 2～5g，犬 0.5～1g。

安乃近注射液。一次肌内注射量，马、牛 3～10g，羊 1～2g，猪 1～3g，犬 0.3～0.6g；一次静脉注射量，马、牛 3～6g。

【休药期】 牛、羊、猪 28 天，弃奶期 7 天。

保　泰　松

本品又名布他酮。

【理化性质】 本品为无色结晶或白色结晶性粉末，易溶于水。

【药理作用】 作用与安乃近相似，但解热镇痛作用较弱，而抗炎、抗风湿作用较强。此外还能促进尿酸排泄，具有抗痛风作用。

【临床应用】 主要用于急性风湿病、类风湿性关节炎及痛风。

【注意事项】 本品应用毒性较大，一般不作首选药物及不用于解热、镇痛。对血象异常、胃肠溃疡及心、肝、肾有疾患的病畜禁用；犬、猫易中毒，应慎用。马驹患严重寄生虫病或营养不良，用药后易出现不良反应，表现为中枢抑制、厌食、下痢、口腔溃疡、血清蛋白减少及贫血。

【制剂、用法与用量】 保泰松片。一次内服量，每 1kg 体重，马 2.2mg，犬 20mg。

保泰松注射液。静脉注射，一次量，每 1kg 体重，马 3～6mg。

四、有机酸类

萘普生

本品又名消痛灵。

【药理作用】 本品具有较强的抗炎、抗风湿和解热作用，而且维持时间也较长。其抗炎作用为保泰松的 11 倍，镇痛和解热作用分别为阿司匹林的 7 倍和 22 倍。其抗炎、镇痛、解热作用约相当于吲哚美辛。

【临床应用】 用于治疗各类风湿病、类风湿性关节炎、肌腱炎、痛风、各种疾病引起的疼痛、发热等。

【制剂、用药与用量】 萘普生片。内服，一次量，每 1kg 体重，马 10mg，犬 2mg。首倍加量。

氟尼辛葡甲胺

【理化性质】 性状为白色至类白色粉末，无臭；有引湿性。在水或乙醇中易溶，在三氯甲烷中难溶，在乙酸乙酯中几乎不溶。

【药理作用】 本品是环氧化酶的抑制剂，通过抑制花生四烯酸反应链中的环氧化酶，减少前列腺素和血栓烷等炎症介质的生成，通过维持正常血压、减轻血管内皮细胞的损伤、维持正常血容积等途径，阻止大肠埃希菌内毒素引起呼吸道病中的支气管内渗出物增多、渗出物中嗜中性粒细胞、白蛋白聚集等多种途径，有效缓解机体发热、炎症和疼痛。该药作用迅速，一般在 15min 内可减轻疼痛。效力比喷他佐辛（镇痛新）、哌替啶、可待因更高，在治疗马跛行和关节肿胀方面效力是保泰松的四倍。

【临床应用】 兽医临床上常用于缓解马的内脏绞痛、肌肉与骨骼紊乱引起的疼痛及抗炎；牛的各种疾病感染引起的急性炎症的控制，如蹄叶炎、关节炎等，另外也可用于母猪乳腺炎、子宫炎及无乳综合征的辅助治疗。氟尼辛葡甲胺按 2.22～2.86mg/kg 体重经肌内注射给药，对羊乳房炎有良好的辅助治疗效果。

【制剂、用法与用量】 制剂：100ml∶5g（以氟尼辛计）；肌内注射，一次量，每 1kg 体重 2mg，每日 1～2 次，连用不超过 5 天。

【休药期】 28 天。

必备知识三　肾上腺皮质激素

肾上腺皮质激素是肾上腺皮质合成与分泌激素的总称，简称皮质激素，属甾体类化合物。通常按其生理功能和分泌部位不同分为 3 类：①盐皮质激素，由球状带分泌，以醛固酮和去氧皮质酮为代表，主要作用于肾远曲小管，引起水、钠潴留和排钾，对维持电解质平衡和体液的容量起着重要的调节作用。②糖皮质激素，由束状带合成和分泌，以氢化可的松为代表，能使蛋白质分解，促进糖原异生，对糖、脂肪和蛋白质的代谢具有调节作用，并能提高机体对各种不良刺激的抵抗力，但对电解质平衡的影响较少。③氮皮质激素，由网状带分泌，有微量雄激素、雌激素。氮皮质激素生理功能弱，无药理学意义。此处重点介绍糖皮质激素。

一、构效关系

糖皮质激素的作用与其化学结构密切相关。它们的基本结构为甾体母核。在母核的不同位置引进不同的取代基，其生理活性和药理作用会发生相应的改变。

二、药动学

糖皮质激素口服、注射和局部涂敷均可吸收。口服吸收的速度与其脂溶性成正比。而注射给药的吸收速度则与其水溶性呈正比。故非水溶性的糖皮质激素口服吸收好，起效快，肌内注射起效慢。水溶性的糖皮质激素静脉注射起效迅速。

糖皮质激素都易从胃肠道吸收，尤为单胃动物，给药后很快显效，天然皮质激素持效时间较人工合成的皮质激素作用时间短，人工合成的皮质激素一次给药可持效12～24h。

糖皮质激素吸收后，约有90%与血浆蛋白结合，其中一种是与皮质醇有高度亲和性的皮质激素球蛋白（约占75%），另一种是与皮质醇亲和性较低的血浆白蛋白，约有15%的皮质醇与血浆白蛋白呈疏松地结合，然后在肝脏中迅速被代谢破坏。与血浆蛋白结合的糖皮质激素暂时失去生物活性。游离型糖皮质激素约占10%，并对促肾上腺皮质激素起反馈作用，具有生物活性。当游离态药物被靶细胞或在肝脏代谢消除后，结合态的药物就被释放出来，以维持正常的血药浓度。

糖皮质激素的分布主要在肝中最高，其次为血浆中，再次是脑脊液、胸腹腔积液，肾脏和脾脏中分布最少。

糖皮质激素主要在肝内代谢，大部分与葡萄糖醛酸或硫酸结合成酯，失去活性，水溶性增强，与部分游离型一起从尿中排出。反刍动物主要从尿中排出，其他动物可从胆汁排出。

三、药理作用

超生理剂量的糖皮质激素有抗炎、抗过敏、抗毒素和抗休克等药理作用。

1. 抗炎

炎症是机体对各种致病因素损害作用所产生的局部反应，其表现为红、肿、热、痛等各种症状，有时也可以伴随着发热、白细胞升高等全身症状。糖皮质激素具有较强的抗炎作用，能抑制急性炎症初期局部的毛细血管扩张，降低血管通透性，减少血浆渗出和细胞浸润，使局部充血减轻、水肿消退，因而减轻炎症部位的各种症状。

糖皮质激素的抗炎作用有如下特点。

（1）抑制各种炎症反应 通过抑制各种致炎物质的生成而对机械性、感染性、免疫性等各种原因引起的炎症产生强大的非特异性抑制作用。

（2）抑制炎症的整个过程 在炎症的急性阶段可抑制局部血管扩张，降低毛细血管的通透性，使血浆渗出、白细胞浸润及吞噬作用减弱，从而改善红、肿、热、痛等症状；在炎症后期可抑制毛细血管和成纤维细胞增生，延缓肉芽组织生成，防止粘连及瘢痕的形成，减轻后遗症。

(3)抗炎但不抗菌 糖皮质激素虽然有抗炎作用，但其本身无抗菌作用，即对病原体没有抑制或杀灭作用，且在抗炎的同时还降低了机体的防御功能，使抗感染能力下降，导致感染扩散，伤口愈合迟缓，故需配合抗菌药物应用。

2. 抗过敏

过敏反应是一种变态反应，是抗原与机体内抗体或与致敏的淋巴细胞相互结合、相互作用而产生的细胞或组织反应。糖皮质激素对各型变态反应所出现的免疫性损伤都有抑制作用，主要是降低机体过高的反应性，减轻靶细胞的免疫性损伤而改善症状。糖皮质激素对免疫反应的许多环节都有抑制作用。

① 抑制巨噬细胞对抗原的吞噬和处理。

② 干扰淋巴细胞的识别功能及阻止免疫活性细胞的增殖。

③ 促使致敏淋巴细胞向血管外组织移行，使血中淋巴细胞减少。

④ 小剂量主要抑制细胞免疫。

⑤ 大剂量则能抑制 B 细胞转化呈浆细胞，使抗体减少，干扰体液免疫。

3. 抗毒素

细菌内毒素可使机体产生高热、乏力等毒血症状。糖皮质激素可强大而迅速地缓和机体对细菌内毒素的反应，提高机体对内毒素的耐受性，既产生良好的退热作用，又产生明显的缓解毒血症作用。但不能中和、破坏内毒素，对细菌外毒素的损伤也无保护作用。其退热和改善毒血症状与稳定溶酶体膜、减少内热原释放、降低体温调节中枢对致热源的敏感性有关。糖皮质激素能与内毒素的主要成分——脂多糖相结合，解除脂多糖的毒性，进而阻止脂多糖兴奋内脏交感神经而致血管强烈收缩等一系列病理变化。

4. 抗休克

休克是急性循环功能不全，使维持生命的重要器官得不到足够的血液灌注而产生的综合病症。糖皮质激素对各种休克如中毒性休克、过敏性休克、低血容量休克都有一定的疗效。抗休克作用与下列因素有关。

① 增强心肌收缩力，改善微循环，兴奋心肌，并稳定溶酶体膜减少心肌抑制因子的生成，从而防止心肌抑制和内脏血管收缩，阻断休克的恶性循环；并降低血管对某些缩血管活性物质的敏感性，解除血管痉挛，改变休克状态。

② 抑制血小板激活因子对血小板的凝集和脱颗粒反应，减轻微血栓形成。

5. 影响代谢及其他作用

糖皮质激素有促进蛋白质分解，使氨基酸在肝内转化合成葡萄糖和糖原的作用，因而有升高血糖的作用。糖皮质激素也能促进脂肪分解，但过量则导致脂肪重分配。糖皮质激素类的皮质酮的化学结构与醛固酮有相似之处，故能影响水盐代谢。长期大剂量应用糖皮质激素，会引起体内钠潴留和钾的排出增加，但比盐皮质激素作用弱。

糖皮质激素可使红细胞和血小板增多、嗜酸细胞和淋巴细胞减少，使纤维蛋白原浓度增高，缩短凝血时间。

糖皮质激素还能增进消化腺的分泌功能，加速胃肠黏膜上皮细胞的脱落，使黏膜变薄而损伤。故可诱发或加剧溃疡病的发生。

四、临床应用

1. 局部急性炎症

如关节炎、腱鞘炎、黏液囊炎、乳腺炎以及各种非特异性眼炎（结膜炎、角膜炎和虹膜睫状体炎）、周期性眼炎等。

2. 过敏性疾病

荨麻疹、血清病、支气管哮喘、光过敏、过敏性皮炎、急性蹄叶炎、过敏性湿疹等。

3. 严重毒血症疾病

如中毒性肺炎、中毒性痢疾、腹膜炎、产后子宫炎以及各种败血症，可迅速缓解症状，有助于病畜度过危险期，但必须配合有效的抗菌药物。

4. 抗休克

对中毒性休克、过敏性休克、创伤性休克等有一定的有利影响。以早期大剂量短时间应用为宜。抗休克必须采取综合措施，皮质激素只能起辅助作用。

5. 代谢性疾病

对牛酮血症、羊妊娠毒血症具有显著疗效。

6. 引产

近年来皮质激素开始用于母畜引产。对于怀孕后期的母畜给予地塞米松，牛、羊、猪一般可在48h内分娩，使母畜产仔同期化，得到同期分娩，利于生产管理，但可引起胎衣滞留率增加。

五、不良反应

临床上长期大剂量使用糖皮质激素可出现一些不良反应。

1. 类肾上腺皮质激素亢进症

长期过量应用糖皮质激素可引起的水盐、糖、蛋白质和脂肪代谢紊乱，其留钠排钾作用致使呈现水肿及低血钾症；由于加强蛋白质的异化作用及增强钙、磷的排泄而呈现肌肉萎缩无力，骨质疏松，幼年动物生长发育受到抑制。

2. 机体免疫力下降、诱发或加重感染

由于蛋白质的异化作用加强而影响抗体的形成，并使淋巴组织萎缩、淋巴细胞减少，以及抑制巨噬细胞和处理抗原的作用和干扰补体参与免疫反应，因而使机体抗感染能力下降，易诱发细菌感染，甚至使体内潜在性或局部的感染扩散。故一般感染性疾病不宜用皮质激素治疗。

3. 停药后的不良反应

（1）肾上腺皮质功能不全 长期大量应用糖皮质激素，通过负反馈作用，对丘脑下部和垂体前叶的持续抑制，使促皮质激素（ACTH）的释放减少，导致肾上腺皮质萎缩和功能不全。突然停药后肾上腺皮质不能立即恢复正常分泌，出现精神沉郁、肌无力、低血糖和低血压等症状，故须缓慢停药，必要时用ACTH治疗，以促进肾上腺皮质功能恢复。

（2）反跳现象 某些疾病使用糖皮质激素治疗后，症状完全控制或部分缓解，突然停药后原病复发或恶化，称为反跳现象。这并非肾上腺皮质功能不全。此时可恢复激素治疗，症状缓解后再缓慢停药。

六、注意事项

应用糖皮质激素时应严格掌握适应证，待确诊后用药，切勿滥用。糖皮质激素对炎症的治疗属于非特异性作用，只能减轻或抑制炎症表现，但不能根治，故不能用于一般性感染，因为炎症是机体对病原微生物或其他致病因子的防御反应，炎症后期的反应是组织修复的重要过程，而糖皮质激素的作用仅在于减轻炎症反应以减轻症状，对病因并无影响，且同时使机体对细菌的防御能力减弱，使感染扩散。只有当感染性疾病可能危及家畜生命或日后生产能力时才考虑使用。治疗严重感染时必须配合足量有效的抗生素，急症时用足量短时疗法，糖皮质激素短期或一次大剂量应用，一般不会产生不良后果，若持续 1 周至 1 月用足量的药物则会产生不良反应。长期用药后，一旦症状控制，可逐步减少剂量，不应突然停药，应尽量采用隔日疗法，以减少对肾上腺-垂体的抑制作用。局部比全身治疗好，应尽可能采用局部治疗；局部应用时（尤其关节内注射），应注意防止引起感染和机械损伤。以下情况禁用：缺乏有效抗生素治疗的感染性疾病、骨软化症、骨质疏松症、骨折治疗期间、妊娠、疫苗接种、结核菌素及鼻疽菌素诊断时期。

七、药物相互作用

① 苯巴比妥、保泰松、抗组胺药等肝酶诱导剂与糖皮质激素（如地塞米松、氢化可的松等）合用时，可加速糖皮质激素在体内的代谢和消除，降低血药浓度，减弱疗效。因此，合用时应适当增加这些皮质激素的用量。

② 酮康唑为肝酶抑制剂，与泼尼松合用时，可降低后者在体内的代谢和消除，使作用增强。因此合用时，应相应减少糖皮质激素的剂量。

③ 糖皮质激素与噻嗪类排钾利尿药剂、两性霉素 B 等合用时，可增加钾的排泄，易出现低血钾，因此合用时应注意补钾。

④ 糖皮质激素与非甾体抗炎药（阿司匹林、吲哚美辛等）合用时，可增加消化道出血及胃溃疡的发生。

可的松

本品又名皮质素。

【理化性质】 常用其乙酸酯，为白色或类白色结晶性粉末，不溶于水。

【药理作用】 主要影响糖、蛋白质和脂肪的代谢，同时增加胃酸分泌，促进食欲。此外，还有降温、抗炎、抗过敏、抗毒素、抗休克及促进症状缓解作用，但疗效较差。其水钠潴留及排钾作用较强。

【临床应用】 用于治疗消化代谢疾病。本品可供内服或肌内注射，小动物内服后易被吸收并呈效迅速，大动物内服吸收不规则。其混悬液肌内注射后吸收缓慢，作用可维持 24h。

【制剂、用法与用量】 醋酸可的松片。一日内服量，犬 2.2mg，分 3～4 次内服。

醋酸可的松注射液。一次肌内注射量，马、牛 250～750mg，羊 12.5～25mg，猪 50～100mg，犬 25～100mg，2 次/天；滑液囊、腱鞘或关节囊内注射，马、牛 50～250mg。

氢化可的松

本品又名皮质醇。

【理化性质】 本品为白色或几乎白色的结晶性粉末，无臭。不溶于水。

【药理作用】 为天然糖皮质激素，现已人工合成，作用与可的松相似，但抗炎作用比可的松略强。

【临床应用】 用于治疗急性严重细菌感染、关节炎、腱鞘炎、乳腺炎、眼科炎症、风湿症、牛酮血症、羊妊娠毒血症及过敏性疾病等。

【制剂、用法与用量】 氢化可的松注射液。一次静脉注射量，马、牛 200～500mg，羊、猪 20～80mg，犬 5～20mg，猫 1～5mg，静脉滴注时应以生理盐水或葡萄糖注射液 500ml 稀释后再用。

醋酸氢化可的松注射液。乳房内注入，马、牛 20～40mg/次；腱鞘或关节腔内注射，马、牛 50～250mg/次，4～7 天注射 1 次。

醋酸氢化可的松软膏。外用于皮肤炎症。

醋酸氢化可的松滴眼剂。供眼科外用。

泼　尼　松

本品又名强的松。

【理化性质】 常用乙酸盐，为白色或类白色结晶性粉末，不溶于水。

【药理作用】 作用与可的松相似，但糖代谢及抗炎、抗过敏作用较强，其水钠潴留及排钾作用较可的松小。

【临床应用】 临床应用同氢化可的松。

【制剂、用法与用量】 醋酸泼尼松片。一日内服量，马、牛 100～300mg，羊、猪 10～20mg，犬 0.5～2mg/kg，1 次/天。

醋酸泼尼松软膏。外用于皮肤炎症。

醋酸泼尼松眼膏。供眼科外用，2～3 次/天。

氢化泼尼松

本品又名泼尼松龙。

【药理作用】 与泼尼松基本相似。

【临床应用】 静脉滴注时用生理盐水或 5% 葡萄糖注射液稀释后应用。静脉注射速度宜慢。

【制剂、用药与用量】 醋酸泼尼松注射液。注入关节腔内，马、牛 20～80mg。乳房内注入，每一乳室 10～20mg/次。

地 塞 米 松

本品又名氟美松。

【理化性质】 常用乙酸盐，为白色或类白色结晶性粉末，不溶于水。其磷酸钠盐为白色或微黄色粉末，有引湿性，易溶于水。

【药理作用】 本品的作用比氢化可的松强 25 倍，抗炎作用甚至强 30 倍。但水钠潴留和促进排钾作用则较轻微。

【临床应用】 主要用于过敏性与自身免疫性炎症性疾病。如结缔组织病、严重的支气管哮喘、皮炎等过敏性疾病、溃疡性结肠炎、急性白血病、恶性淋巴瘤等。此外，本药还用于某些肾上腺皮质疾病的诊断——地塞米松抑制实验。

【注意事项】 ①结核病、急性细菌性或病毒性感染患者慎用，必要应用时，必须给予适当的抗感染治疗。②长期服药后，停药前应逐渐减量。③糖尿病、骨质疏松症、肝硬化、肾功能不良、甲状腺功能低下患畜慎用。

【制剂、用法与用量】 醋酸地塞米松片。一次内服量，马 2.5～5mg，牛 5～20mg，犬、猫 0.125～1mg，1 次/天。

地塞米松磷酸钠注射液。一次肌内注射或静脉注射量，马 2.5～5mg，牛 5～20mg，羊、猪 4～12mg，犬、猫 0.125～1mg，1 次/天。关节腔内注入，马、牛 2～10mg。

倍他米松

【理化性质】 本品为白色或类白色结晶性粉末，几乎不溶于水。

【药理作用】 抗炎作用及糖原异生作用强于地塞米松，钠潴留作用稍弱于地塞米松。

【临床应用】 应用同地塞米松。

【制剂、用法与用量】 倍他米松醋酸酯注射液。一次肌内注射量，各种家畜 0.02～0.05mg/kg，3～6 周注射 1 次。

实训 13-1 观察安乃近的解热作用

【目的】 观察解热镇痛药的解热作用。

【原理】 安乃近解热作用是抑制体现环氧化酶，从而抑制前列腺素（PGs）的生物合成。影响机体散热过程，通过扩张血管、增加出汗而使体温下降，可使发热患畜的体温降至正常。

【材料】 30%安乃近注射液，伤寒、副伤寒疫苗混合液；台秤、体温计、5ml 注射器、毛剪、酒精棉、镊子、家兔。

【方法】 取家兔，称量体重，并测量正常体温。由耳静脉注射伤寒、副伤寒混合疫苗 0.5ml/kg 体重，30min 后测量体温。待体温升高后，静脉注射 30%安乃近液 2ml，用药后 30min、1h，各测量体温一次，观察体温有何变化。

【结果】

体温 动物	正常	注射疫苗后 30min	用药后	
			30min	1h
家兔				

【注意事项】 静脉注射时，勿将疫苗和安乃近漏于血管外。

【分析训练题】 安乃近有哪些药理作用?

实训 13-2 观察地塞米松的抗炎作用

【目的】 观察地塞米松的抗炎作用。

【原理】 地塞米松能抑制急性炎症初期局部的毛细血管扩张，降低血管通透性，减少血浆渗出和细胞浸润，使局部充血减轻、水肿消退，因而减轻炎症部位的各种症状。

【材料】 鼠笼、镊子、1ml 注射器、天平；0.25%地塞米松注射液、生理盐水、二甲苯；小白鼠。

【方法】 取小鼠两只，分别称重，然后甲鼠腹腔注射 0.25% 地塞米松 0.1ml/10g；乙鼠腹腔注射生理盐水 0.1ml/10g，作为对照。30min 后，分别在甲、乙小鼠右耳郭边缘上各滴一滴二甲苯，使之浸润耳郭内、外，15min 后将两只小鼠颈椎脱臼处死，用打孔器分别在左右两耳相同部位取下耳郭的一部分，在电子天平上分别称重，求出两耳的质量差，按下列公式计算肿胀率。

$$肿胀率(\%)=\frac{致炎耳重-正常耳重}{正常耳重}\times 100\%$$

【结果】

组别	鼠号	体重/g	致炎耳重/mg	正常耳重/mg	两耳质量差/mg	肿胀率
地塞米松组						
生理盐水组						

【注意事项】 在用打孔器取小鼠的左、右耳郭时最好是同一个人，以免选取耳郭部位的不同而给实验造成较大的误差。

【分析训练题】 根据肿胀率的差异分析地塞米松的抗炎效果、抗炎机制。

任务小结

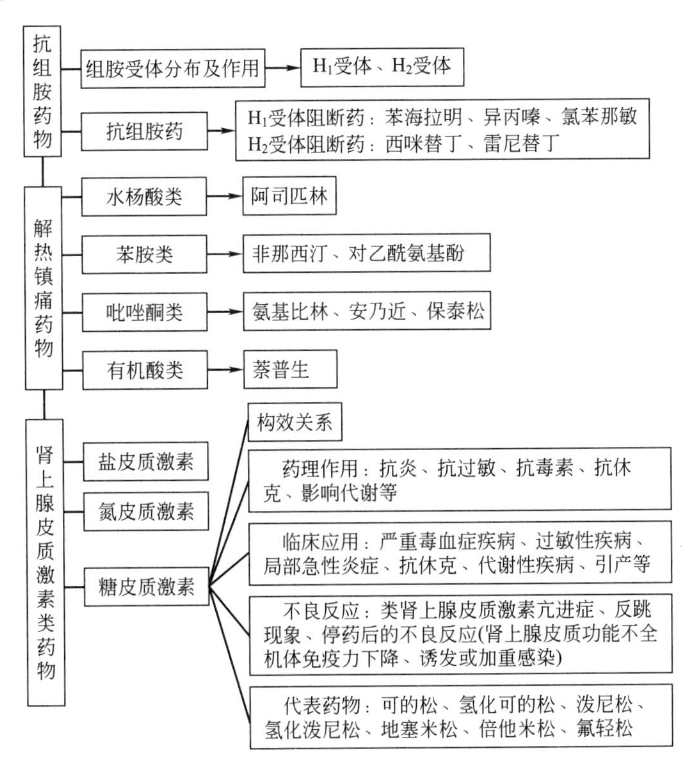

思考与复习

1. 常用抗组胺药的作用与应用特点有哪些？解热镇痛药物如何分类和应用？
2. 糖皮质激素的主要药理作用有哪些？

3. 糖皮质激素的主要不良反应有哪些?

4. 临床如何合理使用糖皮质激素?

执业考证

氟尼新葡甲胺的药理作用不包括(　　)。

A. 解热　　B. 镇静　　C. 抗炎　　D. 镇痛　　E. 抗风湿

任务十四 药物安全性监控与解毒药使用

学习目标

基本概念：毒理学、兽医毒理学、毒物、毒素、毒性、中毒、解毒药、兽药残留（药残）、蓄积毒性作用、日允许摄入量、最高残留限量、休药期。

基本知识点：中毒原因与分类、有机磷酸酯类、亚硝酸盐、氰化物、有机氟、重金属与类金属中毒的毒理和解毒原理及常用的解毒药、药残危害与控制、毒理学实验。

技能目标：对畜禽的有机磷酸酯类、亚硝酸盐、氰化物、氟化物中毒等能正确使用解毒药物，并科学控制药残危害。

工作任务导入

1. 有机磷农药中毒、亚硝酸盐中毒、食盐中毒、黄曲霉毒素中毒、有机氟中毒及鼠药中毒解救的治疗用药。

2. 药物残留控制。

3. 毒理学安全实验。

案例分析

【确诊疾病】 猪亚硝酸盐中毒

2003年5月，广东某散养户的8头肥育猪用焖熟的卷心菜喂，采食3h后出现不安、可视黏膜发绀、倒地抽搐。有1头症状严重而死亡，剖检血液酱油色、凝固不良。血液检测亚硝酸盐超标。

【用药方案】 采取措施，停喂卷心菜。治疗：按体重先静脉注射1%亚甲基蓝2mg/kg，然后每头猪再用10%葡萄糖注射液450ml、5%维生素C 20ml、10%安钠咖5ml混合后一次静脉注射。

【效果分析】

效果：除1头症状严重死亡，其他7头用药抢救后症状缓解，8h后恢复少量采食，3天后基本恢复正常。

分析：慢火焖熟的卷心菜含有大量的亚硝酸盐，亚硝酸盐能使亚铁血红蛋白氧化为高铁血红蛋白使猪中毒。亚甲基蓝在体内脱氢辅酶的作用下还原亚硝酸盐，使高铁血红蛋白还原为亚铁血红蛋白，恢复携氧能力，达到解毒效果。葡萄糖注射液、维生素C补充体能，加强肝的解毒功能；安钠咖增加心输出量、利尿、松弛平滑肌，缓解症状。

必备知识一 毒理学基础

一、概述

1. 毒理学的基本概念

毒理学是研究外来化合物对生物体的危害、毒性作用机制及提出有效的防制措施的科学。兽医毒理学是毒理学与兽医学相结合而形成的一门分支学科。兽医毒理学是从畜牧兽医领域出发，研究有害物质与动物机体之间的相互作用，阐明毒物对动物体的危害、转运、代谢过程以及在体内的残留，研究兽药和饲料添加剂的安全评价，提出防制措施，保障食品与环境生态的安全。兽医毒理学的相关概念如下。

① 毒物　是指在一定条件下，能够对生物体造成损害的物质。通常情况下，毒物的危险性大，较小的剂量即能损害机体甚至造成生物体死亡。

② 毒素　是由活机体（动植物和微生物）产生的特殊有害毒物。主要有：植物毒素、细菌毒素（包括内毒素和外毒素）、霉菌毒素、动物毒素等。

③ 毒性　化合物引起生物体损害的能力称毒性。引起生物体损害的剂量越小毒性越大，剂量越大毒性越小。

④ 日允许摄入量　是指人类每日摄入某物质直至终生，而不产生可检测到的对健康产生危害的量。以每千克体重可摄入的量表示，即“mg/kg 体重”。

⑤ 最高残留限量　是指对食品动物用药后，产生的允许存在于食品表面或内部的残留药物或其他化学物的最高含量或最高浓度。一般以鲜重计，表示为“mg/kg”“μg/kg”或“mg/L”“μg/L”。

⑥ 蓄积毒性作用　指低于最小中毒量的外来化合物，反复多次与机体接触，经一定时间后使机体出现明显的中毒表现。

⑦ 中毒　是指生物体受到毒物作用后引起生理功能或器质性改变的疾病状态。根据毒物剂量大小引起病态的快慢不同，中毒可分为急性、亚急性和慢性中毒。

2. 毒理学的发展

毒理学在我国有悠久的发展历史，在隋朝元方《诸病候论》和唐朝王焘《外台秘要》就有用动物测验毒气的记载。毒理学由国外近代的西班牙人 Orfila（1787～1853 年）创始，到 20 世纪中叶以后，由于环境污染导致公害病相继发生，各国政府与卫生工作者都严加关注。

我国由于前几年“瘦肉精”等食品安全事件的发生，以及加入 WTO 后，要突破动物与动物性食品的出口技术壁垒，兽医毒理得到了国家政府部门、畜牧兽医从业者与广大养殖户的广泛重视。《中华人民共和国畜牧法》《兽药管理条例》《饲料和饲料添加剂管理条例》《中华人民共和国兽药典》《中华人民共和国兽药规范》《兽药质量标准》《中华人民共和国兽用生物制品质量标准》《进口兽药质量标准》和《饲料药物添加剂使用规范》等法律法规都对畜禽产品的药物残留控制作出了详细规定。

二、中毒的原因与分类

1. 中毒的原因

中毒原因可分为自然因素、人为因素和动物自体中毒三大类。

自然因素引起的中毒有：植物中毒（如夹竹桃）、有毒矿物质中毒（如铅）、动物性毒中毒（如蟾酥）和霉菌毒素中毒（如黄曲霉素）。

人为因素引起的中毒有：工业“三废”（废气、废水、废渣）、农药、灭鼠剂、发霉饲料、水质不良。

动物自体代谢产物引起的中毒叫自体中毒，如尿毒症、奶牛酮血症等。

2. 中毒的分类

有多种分类法，但所有的中毒在弄清毒物化学结构后，按毒物化学结构与特性命名。如：有机磷中毒、亚硝酸盐中毒、有机氟中毒、重金属中毒等。

三、非特异性解毒药

在中毒时可用催吐药、吸附毒物的吸附药、排毒物的泻药和利尿药等非特异性解毒药减少毒物吸收，加强毒物排除。

1. 催吐药

硫酸铜（见任务十）。

2. 吸附药

药用炭、矽炭银（见任务六）。

3. 泻药

硫酸镁、植物油等（见任务六）。

4. 利尿药

呋塞米（见任务九）。

必备知识二　常见中毒及特效解毒药

一、有机磷酸酯类中毒与胆碱酯酶复活剂

1. 毒理

有机磷类农药可使胆碱酯酶酰化，从而使其失去水解乙酰胆碱的能力，造成体内乙酰胆碱大量蓄积，出现一系列胆碱能神经过度兴奋的中毒症状（如流涎、肌肉震颤、腹泻等）。

2. 解毒机制

对症用胆碱酯酶复活剂（如碘解磷定、氯解磷定、双复磷等）使失活的胆碱酯酶重新恢复，达到解毒目的。见图 14-1。

3. 胆碱酯酶复活剂

碘解磷定

【理化性质】 黄色颗粒状结晶，或针状结晶性粉末，无臭，味苦；遇光易变质。在热乙醇中溶解，在乙醇中微溶；在乙醚中不溶；能溶于水（1∶20）。水溶液稳定；在碱性溶液中易被破坏。熔点 220～227℃（分解）。

【药动学】 主要分布于肝、肾、脾和心，经肝脏代谢，排泄快，静脉注射时 $t_{1/2}$ 小于 1h，故须重复给药。不易透过血脑屏障，但应用大剂量时可透过血脑屏障，改善中枢症状。

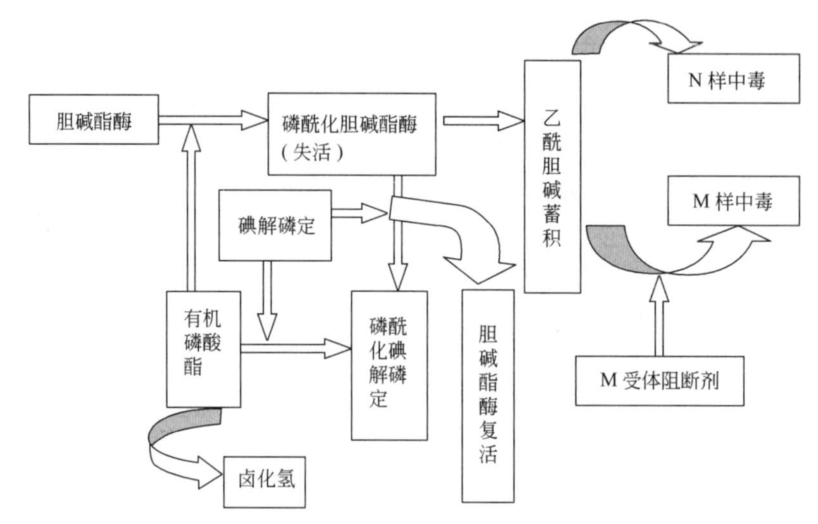

图 14-1 有机磷酸酯类中毒及解毒机制示意

本品特点是作用迅速，显效很快，但破坏也较快，一次给药作用只能维持 2h 左右，故须反复给药。连续给药无蓄积作用。

【药理作用】 有机磷酸酯类杀虫剂（如敌敌畏、1609、1059 等）进入机体后，与体内胆碱酯酶结合，形成磷酰化酶而使之失去水解乙酰胆碱的作用，体内发生乙酰胆碱的蓄积，出现一系列中毒症状。碘解磷定等解毒药在体内能与磷酰化胆碱酯酶中的磷酰基结合，而将其中胆碱酯酶游离，恢复其水解乙酰胆碱的活性，故又称胆碱酯酶复活剂。但仅对形成不久的磷酰化胆碱酯酶有效，已经老化了的酶的活性难以恢复，所以用药越早越好。作用特点是消除肌肉震颤、痉挛作用快，但对消除流涎、出汗现象作用差。碘解磷定等还能与血中有机磷酸酯类直接结合，成为无毒物质从尿排出。

【临床应用】 本品对内吸磷（1059）、对硫磷（1605）、乙硫磷等急性中毒的疗效显著；对乐果、敌敌畏、敌百虫、马拉硫磷等中毒及慢性有机磷中毒的疗效较差。

【注意事项】 本品用于解救有机磷中毒时，中毒早期疗效较好，若延误用药时间，磷酰化胆碱酯酶老化后则难于复活。治疗慢性中毒无效。本品在体内迅速分解，作用维持时间短，必要时 2h 后重复给药。

大剂量静脉注射时，可直接抑制呼吸中枢，注射速度过快能引起呕吐、运动失调等反应，严重时可发生痉挛性抽搐，甚至引起呼吸衰竭。抢救中毒或重度中毒时，必须同时使用阿托品。忌与碱性药物配合注射。

【制剂、用法与用量】 静脉注射常用量，每 1kg 体重，各种家畜 15～30mg。注射速度宜缓慢。

氯解磷定

【理化性质】 白色或灰白色无臭结晶性粉末，易溶于水，微溶于乙醇。

【药动学】 口服吸收慢，肌内注射或静脉注射可迅速达到血浓高峰，与血浆蛋白结合率低，不易进入中枢神经系统，以原型或代谢产物形式迅速从尿中排出，$t_{1/2}$ 约为 1.5h。

【药理作用】 是目前胆碱酯酶复活药中的首选药物，作用较碘解磷定强，1g 氯解磷定的解毒作用约相当于碘解磷定 1.5g。本品作用发挥快，肌内注射 1～2min 即可见效，水溶性好，可肌内注射和静脉注射。不可与碱性药物同时使用，以免分解。

【临床应用】 对内吸磷（1059）、对硫磷（1605）、敌百虫、敌敌畏、甲胺磷（3911）等中毒有效，但在中毒 48～72h 之后给药无效。对新斯的明使用过量中毒也有一定疗效。

【注意事项】 不良反应较少，偶见嗜睡、恶心、呕吐、眩晕、视物障碍、头痛等，用量过大、过快可致呼吸抑制，故解救时避免应用麻醉性镇痛药，大剂量可抑制胆碱酯酶，引起暂时性神经肌肉传递阻断。此外，因吩噻嗪类有抗胆碱酯酶活性，禁与本品合用。肾功能不良者慎用。

【制剂、用法与用量】 ①轻度中毒：肌内注射 0.5～0.75g，必要时 2～4h 重复一次。②中度中毒：肌内注射或静脉注射 0.7～1g，根据病情 2～4h 重复注射 0.5g，或首次注射后，0.5g/h 静脉滴注，至病情好转后酌情减量或停用。③重度中毒：首次 1.0～1.5g 静脉注射，30～60min 病情未见好转可再注射 0.75～1.0g，以后间隔 1～2h 给 0.5g，或静脉滴注 0.25～0.5g。注意重度中毒必须合用阿托品。

二、亚硝酸盐中毒与高铁血红蛋白还原剂

1. 毒理

亚硝酸盐可将血液中亚铁血红蛋白氧化为三价铁的高铁血红蛋白，使血液失去携氧能力，引起组织缺氧而出现中毒。中毒后的家畜常出现呼吸加快、心跳增速、黏膜发绀、流涎、呕吐、运动失调，严重者呼吸困难、痉挛、昏迷、窒息死亡。

亚硝酸盐中毒多发生于牛、马、羊、猪等动物。主要是吃了大量的含硝酸盐量过高的饲草或饲料所引起。对于家畜（尤其反刍动物），其胃肠道内的细菌可使饲料中的硝酸盐还原成亚硝酸盐；在猪，多由于饲喂腐烂或焖煮的瓜菜，其中硝酸盐已被还原成亚硝酸盐而引起中毒。常在一次大量喂饲之后，全群猪发病或死亡。

2. 解毒机制

用还原剂，如亚甲基蓝、维生素 C、硫代硫酸钠等，还原高铁血红蛋白为低铁血红蛋白，恢复其在血中携带氧的功能。见图 14-2。

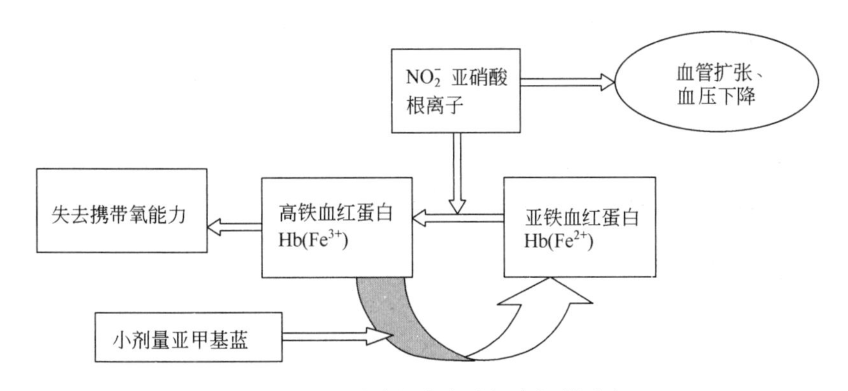

图 14-2　亚硝酸盐中毒及解毒机制示意

3. 高铁血红蛋白还原剂

亚甲基蓝

【理化性质】 深绿色、有铜样光的柱状结晶或结晶性粉末，无臭。在水或乙醇中易溶，水溶液呈深绿色透明的液体。在三氯甲烷中溶解。与苛性碱、重铬酸盐碘化物、升汞、还原

剂等起化学变化，故不宜与之配伍。

【药动学】 内服在胃肠道不易吸收，未吸收的自粪排出。在组织中被还原为还原型的亚甲基蓝，部分被代谢。还原型的亚甲基蓝和代谢物从尿缓慢排出，尿和粪可染成蓝色。

【药理作用】 本品既有氧化作用，又有还原作用，其作用与剂量有关。

亚硝酸盐中毒时，亚硝酸离子可使血液中亚铁血红蛋白氧化为高铁血红蛋白而丧失携氧能力。静脉注射小剂量（每千克体重1～2mg）的亚甲基蓝，在体内脱氢辅酶的作用下转化为还原型亚甲基蓝，后者使高铁血红蛋白还原为亚铁血红蛋白，恢复携氧能力。

氰化物中毒时，氰离子与组织中的细胞色素氧化酶结合，造成组织缺氧。静脉注射大剂量（每千克体重2.5～10mg）的亚甲基蓝，在体内产生氧化作用，可将正常的亚铁血红蛋白氧化为高铁血红蛋白。高铁血红蛋白与氰离子有高度的亲和力，能与体内游离的氰离子生成氰化高铁血红蛋白，从而阻止氰离子进入组织对细胞色素氧化酶产生抑制作用。还能与已和细胞色素氧化酶结合的氰离子形成氰化高铁血红蛋白，解除组织缺氧状态。由于氰化高铁血红蛋白不稳定，可再释放出氰离子，在注射亚甲基蓝时，应配合用硫代硫酸钠，后者可与氰离子生成无毒的硫氰化物并由尿排出，但不及亚硝酸钠配合硫代硫酸钠有效。

亚甲基蓝也可用于苯胺、乙酰苯胺中毒，以及氨基比林、磺胺类等药物引起的高铁血红蛋白血症。

【临床应用】 用于解救亚硝酸盐、氰化物中毒。

【注意事项】 ①本品刺激性强，禁止皮下或肌内注射。②本品与多种药物有配伍禁忌，不得与其他药品混合注射。

【制剂、用法与用量】 静脉注射，一次用量，每1kg体重，亚硝酸盐中毒家畜，1～2mg；氰化物中毒家畜，2.5～10mg，与硫代硫酸钠交替用。

三、有机氟中毒与氟化物解毒剂

1. 毒理

有机氟从皮肤、消化道、呼吸道进到体内后，由酰胺酶分解为氟乙酸与辅酶A结合成氟乙酰辅酶A，后者再与草酰乙酸结合生成氟柠檬酸；氟柠檬酸与柠檬酸竞争抑制乌头酸酶，阻断三羧酸循环，柠檬酸蓄积破坏细胞功能，损害神经与心肌功能，导致动物中毒甚至死亡。

2. 解毒机制

与有机氟竞争酰胺酶，使有机氟不能分解为氟乙酸，切断氟柠檬酸生成，使三羧酸循环顺利进行。

3. 氟化物解毒剂

乙 酰 胺

本品又称解氟灵。

【理化性质】 本品为白色结晶性粉末，极易溶于水。

【药理作用】 乙酰胺的乙酰基与有机氟竞争酰胺酶，同时生成乙酸，抑制氟柠檬酸生成，解除有机氟毒性。

【临床应用】 用于氟乙酰胺、氟乙酸钠（杀虫、灭鼠药）等有机氟中毒的解救。可与氯丙嗪等镇静药合用。与解痉药、半胱氨酸合用，效果好些。

【不良反应】 毒性较小，肌内注射产生局部疼痛，可混合使用盐酸普鲁卡因减轻疼痛。大剂量应用可引起血尿。

【注意事项】 有机氟中毒病情发展快，应尽早用足量。因刺激性大，宜与少量0.5%普鲁卡因混合使用，以减轻疼痛。

【制剂、用法与用量】 5ml∶2.5g、5ml∶0.5g。肌内注射，每日0.1～0.3g/kg，分2～4次注射。一般连续注射5～7日。

四、氰化物中毒与氰化物解毒剂

1. 毒理

氰化物中毒可由食入含有氰苷的植物或误食氰化物所致，散养家畜较为多见。农业上用的除莠剂（如石灰氮、熏蒸仓库用的杀虫剂氰化钠、工业用的氰化钾等）均可引起家畜中毒；植物中的木薯、桃仁、杏仁、枇杷仁、甜菜渣、高粱苗等均含有氰苷，家畜食后易在胃肠道内水解释放出氰而致家畜中毒。氰化物中的氰离子（CN^-）与线粒体中的细胞色素氧化酶结合，使该酶失去传递氧的功能，导致细胞缺氧而中毒。

2. 解毒机制

用氧化剂（如亚硝酸钠、大剂量亚甲基蓝等）将低铁血红蛋白氧化为高铁血红蛋白，高铁血红蛋白中Fe^{3+}与CN^-结合，使细胞色素氧化酶复活而发挥解毒作用，但氰化高铁血红蛋白不稳定，先注射起效快的亚硝酸钠（或亚甲基蓝）15～25min，再用硫代硫酸钠与氰离子形成硫氰酸盐从尿排出彻底解毒。见图14-3。

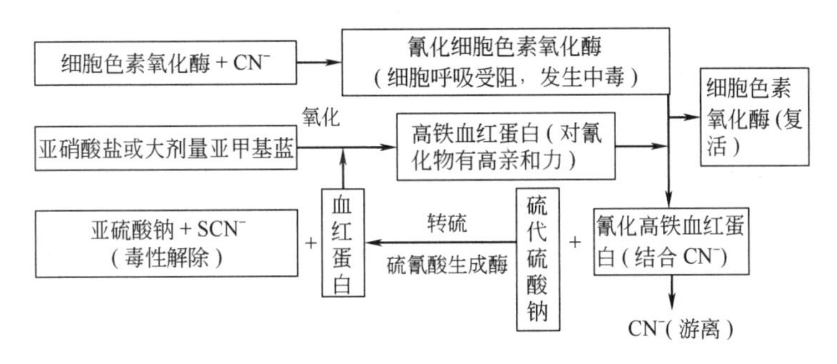

图14-3 氰化物中毒及解毒机制示意

3. 氰化物解毒剂

亚硝酸钠

【理化性质】 白色或微黄色结晶性粉末，易溶于水，微溶于乙醇。

【药理作用】 亚硝酸钠能使亚铁血红蛋白氧化为高铁血红蛋白，后者与氰化物具有高度的亲和力，故可用于解救氰化物中毒。

【临床应用】 用于解救动物氰化物的中毒，宜与硫代硫酸合用。

【注意事项】 用量过大，可因高铁血红蛋白生成过多而导致亚硝酸盐中毒，因此，要严格控制剂量。若家畜严重缺氧导致黏膜发绀时，可用亚甲基蓝解救。治疗氰化物中毒时，可引起血压下降，应密切留意血压变化。马属动物慎用。

【制剂、用法与用量】 注射液，10ml∶0.3g。静脉注射，一次量，猪、羊0.1～0.2g，牛、马2g。

硫代硫酸钠

本品俗称大苏打。

【理化性质】 为无色的细粒结晶，极易溶于水，不溶于乙醇。

【药理作用】 为氰化物的解毒剂，在硫氰酸生成酶参与下，与游离的或与高铁血红蛋白结合的氰离子相结合，形成无毒的硫氰酸盐（SCN^-）由尿排出而解毒。在体内还能与砷、铋、碘、汞、铅等金属结合，此外，还具有脱敏和杀菌作用。

【临床应用】 本品用于氰化物中毒的解救；也用于铅、铋、砷、汞、碘等中毒的解毒。

【注意事项】 本品解毒作用较慢。应先注射起效快的亚硝酸钠（或亚甲基蓝），再紧接着缓慢注射本品。

【制剂、用法与用量】 注射液，每支 10ml∶0.5g、20ml∶1g；注射用硫代硫酸钠粉，每支 0.32g、0.64g，临用前以注射用水配制成 5%～10%的无菌溶液。静脉注射或肌内注射，一次量，猪、羊 1～3g，牛、马 5～10g，犬 1～2g。

五、金属和类金属中毒与解毒剂

有毒金属和类金属（铅、铬、锑、砷等）以及过量的微量元素（铜、铁、硒等）进入动物体内抑制组织细胞里含巯基的酶活性，出现一系列中毒症状表现引起中毒。常用下列金属和类金属离子络合剂解除毒性。

依地酸钙钠

【理化性质】 白色或乳白色结晶或颗粒粉末，无臭无味，露置空气中易潮解。易溶于水，不溶于醇、醚等溶剂中。

【药动学】 胃肠道吸收差，不宜口服给药。静脉注射后在体内不被破坏，迅速从尿中排出，1h 内约排出 50%，24h 排出 95%以上。仅少量透过血脑屏障。一般口服吸收量仅为总摄入量的 4%～5%。肌内注射给药吸收迅速完全，临床多用静脉注射。静脉注射后分布至全身体液，但不进入红细胞内，主要存在于细胞外液。注射给药后，药物很快从血浆中消失。进入体内的本品绝大部分（约 90%）以原型由尿中排出（约有 0.1%随呼出气的二氧化碳排出），24h 排出 95%。

【药理作用】 本品与汞的络合力不强，很少用于汞中毒的解毒。在急性铅中毒，静脉滴注给药后，铅绞痛多在 12～24h 内减轻或消失，尿排铅量增加，肝肿大、贫血等也逐渐消失。在慢性铅中毒用药后尿排铅为治疗前的数倍至数十倍，临床症状明显改善或消失。

【临床应用】 治疗急慢性铅中毒有肯定疗效，也可治疗镉、锰、铬、镍、钴和铜等金属中毒。同时还需要一些支持疗法，如对神经症状可用镇静药、便秘可用硫酸镁泻剂（可使铅沉淀）及以葡萄糖生理盐水补液等。

【注意事项】 部分病畜有短暂的头晕、恶心、关节酸痛、腹痛、乏力等反应。大剂量时有肾小管水肿等损害，用药期间应注意查尿，若出现管型、蛋白、红细胞、白细胞甚至少尿或肾功能衰竭等，应立即停药，停药后可逐渐恢复正常。如静脉注射过快、血药浓度超过 0.5%时，会引起血栓性静脉炎。对铅引起的脑病疗效不高，与二巯丙醇合用可提高疗效，减轻神经症状。

【制剂、用法与用量】 注射液，每支 10ml∶1g、2ml∶0.2g。临用前以注射用水配制成

0.25%～0.5%无菌溶液。静脉注射，一次量，马、牛 3～6g，猪、羊 1～2g，2 次/天，连用 4 天。皮下注射，犬、猫 25mg/kg。

二巯丙醇

【理化性质】 无色或几乎无色易流动的液体，有强烈类葱蒜味异臭。本品的相对密度在 25℃时为 1.235～1.255。在甲醇、乙醇及苯甲酸苄酯中极易溶解，在水中溶解，但其水溶液不稳定，需配成 10%油溶液供肌内注射用。

【药动学】 口服不吸收，肌内注射 30min 内血药浓度达到最高峰，半衰期短，吸收及解毒于 4h 内完成，体内易被氧化，由肾脏排出。

【药理作用】 本品以及二巯丙磺酸钠、二巯丁二钠等，均因分子中具有两个活性巯基与金属亲和力大，能夺取已与组织中酶系统结合的金属，形成不易离解的无毒性络合物由尿排出，使巯基酶恢复活性，解除金属引起的中毒症状。这是一种竞争性解毒剂，因此必须及早并足量使用。当大量重金属中毒或解救过迟时疗效不佳。由于形成的络合物可有一部分逐渐离解出二巯丙醇并很快被氧化，游离的金属仍能引起中毒现象，因此必须反复给予足够量，使游离的金属再度与二巯丙醇相结合，直至排出为止。但二巯基丙醇对硒、铀无作用，因它们通过氧化作用抑制巯基。

对砷、汞及金的中毒有解救作用，但用于治疗慢性汞中毒效果差。对锑中毒的解毒作用因锑化合物的不同而异，它能减轻酒石酸锑钾的毒性，却增加锑波芬与新斯锑波散的毒性。能减轻镉对肺的损害，但影响镉在体内的分布及排出，增加了肾脏的损害，故使用时要注意掌握。它还能减轻发泡性砷化合物战争毒气所引起的损害。

【临床应用】 本品在临床上主要用于解救汞、砷、锑的中毒，也可用于解救铋、锌、铜等中毒。但对铅中毒疗效差。

【注意事项】 ①常见不良反应有恶心、呕吐，眼、鼻、口、皮肤感觉异常，肢体麻木、流涎、腹痛等。②本品有收缩小动脉作用，可使血压升高，心动过速，大剂量使用可直接损害毛细血管，使血压下降，并对肝、肾有损害，且能产生呼吸抑制、休克、昏迷等。③本品能与硒、铁金属形成络合物，对肾脏的毒性比这些金属本身的毒性更大，故禁用于上述金属中毒。④局部用药具有刺激性，可引起疼痛、肿胀。

【制剂、用法与用量】 2ml∶0.2g、5ml∶0.5g、10ml∶1g。肌内注射，一次量 2.5～5mg/kg。

二巯丙磺钠

【理化性质】 白色结晶性粉末，易溶于水，水溶液无色透明，具有轻微硫化氢臭味。

【药理作用】 作用类似于二巯基丙醇，对汞、铋、铬、砷、锑等中毒均有解毒作用；有促进胆汁排泄和明显的利尿作用，有利于毒物的排泄。与二巯基丁二酸钠驱汞效果相比，本品用量小，使用方便，价格便宜，被认为是驱汞治疗的首选药物。

【临床应用】 本品对汞中毒（包括无机汞和有机汞）有明显肯定疗效。本品对砷、铬、钴、锑、钋、氰化物等中毒也有效，也用于多发性神经炎、精神分裂症等。

【注意事项】 对铅中毒效果尚有争论，一般不用。本品一般采用肌内注射，静脉注射速度宜慢，否则可引起呕吐、心跳加快。

【制剂、用法与用量】 5ml∶0.5g、10ml∶1g。静脉、肌内注射，一次量，马、牛 5～

8mg/kg，猪、羊 7～10mg/kg。

必备知识三　兽药残留与危害

一、兽药残留

兽药残留（简称“药残”）指给动物使用兽药（包括兽药添加剂）后，蓄积或贮存在动物体内的药物原型或代谢产物。

人们吃动物源性食品（比如禽肉、禽蛋、猪肉、牛奶等）时，残留在动物产品内的兽药就可以进入人体，从而给人体造成危害。近年来，随着养殖业的大力发展，各种兽药、饲料添加剂的大量使用，我国兽药残留的问题日益突出。

二、兽药残留对人和环境的影响

1. 变态反应与过敏反应

少数抗菌药物具有抗原性能致敏易感个体，存在危害性，如青霉素、磺胺类、四环素及某些氨基糖苷类药物等。产生变态反应表现多种多样，轻度表现红疹，严重的可导致发生危及生命的综合征。

2. 细菌耐药性

对抗生素及合成抗菌药物的非理性用药，使得细菌耐药现象也成为一个不可忽视的事实。2005 年张茂棠等在深圳生鸡肉中分离到的沙门菌对 4 种抗生素耐药超过 30%。据估测在畜牧业领域中 20%用于兽医治疗用药，80%则为预防用药和促使动物生长用药，其滥用率高达 40%～80%。因此避免畜牧业中抗菌药的滥用，特别是严禁滥用人类医用抗生素，有着十分重要的意义。

3. 三致作用

三致作用是指药物及环境中的化学药品可引起基因突变或染色体畸变以及细胞癌变而造成对人类的潜在威胁。如磺胺二甲氧嘧啶能诱发人的甲状腺癌，氯霉素能引起人骨髓造血功能的损伤，硝基咪唑及硝基呋喃类药物引起人类细胞染色体突变和致畸胎作用。当人们长期食用含三致作用的药物残留的动物性食品时，这些残留药物便会对人体产生有害作用，或在人体中蓄积最终产生致癌、致畸、致突变作用（简称“三致作用”）。

4. 激素样作用

性激素如己烯雌酚引起儿童性早熟。盐酸克伦特罗（β-兴奋剂），如 1997 年香港人因食残留克伦特罗的猪肝而引发的 17 人中毒事件。国家明文规定不允许盐酸克伦特罗作为添加剂使用，但是不法商人为了牟取暴利在饲料中添加，以促进生长提高瘦肉率。这会在猪肺、眼睑中残留最高，而食入 β-兴奋剂高残留量（>100μg/kg）的内脏组织（如肝、肾、肺）时，易出现中毒。引起人体中毒的表现为心律失常、心慌、心悸、甲状腺功能亢进等症状，严重者还可危及生命。

5. 污染环境

兽药（含药物添加剂）以原型或代谢产物形式经畜禽粪尿排出体外，沿不同的路径进入环境，在各种环境因素的作用下，通过不同的方式发生转归。环境中的兽药不仅可以影响不同的生物种群，而且通过不同生物间的关系，影响生态系统。药物对环境的影响表现在以下几个方面：①从个体生命史上影响生物种群水平，如出生率、种群数量、生长状况、死亡率等；②通过植物、微生物、真菌的相互作用，影响生物群落构成；③从有机物的分解和营养循环等方面影响生态系统；④改变植物和土壤的空间异质、土壤中物质和营养的转移以及营养物质中水分的转移，从而影响生物圈。

据估算，一个万头猪场若按商品肉猪日粮中阿散酸 100mg/kg 的添加量，则每年需用 360kg 阿散酸，将向周边环境排放约 124kg 砷，该万头猪场连续使用有机胂添加剂 5～8 年，即可向周边排放 1000kg 砷。

三、控制动物性食品药物残留的措施

1. 加强社会公德教育和法制教育

教育兽药生产者与消费者不能见利忘义，更要加强法制教育。近几年，有关部门陆续颁布或修改了《中华人民共和国畜牧法》《动物防疫法》《兽药管理条例》《饲料和饲料添加剂管理条例》《中华人民共和国兽药典》《中华人民共和国兽药规范》《兽药质量标准》《中华人民共和国兽用生物制品质量标准》《进口兽药质量标准》和《饲料药物添加剂使用规范》等法律法规。农业部还颁布了《新兽药研制管理办法》《无公害食品——猪肉》新标准和《无公害食品——生猪饲养兽药使用准则》，制定了《食品动物禁用的兽药及其他化合物清单》，明令禁止使用 21 类 40 余种兽药及化合物。依照法律法规加强兽药生产前对药物进行安全性毒理学评价，严格审批、产中质量监督、产后经营管理监督。国家把规范用药纳入法制轨道，有法可依，养殖者、消费者的利益都受到法律保护。

2. 加强对药物研制、生产和使用的管理

《新兽药研制管理办法》规定，研制新兽药应当进行安全性评价。兽药生产厂按国家 GMP 标准生产兽药，经销商守法经营，畜禽上市饲养场按要求停药，并做好记录档案备查。

3. 严格规定药物的休药期和允许残留量

2003 年 3 月我国施行了《兽药残留试验技术规范（试行）》，规定凡申请在食品动物（如牛、羊、猪、兔、禽、水产养殖动物等）使用的兽用药物及其制剂均需进行残留实验，兽药残留实验必须在靶动物进行。

休药期是指食品动物从停止给药到活动物或其产品（奶、蛋）许可屠宰（上市）的间隔时期。现行《中华人民共和国兽药典兽药用药指南（化学药品卷）》（2010 年版）对一些常用药物规定了休药期。使用兽药时认真执行休药期制度是消除“药残”超标、保障动物源性食品安全最基本的方法。在饲喂畜禽时，应严格执行添加标准及停药期等规定，以减少药物残留。

4. 加强动物性食品中化学物质残留的检测监督

建立残留风险评估体系，通过实施国家兽药残留监控计划和各省市定期进行兽药残留抽样检测，提供有关国内畜禽发生兽药残留危害的适时资料信息，并进行有针对性的跟踪调查，对兽药残留进行风险评估。建立长期有效的检验检疫监督制度，对饲料、饲料添加剂及动物胴体组织、牛乳、禽蛋等进行药物残留的检测，发现有违禁药物残留或残留超标者禁止其经营或使用，并依法给予相应的处罚。严格贯彻执行有关畜产品安全的法律法规和标准。使残留造成的劣质畜产品无经营市场。

必备知识四　毒理学安全实验

新兽药的安全性评价系指在临床前研究阶段，通过毒理学研究等对一类新化学药品和抗生素对靶动物和人的健康影响进行风险评估的过程，包括急性毒性、亚慢性毒性、致突变、生殖毒性（含致畸）、慢性毒性（含致癌）实验以及用于食用动物时日允许摄入量（ADI）和最高残留限量（MRL）的确定。毒理学安全实验有以下几种。

1. 急性毒性实验

急性毒性实验是指受试动物在一次大剂量给药或24h之内多次接触药后所产生的毒性反应和死亡情况。以半数致死量测定、半数耐受限量测定和7天喂养实验在急性毒性研究中应用较多。在半数致死量测定实验中，通过对实验结果进行统计学处理，采用寇氏法或概率单位对数图解法求得LD_{50}值及其95%可信限范围。

2. 蓄积毒性实验

外源化学物反复多次与人或动物体接触，被吸收进入体内的速度或数量超过其消除速度或数量时，化学物或其代谢产物在体内的浓度或量将逐渐增加并贮存，这一现象称为外源化学物的蓄积，蓄积的化学物及其代谢产物对机体产生的毒性作用称蓄积毒性作用。蓄积毒性实验是检测外源化学物在体内蓄积性大小的实验，其方法一般采用蓄积系数法，求出蓄积系数K，判断蓄积毒性的强弱。

$$\text{蓄积系数 } K=\frac{\text{机体多次接触受试物达到预计效应的累计剂量}}{\text{一次接触该受试物产生相同效应的剂量}}$$

以死亡为效应指标时，用下式表示：

$$K=\frac{LD_{50(n)}}{LD_{50(1)}}$$

根据蓄积系数分级标准来评价外源化学物的蓄积毒性。一般认为，K值越小，表明化学物蓄积毒性越大。如果化学物在动物体内全部蓄积或每次染毒后毒效应叠加，则$K=1$；如果反复染毒产生过敏现象，则可能$K<1$；若化学物产生部分蓄积，则$K>1$；随着化学物蓄积作用减弱，K值增加，通常认为$K\geqslant 5$，其蓄积性极弱。

3. 亚急性毒性实验

亚急性毒性是指人或实验动物连续较长时间接触较大剂量的外源化学物所出现的毒效应。亚急性毒性实验是以反复染毒、更长的接触时间和更为广泛深入的观察为基础，研究在较长时间内（约为实验动物寿命的10%）接触较大剂量（较大剂量是相对于低剂量而言，其上限一般低于急性毒性的LD_{50}）化学物后，实验动物所产生的生物学效应，包括体重变化、食物摄取、中毒症状、脏器系数（指某个脏器的湿重与单位体重的比值）、病理学检查和生化检验指标等。实验过程中，要求每次（日）染毒剂量及染毒时间相等。

4. 慢性毒性实验

慢性毒性是指人或动物长期（甚至终生）反复接触低剂量的化学物所产生的毒性效应。许多化学物在环境中的浓度并不具有明显的急性毒性，然而在长期慢性接触的情况下，产生潜在的、累积的毒效应。染毒时间超过90天的毒性实验一般均称为慢性毒性实验，观察指标应重点选择在亚慢性毒性实验中已经显现的阳性指标。慢性毒性实验的目的是确定动物长期、反复接触低剂量的化学物所产生的慢性毒性作用性质、靶器官、中毒机制及其剂量-反应关系，为最终评定受试物能否应用及制定ADI提供依据。同时检查受试物或代谢产物是否有致癌或诱发肿瘤的慢性毒性。

5. 致突变实验

致突变实验是检查受试物是否有引起实验动物遗传物质的改变。包括鼠伤寒沙门菌营养缺陷型回复突变实验（Ames 实验）、哺乳动物培养细胞染色体畸变实验、小鼠骨髓多染红细胞微核实验、精子畸形实验、小鼠睾丸精原细胞染色体畸变实验和显性致死实验等。

6. 致畸作用及其实验

致畸作用是由于外源化学物干扰，活产胎仔胎儿出生时，某种器官表现形态结构异常。母体在孕期受到可通过胎盘屏障的某种有害物质作用，影响胚胎的器官分化与发育，导致结构和功能的缺陷，出现胎儿畸形。

致畸实验是在受孕动物的胚胎着床后，并已开始进入细胞及器官分化期时投予受试物，检查受试物是否有母体毒性和胚胎毒性、致畸性，最好能得出最小致畸剂量。得出该物质对胎儿的致畸作用。

实训 14-1　有机磷药物的中毒与解救

【目的】 观察有机磷药物中毒的症状。根据阿托品和碘解磷定对有机磷中毒的解救效果，初步分析解毒的机制。

【原理】

1. 阿托品可竞争性阻断 M 受体，用来对抗有机磷酸酯类中毒时的 M 样症状。

2. 碘解磷定属于胆碱酯酶复活药，可与磷酰化胆碱酯酶中的磷酰基结合，使其中的胆碱酯酶游离，恢复其水解乙酰胆碱的活性；与血液中有机磷酸酯类直接结合，成为无毒物质从尿排出。

【材料】

1. 药品　0.2%阿托品、5%敌百虫、2.5%碘解磷定。

2. 器材　10ml 注射器 3 支、兔固定箱、瞳孔尺、小鼠灌胃针头、酒精棉球。

3. 动物　家兔 3 只。

【方法】

1. 取家兔 2 只，用油笔编号甲、乙、丙，称重。观察如下指标：活动情况、呼吸（频率、幅度大小、节律均匀度）、瞳孔大小、唾液分泌量、大小便、肌张力及有无震颤等，分别加以记录。

2. 三只兔同样给予 5%敌百虫 2ml/kg 体重，由另一侧耳静脉注入。密切注意给药后家兔上述生理指标的变化，加以记录。

3. 出现生理指标变化时，立即给甲兔静脉注射 0.2%阿托品 1ml/kg 体重，给乙兔静脉注射 2.5%碘解磷定 2ml/kg 体重，给丙兔同时静脉注射 0.2%阿托品 1ml/kg 体重和 2.5%碘解磷定 2ml/kg 体重。然后每隔 5min，再检查各项生理指标一次，观察三兔的情况有无好转，特别注意甲、乙、丙三兔的表现区别。

【结果】 观察阿托品和碘解磷定对有机磷中毒的解救效果，填入下表。

兔编号	用药的前后	观察生理指标				
		活动情况	瞳孔直径	呼吸频率	唾液分泌	肌肉紧张度
甲	给药物前					
	给敌百虫后					
	给阿托品后					

续表

兔编号	用药的前后	观察生理指标				
		活动情况	瞳孔直径	呼吸频率	唾液分泌	肌肉紧张度
乙	给药物前					
	给敌百虫后					
	给碘解磷定后					
丙	给药物前					
	给敌百虫后					
	同时给阿托品和碘解磷定后					

【注意事项】

1. 敌百虫的精制，可利用其在沸水中溶解度增加、冷却后可结晶析出的性质来进行。取粗制敌百虫溶解于沸水中，保温过滤。将滤液放置冷却，滤液结晶，干燥后即得。

2. 给家兔静脉注射敌百虫后，如经15min尚未出现中毒症状，可追加1/3量。

【分析训练题】 根据本次实训结果，分析有机磷中毒机制以及阿托品与碘解磷定的解毒原理。为什么要联合用药？

实训14-2 亚硝酸盐的中毒与解救

【目的】 观察亚硝酸盐的中毒症状，了解亚甲基蓝对亚硝酸盐中毒的解救作用。

【原理】 亚硝酸盐中毒时，亚硝酸根离子使血液中亚铁血红蛋白氧化为高铁血红蛋白而丧失携氧能力。静脉注射小剂量的亚甲基蓝（1～2mg/kg体重），在体内脱氢辅酶的作用下转化为还原型亚甲基蓝，后者能将高铁血红蛋白还原为亚铁血红蛋白，重新恢复携氧功能。

【材料】

1. 药品　3%亚硝酸钠注射液，0.1%亚甲基蓝注射液。

2. 器材　5ml注射器、8号针头、镊子、酒精棉、台秤。

3. 动物　家兔。

【方法】

1. 取家兔1只称重。观察正常活动情况，检查呼吸、体温、口鼻部皮肤、眼结膜及耳血管颜色。

2. 按1～1.5ml/kg体重耳静脉注射3%亚硝酸钠溶液。检查家兔上述项目的变化情况，待眼结膜出现紫绀现象或口鼻部皮肤呈暗红色时，检查体温。

3. 出现典型中毒症状后，立即由耳静脉注射0.1%亚甲基蓝注射液2ml/kg体重，观察中毒症状是否消除。

【结果】 观察动物亚硝酸盐中毒解救的功能变化，填入下表。

药物	呼吸/(次/min)	体温/℃	口鼻及眼(结膜颜色)	耳(血管颜色)	精神状态
给药前					
给亚硝酸钠后					
给亚甲基蓝后					

【注意事项】

1. 此实验宜选择白色家兔以便观察。

2. 在15～30min内疗效不明显时，可重复注射一次；或者耳静脉注射加有维生素C的葡萄糖类注射液。

3. 中毒剂量为0.3～0.5g，致死量为3g。

【分析训练题】 根据本次实验结果分析亚硝酸盐的中毒原理、中毒症状，及亚甲基蓝的解毒原理。

任务小结

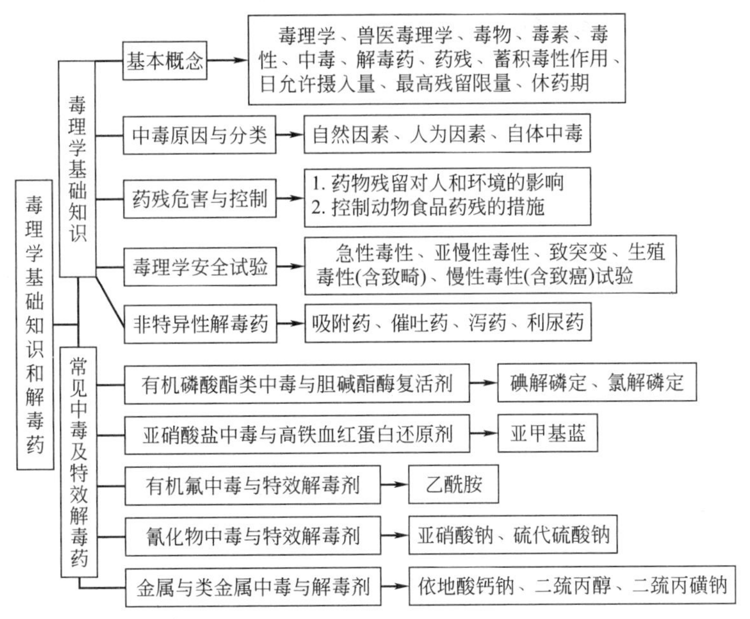

思考与复习

1. 在中毒原因没有明确前，可用哪些药物进行解救？为什么？
2. 简述常见毒物中毒的机制与相应特效解毒药的解毒机制。
3. 兽药残留有哪些危害？如何综合控制兽药残留？

执业考证

1. 美蓝作为特效解毒药常用于治疗（　　）。

A. 棉籽饼中毒　　B. 菜籽饼中毒　　C. 氢氰酸中毒　　D. 有机磷中毒

E. 亚硝酸盐中毒

2. 解磷定用于解救动物严重有机磷中毒时，必须联合应用的药物是（　　）。

A. 亚甲蓝　　B. 阿托品　　C. 亚硝酸钠　　D. 氨甲酰胆碱

E. 毛果芸香碱

附　录

附录一　食品动物禁止使用的药品及其他化合物清单

序号	药品及其他化合物名称
1	酒石酸锑钾(antimony potassium tartrate)
2	β-兴奋剂(β-agonists)类及其盐、酯
3	汞制剂:氯化亚汞(甘汞)(calomel)、醋酸汞(mercurous acetate)、硝酸亚汞(mercurous nitrate)、吡啶基醋酸汞(pyridyl mercurous acetate)
4	氯化烯(毒杀芬)(camahechlor)
5	卡巴氧(carbadox)及其盐、酯
6	呋喃丹(克百威)(carbofuran)
7	氯霉素(chloramphenicol)及其盐、酯
8	杀虫脒(克死螨)(chlordimeform)
9	氨苯砜(dapsone)
10	硝基呋喃类:呋喃西林(furacilinum)、呋喃妥因(furadantin)、呋喃它酮(furaltadone)、呋喃唑酮(furazolidone)、呋喃苯烯酸钠(nifurstyrenate sodium)
11	林丹(lindane)
12	孔雀石绿(malachite green)
13	类固醇激素:醋酸美仑孕酮(melengestrol Acetate)、甲基睾丸酮(methyltestosterone)、群勃龙(去甲雄三烯醇酮)(trenbolone)、玉米赤霉醇(zeranal)
14	安眠酮(methaqualone)
15	硝呋烯腙(nitrovin)
16	五氯酚酸钠(pentachlorophenol sodium)
17	硝基咪唑类:洛硝达唑(ronidazole)、替硝唑(tinidazole)
18	硝基酚钠(sodium nitrophenolate)
19	己二烯雌酚(dienoestrol),己烯雌酚(diethylstilbestrol),己烷雌酚(hexoestrol)及其盐、酯
20	锥虫砷胺(tryparsamile)
21	万古霉素(vancomycin)及其盐、酯

注：2019年12月27日中华人民共和国农业农村部公告第250号。

附录二　出口肉禽养殖用药管理

部分国家及地区明令禁用或重点监控的兽药及其他化合物清单。

一、欧盟禁用的兽药及其他化合物清单

1. 阿伏霉素（avoparcin）
2. 洛硝达唑（ronidazole）
3. 卡巴多（carbadox）
4. 喹乙醇（olaquindox）
5. 杆菌肽锌（bacitracin zinc）（禁止作饲料添加药物使用）
6. 螺旋霉素（spiramycin）（禁止作饲料添加药物使用）
7. 维吉尼亚霉素（virginiamycin）（禁止作饲料添加药物使用）
8. 磷酸泰乐菌素（tylosin phosphate）（禁止作饲料添加药物使用）
9. 阿普西特（arprinocide）
10. 二硝托胺（dinitolmide）
11. 异丙硝唑（ipronidazole）
12. 氯羟吡啶（meticlopidol）
13. 氯羟吡啶/苄氧喹甲酯（meticlopidol/mehtylbenzoquate）
14. 氨丙啉（amprolium）
15. 氨丙啉/乙氧酰胺苯甲酯（amprolium/ethopabate）
16. 地美硝唑（dimetridazole）
17. 尼卡巴嗪（nicarbazin）
18. 二苯乙烯类（stilbenes）及其衍生物、盐和酯，如己烯雌酚（diethylstilbestrol）等
19. 抗甲状腺类药物（antithyroid agent），如甲巯咪唑（thiamazol）、普萘洛尔（propranolol）等
20. 类固醇类（steroids），如雌激素（estradiol）、雄激素（testosterone）、孕激素（progesterone）等
21. 二羟基苯甲酸内酯（resorcylic acid lactones），如玉米赤霉醇（zeranol）
22. β-兴奋剂类（β-Agonists），如克仑特罗（clenbuterol）、沙丁胺醇（salbutamol）、喜马特罗（cimaterol）等
23. 马兜铃属植物（*Aristolochia* spp.）及其制剂
24. 氯霉素（chloramphenicol）
25. 三氯甲烷（chloroform）
26. 氯丙嗪（chlorpromazine）
27. 秋水仙碱（colchicine）
28. 氨苯砜（dapsone）
29. 甲硝咪唑（metronidazole）
30. 硝基呋喃类（nitrofurans）

二、美国禁止在食品动物使用的兽药及其他化合物清单

1. 氯霉素（chloramphenicol）

2. 克仑特罗 (clenbuterol)
3. 己烯雌酚 (diethylstilbestrol)
4. 地美硝唑 (dimetridazole)
5. 异丙硝唑 (ipronidazole)
6. 其他硝基咪唑类 (other nitroimidazoles)
7. 呋喃唑酮 (furazolidone) (外用除外)
8. 呋喃西林 (nitrofurazone) (外用除外)
9. 泌乳牛禁用磺胺类药物 [下列除外：磺胺二甲氧嘧啶 (sulfadimethoxine)、磺胺溴甲嘧啶 (sulfabromomethazine)、磺胺乙氧嗪 (sulfaethoxypyridazine)]
10. 氟喹诺酮类 (fluoroquinolones) (沙星类)
11. 糖肽类抗生素 (glycopeptides)，如万古霉素 (vancomycin)、阿伏霉素 (avoparcin)

三、日本对动物性食品重点监控的兽药及其他化合物清单

1. 氯羟吡啶 (clopidol)
2. 磺胺喹恶啉 (sulfaquinoxaline)
3. 氯霉素 (chloramphenicol)
4. 磺胺甲基嘧啶 (sulfamerazine)
5. 磺胺二甲嘧啶 (sulfadimethoxine)
6. 磺胺-6-甲氧嘧啶 (sulfamonomethoxine)
7. 恶喹酸 (oxolinic acid)
8. 乙胺嘧啶 (pyrimethamine)
9. 尼卡巴嗪 (nicarbazin)
10. 双呋喃唑酮 (DFZ)
11. 阿伏霉素 (avoparcin)

注：日本对进口动物性食品重点监控的兽药种类经常变化，建议出口肉禽养殖企业予以密切关注。

四、香港地区禁用的兽药及其他化合物清单

1. 氯霉素 (chloramphenicol)
2. 克仑特罗 (clenbuterol)
3. 己烯雌酚 (diethylstilbestrol)
4. 沙丁胺醇 (salbutamol)
5. 阿伏霉素 (avoparcin)
6. 己二烯雌酚 (dienoestrol)
7. 己烷雌酚 (hexoestrol)

附录三　不同动物用药量换算表

附表 1　各种畜禽与人用药剂量比例简表 (均按成年)

畜禽种类	成年人	牛	羊	猪	马	鸡	猫	犬
比例	1	5～10	2	2	5～10	0.167	0.25	0.25～1

附表2 家畜年龄与用药比例

畜别	年龄	比例
猪	1～2个月	0.063
	2～4个月	0.125
	4～9个月	0.25
	9～18个月	0.5
	1岁半以上	1
马	3～12岁	1
	12～20岁	0.75
	20～25岁	0.5
	2岁	0.25
	1岁	0.083
	2～6个月	0.042
羊	2岁以上	1
	1～2岁	0.5
	6～12个月	0.25
	3～6个月	0.125
	1～3个月	0.063
牛	3～8岁	1
	10～15岁	0.75
	15～20岁	0.5
	2～3岁	0.25
	4～8个月	0.125
	1～4个月	0.063
犬	6个月以上	1
	3～6个月	0.5
	1～3个月	0.25
	1个月以下	0.063～0.125

附表3 不同种类畜禽用药剂量比例

畜禽别	用药剂量比例	畜禽别	用药剂量比例
马(体重300kg)	1	猪(体重60kg)	0.125～0.2
黄牛(体重300kg)	1.25	犬(体重15kg)	0.063～0.1
水牛(体重500kg)	1～1.5	猫(体重1.5kg)	0.031～0.05
驴(体重150kg)	0.333～0.5	兔(体重3kg)	0.04～0.067
羊(体重40kg)	0.167～0.2	禽(体重1.5kg)	0.025～0.05

附表4 给药途径与剂量比例关系表

途径	内服	直肠给药	气管注射	皮下注射	肌内注射	静脉注射
比例	1	1.5～2	0.333～0.5	0.333～0.5	0.25～0.333	0.25～0.333

附录四 常用兽药配伍禁忌表

类别	药物	禁忌配合的药物	变化
防腐消毒药	漂白粉	酸类	分解放出氧
	酒精	氯化剂、无机盐等	氧化、沉淀
	硼酸	碱性物质、鞣酸	生成硼酸盐药效减弱
	碘及其制剂	氨水、铵盐类	生成爆炸性碘化氮
		重金属盐	沉淀
		生物碱类物质	析出生物碱沉淀
		淀粉	呈蓝色
		龙胆紫	药效减弱
		挥发油	分解失效
	阳离子表面活性消毒剂	阴离子如肥皂类、合成洗涤剂	作用相互拮抗
		高锰酸钾、碘化物	沉淀
	高锰酸钾	氨及其制剂	沉淀
		甘油、酒精	失效
		鞣酸、甘油、药用炭	研磨时爆炸
	过氧化氢溶液	碘及其制剂、高锰酸钾碱类、药用炭	分解、失效
	过氧乙酸	碱类如氢氧化钠、氨溶液	中和失效
	氨溶液	酸及酸性盐	中和失效
		碘溶液碘酊	生成爆炸性碘化氮
抗生素	青霉素	酸性药液如盐酸氯丙嗪、四环素类抗生素的注射液	沉淀、分解失效
		碱性溶液如磺胺药、碳酸氢钠注射液	沉淀、分解失效
		高浓度酒精、重金属盐	破坏失效
		氧化剂如高锰酸钾	破坏失效
		快效抑菌剂如四环素氯霉素	疗效减低
	红霉素	碱性溶液如磺胺药、碳酸氢钠注射液	沉淀、析出游离碱
		氯化钠、氯化钙	混浊、沉淀
		林可霉素	出现拮抗作用
	链霉素	较强的酸、碱性溶液	破坏、失效
		氧化剂、还原剂	破坏、失效
		依他尼酸	肾毒性增大
		多黏菌素E	骨骼肌松弛
	多黏菌素E	骨骼肌松弛药	毒性增强
		头孢菌素Ⅰ	毒性增强
	四环素类如四环素、土霉素、金霉素、盐酸多西环素等	中性及碱性溶液如碳酸氢钠注射液	分解失效
		生物碱沉淀剂	沉淀、失效
		阳离子(一价、二价或三价离子)	形成不溶性难吸收的络合物
	氯霉素	铁剂、叶酸、维生素B_{12}	抑制红细胞生成
		青霉素类抗生素	疗效减低
	头孢菌素Ⅱ	强效利尿药	增大对肾脏毒性

续表

类别	药物	禁忌配合的药物	变化
合成抗菌药	磺胺类药物	酸性药物	析出沉淀
		普鲁卡因	疗效降低或无效
		氯化铵	增加肾脏毒性
	氟喹诺酮类药物如诺氟沙星、环丙沙星、氧氟沙星、洛美沙星等	氯霉素、呋喃类药物	疗效减低
		金属阳离子	形成不溶性难吸收的络合物
		强酸性药液或强碱性药液	析出沉淀
抗蠕虫药	左旋咪唑	碱类药物	分解、失效
	敌百虫	碱类、新斯的明、肌松药	毒性增强
	硫氯酚	乙醇、稀碱液、四氯化碳	增强毒性
抗球虫药	氨丙啉	维生素 B_1	疗效减低
	二甲硫胺	维生素 B_1	疗效减低
	莫能菌素、盐霉素、马杜霉素、拉沙洛菌素	泰妙霉素、竹桃霉素	抑制动物生长，甚至中毒死亡
麻醉药与保定药	水合氯醛	碱性溶液、久置、高热	分解、失效
	戊巴比妥钠	酸类药液	沉淀
		高热、久置	分解
	苯巴比妥钠	酸类药液	沉淀
	普鲁卡因	磺胺药	疗效减弱或失效
		氧化剂	氧化、失效
	琥珀胆碱	水合氯醛、氯丙嗪、普鲁卡因、氨基糖苷类抗生素	肌松过度
	赛拉唑	碱类药液	沉淀
镇静药	氯丙嗪	碳酸氢钠、巴比妥类钠盐	析出沉淀
		氧化剂	变红色
	溴化钠	酸类氧化剂	游离出溴
		生物碱类	析出沉淀
	巴比妥钠	酸类	析出沉淀
		氯化铵	析出氨、游离出巴比妥酸
中枢兴奋药	咖啡因(碱)	盐酸四环素、盐酸土霉素、鞣酸、碘化物	析出沉淀
	尼可刹米	碱类	水解、混浊
	山梗菜碱	碱类	沉淀
镇痛药	吗啡	碱类	析出沉淀
		巴比妥类	毒性增强
	哌替啶	碱类	析出沉淀
自主神经药	硝酸毛果芸香碱	碱性药物、鞣质、碘及阳离子表面活性剂	沉淀或分解失效
	硫酸阿托品	碱性药物、鞣质、碘及碘化物硼砂	分解或沉淀
	肾上腺素、去甲肾上腺素等	碱类、氧化物、碘酊	易氧化变棕色失效
		三氯化铁	失效
		洋地黄制剂	心律不齐

续表

类别	药物	禁忌配合的药物	变化
健胃与助消化药	胃蛋白酶	强酸、强碱、重金属盐、鞣酸溶液	沉淀
	乳酶生	酊剂、抗菌剂、鞣酸蛋白、铋制剂	疗效减弱
	干酵母	磺胺类药物	疗效减弱
	稀盐酸	有机酸盐和水杨酸钠	沉淀
	人工盐	酸性药液	中和、疗效减弱
	胰酶	酸性药物如稀盐酸、乙酸等	疗效减弱或失效
	碳酸氢钠	酸及酸性盐类	中和失效
		鞣酸及其含有物	分解
		生物碱类、镁盐、钙盐	沉淀
		碱式硝酸铋	疗效减弱
祛痰药	氯化铵	碳酸氢钠、碳酸钠等碱性药物	分解
		磺胺药	增强磺胺肾毒性
	碘化钾	酸类或酸性盐	变色游离出碘
	毒花毛苷 K	碱性药液如碳酸氢钠、氨茶碱	分解失效
强心药	洋地黄毒苷	钙盐	增强洋地黄毒性
		钾盐	对抗洋地黄作用
		酸或碱性药物	分解、失效
		鞣酸、重金属盐	沉淀
止血药	肾上腺素色腙	脑垂体后叶素、青霉素 G、盐酸氯丙嗪	变色、分解、失效
		抗组胺药、抗胆碱药	止血作用减弱
	酚磺乙胺	磺胺嘧啶钠、盐酸氯丙嗪	混浊、沉淀
	亚硫酸氢钠甲萘醌	还原剂、碱类药液	分解、失效
		巴比妥类药物	加速维生素 K_3 分解失效
抗凝血药	肝素钠	酸性药液	分解、失效
		碳酸氢钠、乳酸钠	加强肝素钠抗凝血
	枸橼酸钠	钙制剂如氯化钙、葡萄糖酸钙	作用减弱
抗贫血药	硫酸亚铁	四环素类药物	妨碍吸收
		氧化剂	氧化变质
平喘药	氨茶碱	酸性药液，如维生素 C、四环素类药物盐酸盐、盐酸氯丙嗪等	中和反应，析出茶碱沉淀
	麻黄素(碱)	肾上腺素、去甲肾上腺素	增强毒性
泻药	硫酸钠	钙盐、钡盐、铅盐	沉淀
	硫酸镁	中枢抑制药	增强中枢抑制作用
利尿药	呋塞米(速尿)	氨基糖苷类如链霉素、卡那霉素、新霉素、庆大霉素、头孢噻啶	增强耳毒性 增强肾毒性
		骨骼肌松弛剂	骨骼肌松弛加重
脱水药	甘露醇	生理盐水或高渗盐	疗效减弱
	山梨醇	生理盐水或高渗盐	疗效减弱

续表

类别	药物	禁忌配合的药物	变化
糖皮质激素	泼尼松、氢化可的松、泼尼松龙	苯巴比妥钠、苯妥英钠	代谢加快
		强效利尿药	排钾增多
		水杨酸钠	消除加快
		降血糖药	疗效降低
性激素与促性腺激素	促黄体素	抗胆碱药、抗肾上腺素药、抗惊厥药、麻醉药、安定药	疗效降低
	绒毛促性腺素	遇热、氧	水解、失效
影响组织代谢药	维生素 B_1	生物碱、碱	沉淀
		氧化剂、还原剂	分解、失效
		氨苄西林、头孢菌素Ⅰ和Ⅱ、氯霉素、多黏菌素	破坏、失效
	维生素 B_2	碱性药液	破坏失效
		氨苄西林、头孢菌素Ⅰ和Ⅱ、氯霉素、多黏菌素、四环素、金霉素、土霉素、红霉素、链霉素、卡那霉素、林可霉素	破坏灭活
	维生素 C	氧化剂	破坏、失效
		碱性药液如氨茶碱	破坏、失效
		钙制剂如氯化钙	沉淀
		氨苄西林、头孢菌素Ⅰ和Ⅱ、氯霉素、多黏菌素、四环素、金霉素、土霉素、红霉素、链霉素、卡那霉素、林可霉素	破坏、灭活
	氯化钙	碳酸氢钠、碳酸钠溶液	沉淀
	葡萄糖酸钙	碳酸氢钠、碳酸钠溶液 水杨酸盐、苯甲酸盐溶液	沉淀 沉淀
解热镇痛药	阿司匹林	碱类药液如碳酸氢钠、氨茶碱、碳酸钠等	分解、失效
	水杨酸钠	铁等金属离子制剂	氧化、变色
	安乃近	氯丙嗪	体温剧降
	氨基比林	氧化剂	氧化、失效
解毒药	碘解磷定	碱性药液	水解为氰化物
	亚硝酸钠	酸类	分解成亚硝酸
		碘化物	游离出碘
		氧化剂、金属盐	被还原
	亚甲基蓝	强碱性药物、氧化剂、还原剂及碘化物	破坏、失效
	硫代硫酸钠	酸类	分解、沉淀
		氧化剂如亚硝酸钠	分解、失效
	依地酸钙钠	铁制剂如硫酸亚铁	干扰作用

注：氧化剂：漂白粉、过氧化氢、过氧乙酸、高锰酸钾。
还原剂：碘化物、硫代硫酸钠、维生素 C 等。
重金属盐：汞盐、银盐、铜盐、锌盐等。
酸类药物：稀盐酸、硼酸、鞣酸、乙酸、乳酸等。
碱类药物：氢氧化钠、碳酸氢钠、氨水等。
有机酸盐类药物：水杨酸钠、醋酸钾等。
生物碱类药物：阿托品、安钠咖、肾上腺素、毛果芸香碱、氨茶碱、普鲁卡因等。
生物碱沉淀剂：氢氧化钾、碘、鞣酸、重金属等。
药液显酸性的药物：氯化钙、葡萄糖、硫酸镁、氯化铵、盐酸、肾上腺素、硫酸阿托品、水合氯醛、盐酸氯丙嗪、盐酸金霉素、盐酸土霉素、盐酸普鲁卡因、糖盐水、葡萄糖酸钙注射液等。
药液显碱性的药物：安钠咖、碳酸氢钠、氨茶碱、乳酸钠、磺胺嘧啶钠、乌洛托品等。

附录五 注射液物理化学配伍禁忌表

编号	药物	1	2	3	4	5	6	7	8	9	10	11	12	13	14	15	16	17	18	19	20	21	22	23	24	25	26	27	28	29
1	注射用青霉素G钠(10万IU/ml)pH 5																													
2	注射用青霉素G钾(1万IU/ml)pH 5	−																												
3	注射用氨基苄青霉素钠(2%)pH 8.2	/	/																											
4	注射用羧苄青霉素(2%)pH 6.5	/	/	/																										
5	注射用硫酸链霉素(5%)pH 5～7	−	−	/	/																									
6	硫酸卡那霉素注射液(25万IU/ml)pH 7.9	+	+	/	/	−																								
7	氯霉素注射液(125mg/ml)pH 5.5	−	−	/	/	−	±																							
8	注射用盐酸土霉素(50mg/ml)pH 2	+	+	/	/	−	±	−																						
9	注射用盐酸金霉素(0.2%)pH 3	+	△	/	/	−	−	−	−																					
10	注射用盐酸四环素(50mg/ml)pH 2	+	△	/	/	−	±	−	−	−																				
11	注射用乳糖酸红霉素(50mg/ml)pH 6.5	+	−	/	/	−	±	−	△	△	△																			
12	硫酸庆大霉素注射液(2万IU/ml)pH 6	−	/	/	/	/	−	−	−	/	−	−																		
13	枸橼酸小檗碱注射液(10mg/ml)pH 4～6	−	−	/	/	−	−	−	−	−	−	−	/																	
14	磺胺嘧啶钠注射液(20%)pH 9	+	+	/	/	+	+	±	+	+	+	+	+	+																
15	毛花强心丙注射液(0.2mg/ml)pH 5.5	−	−	−	−	−	−	−	−	−	−	−	−	−	+															
16	毒毛花苷K注射液(0.25mg/ml)pH 5.5	−	/	/	/	/	−	−	−	/	−	−	−	/	+	/														
17	毒毛花苷G注射液(0.25mg/ml)pH 5.5	−	−	−	−	−	−	−	−	−	−	−	−	−	+	−	−													
18	肾上腺素注射液(0.1%)pH 3	−	−	−	−	−	−	−	−	−	−	−	/	+	+	−	/	−												
19	重酒石酸去甲肾上腺素注射液(1mg/ml)pH 4.5	±	±	/	−	−	−	−	−	−	−	−	−	+	+	−	−	−	−											
20	硫酸异丙肾上腺素注射液(0.5mg/ml)pH 4.5	−	−	−	−	−	−	−	−	−	−	−	−	+	+	−	−	−	−	−										
21	盐酸利多卡因注射液(赛罗卡因)(2%)pH 3.5～6	−	−	−	−	−	−	−	−	−	−	−	/	+	+	−	/	−	−	−	−									
22	氨茶碱注射液(2.5%)pH 9	+	△	△	△	+	+	−	±	±	±	△	−	+	−	−	△	−	+	△	△	−								
23	盐酸山梗莱碱注射液(洛贝林)(3mg/ml)pH 4.5	−	−	−	−	−	−	−	−	−	−	−	−	−	+	−	−	−	−	−	−	−	+							
24	戊四氮注射液(10%)pH 7.6～8	−	−	−	−	−	−	−	−	−	−	−	/	−	−	−	−	−	−	−	−	−	−	−						
25	尼可刹米注射液(25%)pH 6.5	−	−	−	−	−	−	−	−	−	−	−	−	−	−	−	−	−	−	−	−	−	−	−	−					
26	注射用三磷酸腺苷(10mg/ml)pH 4.5	−	−	−	−	−	−	−	−	−	−	−	−	−	+	−	±	−	−	−	−	−	△	−	−	−				
27	注射用辅酶A(25万IU/ml)pH 5.5	+	+	−	−	−	+	−	+	−	+	+	−	−	+	±	±	±	−	−	−	−	△	±	−	−	−			
28	注射用细胞色素C(7.5mg/ml)pH 6.5	+	+	−	−	−	+	−	+	−	+	+	−	−	+	−	−	−	−	+	+	−	△	−	−	−	−	−		
29	维生素C注射液(250mg/ml)pH 6	−	−	−	−	−	−	−	±	±	±	+	−	−	+	−	−	−	−	−	−	−	△	−	−	−	−	−	−	
30	右旋糖酐注射液(6%,含0.9%NaCl)pH 5.5	−	−	/	/	−	−	−	−	−	−	−	−	+	±	−	−	−	−	−	−	−	−	−	−	−	−	−	−	−

注：1. “−” 表示无可见的配伍禁忌(即溶液澄明，无外观变化)。

2. “+” 表示有混浊或沉淀、变色等现象。

3. “△” 表示溶液呈澄明，但效价降低。

4. “±” 表示浓溶液配伍有混浊或沉淀，但先将一种药物加入输液中稀释后，再加入另一种药物，溶液可澄明，或配伍量变更时可澄明。青霉素类稀释至1万IU/ml, 四环素类稀释至0.5mg/ml, 卡那霉素稀释至2%以下，氯霉素稀释至0.2%, 氢化可的松稀释至0.5mg/ml。

5. “/” 表示未进行实验。

6. 本表只表示配伍间的外观变化情况，除个别外，未注明效价变化。

7. 本表未表明配伍后的毒性变化情况。

	1	2	3	4	5	6	7	8	9	10	11	12	13	14	15	16	17	18	19	20	21	22	23	24	25	26	27	28	29	30	31	32	33	34	35	36	37	38	39	40	41	42	43	44	45	46	47	48	49	50	51	52	53	54	55	56	57	58	59	60	61	62	63	64
31	−	−	/	/	−	−	−	−	−	−	−	−	−	±	−	−	−	−	−	−	−	−	−	−	−	−	−	−	−	−	31葡萄糖注射液(5%)pH 5																																	
32	−	−	/	/	−	−	−	−	−	−	±	−	+	−	−	−	−	−	−	−	−	−	−	−	−	−	−	−	−	−	−	32氯化钠注射液(0.9%)pH 5.5																																
33	−	−	−	−	−	−	−	−	−	−	−	−	+	±	−	−	−	−	−	−	−	−	−	−	−	−	−	−	−	−	−	−	33葡萄糖氯化钠注射液pH 5.5																															
34	−	−	/	/	−	−	−	−	−	−	±	−	+	−	−	−	−	−	−	−	−	−	−	−	−	−	−	−	−	−	−	−	−	34复方氯化钠注射液pH 5.5																														
35	−	−	−	−	−	−	−	−	−	−	±	−	+	+	−	−	−	+	−	−	−	−	−	−	−	−	−	−	−	−	−	−	−	−	35氯化钾注射液(10%)pH 5																													
36	−	−	−	−	+	+	−	−	−	−	+	−	+	+	−	−	−	−	−	−	−	−	−	−	−	−	−	−	−	−	−	−	−	−	−	36氯化钙注射液(5%)pH 5																												
37	−	−	/	/	−	−	−	+	−	+	−	−	−	+	−	−	−	−	−	−	−	−	−	/	−	−	+	−	−	−	−	−	−	−	−	−	37葡萄糖酸钙注射液(10%)pH 6																											
38	−	−	/	/	−	−	−	±	−	±	±	−	+	±	−	−	−	−	−	−	−	−	−	−	−	−	−	−	−	−	−	−	−	−	−	−	−	38乳酸钠注射液(11.2%)pH 6.5～7																										
39	+	△	/	/	−	−	−	±	±	±	+	−	−	±	−	△	−	+	△	△	+	−	−	−	−	+	+	△	△	−	−	−	−	+	−	+	+	−	39碳酸氢钠注射液(5%)pH 8.5																									
40	−	−	/	/	−	−	−	−	−	−	−	−	−	−	−	−	−	−	−	−	−	−	−	−	−	−	−	−	−	−	−	−	−	−	−	−	−	−	−	40山梨醇注射液(25%)pH 4.5～5																								
41	−	−	/	/	−	−	−	−	−	−	−	−	−	−	−	−	−	−	−	−	−	−	−	−	−	−	−	−	−	−	−	−	−	−	−	−	−	−	−	−	41甘露醇注射液(20%)pH 5																							
42	+	+	/	/	+	−	−	−	−	−	±	/	+	+	−	−	−	−	−	+	−	+	−	−	+	+	+	+	+	+	±	+	±	+	+	+	±	+	+	−	−	42注射用促皮质素(2万IU/ml)pH 4.2																						
43	−	−	−	−	+	+	−	−	−	−	−	±	+	△	−	−	−	−	−	−	−	△	−	−	−	−	±	−	−	−	−	−	−	−	−	−	−	±	△	−	−	−	43氢化可的松注射液(5mg/ml)pH 5.7																					
44	−	/	/	/	/	+	−	+	/	+	−	−	/	+	−	−	−	/	+	−	/	△	+	/	−	−	+	+	−	+	−	−	/	−	−	+	−	−	△	−	−	−	/	44注射用氢化可的松琥珀酸钠(10mg/ml)pH 5～7																				
45	−	−	−	−	−	−	−	±	−	±	−	−	+	+	−	−	−	−	−	−	−	−	+	+	−	−	+	−	−	−	−	−	−	−	−	+	−	−	−	−	−	+	−	−	45地塞米松磷酸钠注射液(氟美松)(0.5%)pH 6.5～7																			
46	+	−	−	−	−	−	−	−	−	−	−	−	+	+	−	−	−	−	−	−	−	△	−	−	−	−	−	−	−	−	−	−	−	−	−	−	−	−	+	+	−	−	−	−	−	46亚硫酸氢钠甲萘醌注射液(4mg/ml)pH 5.5																		
47	−	−	−	−	−	−	−	−	−	−	−	−	+	+	−	−	−	−	−	−	−	−	−	+	−	−	+	−	−	−	−	−	−	−	−	−	−	−	−	−	−	+	−	−	+	−	47止血敏注射液(25%)pH 4.5～5																	
48	−	−	−	−	−	+	−	+	+	+	−	−	−	+	−	−	−	−	−	−	+	−	−	/	−	−	−	−	−	−	−	−	−	−	−	−	−	−	−	−	−	+	−	−	−	−	−	48 6-氨基己酸注射液(20%)pH 7.5																
49	−	−	−	−	−	−	−	−	+	−	−	−	+	△	−	−	−	−	−	−	+	△	−	−	−	−	−	−	−	−	−	−	−	−	−	−	−	−	△	−	−	−	−	−	−	−	−	−	49硫酸阿托品注射液(0.5mg/ml)pH 5.5															
50	−	−	−	−	−	−	−	−	+	−	−	−	+	△	−	−	−	−	−	−	−	△	−	−	−	−	−	+	−	−	−	−	−	−	−	−	−	−	△	−	−	−	−	−	+	−	−	−	−	50氢溴酸东莨菪碱注射液(0.3mg/ml)pH 5.5														
51	−	−	−	−	−	−	−	−	−	−	−	−	+	+	−	−	−	+	−	−	−	+	−	−	−	−	−	−	−	−	−	−	−	−	−	−	−	−	+	−	−	−	−	−	+	−	−	−	−	−	51 盐酸哌替啶注射液(50mg/ml)pH 5													
52	−	−	+	/	−	+	−	+	±	+	−	/	+	−	−	−	−	−	−	−	−	−	+	−	−	−	−	−	−	−	−	−	−	−	−	−	−	−	−	−	−	+	−	−	−	−	+	+	−	−	+	52注射用苯巴比妥钠(2%)pH 9.6												
53	−	−	+	/	−	+	−	+	−	+	−	/	−	−	−	/	−	+	+	+	+	+	+	−	−	+	−	+	+	−	±	−	+	−	−	+	+	−	+	−	−	+	−	/	−	+	+	+	−	−	+	/	53注射用异戊巴比妥钠(5%)pH 10.2											
54	+	△	+	/	+	+	±	±	+	+	+	/	+	−	−	−	−	+	+	+	+	+	+	−	−	+	−	+	+	±	±	−	±	−	+	+	+	+	+	−	−	+	−	/	−	+	+	+	−	−	+	−	−	54注射用硫喷妥钠(2.5%)pH 10.8										
55	−	−	/	/	−	−	−	−	+	−	−	/	−	−	−	−	−	−	−	−	−	+	−	−	−	−	−	−	−	−	−	−	−	−	−	+	+	−	+	−	−	+	−	/	−	−	−	−	−	−	−	−	−	+	55硫酸镁注射液(5%，含5%葡萄糖)pH 5.8									
56	−	−	/	/	−	−	−	−	−	−	+	−	+	+	−	−	−	−	−	−	−	−	−	−	−	−	−	−	−	−	−	−	−	−	−	−	−	−	−	−	−	+	−	−	−	−	−	−	−	−	−	−	−	−	+	56溴化钠注射液(10%)pH 5.7								
57	−	/	/	/	/	+	−	−	/	−	+	−	/	+	−	−	−	/	−	−	/	−	−	/	−	−	−	−	−	−	−	−	−	−	−	−	−	−	+	−	−	/	−	−	/	−	−	−	−	−	−	/	/	/	/	−	57溴化钙注射液(10%)pH 6.5～7							
58	+	+	+	+	−	−	−	−	−	−	−	−	+	+	−	−	−	+	−	−	−	+	−	−	−	+	±	−	±	−	−	−	−	−	−	−	−	−	+	−	−	−	−	+	+	±	+	+	−	−	−	+	+	+	−	+	−	58盐酸氯丙嗪注射液(25mg/ml)pH 5.5						
59	+	+	+	+	−	+	−	−	−	−	−	−	+	+	−	−	−	−	−	−	−	+	−	−	−	+	±	+	±	−	−	−	−	−	−	−	−	−	+	−	−	−	−	+	+	±	+	+	−	−	−	+	+	+	−	+	−	−	59盐酸异丙嗪注射液(25mg/ml)pH 5.5					
60	−	−	/	/	−	−	−	−	+	−	−	−	+	+	−	−	−	+	−	−	+	+	−	−	−	−	±	−	−	−	−	−	−	−	−	−	−	−	+	−	−	−	−	+	+	−	+	−	−	−	−	+	+	+	−	−	−	−	−	60盐酸苯海拉明注射液(20mg/ml)pH 5.5				
61	+	+	/	/	−	+	−	−	−	−	−	−	−	+	−	−	−	−	−	−	−	△	−	−	−	−	−	−	−	−	−	−	/	−	−	−	−	−	+	−	−	−	−	−	+	+	−	−	−	−	−	−	−	−	−	−	−	−	−	−	61脑垂体后叶注射液(10万IU/ml)pH 3.5			
62	+	−	−	−	−	−	±	−	−	−	−	−	−	+	−	−	−	−	−	−	−	+	−	−	−	+	+	−	−	−	−	−	−	−	−	−	−	−	+	−	−	−	−	−	−	−	−	−	−	−	−	−	−	−	−	−	−	−	−	−	+	62马来酸麦角新碱注射液(0.2mg/ml)pH 5		
63	+	/	/	/	/	−	−	−	/	−	−	−	/	△	−	−	−	/	−	−	/	△	−	/	−	−	−	−	−	−	−	−	/	−	−	−	−	−	△	−	−	/	−	−	/	−	−	−	−	−	−	/	/	/	/	−	−	−	−	−	−	−	+	63催产素注射液(10万IU/ml)pH 3.5	
64	±	±	−	−	±	−	−	−	−	−	−	−	+	+	−	−	−	+	−	−	−	−	−	−	−	−	±	+	−	−	−	−	−	−	−	−	−	−	−	−	+	±	−	−	+	±	−	−	−	−	−	−	−	+	−	−	−	−	−	−	−	−	−	64 盐酸普鲁卡因注射液(2%)pH 5

附录六　兽用处方药品种目录(第一批)

一、抗微生物药

1. 抗生素类

(1) β-内酰胺类　注射用青霉素钠、注射用青霉素钾、氨苄西林混悬注射液、氨苄西林可溶性粉、注射用氨苄西林钠、注射用氯唑西林钠、阿莫西林注射液、注射用阿莫西林钠、阿莫西林片、阿莫西林可溶性粉、阿莫西林克拉维酸钾注射液、阿莫西林硫酸黏菌素注射液、注射用苯唑西林钠、注射用普鲁卡因青霉素、普鲁卡因青霉素注射液、注射用苄星青霉素。

(2) 头孢菌素类　注射用头孢噻呋、盐酸头孢噻呋注射液、注射用头孢噻呋钠、头孢氨苄注射液、硫酸头孢喹肟注射液。

(3) 氨基糖苷类　注射用硫酸链霉素、注射用硫酸双氢链霉素、硫酸双氢链霉素注射液、硫酸卡那霉素注射液、注射用硫酸卡那霉素、硫酸庆大霉素注射液、硫酸安普霉素注射液、硫酸安普霉素可溶性粉、硫酸安普霉素预混剂、硫酸新霉素溶液、硫酸新霉素粉（水产用)、硫酸新霉素预混剂、硫酸新霉素可溶性粉、盐酸大观霉素可溶性粉、盐酸大观霉素盐酸林可霉素可溶性粉。

(4) 四环素类　土霉素注射液、长效土霉素注射液、盐酸土霉素注射液、注射用盐酸土霉素、长效盐酸土霉素注射液、四环素片、注射用盐酸四环素、盐酸多西环素粉（水产用)、盐酸多西环素可溶性粉、盐酸多西环素片、盐酸多西环素注射液。

(5) 大环内酯类　红霉素片、注射用乳糖酸红霉素、硫氰酸红霉素可溶性粉、泰乐菌素注射液、注射用酒石酸泰乐菌素、酒石酸泰乐菌素可溶性粉、酒石酸泰乐菌素磺胺二甲嘧啶可溶性粉、磷酸泰乐菌素磺胺二甲嘧啶预混剂、替米考星注射液、替米考星可溶性粉、替米考星预混剂、替米考星溶液、磷酸替米考星预混剂、酒石酸吉他霉素可溶性粉。

(6) 酰胺醇类　氟苯尼考粉、氟苯尼考粉（水产用)、氟苯尼考注射液、氟苯尼考可溶性粉、氟苯尼考预混剂、氟苯尼考预混剂（50%)、甲砜霉素注射液、甲砜霉素粉、甲砜霉素粉（水产用)、甲砜霉素可溶性粉、甲砜霉素片、甲砜霉素颗粒。

(7) 林可胺类　盐酸林可霉素注射液、盐酸林可霉素片、盐酸林可霉素可溶性粉、盐酸林可霉素预混剂、盐酸林可霉素硫酸大观霉素预混剂。

(8) 其他　延胡索酸泰妙菌素可溶性粉。

2. 合成抗菌药

(1) 磺胺类药　复方磺胺嘧啶预混剂、复方磺胺嘧啶粉（水产用)、磺胺对甲氧嘧啶二甲氧苄啶预混剂、复方磺胺对甲氧嘧啶粉、磺胺间甲氧嘧啶粉、磺胺间甲氧嘧啶预混剂、复方磺胺间甲氧嘧啶可溶性粉、复方磺胺间甲氧嘧啶预混剂、磺胺间甲氧嘧啶钠粉（水产用)、磺胺间甲氧嘧啶钠可溶性粉、复方磺胺间甲氧嘧啶钠粉、复方磺胺间甲氧嘧啶钠可溶性粉、复方磺胺二甲嘧啶粉（水产用)、复方磺胺二甲嘧啶可溶性粉、复方磺胺甲噁唑粉、复方磺胺甲噁唑粉（水产用)、复方磺胺氯达嗪钠粉、磺胺氯吡嗪钠可溶性粉、复方磺胺氯吡嗪钠预混剂、磺胺喹噁啉二甲氧苄啶预混剂、磺胺喹啉钠可溶性粉。

(2) 喹诺酮类药　恩诺沙星注射液、恩诺沙星粉（水产用)、恩诺沙星片、恩诺沙星溶液、恩诺沙星可溶性粉、恩诺沙星混悬液、盐酸恩诺沙星可溶性粉、乳酸环丙沙星可溶性粉、乳酸环丙沙星注射液、盐酸环丙沙星注射液、盐酸环丙沙星可溶性粉、盐酸环丙沙星盐酸小檗碱预混剂、维生素C磷酸酯镁盐酸环丙沙星预混剂、盐酸沙拉沙星注射液、盐酸沙拉沙星片、盐酸沙拉沙星可溶性粉、盐酸沙拉沙星溶液、甲磺酸达氟沙星注射液、甲磺酸达氟沙星溶液、甲磺酸达氟沙星粉、甲磺酸培氟沙星可溶性粉、甲磺酸培氟沙星注射液、甲磺酸培氟沙星颗粒、盐酸二氟沙星片、盐酸二氟沙星注射液、盐酸二氟沙星粉、盐酸二氟沙星溶液、诺氟沙星粉（水产用）、诺氟沙星盐酸小檗碱预混剂（水产用）、乳酸诺氟沙星可溶性粉（水产用）、乳酸诺氟沙星注射液、烟酸诺氟沙星注射液、烟酸诺氟沙星可溶性粉、烟酸诺氟沙星溶液、烟酸诺氟沙星预混剂（水产用）、噁喹酸散、噁喹酸混悬液、噁喹酸溶液、氟甲喹可溶性粉、氟甲喹粉、盐酸洛美沙星片、盐酸洛美沙星可溶性粉、盐酸洛美沙星注射液、氧氟沙星片、氧氟沙星可溶性粉、氧氟沙星注射液、氧氟沙星溶液（酸性）、氧氟沙星溶液（碱性）[1]。

(3) 其他 乙酰甲喹片、乙酰甲喹注射液。

二、抗寄生虫药

1. 抗蠕虫药：阿苯达唑硝氯酚片、甲苯咪唑溶液（水产用）、硝氯酚伊维菌素片、阿维菌素注射液、碘硝酚注射液、精制敌百虫片、精制敌百虫粉（水产用）。

2. 抗原虫药：注射用三氮脒、注射用喹嘧胺、盐酸吖啶黄注射液、甲硝唑片、地美硝唑预混剂。

3. 杀虫药：辛硫磷溶液（水产用）、氯氰菊酯溶液（水产用）、溴氰菊酯溶液（水产用）。

三、中枢神经系统药物

1. 中枢兴奋药：安钠咖注射液、尼可刹米注射液、樟脑磺酸钠注射液、硝酸士的宁注射液、盐酸苯噁唑注射液。

2. 镇静药与抗惊厥药：盐酸氯丙嗪片、盐酸氯丙嗪注射液、地西泮片、地西泮注射液、苯巴比妥片、注射用苯巴比妥钠。

3. 麻醉性镇痛药：盐酸吗啡注射液、盐酸哌替啶注射液。

4. 全身麻醉药与化学保定药：注射用硫喷妥钠、注射用异戊巴比妥钠、盐酸氯胺酮注射液、复方氯胺酮注射液、盐酸赛拉嗪注射液、盐酸赛拉唑注射液、氯化琥珀胆碱注射液。

四、外周神经系统药物

1. 拟胆碱药：氯化氨甲酰甲胆碱注射液、甲硫酸新斯的明注射液。

2. 抗胆碱药：硫酸阿托品片、硫酸阿托品注射液、氢溴酸东莨菪碱注射液。

3. 拟肾上腺素药：重酒石酸去甲肾上腺素注射液、盐酸肾上腺素注射液。

4. 局部麻醉药：盐酸普鲁卡因注射液、盐酸利多卡因注射液。

---

[1] 自2015年12月31日起，停止生产用于食品动物的以洛美沙星、培氟沙星、氧氟沙星和诺氟沙星4种为原料的各种盐、酯及其各种制剂。

五、抗炎药

氢化可的松注射液、醋酸可的松注射液、醋酸氢化可的松注射液、醋酸泼尼松片、地塞米松磷酸钠注射液、醋酸地塞米松片、倍他米松片。

六、泌尿生殖系统药物

丙酸睾酮注射液、苯丙酸诺龙注射液、苯甲酸雌二醇注射液、黄体酮注射液、注射用促黄体素释放激素 A_2、注射用促黄体素释放激素 A_3、注射用复方鲑鱼促性腺激素释放激素类似物、注射用复方绒促性素 A 型、注射用复方绒促性素 B 型。

七、抗过敏药

盐酸苯海拉明注射液、盐酸异丙嗪注射液、马来酸氯苯那敏注射液。

八、局部用药物

注射用氯唑西林钠、头孢氨苄乳剂、苄星氯唑西林注射液、氯唑西林钠氨苄西林钠乳剂(泌乳期)、氨苄西林氯唑西林钠乳房注入液（泌乳期)、盐酸林可霉素硫酸新霉素乳房注入剂（泌乳期)、盐酸林可霉素乳房注入剂、盐酸吡利霉素乳房注入剂。

九、解毒药

1. 金属络合剂：二巯丙醇注射液、二巯丙磺钠注射液。
2. 胆碱酯酶复活剂：碘解磷定注射液。
3. 高铁血红蛋白还原剂：亚甲蓝注射液。
4. 氰化物解毒剂：亚硝酸钠注射液。
5. 其他解毒剂：乙酰胺注射液。

附录七　兽用处方药品种目录(第二批)

序号	通用名称	分类	备注
1	硫酸黏菌素预混剂	抗生素类	
2	硫酸黏菌素预混剂(发酵)	抗生素类	
3	硫酸黏菌素可溶性粉	抗生素类	
4	三合激素注射液	泌尿生殖系统药物	
5	复方水杨酸钠注射液	中枢神经系统药物	含巴比妥
6	复方阿莫西林粉	抗生素类	
7	盐酸氨丙啉磺胺喹噁啉钠可溶性粉	磺胺类药	
8	复方氨苄西林粉	抗生素类	
9	氨苄西林钠可溶性粉	抗生素类	
10	高效氯氰菊酯溶液	杀虫药	
11	硫酸庆大-小诺霉素注射液	抗生素类	

续表

序号	通用名称	分类	备注
12	复方磺胺二甲嘧啶钠可溶性粉	磺胺类药	
13	联磺甲氧苄啶预混剂	磺胺类药	
14	复方磺胺喹噁啉钠可溶性粉	磺胺类药	
15	精制敌百虫粉	杀虫药	
16	敌百虫溶液(水产用)	杀虫药	
17	磺胺氯达嗪钠乳酸甲氧苄啶可溶性粉	磺胺类药	
18	注射用硫酸头孢喹肟	抗生素类	
19	乙酰氨基阿维菌素注射液	抗生素类	

注：2016年11月28日中华人民共和国农业部公告第2471号。

索　引

M

N

P

Q

R

S

T

参 考 文 献

[1] 中国兽药典委员会. 中华人民共和国兽药典（2015年版）. 北京：中国农业出版社，2016.

[2] 中国兽药典委员会. 中华人民共和国兽药典兽药用药指南（2015年版）. 北京：中国农业出版社，2016.

[3] 《执业兽医资格考试应试指南》编写组. 执业兽医资格考试应试指南. 北京：中国农业出版社，2019.

[4] 周新民. 动物药理. 北京：中国农业出版社，2004.

[5] 宋冶萍. 动物药理与毒理. 北京：中国农业出版社，2014.

[6] 李春雨，贺生中. 动物药理. 北京：中国农业大学出版社，2008.

[7] 陈仗榴. 兽医药理. 3版. 北京：中国农业出版社，2011.

[8] 赵红梅，苏加义. 动物机能药理学实验教程. 北京：中国农业大学出版社，2007.

[9] 冯淇辉. 兽医药理学. 北京：农业出版社，1980.

[10] 尤启冬. 药物化学. 3版. 北京：化学工业出版社，2015.

[11] 王希成. 生物化学. 4版. 北京：清华大学出版社，2015.

[12] 沈建忠，谢联金. 兽医药理学. 北京：中国农业大学出版社，2000.

[13] 李端. 药理学. 4版. 北京：人民卫生出版社，1999.

[14] 李涛，关天颖，于连智等. 兽医药理学. 北京：北京农业大学出版社，1993.

[15] 林庆华. 兽医药理学. 成都：四川科学技术出版社，1987.

[16] 杨华书. 药理学. 北京：人民卫生出版社，1985.

[17] 《实用药物学》编写组. 实用药物学. 郑州：河南人民出版社，1979.

[18] 胡功政，李荣誉. 新全实用兽药手册. 4版. 郑州：河南科学技术出版社，2009.

[19] 高迎春. 动物科学用药. 北京：中国农业出版社，2002.

[20] 胡功政. 家禽用药指南. 北京：中国农业出版社，2004.

[21] 袁宗辉. 饲料药物学. 北京：中国农业出版社，2001.

[22] 阎继业. 畜禽药物手册. 3版. 北京：金盾出版社，2007.

[23] 汤光，李大魁. 现代临床药物学. 北京：化学工业出版社，2003.

[24] 崔中林，张彦明. 现代实用动物疾病防治大全. 北京：中国农业出版社，2001.

[25] 黄克和. 兽医临床手册. 北京：金盾出版社，2006.

[26] 周翠珍. 动物药理学. 重庆：重庆大学出版社，2007.

[27] 张丹参. 药理学. 5版. 北京：人民卫生出版社，2006.

[28] 王雁强. 耕牛急性支气管炎的诊治. 云南畜牧兽医，2005，(2)：42.

[29] 何颖，陈忠伟，刘伟. 复方中草药对鸡传染性支气管炎的临床疗效. 黑龙江畜牧兽医，2007，(2)：74-75.

[30] 陈新哲，孙静华，龚子武. 一例波尔山羊羔羊白肌病的诊治. 养殖技术顾问，2007，4.

[31] 孔令彪，卢少达. 一起猪维生素A缺乏症的治疗. 养殖技术顾问，2007，11.

[32] 姚卫东. 兽医临床基础. 北京：化学工业出版社，2014.

[33] 曾元根，徐公义. 兽医临床诊疗技术. 2版. 北京：化学工业出版社，2015.

[34] 杨勇. 动物药理. 北京：中国农业大学出版社，2017.